普通高等院校建筑环境与能源应用工程专业系列教材

建筑物理

杨 柳 朱新荣 刘大龙 张 毅 编著

中国建材工业出版社

图书在版编目（CIP）数据

建筑物理/杨柳等编著. —北京：中国建材工业
出版社，2014.3
普通高等院校建筑环境与能源应用工程专业系列教材
ISBN 978-7-5160-0681-8

Ⅰ.①建… Ⅱ.①杨… Ⅲ.①建筑物理学-高等学校
-教材 Ⅳ.①TU11

中国版本图书馆 CIP 数据核字（2013）第 298216 号

内 容 简 介

本教材主要阐述建筑中的热、光、声等物理现象，建筑材料、围护结构的热工学、光学和声学特性，以及获得良好热、光、声环境的设计原理和方法。本书注重与现行设计标准规范的衔接，参考了全国注册建筑师的考试大纲以及最新的绿色建筑相关标准，将建筑节能的基本原理、设计策略和方法贯穿于教材中。

建筑物理

杨 柳 朱新荣 刘大龙 张 毅 编著

出版发行：中国建材工业出版社
地　　址：北京市西城区车公庄大街 6 号
邮　　编：100044
经　　销：全国各地新华书店
印　　刷：北京雁林吉兆印刷有限公司
开　　本：787mm×1092mm 1/16
印　　张：24
字　　数：598 千字
版　　次：2014 年 3 月第 1 版
印　　次：2014 年 3 月第 1 次
定　　价：59.00 元

本社网址：www. jccbs. com. cn 微信公众号：zgjcgycbs
本书如出现印装质量问题，由我社发行部负责调换。联系电话：(010) 88386906

建筑首先需要满足人的使用需求，因而人的生理需求便成为评价建筑物理环境性能优劣的最基本的标准之一。建筑环境中影响人的生理需求的要素主要包括因热感觉需求而产生的热环境，因听觉需求而产生的声环境和因视觉需求而产生的光环境，它们统称为建筑物理环境。形成适宜的建筑物理环境需要建筑设计人员掌握声、光、热环境基本的建筑物理知识，并从规划布局、空间设计、材料选择、构造设计甚至施工管理等多个方面对建筑物理环境问题加以考虑，而且还要兼顾节约能源和保护自然生态环境的目的。

建筑方案一旦建成，就会形成特定的室内物理环境，如果不仔细考虑建筑物理环境设计，其设计的建筑很可能会产生诸如室内过热、潮湿发霉、采光不足、噪声干扰等影响人们生活和工作的环境缺陷。

本书主要阐述建筑中的热、光、声等物理现象，建筑材料及围护结构的热工学、光学和声学特性，以及获得良好热、光、声环境的设计原理和方法，是学习创造舒适、节能建筑环境不可缺少的专业基础课程教材。

全书分为建筑热工学、建筑光学和建筑声学三个相对独立的组成部分。在编写过程中，汲取了目前已出版各类建筑物理教材的优点，并根据建筑学专业的教学特点以及学生的接受能力，对书籍中涉及的知识点进行了合理的组织和编排，使学生能够由浅入深、循序渐进地掌握相关内容；本书引入了国内外文献中大量的优秀图表替代文字阐述，使基本概念和公式变得简单易懂，增加了内容的可读性。除此之外，本书特别注重与现行设计标准和规范的衔接，参考了全国注册建筑师的考试大纲以及最新的建筑节能及绿色建筑相关标准，将建筑节能和绿色建筑的基本原理、设计策略和方法贯穿于本书的内容之中。

本书由杨柳主编。其中，建筑热工学部分为西安建筑科技大学杨柳、朱新荣和淮海工学院张毅编写；建筑光学部分由朱新荣编写；建筑声学部分由刘大龙编写。在本书编写过程中，西安建筑科技大学建筑技术科学专业硕士研究生徐菁、李珊珊、宋冰、白鲁建、何海、代语、李彬、李程为本书绘制了大量的图表，并在书稿的编排和校对方面做出了积极的贡献，在此表示衷心的感谢。

编者

2014 年 1 月

中国建材工业出版社
China Building Materials Press

我们提供

图书出版、图书广告宣传、企业/个人定向出版、设计业务、企业内刊等外包、代选代购图书、团体用书、会议、培训，其他深度合作等优质高效服务。

编辑部
010-88385207

图书广告
010-68361706

出版咨询
010-68343948

图书销售
010-88386906

设计业务
010-88376510转1008

邮箱：jccbs-zbs@163.com 网址：www.jccbs.com.cn

发展出版传媒　服务经济建设

传播科技进步　满足社会需求

目　　录

第一篇　建筑热工学

建筑物常年经受室内外各种热湿环境因子的作用，属于室外的因素如太阳辐射、空气的温度和湿度、风、雨雪等，一般统称为"室外热湿作用"；属于室内的因素如空气温度和湿度、生产和生活散发的热量与水分等，则称为"室内热湿作用"。

建筑热工学的任务是阐述建筑热工原理，论述如何通过建筑、规划设计的相应措施，有效地防护或利用室内外热湿作用，合理地解决房屋的保温、隔热、防潮、节能等问题，以创造良好的室内热环境，并提高围护结构的耐久性，降低建筑在使用过程中的采暖或空调能耗。虽然在大多数情况下，单靠建筑措施不能完全满足人们对室内热环境的要求，但是只有充分发挥各种建筑措施的作用，再配备一些必不可少的设备，才能做出技术上和经济上都合理的设计，这也是建筑节能设计的基本原则。

建筑围护结构传热、传湿的基本原理和计算方法是建筑热工学领域需要掌握的基础内容。同时，只有了解材料的热物理性能、构造处理的方法，才能正确解决实际工程设计中遇到的热湿环境控制和节能问题。本篇还将着重介绍建筑热工设计相关的内容，包括建筑保温设计、防潮设计、防热设计、太阳能利用与建筑节能设计。希望读者通过本篇的学习，除了掌握必须的基本知识和理论外，还能在建筑设计中灵活掌握和运用课程学习的基本原理和方法。

第1章 建筑热工学基本知识

重点提示/学习目标

1. 理解热舒适的定义和热舒适评价指标的含义；

2. 掌握影响人体热舒适的要素；

3. 熟悉室外热湿环境要素及其变化规律，明确气候分区的目的及不同气候区的建筑设计要求；

4. 掌握建筑传热基本概念与围护结构的传热过程。

建筑热工学主要是处理人的热舒适需求、室外气候和建筑之间的关系，即如何在特定的室外气候条件下，通过对建筑的设计提高室内热湿环境的舒适度，尽可能地满足使用者的热舒适需求。在此过程中，人体的热舒适要求及其影响因素，是首先需要明确的问题。室外气候要素的变化特点以及建筑围护结构传热的基本知识是处理三者关系的重要基础，本章将主要对这些内容进行介绍。

1.1 室内热湿环境

对使用者而言，建筑物内部环境可简单地分为室内物理环境（或生理环境）和室内心理环境两部分。其中，室内物理环境属于建筑物理学的范畴。

室内物理环境是指那些通过人体感觉器官对人的生理发生作用和影响的物理因素，由室内热湿环境、室内光环境、室内声环境以及室内空气质量环境等组成。其中，室内热湿环境是建筑热工学必须研究的内容。

舒适的热湿环境是保证人体健康的重要条件，也是人们得以正常工作、学习、生活的基本保证。在舒适的热湿环境中，人的知觉、智力、手工操作的能力可以得到最好的发挥；偏离舒适条件，效率就随之下降；严重偏离时，就会感到过冷或过热甚至使人无法进行正常的工作和生活。建筑师在设计每栋房屋时，都应考虑到室内热湿环境对使用者的作用和可能产生的影响，以便为使用者创造舒适的热湿环境。在创造舒适热环境的同时，还应考虑建筑在使用过程中的节能和降耗，控制建筑的能耗水平达到国家或地区对相关建筑的限定指标。

1.1.1 人体的热舒适

热舒适是一种"对热环境感到满意的心理状态"[1]。使人达到热舒适状态可以说是建筑

---

[1] 取自美国《采暖、制冷、空调工程师协会标准》（ASHRAE 2004）中对热舒适的定义。

热环境设计的主要目的之一。人体主观感觉的热舒适与人体的热平衡机制有密切的关系。具体来说，人体通过吃进的食物和吸入的氧气在体内产生化学反应而产生能量，要使人体体温维持正常，这些能量必须以合理的形式散发到环境中去（图 1-1）。这一过程与很多机械设备的工作原理非常相似，例如汽车燃烧汽油产生的能量需要以各种方式散发到空气中，因此汽车需要有良好的散热机制才能防止过热（图 1-2）。

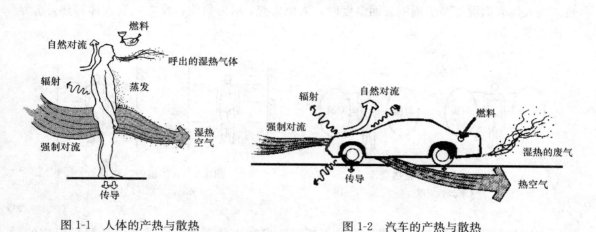

图 1-1　人体的产热与散热　　　　　图 1-2　汽车的产热与散热
（来源：文献 [1]）　　　　　　　　　（来源：文献 [1]）

人体与周围热环境之间的热平衡关系可以用公式（1-1）表示：

$$\Delta q = q_m \pm q_c \pm q_r - q_e \tag{1-1}$$

式中，Δq——人体得失热量（W）；

　　　q_m——人体新陈代谢过程的产热量（W）；

　　　q_c——人体与周围空气的对流换热量（W）；

　　　q_r——人体与周围表面的辐射换热量（W）；

　　　q_e——人体蒸发散热量（W）。

其中，人体新陈代谢量过程中的产热量，即新陈代谢量 q_m 由人体活动量决定，如人在静坐时的新陈代谢率为 $60W/m^2$（人体表面积约为 $1.6m^2$），在中速行走时为 $200W/m^2$。图 1-3 列举了几种常见活动水平下人体新陈代谢的产热量。可以看出，不同活动水平下，新陈代谢产热量差别很大。

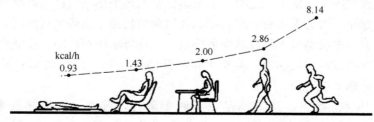

图 1-3　新陈代谢产热量（每 1kg 体重产热值，其中 1kcal/h＝1.16W）
（来源：文献 [2]）

因周围空气在人体表面的相对流动而产生的散热就是对流换热，对流换热量 q_c 取决于体表温度和空气温度以及气流速度等因素。当体表温度高于空气温度时，人体散热，感到凉爽（夏季）或寒冷（冬季），q_c 为负值。反之，则人体得热，q_c 为正值（图 1-4）。

辐射换热量 q_r 主要在人体表面与周围墙壁、天花板、地面以及窗玻璃等部位之间进行。如果室内有火墙、壁炉、辐射采暖板之类的采暖装置，当然 q_r 也包括与这些装置的辐射换热。当人体表面温度高于周围表面温度时，人体失热，q_r 为负值；反之，则人体得热，q_r 为正值（图 1-5）。

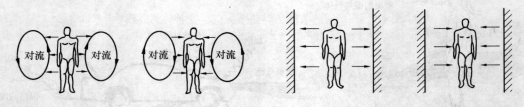

图 1-4　人体对流热交换　　　　　　　　图 1-5　人体辐射热交换
（来源：文献［2］）　　　　　　　　　　（来源：文献［2］）

人体蒸发散热量 q_e 是由呼吸、皮肤无感觉蒸发和皮肤有感觉汗液蒸发散热量组成的。当人体尚未出汗时，q_e 是通过呼吸和无感觉汗液蒸发进行的。当劳动强度变大或环境较热时，人体大量出汗，q_e 随汗液的蒸发而显著增加。其中，由呼吸引起的散热量与新陈代谢率成正比；皮肤无感觉蒸发散热量取决于皮肤表面和周围空气中的水蒸气压力差；有感觉汗液蒸发是靠皮下汗腺分泌汗液来散热，它与空气的流速、从皮肤经衣服到周围空气的水蒸气压力分布、衣服对水蒸气的渗透阻力等因素有关。

人体得失热量取决于上述各项热量得失的综合结果。上式中，当 $\Delta q > 0$ 时，体温上升，人体感觉到热；当 $\Delta q = 0$ 时，体温不变；当 $\Delta q < 0$ 时，体温下降，人体感觉到冷。显然，只有满足 $\Delta q = 0$ 时，才能保证人体体温恒定（36.5℃），人体健康不会受到损害。这时人体处于热平衡状态。但需要注意的是，$\Delta q = 0$ 并不一定表示人体处于舒适状态，散热量的多种组合都可使 $\Delta q = 0$，然而只有那些人体按正常比例散热的热平衡才是舒适的。所谓按正常比例散热，指的是对流换热约占人体总散热量的 25%～30%，辐射散热量约占 45%～50%，呼吸和无感觉蒸发散热量约占 25%～30%。

当劳动强度或室内气候发生变化时，本来是正常的热平衡就可能遭到破坏，但并不至于立即使体温发生变化，因为人体有一定的新陈代谢调节机能。当环境过冷时，皮肤的毛细血管收缩，血流减少，皮肤温度下降以减少散热量；当环境温度过热时，皮肤血管扩张，血流增多，皮肤温度升高以增加散热量，甚至大量出汗使 q_e 增加，以争取新的热平衡。这时的热平衡称为"负荷热平衡"。

因此要使人体感觉舒适，应该满足以下两个条件，首先，得失热量平衡，即 $\Delta q = 0$，其次，人体按正常的比例散失热量。当人体处于"负荷热平衡状况"时，例如只要分泌的汗液量仍在生理允许的范围内，人体是可以容忍的，但已经感觉不再舒适（图 1-6）。

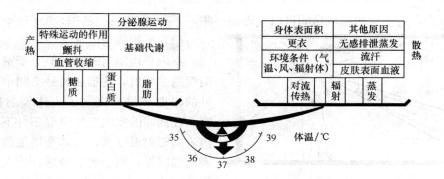

图 1-6 热舒适的条件（1. 热平衡；2. 正常比例散热）

(来源：文献［2］)

1.1.2 人体热舒适的影响因素

综合所述可知，人体的蒸发散热量与空气温度、空气湿度以及气流速度（风速）有关，对流换热量与空气气温和气流速度有关，而辐射换热量则受周围壁面温度的影响。也就是说，环境中的这些要素会直接影响人体的热平衡乃至人体的热舒适。这些因素具体包括空气温度、相对湿度、气流速度及室内平均辐射温度。这四个要素也被称为影响人体热舒适的环境要素。除此之外，人体的活动量和衣着情况也对人体热舒适有直接的影响，这两个要素称为影响人体热舒适的个体要素。

（1）空气温度

温度是分子动能的宏观度量。为了度量温度的高低，用"温标"作为公认的标尺。目前国际上常用的温标是"摄氏"温标，符号为 t，单位为摄氏度（℃）。另一种温标是表示热力学温度的温标，也叫"开尔文"温标，符号为 T，单位为开尔文（K）。它是以气体分子热运动平均动能趋于零时的温度为起点，定为 0K，以水的三相点温度为定点，定为 273K。摄氏温标和开尔文温标的关系为：

$$t = T - 273 \tag{1-2}$$

室内空气温度对人体热舒适起着很重要的作用。根据我国国情，在实践中推荐室内空气温度为：夏季，26～28℃，高级建筑及人员停留时间较长的建筑可取低值，一般建筑及停留时间短的可取高值；冬季，18～22℃，高级建筑及停留时间长的建筑可取高值，一般及停留时间短的可取低值。

（2）空气湿度

人体对空气湿度的感觉与空气的"相对湿度"密切相关。相对湿度是表示空气接近饱和的程度。相对湿度越小，说明空气的饱和程度越低，感觉越干燥；相对湿度越大，表示空气越接近饱和程度，感觉越湿润。一般来说，相对湿度在 60％～70％左右时人体感觉比较舒适。我国居住及公共建筑室内相对湿度的推荐值大致为：夏季，40％～60％，一般的或短时间停留的建筑可取偏高值；冬季对一般建筑不作规定，高级建筑应大于 35％。

（3）风速

室内空气的流动速度是影响人体对流散热和水分蒸发散热的主要因素之一。气流速度越大，人体的对流散热以及蒸发散热量越大。我国对室内空气平均流速的计算值为：夏季，

0.2～0.5m/s，对于自然通风房间可以允许高一些，不高于 2m/s；冬季，0.15～0.3m/s。

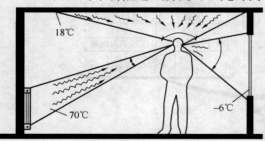

图 1-7　平均辐射温度对人体的作用
(来源：自绘)

（4）平均辐射温度

室内平均辐射温度近似等于室内各表面温度的平均值，它描述的是空间中指定点所处的辐射环境，决定了人体辐射散热的强度。在同样的室内空气温湿条件下，如果室内表面辐射温度高，人体会增加热感；室内表面温度低，则会增加冷感。当人面对高温物体时（如火炉或暖气片），接收到的辐射较强因此会感觉温暖；当人面对温度很低的窗户时，人体通过辐射失去热量因此会感觉较冷。冬季在窗户附近感受到的"冷气流"实际上是由于平均辐射温度造成的（图 1-7）。

我国《民用建筑热工设计规范》（GB 50176—93）对房间围护结构内表面温度的要求是：冬季，保证内表面最低温度不低于室内空气的露点温度，即保证内表面不出现结露现象；夏季，保证内表面最高温度不高于室外空气计算温度的最高值。

（5）人体活动量（代谢量）

人体本身是一个生物有机体，无时无刻不在制造热能与散发热能，以便和外界环境达成一种"热平衡"。人体产生的热量亦随着活动、人种、性别及年龄而有差异，参考表 1-1。

表 1-1　成年男子发热量

活动类型	新陈代谢率	
	met	W/m²
基础代谢（睡眠中）	0.8	46.4
静坐	1.0	58.2
一般办公室工作或驾驶汽车	1.6	92.8
站着从事轻型工作	2.0	116.0
步行，速率 4km/h	3.0	174.0
步行，5.6km/h	4.0	232.0

人体安静状态下产生的热量称为"基础代谢率"。身高 177.4cm、体重 77.1kg、表面积为 1.8m² 的成年男子静坐时，其代谢率为 58.2W/m²，我们定义为 1met（metobolic rate），作为人体散热量的标准单位。

（6）衣着

人的衣着多少，也在相当程度上影响着人对热环境的感觉。例如在冬季人们穿上厚重的衣物，以隔绝冷空气保持身体温暖；而在夏天则穿短袖等少量衣物，以加速人体散热，达到舒适程度。热阻单位 clo 量化了衣物的隔热作用。所谓 1clo 是指在 21.2℃、50%RH、风速 0.1m/s 的条件下，人体感觉舒适的衣着状况。若以衣物隔热程度来表示，则 1clo 相当于 0.18（m²·℃）/W。几种着衣状况下的 clo 值见图 1-8。

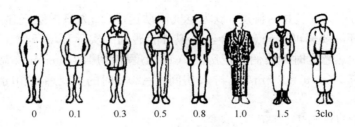

图 1-8　几种着衣状态之 clo 值

（来源：文献［2］）

1.1.3　室内热湿环境的评价方法和标准

人体热舒适受室内热环境多个要素的影响，用以评价室内热环境的指标有多种，其中有的较为简单，有的较为复杂，使用起来各有利弊。最简单最方便且应用最为广泛的指标是室内空气温度。目前，我国很多建筑设计规范和标准中，仍以室内空气温度作为设计控制指标，如在严寒地区建筑冬季采暖居室内基准设计温度为 18℃，夏热冬冷地区夏季居住建筑室内热环境设计温度为 26～28℃ 等。日常生活中，人们也往往以温度作为估计室内热环境的简单标准。

仅用室内空气温度作为评价室内热环境，虽然方便而且简单易行，但却很不完善。因为人体热感觉的程度依赖于室内热环境四要素的共同作用。例如，当不考虑气流速度、空气湿度和平均辐射温度时，室温为 30℃ 比 28℃ 感觉要热；但当室温为 30℃，气流速度为 3m/s 时，组合起来要比室温为 28℃、气流速度为 0.1m/s 时，人的热感觉要舒适。也就是说，热湿环境的评价是涉及多因素评价的问题。对于这类问题，人们往往寻找能够代替多因素共同作用的单一指标，下面对一些学者提出的评价指标进行介绍。

（1）有效温度

有效温度是 1923～1925 由美国 Yaglon 等人提出的一种指标，该指标包括的因素有：空气温度、空气湿度与气流速度，用以评价上述三要素对人们在休息或坐着工作时的主观热感觉的综合影响。这种指标是以受试者的主观反应为评价依据。在决定此项指标的实验中，受试者在环境因素组合下不同的两个房间来回走动，调节其中一个房间的各项参数值，使得受试者由一个房间进入另一个房间时具有相同的热感觉，如图 1-9 所示。

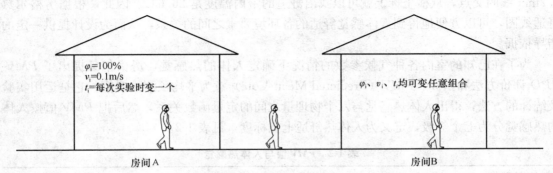

图 1-9　有效温度的定标实验

（来源：文献［3］）

图 1-9 中 φ_i 为室内空气相对湿度，v_i 为空气流动速度，t_i 为室内空气速度。房间 A 为参考房间，房间 B 环境要素可以任意组合，模拟可能遇到的实际环境条件。当受试者在两个房间内获得同样的热感觉时，我们就把房间 A 的温度作为房间 B 的有效温度。例如：B 房间 $t_i=25℃$，$\varphi_i=50\%$，$v_i=1.5m/s$，与 A 房间 $t_i=20℃$ 时的主观感觉相同，则 B 房间的有效温度 $ET=20℃$。

（2）热感觉 PMV-PPD 指标

这是由丹麦学者房格尔（Fanger）在 20 世纪 70 年代提出的。房格尔在人体热平衡方程式（1-1）的基础上，得出人体的得失量 Δq 是四个环境参数（气温 t_i、相对湿度 φ、平均辐射温度 t_r 及气流速度 v）与两个人体参数（新陈代谢率 m、衣服热阻 R_{cl}）的函数，表示为：

$$\Delta q = f(t_i, \varphi, t_r, v, m, R_{cl}) = 0 \tag{1-3}$$

该方程比较全面客观地描述了人与上述六个影响人体舒适的物理量之间的定量关系。房格尔将该方程中的某些参数以若干常数代入，求解出其余的参数值，绘制成热舒适线图，如图 1-10。

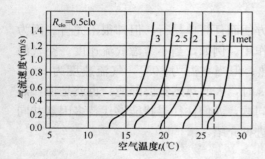

图 1-10　Fanger 的热舒适线图
（来源：文献 [2]）

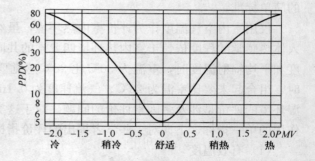

图 1-11　PMV-PPD 关系曲线图
（来源：文献 [2]）

例如，在一个洁净室内，气流速度是 0.5m/s，工作人员坐着工作（其新陈代谢率 m 为 1.2met），穿统一的薄工作服（0.5clo），查图 1-10，根据插入法找出风速为 0.5m/s 与 1.2met 线的交点，从横坐标上就可以找出舒适的室内温度是 26.6℃。因此，根据房格尔热舒适线图，可以方便地得到人体感觉舒适的各环境要素之间的关系，从而为设计提供一定的指导依据。

为了在已知的室内各种气候参数的情况下确定人体的热感觉，房格尔又提出了 PMV-PPD 评价方法和指标。PMV（Predicted Mean Vote）意为平均预测投票值。它是运用实验及统计的方法，得出人体热感觉与六个物理量之间的定量函数关系，然后把 PMV 值按人体的热感觉分为七个等级，定义为人体热舒适七点标度，见表 1-2。

表 1-2　PMV 值与人体热感觉

PMV 值	−3	−2	−1	0	1	2	3
人体热感觉	很冷	冷	稍冷	舒适	稍热	热	很热

通过大量的实验，房格尔得到了一定的 PMV 值，以及对该热环境感到不满意的人数占总人数的比例 PPD（Predicted Percent Dissatisfied）值，意为预测不满意百分比。$PMV\text{-}PPD$ 的关系见图 1-11。使用 $PMV\text{-}PPD$ 曲线，可以获得人对环境的评价。例如，夏季，当人们静坐时，室内温度为 30℃，相对湿度为 60%，风速 0.1m/s，房间的平均辐射温度是 29℃，人的衣服热阻为 0.4clo，根据 PMV 计算式可求得 PMV 等于 1.38。从图 1-11 可知，这种状态下，人的热感觉为比稍热还要热一点，对该环境不满意的人数为 43%。

1.2　室外热湿环境

室外热湿环境是指作用在建筑外围护结构上的一切热湿物理量的总称，室外热湿作用也称为室外气候。建筑设计者必须了解当地热湿环境的基本知识、变化规律及其特征，以便在建筑选址、总体布局以及单体设计等阶段，通过街道走向与宽度、建筑物高度与密度、建筑群朝向、间距与布局、建筑体型与空间组合、建筑形式与装饰等方面的综合措施充分考虑建筑气候因素的影响，创造舒适健康的室内气候条件。

室外温度和湿度、太阳辐射、风、降水、积雪、日照以及冻土等都是组成室外热湿气候的要素。从建筑热工与节能设计的角度，主要关心的是对室内热环境、建筑物耐久性和建筑整体能耗起主要作用的几项因素。

1.2.1　空气温度

在进行建筑热工设计和计算时，室外空气温度是一个重要指标，因为室外空气温度常常是评价不同地区气候冷暖的根据。研究建筑外围护结构的保温、隔热，也是要根据室外空气温度的变化规律，采取能利用自然气候特点的、适用的、经济有效的措施。

白天地表受到太阳辐射，温度上升后会放热，会使气温获得热量而增高。而夜间因为没有太阳辐射，地表冷却，空气温度也跟着下降。气温的日变化呈近似正弦曲线的特性，如图 1-12 所示。气温日变化中有一个最高值和最低值。最高值与日平均值的差值称为日振幅。最高值通常出现午后 2 时左右，而不是在中午太阳高度角最大的时刻；最低气温一般出现在日出前后，而不是在午夜。这是由于空气与地面辐射换热而增温或降温都需要经历一段时间。

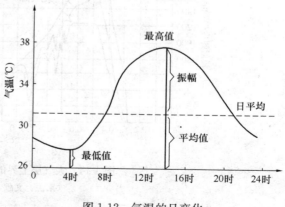

图 1-12　气温的日变化

（来源：文献 [2]）

气温的年变化与日变化规律比较相似，通常也是呈正弦曲线的规律变化，这主要与某地接收到的太阳辐射量有关。对于北半球的城市而言，太阳辐射强度在冬至最低，夏至最高，但地温却比冬至晚 1～2 个月才达最低温，而比夏至晚 1～2 个月才达最高，因此气温最低时节应在 1～2 月，最高值则在 7～8 月。一年间的最高气温与最低气温的差值叫做气温年较

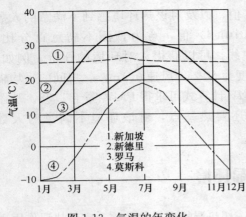

图 1-13 气温的年变化

（来源：文献〔2〕）

差。年较差受纬度影响很大，在低纬度地区年较差很小，而纬度越高则年较差越大（图 1-13）。

1.2.2 太阳辐射

太阳辐射是地球上热量的基本来源，是决定气候的主要因素之一，也是室外热湿环境各参数中对建筑物影响较大的一个。建筑设计中的日照设计和遮阳设计都是针对太阳辐射而言的，特别是建筑外围护结构的设计，必须仔细考虑可作为能源使用的太阳辐射热，这在能源形势日益紧张的今天尤为重要。

太阳以辐射的方式不断地供给地球热量，太阳辐射的波长范围很广，但绝大部分能量集中在波长为 $0.15 \sim 4\mu m$，占太阳辐射总能量的 99%。其中可见光的波长在 $0.38 \sim 0.76\mu m$，其能量占太阳总辐射的 50%；波长大于 $0.76\mu m$ 的红外辐射能量占太阳总辐射量的 43%；紫外线部分（波长小于 $0.38\mu m$）的能量占太阳总辐射的 7%，见图 1-14。在太阳与地球的平均距离处，垂直于入射光线的大气界面单位面积上的热辐射流，叫做太阳常数，理论值为 $1395.6W/m^2$（天文太阳常数），实测分析值为 $1256W/m^2$（气象太阳常数）。

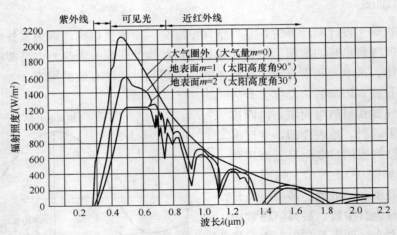

图 1-14 大气层上界的太阳辐射光谱

（来源：文献〔4〕）

太阳辐射在穿过大气层时，由于受到云层的反射和大气层中气体分子及各种微粒的散射和吸收，使得到达地球表面的辐射强度大大减弱，地理位置不同，到达地表的太阳辐射强度差异较大。照射到地球表面的太阳辐射由两部分组成，一是太阳直接照射到达地面的部分，称为直射辐射，它的射线是平行的；另一部分是经大气或地上其他物体散射后到达地面的，它的射线是来自各个方向，称为散射辐射。直接辐射和散射辐射之和是到达地面的太阳辐射总量，称为总辐射。达到地面的太阳辐射一部分反射回太空，另一部分被地面吸收后以长波

辐射、蒸发、对流等形式与周围环境进行换热。如图
1-15所示。

1.2.3　空气湿度

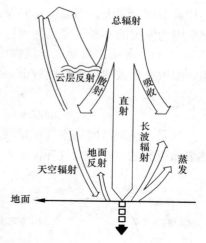

图 1-15　地球表面接
收到的太阳辐射示意图
（来源：文献［2］）

室外空气中含水蒸气量的多少，即空气湿度是某地
室外热湿环境的另一个重要因子。

空气湿度的高低可以用绝对湿度和相对湿度两个物
理量来描述。单位容积湿空气中所含水蒸气的重量，称
为空气的绝对湿度，一般用 f（g/m³）表示；饱和状态
下的绝对湿度则用饱和蒸汽量 f_{max} 表示。绝对湿度只能
说明湿空气在某一温度条件下实际所含水蒸气的重量，
不能直接说明空气的干、湿程度。例如某房间温度为
18℃，绝对湿度为 153g/m³，这时水蒸气含量已达最大
值（饱和状态），房间空气非常潮湿。但如果保持绝对湿
度不变，将空气温度加热到 30℃，这时房间空气将会干
燥很多。在这种情况下，引入了相对湿度的概念。

相对湿度是指一定温度及大气压力下，空气的绝对湿度 f 与同温同压下饱和蒸汽量 f_{max}
的比值。相对湿度一般用百分数表达，并用 φ 表示，即：

$$\varphi = \frac{f}{f_{max}} \times 100\% = \frac{P}{P_s} \times 100\% \tag{1-4}$$

式中，φ——相对湿度；

　　f——空气的绝对湿度（g/m³）；

　　f_{max}——饱和状态下的绝对湿度（g/m³）；

　　P——湿空气中的水蒸气压力（Pa）；

　　P_s——同温同压下空气的饱和水蒸气压力（Pa）。

由此可知，相对湿度是表示空气接近饱和的程度。φ 越小，说明空气的饱和程度越低，
感觉越干燥；φ 值越大，表示空气越接近饱和程度，感觉越湿润。φ 值的大小还关系到人体
的蒸发散热量。φ 值在 60%～70% 之间是人体感觉舒适的相对湿度。

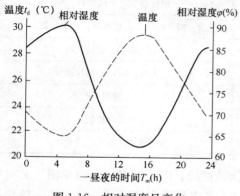

图 1-16　相对湿度日变化
（来源：文献［2］）

相对湿度的日变化受地面性质、水陆分布、
季节寒暑、天气阴晴等因素影响，一般是大陆大
于海面，夏季大于冬季，晴天大于阴天。相对湿
度日变化趋势与气温日变化趋势相反（图1-16）。
在晴天，其最高值出现在黎明前后，虽然此时空
气中的水汽含量少，但温度最低，故相对湿度最
大；最低值出现在午后，此时虽然空气所含的水
汽较多，不过蒸发较强，且温度已达最高，故相
对湿度低。

对于一定温度下的湿空气，如果保持空气中
水蒸气的含量不变，只是使气温降低，则该空气

的相对湿度会变大。当温度降到某一特定值时，相对湿度达到100%，本来不饱和的空气，终于因为温度的不断下降而达到饱和状态，这一特定温度称为该空气的"露点温度"，用 t_d（℃）表示。冬季严寒地区建筑物中，玻璃内表面常出现很多冷凝水，有时还会结成较厚的霜，原因就是玻璃保温性能较低，其内表面温度低于室内空气的露点温度而造成的。

1.2.4 风速

风是一种地区间的空气流动现象。全球范围内的空气流动是因为赤道附近比南北两极受热多而引起的，称为大气环流。海洋和陆地接受太阳辐射热后升温不同而引起的空气流动形成了季风。而局地小尺度的地表受热不均，例如水域和土壤、山谷和山顶则会形成地方风。了解地方产生的风比大气环流往往具有更大的实用价值，因为可以通过建筑设计的手法，在建筑中组织、产生风，例如穿堂风、后园风、里巷风、井厅风、靠岩风和地洞风等。

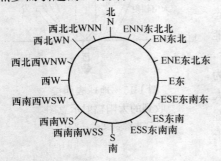

图 1-17　风向方位图
（来源：文献 [2]）

风的方向，叫做风向，是指风吹来的方向，通常分成 8 个方位或 16 个方位，方位名称见图 1-17。

风速指每秒风行的距离，单位为 m/s。按风速的大小可将风分成 0～12 级，见表 1-3 风速分级表。

表 1-3　风速分级表

风级	风速 m/s	风名	风的目测标准
0	0～0.5	无风	缕烟直上，树叶不动
1	0.5～1.7	软风	缕烟一边斜，有风的感觉
2	1.8～3.3	轻风	树叶沙沙作响，风感觉显著
3	3.4～5.2	微风	树叶及枝微动不息
4	5.3～7.4	和风	树叶、细枝动摇
5	7.5～9.8	清风	大枝摆动
6	9.9～12.4	强风	粗枝摇摆，电线呼呼作响
7	12.5～15.2	疾风	树干摇摆，大枝弯曲，迎风步艰
8	15.3～18.2	大风	大树摇摆，细枝折断
9	18.3～21.5	烈风	大枝折断，轻物移动
10	21.6～25.1	狂风	拔树
11	21.6～29.0	暴风	有重大损毁
12	>29.0	飓风	风后破坏严重，一片荒凉

气象台站测得的，在一定时间里风向在各方位次数的统计图，叫做风向频率图（又叫风玫瑰图），如图 1-18 所示。在风向频率图上，一个地方各方位风向情况可一目了然，特别是频度高的方位能明显地区别出来。风向频率图中频率最高的方位，即代表了该地区的主导风

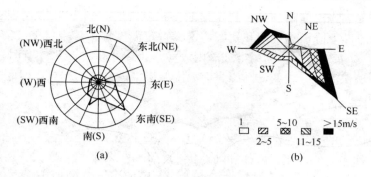

图 1-18　风玫瑰图

(a) 某地 7 月的风向频率分布图；(b) 某地全年风速、风向分布图

(来源：文献〔2〕)

向，在建筑的通风组织中具有重要的参考价值。

1.2.5　建筑气候分区与各区设计要求

我国幅员辽阔，地形复杂，地区间室外气候条件差异很大。为区分我国不同地区气候条件对建筑设计的影响，明确各气候区的建筑热工设计要求，提供建筑气候参数，从总体上做到合理利用气候资源，防止气候对建筑的不利影响，我国《民用建筑热工设计规范》GB 50176—93 和《建筑气候区划标准》GB 50178—93 都对我国进行了气候区的划分，前者将我国划分为 5 个区，即热工设计分区，并针对每个分区的特点提出了设计要求，见表 1-4 和图 1-19。后者将我国划分为 7 个主气候区，20 个子气候区，并对各个子气候区的建筑设计提出了不同的要求，见图 1-20 和表 1-5。

对比分析图 1-19 与图 1-20 可以看出，两种分区只在细部略有所不同。从表 1-4 和表 1-5中看出，从建筑热工设计角度它们是统一的，对建筑设计的基本要求则表现为粗略与较为详尽的不同。在建筑设计中，必须考虑其所在的气候区域，以使设计建筑很好地适应当地的气候。

表 1-4　建筑热工设计分区及设计要求

分布名称	分区指标		设计要求
	主要指标	辅助指标	
严寒	最冷月平均温度≤−10℃	日平均温度≤5℃的天数≥145d	必须充分满足冬季保温要求，一般可不考虑夏季防热
寒冷	最冷月平均温度=0～−10℃	日平均温度≤5℃的天数 90～145d	必须充分满足冬季保温要求，部分地区兼顾夏季防热
夏热冬冷	最冷月平均温度 0～10℃ 最热月平均温度 25～30℃	日平均温度≤5℃的天数 0～90d 日平均温度＞25℃的天数 49～110d	必须充分满足夏季防热要求，适当兼顾冬季保温
夏热冬暖	最冷月平均温度＞10℃ 最热月平均温度 25～29℃	日平均温度＞25℃的天数 100～200d	必须充分满足夏季防热要求，适当兼顾冬季保温
温和	最冷月平均温度 0～13℃ 最热月平均温度 18～25℃	日平均温度≤5℃的天数 0～90d	部分地区应考虑冬季保温，一般可不考虑夏季防热

13

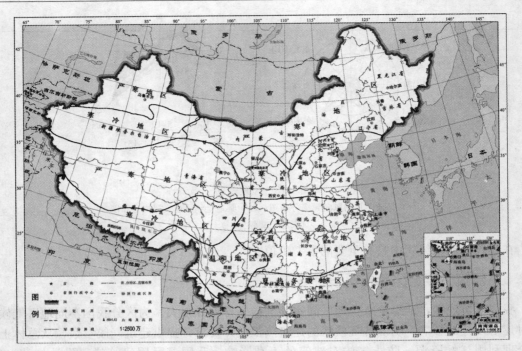

图 1-19 民用建筑热工设计分区 ［地图审图号：CS（2008）1355 号］

（摘自《民用建筑热工设计规范》GB 50176—93）

（来源：文献［3］）

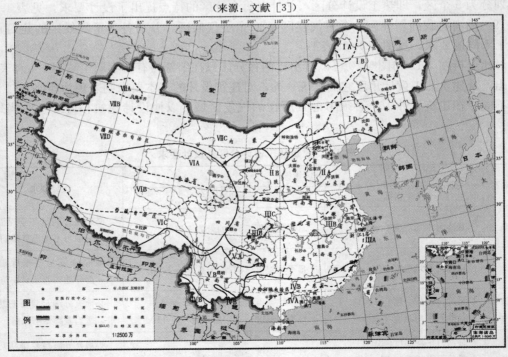

图 1-20 中国建筑气候区划 ［地图审图号：CS（2008）1355 号］

（摘自《建筑气候区划标准》GB 50178—93）

（来源：文献［3］）

表 1-5　不同气候分区对建筑的基本要求

区名代号		分区名称	主要指标	建筑基本要求
I	I A I B I C I D	严寒地区	1月平均气温≤－10℃ 7月平均气温≤25℃ 7月平均相对湿度≥50%	1. 建筑物必须充分满足冬季防寒、保温、防冻等要求 2. I A、I B应防止冻土，积雪对建筑物的危害 3. I B、I C、I D区的西部，建筑物应防冰雹、防风沙
II	II A II B	寒冷地区	1月平均气温－10～0℃ 7月平均气温18～28℃	1. 建筑物应满足冬季防寒、保温、防冻等要求，夏季部分地区应兼顾防热 2. II A区建筑物应防热、防潮、防暴风雨，沿海地带应防盐雾侵蚀
III	III A III B III C	夏热 冬冷地区	1月平均气温0～10℃ 7月平均气温25～30℃	1. 建筑物必须满足夏季防热、通风降温要求，冬季应适当兼顾防寒 2. 建筑物应防雨、防潮、防洪、防雷击要求 3. III A区应防台风、暴雨袭击及盐雾侵蚀
IV	IV A IV B	夏热 冬暖地区	1月平均气温＞10℃ 7月平均气温25～29℃	1. 建筑物必须充分满足夏季防热、通风、防雨要求，冬季可不考虑防寒、保温 2. 建筑物应防雨、防潮、防洪、防雷击 3. IV A区应防台风、暴雨袭击及盐雾侵蚀
V	V A V B	温和地区	7月平均气温18～25℃ 1月平均气温0～13℃	1. 建筑物应满足湿季防雨和通风要求 2. V A区建筑物应注意防寒，V B区应特别注意防雷电
VI	VI A VI B	严寒地区	7月平均气温＜18℃ 1月平均气温0～－22℃	1. 建筑热工设计应符合严寒和寒冷地区相关要求 2. VI A、VI B应防冻土对建筑物地基及地下管道的影响，并应特别注意防风沙 3. VI C区的东部，建筑物应防雷电
	VI C	寒冷地区		
VII	VII A VII B VII C	严寒地区	7月平均气温≥18℃ 1月平均气温－5～－20℃ 7月平均相对湿度＜50%	1. 建筑热工设计应符合严寒和寒冷地区相关要求 2. 除VII D外，应防冻土对建筑物地基及地下管道的危害 3. VII B区建筑物应特别注意积雪的危害 4. VII C区建筑物应特别注意防风沙，夏季兼顾防热 5. VII D区建筑物应注意夏季防热，吐鲁番盆地特别注意隔热、降温
	VII D	寒冷地区		

1.3　建筑围护结构的基本传热方式

在自然界，只要存在着温差，就会出现传热现象，而且热量总是由温度较高的部位传至温度较低的部位，这在建筑中也不例外。当室内外空气之间存在温度差时，就会产生通过房屋外围护结构的传热现象。冬季，在采暖房屋中，由于室内气温高于室外气温，热能会从室内经由外围护结构向外传出；夏季，在自然通风建筑中，白天室外气温高，热量由从室外传向室内，夜晚则相反（图 1-21）。

热量的传递通过三种基本方式进行，即导热、对流和辐射。实际的热传递过程无论是多

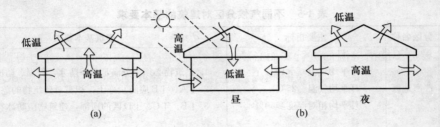

图 1-21　冬季和夏季建筑中的热量传递

(a) 冬季；(b) 夏季

（来源：文献 [5]）

么复杂，都可以看做是这三种方式的组合，因此这里对三种基本传热方式的传热机理和规律进行介绍。

1.3.1　导热

导热是指物体中有温差时，由于直接接触的物质质点作热运动而引起的热能传递过程。在固体、液体和气体中都存在导热现象，但是在不同的物质中导热的机理是有区别的。在气体中是通过分子做无规则运动时互相碰撞而导热；在液体中是通过平衡位置间歇移动着的分子振动引起的；在固体中，除金属外，都是由平衡位置不变的质点振动引起的，在金属中，主要是通过自由电子的转移而导热。

纯粹的导热现象仅发生在理想的密实固体中，绝大多数的建筑材料或多或少总是有孔隙的，并非是密实的固体，在固体的孔隙内将会同时产生其他方式的传热，但因对流和辐射方式传递的热能在这种情况下所占比例甚微，故在建筑热工计算中，可以认为在固体建筑材料中的热传递仅仅是导热过程。

（1）温度场、温度梯度和热流密度

在物体中，热传递与物体内温度的分布情况密切相关。物体中任何一点都有一个温度值，一般情况下，温度是空间坐标 x、y、z 和时间 τ 的函数，即：

$$t = f(x, y, z, \tau) \tag{1-5}$$

在某一时刻物体内各点的温度分布，称为温度场，上式就是温度场的数学表达式。

上述的温度分布是随时间而变的，故称为不稳定温度场。如果温度分布不随时间而变化，就称为稳定温度场，用 $t = f(x, y, z)$ 表示。当温度只沿一个坐标轴发生变化时，称为一维稳定温度场，用 $t = f(x)$ 表示；当温度沿 x 和 y 两个坐标轴发生变化时，称为二维稳定温度场，用 $t = f(x, y)$ 表示。

温度场中同一时刻由相同温度各点相连成的面叫做"等温面"。等温面示意图就是温度场的形象表示。因为同一点上不可能同时具有多于一个的温度值，所以不同温度的等温面绝不会相交，参看图 1-22。沿与等温面相交的任何方向上温度都有变化，但只有在等温面的法线方向上变化最显著。温度差 Δt 与沿法线方向两等温面之间距离 Δn 的比值的极限，叫做温度梯度，表示为：

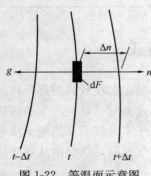

图 1-22　等温面示意图

（来源：文献 [3]）

$$\lim_{\Delta n \to 0} \frac{\Delta t}{\Delta n} = \frac{\partial t}{\partial n} \tag{1-6}$$

显然，导热不能沿等温面进行，而必须穿过等温面。在单位时间内，通过等温面上单位面积的热量称为热流密度。设单位时间内通过等温面上微元面积 dF 的热量为 dQ，则热流密度可表示为：

$$q = \frac{dQ}{dF} \quad (\text{W/m}^2) \tag{1-7}$$

如果已知物体的热流密度的分布，单位时间内的热流量可以通过热流密度在导热面积 F 的积分获得。如果热流密度在面积 F 上均匀分布，则热流量为

$$Q = q \cdot F \tag{1-8}$$

（2）傅里叶定律

由导热的机理我们知道，导热是一种微观运动现象。但在宏观上它将表现出一定的规律性来，人们把这一规律称为傅里叶定律，因为它是由法国数学物理学家傅里叶（Fourier）于 1822 年最先发现并提出的。

物体内导热的热流密度的分布与温度分布有密切的关系。傅里叶定律指出：均质物体内各点的热流密度与温度梯度的大小成正比，即

$$q = -\lambda \frac{\partial t}{\partial n} \tag{1-9}$$

式中，q——单位时间、单位面积上通过的热量，即热流密度或热流强度（W/m²）；

$\dfrac{\partial t}{\partial n}$——温度梯度（K/m）；

λ——材料导热能力的系数，叫做导热系数[W/(m·K)]。

负号为了表示热量传递只能沿着温度降低的方向而引进的。沿着温度增加的方向，$\dfrac{\partial t}{\partial n}$ 为正，q 为负值表示热流沿着温度降低的方向进行。

（3）导热系数

由式（1-9）得

$$\lambda = \frac{|q|}{\left| \dfrac{\partial t}{\partial n} \right|} \quad [\text{W/(m·K)}] \tag{1-10}$$

由上式可以看出，导热系数是在稳定条件下，1m 厚的物体，两侧表面温差 1℃时，在 1h 内通过 1m² 面积所传导的热量。导热系数越大，表明材料的导热能力越强。各种物质的导热系数，均由实验确定。影响导热系数数值的因素很多，如物质的种类、结构成分、密度、湿度、压力、温度等。所以，即使是同一种物质，其导热系数差别可能很大。一般说来，导热系数 λ 值以金属的最大，非金属和液体次之，而气体的最小。工程上通常把导热系数小于 0.25 的材料作为保温材料（绝热材料），如石棉制品、泡沫混凝土、泡沫塑料、膨胀珍珠岩制品等。各种材料的 λ 值大致范围是：气体为 0.006～0.6；液体为 0.07～0.7；建筑材料和绝热材料为 0.025～3；金属为 2.2～420。

值得说明的是，空气的导热系数很小。因此不流动的空气就是一种很好的绝热材料。也正是这个原因，如果材料中含有气隙或气孔，就会大大降低 λ 值。所以绝热材料都制成多孔性的或松散性的。应当指出，若材料含水性大（即湿度大），材料的导热系数会显著增大，

保温性能将明显降低（如湿砖的 λ 值要比干砖的高 1 倍到几倍）。

物质的导热系数还与温度有关，实验证明，大多数材料的 λ 值与温度的关系近似直线关系，即

$$\lambda = \lambda_n + bt \quad [\mathrm{W/(m \cdot K)}] \tag{1-11}$$

式中，λ_n——材料在 0℃条件下的导热系数；

  b——经实验测定的常数。

在工程计算中，导热系数常取使用温度范围内的算术平均值，并把它作为常数看待。

1.3.2 对流与表面对流换热

对流是流体之间的相对运动现象，温度不同的流体之间的相对运动会产生对流传热。单纯的对流传热只发生在流体之中。促使流体产生对流的原因有二：一是本来温度相同的流体，因其中某一部分受热（或冷却）而产生温度差，形成对流运动，这种对流叫"自然对流"（图 1-23）；二是因为受外力作用（如风吹、泵压等），迫使流体产生对流，这叫做"受迫对流"（图 1-24）。自然对流的程度主要决定于流体各部分之间的温度差，温差越大则对流越强。这主要是由于空气的温度不同时，会形成密度差。例如，0℃时的干空气密度为 1.342kg/m³，20℃时的干空气密度为 1.205kg/m³。热空气由于密度小，重量轻会自然上浮，因此产生了自然对流现象。受迫对流的强度则取决于外力的大小，外力越大，则对流越强。

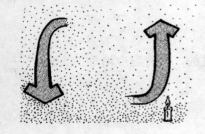

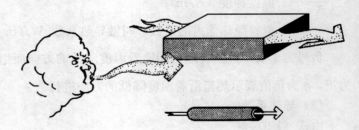

图 1-23　自然对流示意图　　　　　　　　　　图 1-24　受迫对流示意图
（来源：文献 [1]）　　　　　　　　　　　　　（来源：文献 [1]）

在建筑热工中所涉及对流现象主要是空气沿围护结构表面流动时，与壁面之间所产生的热交换过程。这种过程，既包括由空气流动所引起的对流传热过程，同时也包括空气分子间和空气分子与壁面分子之间的导热过程。这种对流与导热的综合过程，被称为表面的"对流换热"，以便与单纯的对流传热相区别。

对流换热量的多少除与温度差成正比外，还与热流方向（从上到下或从下到上，或水平方向）、气流速度及物体表面状况（形状、粗糙程度）等因素有关。一般将除温差以外的其他要素的影响统一用对流换热系数来表达。表面对流换热量可由牛顿冷却定律确定：

$$q_c = \alpha_c(\theta - t) \tag{1-12}$$

式中，q_c——单位面积、单位时间内表面对流换热量（W/m²）；

  α_c——对流换热系数[W/(m² · K)]，即当表面与空气温差为 1K（1℃）时，在单位面积、单位时间内通过对流所交换的热量；

θ——壁面温度（℃）；

t——流体（空气）的温度（℃）。

由上可知 α_c 不是一个固定不变的常数，而是一个取决于许多因素的物理量。对于建筑围护结构的表面则需考虑的因素有：气流状况（自然对流还是受迫对流），壁面所处位置（是垂直的，水平的，或是倾斜的），表面状况（是否有利于空气流动），热的传递方向（由下而上还是由上而下）等。

1.3.3　辐射

辐射传热与导热和对流在机理上有本质的区别，它是以电磁波传递热能的。凡温度高于绝对零度（0K）的物体，都能发射辐射热。辐射传热的特点是发射体的热能变为电磁波辐射能，被辐射体又将所接收的辐射能转换成热能。温度越高，热辐射越强烈，由于电磁波能在真空中传播，所以，物体依靠辐射传递热量时，不需要和其他物体直接接触，也不需要任何中间媒介。

（1）物体的辐射特性

按物体的辐射光谱特性，可分为黑体、灰体和选择辐射体（或称非灰体）三大类，如图1-25 所示。

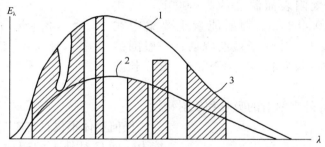

图 1-25　在同温条件下，黑体、灰体和非灰体单色辐射的对比

（来源：文献［3］）

1—黑体；2—灰体；3—非灰体

黑体：能发射全波段的热辐射，在相同的温度条件下辐射能力最大。

灰体：其辐射光谱具有与黑体光谱相似的形状，且对应每一波长下的单色辐射力 E_λ 与同温同波长的黑体的 $E_{\lambda,b}$ 的比值为一常数，即：

$$\frac{E_\lambda}{E_{\lambda,b}} = \varepsilon = 常数 \tag{1-13}$$

比值 ε 称为"发射率"或"黑度"。一般建筑材料都可以看作灰体。

非灰体（或选择性辐射体）：其辐射光谱与黑体光谱毫不相似，甚至有的只能发射某些波长的辐射线。

根据斯蒂芬-波尔兹曼定律，黑体和灰体的全辐射能力与其表面的绝对温度的四次幂成正比，即：

$$E = C\left(\frac{T}{100}\right)^4 \tag{1-14}$$

式中，C——物体的辐射系数 $[W/(m^2 \cdot K^4)]$；

T——物体的绝对温度（K）。

由实验和理论计算得黑体的辐射系数 $C_b = 5.68$，根据式（1-13）可得知，灰体的辐射系数 C 与黑体辐射系数 C_b 之比值即是发射率或黑度 ε，即：

$$\frac{C}{C_b} = \varepsilon \tag{1-15}$$

同一物体，当其温度不同时，其光谱中的波长特性也不同，随着温度的增加，短波成分增强，如图1-26所示。物体表面在不同温度下发射的辐射线的波长特性，一般可用对应于出现最大单色辐射力的波长来表征，此波长以 λ^* 表示。按 Wien 定律：

$$\lambda^* = \frac{2897.6}{T} \quad (\mu m) \tag{1-16}$$

式中，T——黑体表面的绝对温度（K）。

在一定温度下，物体表面发射的辐射能绝大部分集中在 $\lambda = (0.4 \sim 7)\lambda^*$ 的波段范围内。建筑热工中把 $\lambda > 3\mu m$ 的辐射线称为长波辐射，$\lambda < 3\mu m$ 的辐射线称为短波辐射。例如太阳表面温度约为 6000K，按式（1-16）可得 $\lambda^* = 0.483\mu m$，辐射能量主要集中在 $0.2 \sim 3.0\mu m$ 的波段内，故属于短波辐射；一般围护结构表面温度约在 300K 左右，$\lambda^* \approx 10\mu m$，属于长波辐射。

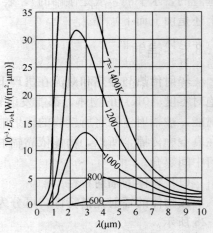

图 1-26　同一物体在
不同温度下的辐射光谱
（来源：文献 [3]）

（2）物体表面对外来辐射的吸收和反射特性

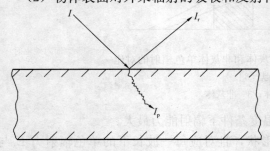

图 1-27　不透明表面的反射和吸收
（来源：文献 [3]）

任何物体不仅具有本身向外发射热辐射的能力，而且对外来的辐射具有吸收性、反射性，某些材料（玻璃、塑料膜等）还具有透射性，绝大多数建筑材料对热射线是不透明的，如图 1-27 所示。投射至不透明材料表面的辐射能，一部分被吸收，一部分则被反射回去。被吸收的辐射能与入射能之比称为吸收系数 ρ；被反射的辐射能与入射能之比称为反射系数 γ，显然：

$$\gamma + \rho = 1 \tag{1-17}$$

对于任一特定的波长，材料表面对外来辐射的吸收系数与自身的发射率或黑度在数值上是相等的，即

$$\rho = \varepsilon \tag{1-18}$$

所以材料辐射能力越大，它对外来辐射的吸收能力也越大。反之，若辐射能力越小，则吸收能力也越小。如果入射辐射的波长与放射辐射的波长不同，则两者在数值上能不等，因吸收系数或反射系数与入射辐射的波长有关。

白色表面对可见光的反射能力最强，对于长波辐射，其反射能力则与黑色表面相差极

小。而抛光的金属表面，不论对于短波辐射或是长波辐射，反射能力都很高，亦即吸收率很低（图1-28）。材料对热辐射的吸收和反射性能，主要取决于表面的颜色、材性和光滑平整程度。对于短波辐射，颜色起主导作用；对于长波辐射，则是材性起主导作用，所谓材性是指导电体还是非导体。所以围护结构外表面刷白在夏季反射太阳辐射热是非常有效的，但在墙体或屋顶中的空气间层内，刷白则不起作用。

窗玻璃与一般围护结构不同，太阳辐射热的绝大部分都能透过普通玻璃，而低温的长波辐射则很少能透过。因此，用普通窗玻璃的温室，白天能引进大量的太阳辐射，而夜间则能阻止室内的长波辐射向外透射。当然，改变玻

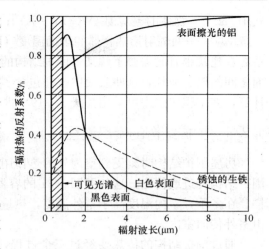

图 1-28　表面对辐射热的反射系数
（来源：文献［5］）

璃的化学成分（例如掺入含铁的化合物）也会使玻璃对太阳辐射热的吸收系数变大，透射系数降低，这就是所谓吸热玻璃（图1-29）。

（3）物体间的辐射换热

由于任何物体都具有发射辐射和对外来辐射吸收反射的能力，所以在空间任意两个相互分离的物体，彼此间就会产生辐射换热，如图1-30所示。如果两物体的温度不同，则较热的物体因向外辐射而失去的热量比吸收外来辐射而得到的热量多，较冷的物体则相反，这样，在两个物体之间就形成了辐射换热。应注意的是，即使两个物体温度相同，它们也在进行着辐射换热，只是处于动态平衡状态。

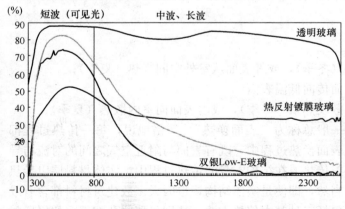

图 1-29　玻璃的透射率
（来源：文献［6］）

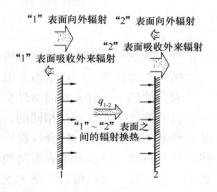

图 1-30　表面的辐射换热
（来源：文献［3］）

两表面间的辐射量主要取决于表面的温度，表面发射和吸收辐射的能力，以及它们之间的相互位置，任意相对位置的两个表面，若不计两表面之间的多次反射，仅考虑第一次吸收，则表面辐射换热的通式为：

$$Q_{1,2} = \alpha_r(\theta_1 - \theta_2) \cdot F \text{ 或 } q_{1,2} = \alpha_r(\theta_1 - \theta_2) \tag{1-19}$$

式中，α_r——辐射换热系数 $[W/(m^2 \cdot K)]$；

θ_1,θ_2——两辐射换热物体的表面温度（K）。

在建筑中有时需要了解某一围护结构的表面与所处环境中的其他表面，如壁面、家具表面之间的辐射换热，这些表面中往往包含了多种不同的不固定的物体表面，很难具体作详细计算，在工程实践中可采用公式（1-19）进行简化计算。

1.3.4 围护结构的传热过程

房屋围护结构时刻受到室内外的热作用，当围护结构表面有温差时，就不断有热量通过围护结构传进或传出，这如同图 1-31 的容器之间只要存在水位势差，就会产生水的流动一样。在冬季，室内温度高于室外温度，热量由室内传向室外；在夏季则正好相反，热量主要由室外传向室内。

通过围护结构的传热要经过三个过程，即表面吸热、结构本身传热和表面放热，如图1-32所示。

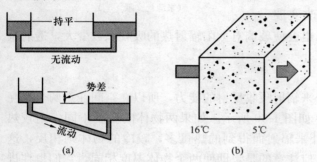

图 1-31　势差及温差驱动下的水的流动和热量的传递
(a) 水流；(b) 热流
（来源：文献 [1]）

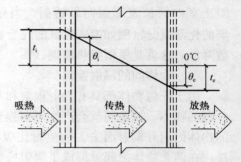

图 1-32　围护结构传热过程
（来源：文献 [3]）

表面吸热——内表面从室内吸热（冬季），或外表面从室外空间吸热（夏季）；

结构本身传热——热量由高温表面传向低温表面；

表面放热——外表面向室外空间散发热量（冬季），或内表面向室内散热（夏季）。

吸热和放热的机理是相同的，故一般总称为"表面换热"。严格地说，每一传热过程都是三种基本传热方式的综合过程。在表面换热过程中，既有表面与附近空气之间的对流与导热，又有表面与周围其他表面间的辐射传热。在结构本身的传热过程中，实体材料层以导热为主，空气层一般以辐射传热为主。当然，即使是实体结构，也因大多数建筑材料都含有或多或少的孔隙，而孔隙中的传热则又包括三种基本传热方式，特别是那些孔隙很多的轻质材料，所以孔隙传热的影响是很大的。

（1）表面换热

由上可知，表面换热量是对流换热量与辐射换热量之和，即

$$q = q_c + q_r = \alpha_c(\theta - t) + \alpha_r(\theta - t) = (\alpha_c + \alpha_r)(\theta - t) = \alpha(\theta - t) \qquad (1-20)$$

式中，q——表面的换热量。其中 q_c 和 q_r 分别为表面对流换热量和表面辐射换热量（W/m^2）；

t——室内空气温度（℃）；

θ——围护结构内表面温度（℃）；

α——表面换热系数[W/(m² · K)]。

上式即 α 的计算方法。在实际设计当中，除某些特殊情况（如超高层建筑顶部外表面）外，一般热工计算中应均按《民用建筑热工设计规范》GB 50176—93 的规定取值（参见本篇表 2-1 及表 2-2），而不必由设计人员去一一计算。

（2）结构传热

通过对表面换热现象的论述，阐述了传热过程中的吸热和放热过程，剩下的是结构本身的传热过程。严格地说，结构本身的传热过程并非单纯是导热，其详细情况将在以后有关部分介绍，作为传热基础知识，这里仅就平壁导热作简要叙述。

在建筑热工学中，"平壁"不仅包括平直的墙壁、屋盖、地板，也包括曲率半径较大的墙、穹顶等结构。虽然实际上这些结构很少是由单一材料制成的匀质体，但为便于说明传热规律，这里仅对"单层匀质平壁"作简单介绍。

设图 1-32 所示为单层匀质平壁，仅在 x 方向有热流传递，即一维传热或单向传热，认为平壁内仅以导热方式传热。壁内外表面温度分别为 θ_i 和 θ_e，由式（1-9）可知，在单位时间内，通过单位截面积的热流——热流强度（或谓比热流）q_x 为：

$$q_x = -\lambda \frac{\partial \theta_x}{\partial x} \quad \text{W/m}^2 \tag{1-21}$$

式中，θ_x——各材料层表面温度（℃）；

λ——各材料层的导热系数，其值可查本篇附录 1[W/(m · K)]。

当平壁各点温度均不随时间而变时，则通过各截面的热流强度亦不随时间而变，且都相等，此种传热称为"稳定传热"。稳定传热的特点是除温度和热流保持恒定不变之外，同一层材料内部的温度分布呈一直线，故各点的温度梯度相等。

就图 1-32 而言，各点的温度梯度均为：

$$\frac{d\theta}{dx} = -\frac{\theta_i - \theta_e}{d} \tag{1-22}$$

将其代入式（1-21），即得单层匀质平壁在一维稳定传热时的热流强度 q 为：

$$q = \frac{\lambda}{d}(\theta_i - \theta_e) \tag{1-23}$$

式（1-23）表明，在稳定传热过程中，通过平壁任一截面的热流强度与导热系数、内外表面温差成正比，而与壁厚成反比。

以上简要介绍了建筑围护结构传热的过程和机理，详细的围护结构传热计算见下章。

本 章 小 结

建筑热工学主要是处理人的热舒适需求、室外气候和建筑之间的关系，即，如何在特定的室外气候条件下，通过对建筑自身的设计提高室内热湿环境的舒适度，尽可能地满足使用者的热舒适需求。在人的热舒适需求方面，本章介绍了人体热舒适的条件、影响因素以及室内热湿环境的评价方法；在室外气候条件方面，本章介绍了空气温度、太阳辐射、空气湿度以及风速等关键气候要素的基本知识、规律和变化特点。除此之外，本章还简要介绍传热的基本知识以及通过围护结构传热的过程，这部分内容将在下一章中作详细的讨论。

思 考 题

1. 为什么人体达到热平衡，并不一定就舒适？解释人体热舒适的条件。

2. 构成室内热湿环境的四项要素是什么？简述各个要素在冬（或夏）季的居室内是怎样影响人体热舒适感的。

3. 从人体健康卫生与节能环保的角度说明，在一年四季中宜人的室内环境不应是完全用设备调控下的恒温恒湿环境。

4. 室外气候因素通过哪些途径和方式影响室内环境？哪些是有利的，哪些情况是不利的？

5. 思考气候（室外热环境）对人居方式、地域文化以及传统建筑风格的影响。

6. 分析几例我国的传统民居，说明在不同的气候分区中，建筑对气候的适应性表现。

7. 物体对热辐射的吸收、发射性能与物体的哪些因素有关？

8. 举例说明建筑材料表面的颜色、光滑程度对围护结构的外表面和结构内空气层的表面在传热方面各有什么影响？

第2章 建筑围护结构的传热计算与应用

重点提示/学习目标

1. 掌握一维稳定传热的计算方法及在建筑保温及节能设计中的应用；
2. 掌握周期性不稳定传热的特征及热特性指标；
3. 了解谐波热作用下平壁的传热计算及温度波的衰减和延迟计算；
4. 掌握室外空气综合温度的概念及应用。

围护结构是围合建筑空间的各个构件的总称，按照是否能够透光，分为透明部分和不透明部分。不透明围护结构有墙、屋顶和楼板等；透明围护结构有窗、玻璃幕墙、阳台门上部等。按是否与室外空气接触，又可分为外围护结构和内围护结构，外墙、屋顶、外门、外窗和外立面的玻璃幕墙等部位与室外空气有接触，因此属于建筑的外围护结构。

外围护结构和内围护结构承受着完全不同的热作用。内围护结构两侧都是室内空间，而同一建筑内部热状况往往差异很小，因此通过内围护结构传递的热量是很少的，很多时候都可以忽略不计。因此一般不考虑通过内围护结构的传热。

对于建筑的外围护结构，情况则完全不同。外围护结构的外侧暴露于室外环境中，承受着室外环境中空气温度、太阳辐射、风速变化的作用，其表面及内部温度以及通过围护结构的热流强度处于时刻不停的变化中。室内环境和热舒适状况也因此不断地发生变化。获得通过外围护结构的传热量以及温度分布是预测室内热环境舒适状况以及建筑的能耗需求的基本条件，也是建筑保温以及防热设计的必要前提。

室内外的热作用虽然处于时刻不停的变化中，但这种变化是有规律可循的，最显著的规律就是以 24h 为周期变化，称为"周期热作用"，如图 2-1 所示。根据室内外温度波动的情况，周期热作用又分单向周期热作用［图 2-1（a）］和双向周期热作用［图 2-1（b）］，前者通常用于空调房间的隔热与节能设计，后者用于自然通风房间的夏季隔热设计；如果室内外温度在计算期间不随时间变化，则称之为"恒定热作用"，如图 2-2 所示。这种计算模型通

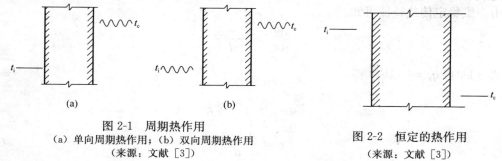

图 2-1　周期热作用
（a）单向周期热作用；（b）双向周期热作用
（来源：文献［3］）

图 2-2　恒定的热作用
（来源：文献［3］）

常用于采暖房间冬季条件下的保温与节能设计。

当围护结构受到"恒定热作用"时，通过围护结构的热流量和围护结构的温度分布不随时间变化，属于"稳定传热问题"；当围护结构受到"周期性热作用"时，围护结构的传热属于"周期性不稳定传热问题"，本章将对这两种情况进行讨论。

2.1 稳定传热

稳定传热是一种最简单、最基本的传热过程。

2.1.1 一维稳定传热特征

在建筑热工学中，"平壁"不仅是指平直的墙体，还包括地板、平屋顶及曲率半径较大的穹顶、拱顶等结构。显然，除了一些特殊结构，建筑工程中大多数围护结构都属于这个范畴。

有一厚度为 d 的单层匀质材料，当其宽度与高度的尺寸远远大于厚度时，则通过平壁的热流可视为只有沿厚度一个方向，即一维传热。当平壁的内、外表面温度保持稳定时，则通过平壁的传热情况亦不会随时间变化，这种传热现象称为一维稳定传热，其传热特征可归纳如下：

（1）通过平壁的热流强度 q 处处相等。只有平壁内无蓄热现象，才能保证温度稳定，因此就平壁内任一截面而言，流进与流出的热量必须相等。

（2）同一材质的平壁内部各界面温度分布呈直线关系。由式（1-21）$q_x = -\lambda \dfrac{\mathrm{d}\theta}{\mathrm{d}x}$ 知，当 $q_x =$ 常数时，若视 λ 不随温度而变，则有 $\dfrac{\mathrm{d}\theta}{\mathrm{d}x} =$ 常数，各点温度梯度相等，即温度随距离的变化规律为直线。

2.1.2 平壁的导热和热阻

严格地讲，只有密实的固体中才存在单纯的导热现象。而一般的建筑材料内部或多或少地总有一些孔隙。在孔隙内除导热外，还有对流和辐射换热方式存在，但由于对流及辐射热量所占比例很小，故在热工计算中，对通过围护结构材料层的传热过程，均按导热过程考虑。

（1）单层匀质平壁的导热

由一维稳定传热特征可知

$$\frac{\mathrm{d}\theta}{\mathrm{d}x} = \frac{\theta_e - \theta_i}{d}$$

利用式（1-21）$q_x = -\lambda \dfrac{\mathrm{d}\theta}{\mathrm{d}x}$ 得

$$q = \frac{\theta_i - \theta_e}{d} \times \lambda$$

$$q = \frac{\theta_i - \theta_e}{\dfrac{d}{\lambda}} \tag{2-1}$$

式（2-1）为单层匀质平壁的稳定导热方程。

式中 d/λ 定义为热量由平壁内表面（θ_i）传至平壁外表面（θ_e）过程中的阻力，称为热阻，即

$$R = \frac{d}{\lambda} \tag{2-2}$$

式中，R——材料层的热阻（$m^2 \cdot K/W$）；

　　　d——材料层的厚度（m）；

　　　λ——材料层的导热系数[$W/(m \cdot K)$]。

热阻表征了围护结构本身或其中某层材料阻挡传热的能力。在同样的温差条件下，热阻越大，通过材料的热量越小，围护结构的保温性能越好。要想增加热阻，可以加大平壁的厚度，或选用导热系数 λ 值较小的材料。

（2）多层平壁的导热与热阻

凡是由几层不同材料组成的平壁都叫多层平壁，例如双面粉刷的砖砌体外墙，如图 2-3 所示。

设有三层材料组成的多层平壁，各材料层之间紧密粘结，壁面很大，每层厚度各为 d_1、d_2 及 d_3，导热系数依次为 λ_1、λ_2 及 λ_3，且均为常数。壁的内、外表面温度为 θ_i 及 θ_e（假定 $\theta_i > \theta_e$），均不随时间而变。由于层与层之间粘结得很好，我们可用 θ_2 及 θ_3 来表示层间接触面的温度，见图 2-3。

把整个平壁看作由三个单层平壁组成，应用式（2-1）分别算出通过每一层的热流强度 q_1、q_2 及 q_3，即

$$q_1 = \frac{\lambda_1}{d_1}(\theta_i - \theta_2) \tag{1}$$

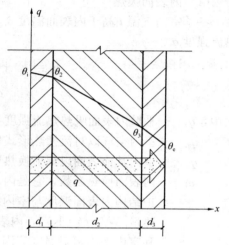

图 2-3　多层平壁导热

（来源：文献 [3]）

$$q_2 = \frac{\lambda_2}{d_2}(\theta_2 - \theta_3) \tag{2}$$

$$q_3 = \frac{\lambda_3}{d_3}(\theta_3 - \theta_e) \tag{3}$$

根据稳定传热特征

$$q = q_1 = q_2 = q_3 \tag{4}$$

联立式（1）（2）（3）及式（4），可解得：

$$q = \frac{\theta_i - \theta_e}{\dfrac{d_1}{\lambda_1} + \dfrac{d_2}{\lambda_2} + \dfrac{d_3}{\lambda_3}} = \frac{\theta_i - \theta_e}{R_1 + R_2 + R_3} \tag{2-3}$$

式中 R_1、R_2 及 R_3 分别为第一、二、三层的热阻。

对 n 层多层平壁的导热计算公式可依此类推：

$$q = \frac{\theta_i - \theta_{n+1}}{\sum_{j=1}^{n} R_j} \qquad (2\text{-}4)$$

式（2-4）中，分母的每一项 R_j 代表第 j 层的热阻，θ_{n+1} 为 n 层外表面的温度。从这个方程式可以得出结论：多层平壁的总热阻等于各层热阻的总和，即 $R = R_1 + R_2 + \cdots + R_n$。

2.1.3 围护结构的稳定传热过程

在1.3.4节曾提到，通过围护结构的传热要经历表面吸热、结构本身传热和表面放热过程。这其中的结构本身传热就属于上述的单层或多层平壁的导热问题，在稳定传热状况下，可以按照单层或多层平壁的导热方程式（2-1）或（2-4）来计算。表面吸热和表面放热过程可以按下面的方法来计算。

（1）内表面吸热

冬季室内气温 t_i 高于内表面温度 θ_i，内表面在对流换热与辐射换热的共同作用下得热，热流强度 q_i：

$$q_i = q_{ic} + q_{ir} = (\alpha_{ic} + \alpha_{ir})(t_i - \theta_i)$$

$$q_i = \alpha_i(t_i - \theta_i) \qquad (1)$$

式中，q_i——平壁内表面吸热热流强度（W/m²）；

$\quad$ q_{ic}——室内空气以对流换热形式传给平壁内表面的热量（W/m²）；

$\quad$ q_{ir}——室内其他表面以辐射换热形式传给平壁内表面的热量（W/m²）；

$\quad$ α_i——内表面换热系数，它是内表面的对流换热系数 α_{ic} 及辐射换热系数 α_{ir} 之和，是围护结构内表面温度与室内空气温度之差为1K时，1h内通过1m²表面积传递的热量[W/(m²·K)]，内表面换热系数的取值大小与表面材质、室内气流速度和室内平均辐射温度等因素有关。建筑热工设计中，内表面换热系数的取值，见表2-1；

$\quad$ t_i——室内空气温度（℃）；

$\quad$ θ_i——围护结构内表面的温度（℃）。

表 2-1 内表面换热系数 α_i 和换热阻 R_i

表面特性	$\alpha_i[\text{W}/(\text{m}^2 \cdot \text{K})]$	$R_i(\text{m}^2 \cdot \text{K/W})$
墙面、地面、表面平整或有肋状突出物的顶棚（$h/s \leqslant 0.3$）	8.7	0.11
有肋状突出物的顶棚（$h/s > 0.3$）	7.6	0.13

注：表中的 h 为肋高，s 为肋间净距。

（2）外表面的散热

与平壁内表面的吸热相似，只不过是平壁把热量以对流及辐射的方式传给室外空气及环境。因此有：

$$q_e = \alpha_e(\theta_e - t_e) \qquad (2)$$

式中 $\quad q_e$——外表面的散热热流强度（W/m²）；

$\quad$ α_e——外表面的换热系数[W/(m²·K)]，它是外表面的对流换热系数 α_{ec} 及辐射换热

系数 α_{er} 之和，是围护结构外表面温度与室外空气温度之差为 1K 时，1h 内通过 1m² 表面积传递的热量。外表面换热系数的取值大小与围护结构外表面材质、室外风速和环境辐射温度等因素有关。建筑热工设计中，外表面换热系数的取值，见表 2-2。

表 2-2 外表面换热系数 α_e 及表面换热阻 R_e 值

适用季节	表面特征	$\alpha_e[W/(m^2 \cdot K)]$	$R_e(m^2 \cdot K/W)$
冬季	外墙、屋顶与室外空气直接接触的表面	23.0	0.04
	与室外空气相通的不采暖地下室上面的楼板	17.0	0.06
	闷顶、外墙上有窗的不采暖地下室上面的楼板	12.0	0.08
	外墙上无窗的不采暖地下室上面的楼板	6.0	0.17
夏季	外墙和屋顶	19.0	0.05

（3）平壁材料层的导热

根据多层平壁导热的计算公式（2-3）可直接写出：

$$q_\lambda = \frac{\theta_i - \theta_e}{\dfrac{d_1}{\lambda_1} + \dfrac{d_2}{\lambda_2} + \dfrac{d_3}{\lambda_3}} \tag{3}$$

式中，q_λ——通过平壁的导热热流强度（W/m²）；

θ_e——平壁外表面的温度（℃）。

由于所讨论的问题属于一维稳定传热过程，则应满足：

$$q = q_i = q_\lambda = q_e \tag{4}$$

联立式（1）（2）（3）及式（4），可得：

$$q = \frac{t_i - t_e}{\dfrac{1}{\alpha_i} + \sum \dfrac{d}{\lambda} + \dfrac{1}{\alpha_e}} = K_0(t_i - t_e) \tag{2-5}$$

式中，q——通过平壁的传热热流强度（W/m²）；

$K_0 = \dfrac{1}{\dfrac{1}{\alpha_i} + \sum \dfrac{d}{\lambda} + \dfrac{1}{\alpha_e}}$ 称为平壁的传热系数，它的物理意义是：在稳定条件下，围护结

构两侧空气温差为 1K，1h 内通过 1m² 面积传递的热量[W/(m² · K)]。

假如把式（2-5）写成热阻形式，则有：

$$q = \frac{t_i - t_e}{R_0} \tag{2-6}$$

式中，R_0——平壁的传热阻，是传热系数 K_0 的倒数。它表征围护结构（包括两侧表面空气边界层）阻抗传热能力的物理量(m² · K/W)。

从式（2-6）可知，在相同的室内、外温差条件下，热阻 R_0 越大，通过平壁所传递的热量就越少。所以，总热阻 R_0 是衡量平壁在稳定传热条件下的一个重要的热工性能指标。比较式（2-5）及式（2-6），可得

$$R_0 = \frac{1}{\alpha_i} + \sum \frac{d}{\lambda} + \frac{1}{\alpha_e} \tag{2-6a}$$

或
$$R_0 = R_i + \Sigma \frac{d}{\lambda} + R_e \qquad (2\text{-}6b)$$

式中，R_i——平壁内表面换热阻，内表面换热系数的倒数（$m^2 \cdot K/W$）；

R_e——平壁外表面换热阻，外表面换热系数的倒数（$m^2 \cdot K/W$）。

2.1.4　围护结构内部温度的计算

　　已知围护结构的传热系数以及室内外空气温度，就可以通过式（2-6）获得通过围护结构的热流量情况。但仅仅获得热流量是不够的，围护结构的内部温度和表面温度是衡量和分析围护结构热工性能的重要依据，主要用于判别围护结构内部是否会产生冷凝水，或判断表面温度是否低于室内露点温度，故还需要对所设计的围护结构逐层温度进行计算。

　　现仍以图 2-3 所示的三层平壁结构为例说明这个问题。在稳定传热条件下，通过平壁的热流量与通过平壁各部分的热流量都相等。

　　根据 $q = q_i$ 得

$$\frac{1}{R_0}(t_i - t_e) = \frac{1}{R_i}(t_i - \theta_i)$$

可得出壁体的内表面温度

$$\theta_i = t_i - \frac{R_i}{R_0}(t_i - t_e) \qquad (2\text{-}7)$$

根据 $q = q_1 = q_2$ 得

$$\left. \begin{array}{l} \dfrac{1}{R_0}(t_i - t_e) = \dfrac{1}{R_1}(\theta_i - \theta_2) \\[2mm] \dfrac{1}{R_0}(t_i - t_e) = \dfrac{1}{R_2}(\theta_2 - \theta_3) \end{array} \right\} \qquad (1)$$

　　由此可得出

$$\left. \begin{array}{l} \theta_2 = \theta_i - \dfrac{R_1}{R_0}(t_i - t_e) \\[2mm] \theta_3 = \theta_i - \dfrac{R_1 + R_2}{R_0}(t_i - t_e) \end{array} \right\} \qquad (2)$$

将式（2-7）代入式（2）即得

$$\left. \begin{array}{l} \theta_2 = t_i - \dfrac{R_i + R_1}{R_0}(t_i - t_e) \\[2mm] \theta_3 = t_i - \dfrac{R_i + R_1 + R_2}{R_0}(t_i - t_e) \end{array} \right\} \qquad (3)$$

　　由此可推知，对于多层平壁内任一层的内表面温度 θ_m，可写成

$$\theta_m = t_i - \frac{R_i + \sum\limits_{j=1}^{m-1} R_j}{R_0}(t_i - t_e) \qquad (2\text{-}8)$$

式中，$\sum\limits_{j=1}^{m-1} R_j = R_1 + R_2 + \cdots + R_{m-1}$，即是从第 1 层到第 $m-1$ 层的热阻之和，层次编号是看热流的方向。

　　根据 $q = q_e$ 得

$$\frac{1}{R_0}(t_i - t_e) = \frac{1}{R_e}(\theta_e - t_e)$$

由此可得出外表面的温度 θ_e

或

$$\theta_e = t_e + \frac{R_e}{R_0}(t_i - t_e) \\ \theta_e = t_i - \frac{R_0 - R_e}{R_0}(t_i - t_e) \right\} \tag{2-9}$$

应指出，在稳定传热条件下，当各层材料的导热系数为定值时，每一材料层内的温度分布是一直线，在多层平壁中成一条连续的折线。材料层内的温度降落程度与各层的热阻成正比，材料层的热阻越大，在该层内的温度降落也越大。材料导热系数越小，层内温度分布线的斜度越大（陡），反之，导热系数越大，层内温度分布线的斜度越小（平缓）。

【**例 2-1**】已知室内气温为 15℃，室外气温为 −10℃，试计算通过图 2-4 所示的砖墙和钢筋混凝土预制板屋顶的热流量和内部温度分布。$R_i = 0.11\text{m}^2 \cdot \text{K/W}$；$R_e = 0.04\text{m}^2 \cdot \text{K/W}$。

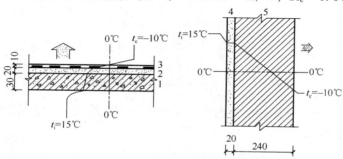

图 2-4　砖墙和钢筋混凝土预制板屋顶
（来源：文献 [3]）

【**解**】已知 $t_i = 15℃$，$t_e = -10℃$，$R_i = 0.11$，$R_e = 0.04$

由本篇附录 1 查得：砖砌体导热系数 $\lambda = 0.81\text{W/(m·K)}$，石灰粉刷的 $\lambda = 0.81\text{W/(m·K)}$，钢筋混凝土的 $\lambda = 1.74\text{W/(m·K)}$，水泥砂浆的 $\lambda = 0.93\text{W/(m·K)}$，油毡屋面的 $\lambda = 0.17\text{W/(m·K)}$。

由式（2-6b）得砖墙的传热阻

$$R_0 = 0.11 + \frac{0.02}{0.81} + \frac{0.24}{0.81} + 0.04 = 0.471 \ (\text{m}^2 \cdot \text{K/W})$$

钢筋混凝土屋顶的传热阻

$$R_0 = 0.11 + \frac{0.03}{1.74} + \frac{0.02}{0.93} + \frac{0.01}{0.17} + 0.04 = 0.248 \ (\text{m}^2 \cdot \text{K/W})$$

1）求热流量

由式（2-6）得出通过砖墙的热流强度

$$q = \frac{1}{0.471} \times (15 + 10) = 53.08 \ (\text{W/m}^2)$$

通过钢筋混凝土屋顶的热流强度

$$q = \frac{1}{0.248} \times (15 + 10) = 100.8 \ (\text{W/m}^2)$$

2）求表面及内部温度

砖墙结构，按式（2-7）得

$$\theta_i = 15 - \frac{0.11}{0.471} \times (15+10) = 9.2 （℃）$$

按式（2-8）得

$$\theta_2 = 15 - \frac{0.11+0.025}{0.471} \times (15+10) = 7.8 （℃）$$

按式（2-9）得

$$\theta_e = 15 - \frac{0.471-0.04}{0.471} \times (15+10) = -7.9 （℃）$$

钢筋混凝土屋顶

$$\theta_i = 15 - \frac{0.11}{0.248} \times (15+10) = 3.9（℃）$$

$$\theta_2 = 15 - \frac{0.11+0.017}{0.248} \times (15+10) = 2.2（℃）$$

$$\theta_3 = 15 - \frac{0.11+0.017+0.022}{0.248} \times (15+10) = 0（℃）$$

$$\theta_e = 15 - \frac{0.248-0.04}{0.248} \times (15+10) = -6.0（℃）$$

由上面的计算可知，在同样的室内外气温条件下，R_0 越大，通过围护结构的热流强度越小，内表面温度则越高。

2.1.5 封闭空气间层的热阻

静止的空气介质导热性甚小，因此在建筑设计中常利用封闭空气间层作为围护结构的保温层。

空气间层中的传热过程与固体材料层不同。固体材料层内是以导热方式传递热量的，而在空气间层中，导热、对流和辐射三种传热方式都明显地存在着，其传热过程实际上是在一个有限空气层的两个表面之间的热转移过程，包括对流换热和辐射换热，如图 2-5 所示。因此，空气间层不像实体材料层那样，当材料导热系数一定后，材料层的热阻与厚度成正比关系。在空气间层中，其热阻主要取决于间层两个界面上的空气边界层厚度和界面之间的辐射换热强度。所以，空气间层的热阻与厚度之间不存在成比例增长的关系。现就空气间层中的对流换热和辐射换热分述如下：

在有限空间内的对流换热强度，与间层的厚度、间层的位置和形状、间层的密闭性等因素有关。图 2-6 是空气在不同封闭间层中的自然对流情况。

在垂直空气间层中，当间层两界面存在温差（$\theta_1 > \theta_2$）时，热表面附近的空气将上升，冷表面附近的空气则下沉，形成一股上升和一股下沉的气流，见图 2-6（a）。当间层厚度较薄时，上升和下沉的气流相互干扰，

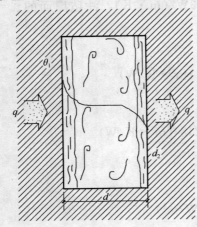

图 2-5　垂直封闭空气间层内的传热过程
（来源：文献［3］）

此时气流速度虽小，但形成局部环流而使边界层减薄（相对于开敞空间的壁面边界层而言），见图 2-6（b）。当间层厚度增大时，上升气流与下沉气流相互干扰的程度越来越小，气流速度也随着增大，当厚度达到一定程度时，就与开敞空间中沿垂直壁面所产生的自然对流状况相似。

在水平空气间层中，当热面在上方时，间层内可视为不存在对流，见图 2-6（c）。当热面在下方时，热气流的上升和空气流的下沉相互交替形成自然对流，见图 2-6（d），这时自然对流换热最强。

通过间层的辐射换热量与间层表面材料的辐射性能（黑度或辐射系数）和间层的平均温度有关。

图 2-7 是说明垂直空气间层内在单位温差下通过不同传热方式所传递的各部分热量的分配情况。图中"1"线与横坐标之间是表示间层空气处于静止状态的纯导热方式传递的热量；"2"线与横坐标之间表示的是对流换热量；"3"线与"2"线之间表示的是当间层由一般建筑材料（$\varepsilon \approx 0.9$）做成时的辐射换热量；"3"线与横坐标之间表示通过间层的总传热量。由图中可看出，对于普通空气间层，在总的传热量中，辐射换热占的比例最大，通常都在总传热量的 70% 以上。因此，要提高空气间层的热阻，首先要设法减少辐射换热量。

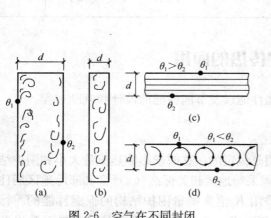

图 2-6　空气在不同封闭
间层中的自然对流情况
（来源：文献 [3]）

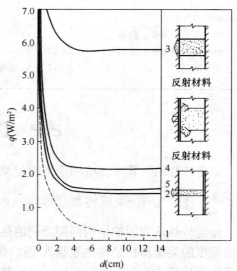

图 2-7　垂直间层内不同传热方式的
传热量的比较
（来源：文献 [3]）

将空气间层布置在围护结构的冷侧，降低间层的平均温度，可减少辐射换热量，但效果不显著。最有效的是在间层壁面上涂贴辐射系数小的反射材料，目前在建筑中采用的主要是铝箔。根据铝箔的成分和加工质量的不同，它的辐射系数介于 $0.29 \sim 1.12 \mathrm{W/(m^2 \cdot K^4)}$，而一般建筑材料的辐射系数是 $4.65 \sim 5.32 \mathrm{W/(m^2 \cdot K^4)}$。图 2-7 中"4"线和"2"线之间表示间层内有一个表面贴上铝箔后辐射换热所占的部分，从图中可看出，辐射换热热量大大降低了。"5"线与"2"线之间表示两个表面都贴上铝箔后的情况，与单面贴铝箔相比，增效并不显著，从节约材料考虑，以一个表面贴反射材料为宜。

在实际设计计算中，空气间层的热阻 R_{ag} 一般都采用表 2-3 所载的数据。

表 2-3 空气间层热阻 $R_{ag}(m^2 \cdot K/W)$

位置、热流状况及 材料特性	冬季状况							夏季状况						
	间层厚度（mm）							间层厚度（mm）						
	5	10	20	30	40	50	>60	5	10	20	30	40	50	>60
一般空气间层														
热流向下（水平、倾斜）	0.10	0.14	0.17	0.18	0.19	0.20	0.20	0.09	0.12	0.15	0.15	0.16	0.16	0.15
热流向上（水平、倾斜）	0.10	0.14	0.15	0.16	0.17	0.17	0.17	0.09	0.11	0.13	0.13	0.13	0.13	0.13
垂直空气间层	0.10	0.14	0.16	0.17	0.18	0.18	0.18	0.09	0.12	0.14	0.14	0.14	0.15	0.15
单面铝箔空气间层														
热流向下（水平、倾斜）	0.16	0.28	0.43	0.51	0.57	0.60	0.64	0.15	0.25	0.37	0.44	0.48	0.52	0.54
热流向上（水平、倾斜）	0.16	0.26	0.35	0.40	0.42	0.42	0.43	0.14	0.20	0.28	0.29	0.30	0.30	0.28
垂直空气间层	0.16	0.26	0.39	0.44	0.47	0.49	0.50	0.15	0.22	0.31	0.34	0.36	0.37	0.36
双面铝箔空气间层														
热流向下（水平、倾斜）	0.18	0.34	0.56	0.71	0.84	0.94	1.01	0.16	0.30	0.63	0.63	0.73	0.81	0.86
热流向上（水平、倾斜）	0.17	0.29	0.45	0.52	0.55	0.56	0.57	0.15	0.25	0.37	0.37	0.38	0.38	0.35
垂直空气间层	0.18	0.31	0.49	0.59	0.65	0.69	0.71	0.15	0.27	0.46	0.46	0.49	0.50	0.50

2.2 稳定传热的应用

稳定传热的计算主要应用于采暖建筑保温性能以及节能性能的设计和判断过程。

2.2.1 围护结构保温性能的判断

稳定传热认为围护结构两侧受到的热作用是恒定的，这时候影响热流量大小和围护结构表面温度的关键指标是传热系数 K 值。在我国采暖地区相关标准（《严寒和寒冷地区居住建筑节能设计标准》JGJ 26—2010）中，就是采用 K 值来衡量围护结构的保温性能的。标准中要求各个气候区的建筑必须达到 K 值的限值要求。如果建筑各个部位的传热系数以及相关指标（如窗墙比）都满足限值的要求，则认为该建筑达到了相应的节能指标。表 2-4 是对部分地区外墙和屋顶的限值要求。

表 2-4 寒冷（A）区围护结构热工性能参数限值

围护结构部位	传热系数 K [W/ $(m^2 \cdot K)$]		
	≤3 层建筑	4~8 层建筑	≥9 层建筑
屋面	0.35	0.45	0.45
外墙	0.45	0.60	0.70

围护结构部位		传热系数 K [W/（m^2 · K）]		
		≤3 层建筑	4～8 层建筑	≥9 层建筑
架空或外挑楼板		0.45	0.60	0.60
非采暖地下室顶板		0.50	0.65	0.65
分隔采暖与非采暖空间的隔墙		1.5	1.5	1.5
分隔采暖与非采暖空间的户门		2.0	2.0	2.0
阳台门下部门芯板		1.7	1.7	1.7
外窗	窗墙面积比≤0.2	2.8	3.1	3.1
	0.2<窗墙面积比≤0.3	2.5	2.8	2.8
	0.3<窗墙面积比≤0.4	2.0	2.5	2.5
	0.4<窗墙面积比≤0.5	1.8	2.0	2.3
围护结构部位		保温材料层热阻 R（m^2 · K/W）		
周边地面		0.83	0.56	—
地下室外墙（与土壤接触的外墙）		0.91	0.61	—

需要注意的是，限值规定的传热系数是墙体的平均传热系数，即考虑了梁、柱等热桥部位影响的传热系数。平均传热系数可按下面的方法由主断面的传热系数计算得到。

$$K_m = K + \frac{\sum \varphi_j + l_j}{A} \tag{2-10}$$

式中，K_m——单元墙体的平均传热系数[W/（m^2 · K）]；

K——单元墙体的主断面传热系数[W/（m^2 · K）]；

φ_j——单元墙体上的第 j 个结构性热桥的线性传热系数[W/（m^2 · K）]；

l_j——单元墙体的第 j 个结构性热桥的计算长度(m)。

A——单元墙体的面积（m^2）。

其中线传热系数的取值方法可参阅《严寒和寒冷地区居住建筑节能设计标准》（JGJ 26—2010）。

2.2.2　在建筑物耗热量计算中的应用

如果设计建筑的所有部位都满足规定性限值的要求，那么可以认为该建筑达到了一定的保温及节能性能要求。当围护结构的热工性能参数不满足上述规定时，还可以采用直接计算建筑物耗热量指标的方法来权衡判断建筑的整体保温及节能性能。

建筑物耗热量指标是采暖建筑节能设计的一个重要指标，是指在采暖期室外平均温度条件下，采暖建筑为保持室内计算温度，单位建筑面积在单位时间内消耗、需由室内采暖设备供给的热量，单位 W/m^2。建筑物耗热量指标可由通过围护结构的传热耗热量、通过门窗缝隙的空气渗透、空气调节耗热量以及建筑物内部得热（包括炊事、照明、家电和人体散热）计算获得。

其中，通过围护结构的传热耗热量主要通过本节所述的方法进行计算。以通过外墙的传热耗热量为例，折合到单位建筑面积上单位时间内通过外墙的传热量 $q_{H_{qi}}$ 应按下式计算：

$$q_{H_q} = \frac{\sum q_{H_{qi}}}{A_0} = \frac{\sum \varepsilon_{qi} K_{mqi} F_{qi}(t_n - t_e)}{A_0} \tag{2-11}$$

式中，$q_{H_{qi}}$——单位时间内通过外墙的传热量（W/m²）；

　　　t_n——室内计算温度，取 18℃；当外墙内侧是楼梯间时，则取 12℃；

　　　t_e——采暖期室外平均温度（℃）；

　　　ε_{qi}——外墙传热系数的修正系数；

　　　K_{mqi}——外墙平均传热系数[W/(m²·K)]；

　　　F_{qi}——外墙的面积（m²）；

　　　A_0——建筑面积（m²）。

其中，通过一定面积 F 上的传热耗热量为传热系数、室内外温差以及面积的乘积，这与本节式（2-5）的计算方法是相同的。

2.3　周期性不稳定传热

前面所讨论的稳定传热，前提是围护结构两侧的热作用不随时间而变。但在实际建筑中，稳定传热情况是不存在的，围护结构所受到的环境热作用（不论室内或室外），或多或少总是随着时间变化的，尤其是室外热作用。当外界热作用随时间而变时，围护结构内部的温度和通过围护结构的热流量亦将发生变化，这种传热过程，称为不稳定传热。若外界热作用随着时间呈现周期性的变化，则叫做周期性不稳定传热。

在夏季条件下，室外气温和太阳辐射的综合作用，昼夜之间变化甚剧，这时若将围护结构的传热过程简化为稳定传热，则不能反映客观的传热基本特性，所以必须按不稳定传热考虑。此外，随着建筑工业化程度的提高，轻型装配式围护结构日益推广，这类结构因稳定性差，当室内外温度波动时，表面和内部温度很易引起显著的变化，所以即使在冬季热工计算中，也要考虑到不稳定传热的特性。

2.3.1　谐波热作用

在建筑热工中所研究的变化热作用，都带有一定的周期波动性，如室外气温和太阳辐射的昼夜小时变化，在一段时间内可近似地看做每天出现重复性的周期变化；冬天当采用间歇采暖时，室内气温也会引起周期性的波动。所以，在建筑热工中着重讨论周期性不稳定传热，这是不稳定传热中的一个特例。其他形式的不稳定传热过程是传热学教程讨论的范畴。

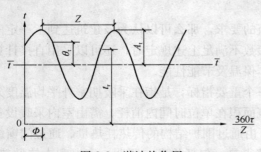

图 2-8　谐波热作用
（来源：文献［3］）

在周期性波动的热作用中，最简单最基本的是谐波热作用，即温度随时间的正弦或余弦函数作规则变化（图 2-8）。一般都用余弦函数表示：

$$t_\tau = \bar{t} + A_t \cos\left(\frac{360\tau}{Z} - \Phi\right) \tag{2-12}$$

式中，t_τ——在 τ 时刻的介质温度（℃）；

$\bar{t}$——在一个周期内的平均温度（℃）；

A_t——温度波的振幅，即最高温度与平均温度之差（℃）；

Z——温度波的波动周期（h）；

τ——以某一指定时刻（例如昼夜时间内的零点）起算的计算时间（h）；

Φ——温度波的初相位，deg；若坐标原点取在温度出现最大值处，则 $\Phi = 0$。

式（2-12）也可表达成

$$t_\tau = \bar{t} + \Theta_t \tag{2-13}$$

式中，Θ_t——是以平均温度为基准的相对温度，它是一个谐量。

$$\Theta_t = A_1 \cos(\omega\tau - \Phi) \tag{2-14}$$

式中，ω——角速，$\omega = \dfrac{360}{Z} \mathrm{deg/h}$，$Z$ 为温度波的周期，若 $Z = 24\mathrm{h}$，则 $\omega = 15\mathrm{deg/h}$。

事实上，围护结构所受到的周期热作用，并不是随时间的余弦（或正弦）函数规则地变化。在分析计算精度要求不高的情况下，可近似按谐波热作用考虑。取实际温度的最高值与平均值之差作为振幅，并根据实际温度出现最高值的时间确定其初相位角。若计算精度要求较高时，可用傅里叶级数展开，通过谐量分析把周期性的热作用变换成若干阶谐量的组合。由于各种周期性变化性作用，均可变换成谐波热作用的组合，所以通过研究谐波热作用下的传热过程，即能反映围护结构和房屋在周期热作用下的传热特性。

2.3.2 谐波热作用下的传热特征

如图 2-9 所示，平壁在谐波热作用下具有以下几个基本传热特征：

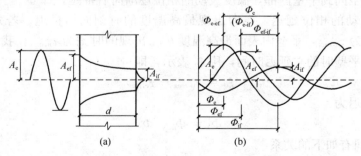

图 2-9 谐波热作用通过平壁时的衰减和延迟现象

（来源：文献 [3]）

（1）室外温度和平壁表面温度、内部任一截面处的温度都是同一周期的谐波动，亦即均可用谐量表示：

室外温度 $\quad\quad \Theta_e = A_e \cdot \cos(\omega\tau - \Phi_e)$

$$\Phi_e = \omega \cdot \tau_{e,\max}$$

式中，Θ_e——室外的相对温度（℃）；

$\quad A_e$——室外温度波的振幅（℃）；

$\quad \Phi_e$——室外温度波的初相位（deg）；

$\quad \tau_{e,max}$——室外温度出现最高值的时刻（h）。

平壁外表面温度

$$\Theta_{ef} = A_{ef} \cdot \cos(\omega\tau - \Phi_{ef})$$
$$\Phi_{ef} = \omega \cdot \tau_{ef,max}$$

式中，Θ_{ef}——平壁外表面的相对温度（℃）；

$\quad A_{ef}$——外表面温度波的振幅（℃）；

$\quad \Phi_{ef}$——外表面温度波的初相位（deg）；

$\quad \tau_{ef,max}$——外表面温度出现最高值的时刻（h）。

平壁内表面温度

$$\Theta_{if} = A_{if} \cdot \cos(\omega\tau - \Phi_{if})$$
$$\Phi_{if} = \omega \cdot \tau_{if,max}$$

式中，Θ_{if}——平壁内表面的相对温度（℃）；

$\quad A_{if}$——内表面温度波的振幅（℃）；

$\quad \Phi_{if}$——内表面温度波的初相位（deg）；

$\quad \tau_{if,max}$——内表面温度出现最高值的时刻（h）。

（2）从室外空间到平壁内部，温度波动振幅逐渐减小，即 $A_e > A_{ef} > A_{if}$，这种现象叫做温度波动的衰减。

在建筑热工中，把室外温度振幅 A_e 与由外侧温度谐波热作用引起的平壁内表面温度振幅 A_{if} 之比称为温度波的穿透衰减度，今后简称为平壁的总衰减度，用 v_0 表示，即

$$v_0 = \frac{A_e}{A_{if}} \tag{2-15}$$

（3）从室外空间到平壁内部，温度波动的相位逐渐向后推延，即 $\Phi_e < \Phi_{ef} < \Phi_{if}$，这种现象叫做温度波动的相位延迟，亦即出现最高温度的时刻向后推迟。若外部温度最大值 $t_{e,max}$ 出现的时刻为 $\tau_{e,max}$，平壁内表面最高温度 $\theta_{i,max}$ 出现的时刻为 $\tau_{if,max}$，我们把两者之差值称为温度波穿过平壁时的总延迟时间，用 ξ_0 表示，即

$$\xi_0 = \tau_{if,max} - \tau_{e,max} \tag{2-16}$$

总的相位延迟为

$$\Phi_0 = \Phi_{if} - \Phi_e \tag{2-17}$$

ξ_0 与 Φ_0 之间有如下的关系

$$\xi_0 = \frac{Z}{360}\Phi_0 \tag{2-18}$$

式中，Z——温度波动的周期（h）；

$\quad \Phi_0$——总的相位延迟角（deg）。

温度波在传递过程中产生衰减和延迟现象，是由于在升温和降温过程中材料的热容作用和热量传递中材料层的热阻作用造成的。设想把一匀质实体平壁结构划分成四个厚度相同的薄层，如图 2-10 所示，即可看清热流是怎样从温度已升高的外表面通过整个壁体传递的过

程。进入每一层的热流使该层的温度有所提高，为此所用的热量均贮存于该层内，多余的热量便依次转移至相邻较冷的层内。因此，每一层只受到少量的热作用而其温度的提高值便比相邻的外层低。由于在壁体内部贮热的结果，到达最内层的热量要比通过最外层的热量少，其温度提高值也就最小。当外表面的温度达到其最高值开始冷却时，上述的过程便相反，即出现各层依次冷却的过程。由此可见，壁体的任一截面均经历着加热及冷却的周期变化过程，内表面温度的波动振幅要低于外表面的波动振幅，内表面出现最高温度的时间比外表面出现

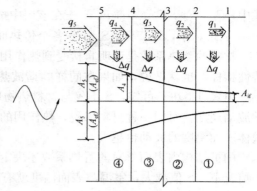

图 2-10 温度波衰减的形成
（来源：文献 [3]）

最高温度的时间要晚。内表面与外表面的温度振幅比，取决于壁体的热物理性能及厚度，当壁体的厚度及热容量增大而材料的导热系数降低时，内表面的波动振幅就减小，出现最高值的延迟时间就越长。

2.3.3 谐波热作用下材料和围护结构的热特性指标

在稳定传热中，传热量及围护结构温度主要与材料的导热系数及结构的传热阻密切有关。在谐波热作用下的周期性传热过程中，传热量及围护结构温度变化则与材料和材料层的蓄热系数及材料层的热惰性有关。现将周期传热中涉及的几个主要热特性指标概述如下。

（1）材料的蓄热系数

在建筑热工中，把某一匀质半无限大壁体（即足够厚度的单一材料层）一侧受到谐波热作用时，迎波面（即直接受到外界热作用的一侧表面）上接受的热流波幅 A_q 与该表面的温度波幅 A_0 之比称为材料的蓄热系数。其值越大，材料的热稳定性越好。用 S 表示，单位 $W/(m^2 \cdot K)$。按传热学理论，材料蓄热系数 S 的计算式为

$$S = \frac{A_q}{A_0} = \sqrt{\frac{2\pi\lambda c\rho}{Z}} \tag{2-19}$$

式中，λ——材料的导热系数（即在稳定条件下，1m 厚的物体，两侧表面温差为 1K，在 1h 内 $1m^2$ 面积的热量）$[W/(m \cdot K)]$；

c——材料的比热容（即质量热容 1kg 的物质，温度升高或降低 1K 所吸收或放出的热量）$[kJ/(kg \cdot K)]$；

ρ——材料的密度（即 $1m^3$ 物体所具有的质量）(kg/m^3)；

Z——温度波动周期（h）。

当波动周期为 24h，则

$$S_{24} = 0.51\sqrt{\lambda c\rho} \tag{2-20}$$

当围护结构中某层是由几种材料组合时，该层的平均蓄热系数应按下式计算：

$$\overline{S} = \frac{S_1 F_1 + S_2 F_2 + \cdots + S_n F_n}{F_1 + F_2 + \cdots + F_n} \tag{2-21}$$

式中，F_1，F_2，F_3，$\cdots$，F_n——在该层中按平行于热流划分的各个传热面积（m^2）；

S_1，S_2，S_3，$\cdots$，S_n——各个传热面积上材料的蓄热系数[$W/(m^2 \cdot K)$]。

材料的蓄热系数是说明直接受到热作用的一侧表面，对谐波热作用反应敏感程度的一个特性指标。也就是说，如果在同样的谐波热作用下，蓄热系数 S 越大，则表面温度波动越小。由式（2-19）可知，S 不仅与材料热物理性能（λ、c 和 ρ）有关，还取决于外界热作用的波动周期。对同一种材料来说，热作用的波动周期越长，材料的蓄热系数越小，因此引起壁体表面温度的波动也越大。

围护结构内表面材料的蓄热系数还决定着室内气温与内表面温度的关系，特别是在通风的情况下，S 值越大，室温与表面温度就有着明显的差别，这是因为在通风的建筑内，室内气温接近于室外气温，而来自墙体内部的热流可使内表面保持较高的温度水平。如 S 值小，来自墙体内的热流少，材料的蓄热量也小，因此内表面温度便紧随室内气温而变动；此外，当间歇采暖或间歇供冷时，S 值也决定着室内气温的变化特性。采暖系统运转时，材料 S 值高的建筑室温上升较慢，但系统关闭时，室温下降也较慢。反之，如 S 值小，上述情况则正好相反。

（2）材料层的热惰性指标

热惰性指标是表征材料层或围护结构受到波动热作用后，背波面（若波动热作用在外侧，则指其内表面）上对温度波衰减快慢程度的无量纲指标，也就是说明材料层抵抗温度波动能力的一个特性指标，用"D"表示。它显然取决于材料层迎波面的抗波能力和波动作用传至背波面时所受到的阻力。热惰性指标 D 的值为

$$D = R \cdot S \tag{2-22}$$

式中，R——材料层的热阻（$m^2 \cdot K/W$）；

S——材料的蓄热系数[$W/(m^2 \cdot K)$]。

对多层材料的围护结构，热惰性指标为各材料层热惰性指标之和：

$$\Sigma D = R_1 \cdot S_1 + R_2 \cdot S_2 + \cdots + R_n \cdot S_n = D_1 + D_2 + \cdots + D_n$$

式中 R、S 分别为各材料层的热阻和蓄热系数。

如围护结构中有空气间层，由于空气的蓄热系数 S 为 0，该层热惰性指标 D 值也为 0。

如围护结构中某层是由几种材料组合时，应用式（2-21）和式（2-22）得：

$$D = \overline{R} \cdot \overline{S} \tag{2-23}$$

组成围护结构的材料层热惰性指标越大，说明温度波在其间的衰减越快，围护结构的热稳定性越好。温度波的衰减与材料层的热惰性指标是呈指数函数关系。

即：

$$v_x = \frac{A_\theta}{A_x} = e^{\frac{D}{\sqrt{2}}}$$

式中，v_x——温度波在 x 层处的衰减度（衰减倍数）。

（3）材料层表面的蓄热系数

在前面提出了材料蓄热系数 S 的概念，但在工程实践中遇到的大多是有限厚度的单层平壁或多层平壁，在这种情况下，材料层受到周期波动的温度作用时，其表面温度的波动，不仅与材料本身的热物理性能有关，而且与边界条件有关，即在顺着温度波前进的方向，与该材料层相接触的介质（另一种材料或空气）的热物理性能和散热条件，对其表面温度的波动也有影响。所以，对于有限厚度的材料层应采用表面蓄热系数，表面蓄热系数是在周期热

作用下，物体表面温度升高或降低 1K 时，在 1h 内 $1m^2$ 表面积贮存或释放的能量，用"Y"表示，单位 $W/(m^2 \cdot K)$。

其计算方法为：依照围护结构的材料分层，逐层计算。例如，图 2-11 为由四层薄结构（$D<1.0$）组成的墙，在室内一侧有波动热作用，则其内表面蓄热。

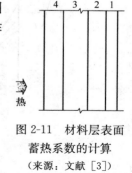

图 2-11　材料层表面蓄热系数的计算
（来源：文献 [3]）

系数 Y_i 的计算式应由近及远依次为（注意各层编号）：

$$Y_i = Y_4 = \frac{R_4 S_4^2 + Y_3}{1 + R_4 Y_3}$$

$$Y_3 = \frac{R_3 S_3^2 + Y_2}{1 + R_3 Y_2}$$

$$Y_2 = \frac{R_2 S_2^2 + Y_1}{1 + R_2 Y_1}$$

$$Y_1 = \frac{R_1 S_1^2 + \alpha_e}{1 + R_1 \alpha_e}$$

式中，R、S、Y 分别为各层的热阻、材料蓄热系数、内表面蓄热系数，α_e 为外表面换热系数。

由上式可得由多层"薄"结构组成的围护结构内表面蓄热系数计算方法。各层内表面蓄热系数计算式也可以写成以下通用形式：

$$Y_n = \frac{R_n S_n^2 + Y_{n-1}}{1 + R_n Y_{n-1}} \tag{2-24}$$

式中，n 为各结构层的编号。

距周期性热作用最远的一层，在此例中为外表面，其 Y_{n-1} 值表面换热系数 α 代替。

以上计算式中各层的编号是从波动热作用方向的反向编起的。即当波动热作用于内表面时，如需计算内表面的蓄热系数，则其编号次序应从最外层材料的内表面编起。另外，如构造层中某一层为厚层时，即 $D \geqslant 1.0$ 时，该层的 $Y = S$，内表面蓄热系数可从该层算起，后面各层就可不再计算。

2.3.4　谐波热作用下平壁的传热计算

正如前面图 2-1 所示的计算模型，围护结构可能一侧或两侧同时受到周期波动的热作用。解决这类问题，可将综合过程分解成几个单一过程，分别进行计算后利用叠加原理，把各个单过程的计算结果叠加起来，即得最终结果。若平壁两侧受到的谐波作用分别为：

外侧：
$$t_e = \bar{t}_e + A_e \cdot \cos\left(\frac{360\tau}{Z} - \Phi_e\right)$$

内侧：
$$t_i = \bar{t}_i + A_i \cdot \cos\left(\frac{360\tau}{Z} - \Phi_i\right)$$

两侧热作用的平均值 $\bar{t}_e$ 和 $\bar{t}_i$ 都是定值，则其综合过程分解成三个分过程，如图 2-12 所示：

（1）在室内平均温度 $\bar{t}_i$ 和室外平均温度 $\bar{t}_e$ 作用下的稳定传热过程；

（2）在室外谐波热作用（即相对温度 Θ_e）下的周期性传热过程，此时室内一侧气温不

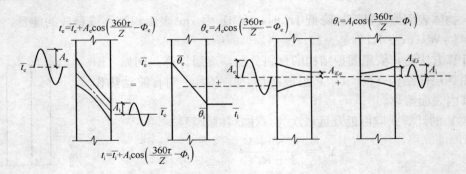

图 2-12　双向谐波热作用传热过程的分解

（来源：文献 [3]）

变动，由此在平壁内表面引起的温度波动振幅为 $A_{if,e}$；

（3）在室内谐波热作用（即相对温度 Θ_i）下的周期性传热过程，此时室外一侧气温不变动。由此在平壁内表面引起的温度波动振幅为 $A_{if,i}$。

稳定传热的计算方法已在本章第一节中阐明。（2）（3）两个过程同属一类，只是热作用方向和振幅大小、波动相位不同而已。

在后面讨论围护结构的热工设计问题中，关心的主要是围护结构的内表面温度。按上述的分解过程，在双向谐波热作用下，围护结构的表面温度可按下述步骤进行计算。

（1）已知室外平均温度 $\bar{t}_e$ 和室内平均温度 $\bar{t}_i$，确定围护结构内表面的平均温度 $\bar{\theta}_i$。此时可应用公式（2-7），即

$$\bar{\theta}_i = t_i - \frac{R_i}{R_0}\ (\bar{t}_i - \bar{t}_e) \tag{2-25}$$

（2）移至室外温度波的振幅 A_e 和初相位 Φ_e，确定在外侧谐波热作用下引起的内表面温度波的振幅 $A_{if,e}$ 和初相位 $\Phi_{if,e}$。

按衰减倍数的定义可知：

$$A_{if,e} = \frac{A_e}{v_0} \tag{2-26}$$

式中，A_e——室外温度谐波的振幅（℃）；

v_0——温度波动过程由室外空间传至平整内表面时的振幅总衰减度。

按相位延迟的定义可知：

$$\Phi_{if,e} = \Phi_e + \Phi_{e-if} \tag{2-27}$$

式中，Φ_e——室外温度谐波的初相位（deg）；

Φ_{e-if}——温度波动过程从室外传至内表面时的相位延迟角（deg）。

在外侧谐波热作用下所引起的内表面温度谐波为

$$\Theta_{if,e} = A_{if,e} \cdot \cos(\omega\tau - \Phi_{if,e})$$

（3）已知室内温度波的振幅 A_i 和初相位 Φ_i，确定在内侧谐波热作用下所引起的内表面温度波的振幅 $A_{if,i}$ 和初相位 $\Phi_{if,i}$

按衰减倍数的定义可知：

$$A_{if,i} = \frac{A_i}{v_{if}} \tag{2-28}$$

式中，A_i——室外温度谐波振幅（℃）；

　　　v_{if}——温度波动过程从室内传至内表面时的振幅衰减度。

　　按相位延迟的定义可知：

$$\Phi_{if,i} = \Phi_i + \Phi_{i-if} \qquad (2-29)$$

式中，Φ_i——室内温度谐波的初相位角（deg）；

　　　Φ_{i-if}——温度波动过程从室内传至内表面时的相位延迟角（deg）。

　　在内侧谐波热作用下所引起的内表面温度谐波为：

$$\Theta_{if,i} = A_{if,i} \cdot \cos(\omega\tau - \Phi_{if,i})$$

　　（4）确定内表面温度合成波的振幅 A_{if} 和初相位 Φ_{if}

　　在内外谐波热作用下实际的内表面温度谐波，乃是上述两个分谐波的合成。由于在通常情况下，相位角 $\Phi_{if,e}$ 与 $\Phi_{if,i}$ 是不等的，亦即是两个温度波出现最高值的时间不一致，所以合成波的振幅 A_{if} 不能直接将 $A_{if,e}$ 与 $A_{if,i}$ 相加而得。合成波的振幅和初相位角可按下列公式确定：

　　为书写简便起见，令

$$A_1 = A_{if,e}, A_2 = A_{if,i}$$

$$\Phi_1 = \Phi_{if,e}, \Phi_2 = K_{if,i}$$

$$N = A_1 \sin\Phi_1 + A_2 \sin\Phi_2$$

$$M = A_1 \cos\Phi_1 + A_2 \cos\Phi_2$$

则合成波的振幅为

$$A_{if} = \sqrt{A_1^2 + A_2^2 + 2A_1 A_2 \cos(\Phi_1 - \Phi_2)} \qquad (2-30)$$

合成波的初相位为

$$\Phi_{if} = \alpha + \tan^{-1}\left(\frac{N}{M}\right) \qquad (2-31)$$

其中 α 角视 Φ_{if} 所在象限而定，当

　　M 为（＋），N 为（＋），属第一象限，$\alpha = 0°$；

　　M 为（－），N 为（＋），属第二象限，$\alpha = 90°$；

　　M 为（－），N 为（－），属第三象限，$\alpha = 180°$；

　　M 为（＋），N 为（－），属第四象限，$\alpha = 270°$。

　　（5）最后计算围护结构的内表面温度

　　任一时刻的内表面温度按下式确定：

$$\theta_i = \bar{\theta}_i + A_{if} \cdot \cos(\omega\tau - \Phi_{if}) \qquad (2-32)$$

　　内表面的最高温度为

$$\theta_{i,\max} = \bar{\theta}_i + A_{if} \qquad (2-33)$$

　　综上所述，欲得出在谐波热作用下平壁内表面的温度，问题在于如何计算衰减度 v_0 和 v_{if}，以及相位延迟 Φ_{e-if} 和 Φ_{i-if}。

　　倘若热作用是非谐波的周期热作用，则根据计算精度的要求，可将非谐波的室内外周期

热作用，分成若干阶谐量，针对各阶谐量分别进行计算，最后叠加起来即得综合结果。

2.3.5 温度波在平壁内的衰减和延迟计算

衰减和延迟的精确计算是很复杂的，本教程不作具体介绍，下面只引用什克洛维尔（A·M·Ⅲ$_{КДОВеР}$）提出的近似计算法。

（1）室外温度谐波传至平壁内表面时的衰减倍数和延迟时间的计算

衰减倍数是指室外介质温度谐波的振幅与平壁内表面温度谐波的振幅之比值，其值按下式计算：

$$\nu_0 = 0.9 e^{\frac{\sum D}{\sqrt{2}}} \cdot \frac{S_1 + \alpha_i}{S_1 + Y_{1,e}} \cdot \frac{S_2 + Y_{1,e}}{S_2 + Y_{2,e}} \cdot \ldots \frac{S_n + Y_{n-1,e}}{S_n + Y_{n,e}} \cdot \frac{\alpha_e + Y_{n,e}}{\alpha_e} \tag{2-34}$$

式中，　　$\sum D$——平壁总的热惰性指标，等于各材料层的热惰性指标之和；

S_1、S_2……——各层材料的蓄热系数[W/(m² · K)]；

$Y_{1,e}$、$Y_{2,e}$……——各材料层外表面的蓄热系数[W/(m² · K)]；

α_i——平壁内表面的换热系数，[W/(m² · K)]；

α_e——平壁外表面的换热系数，[W/(m² · K)]；

e——自然对数的底 e＝2.718。

ν_0 越大，则表示围护结构抵抗谐波热作用的能力越大。

应注意，用公式（2-34）的计算时，材料层的编号是由内向外（与温度波的前进方向相反）。

总的相位延迟是指室外介质温度谐波出现最高值的相位与平壁内表面温度谐波出现最高值的相位之差，其值按下式计算：

$$\Phi_0 = \Phi_{e-if} = 40.5 \sum D + \arctan \frac{Y_{ef}}{Y_{ef} + \alpha_e \sqrt{2}} - \arctan \frac{a_i}{a_i + Y_{if}\sqrt{2}} \tag{2-35}$$

式中，Φ_0——总的相位延迟角（deg）；

Y_{ef}——平壁外表面的蓄热系数[W/(m² · K)]；

Y_{if}——平壁内表面的蓄热系数[W/(m² · K)]。

在建筑热工设计中，习惯用延迟时间 ξ_0 来评价围护结构的热稳定性，根据时间与相位角的变换关系即可得延迟时间

$$\xi_0 = \frac{z}{360} \Phi_0$$

当周期 Z＝24h，则

$$\xi_0 = \frac{1}{15} \left(40.5 \sum D + \arctan \frac{Y_{ef}}{Y_{ef} + a_e \sqrt{2}} \right) - \arctan \frac{a_i}{a_i + Y_{if}\sqrt{2}} \tag{2-36}$$

（2）室内温度谐波传至平壁内表面时衰减和延迟计算

室内温度谐波传至平壁内表面时，只经过一个边界层的振幅衰减和相位延迟过程，到达表面时的衰减倍数 ν_{if} 和相位延迟 Φ_{i-if} 按下列公式计算：

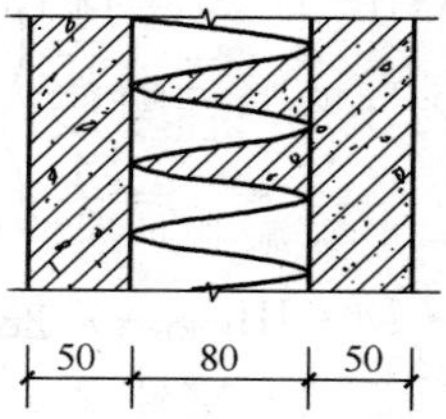

$$\nu_{if} = 0.95 \frac{\alpha_i + Y_{if}}{\alpha_i} \qquad (2\text{-}37)$$

$$\Phi_{i-if} = \arctan \frac{Y_{if}}{Y_{if} + \alpha_i \sqrt{2}} \qquad (2\text{-}38)$$

若用时间表示相位延迟，当 $Z=24\text{h}$，则内表面的延迟时间为

$$\xi_{if} = \frac{1}{15} \arctan \frac{Y_{if}}{Y_{if} + a_i \sqrt{2}} \qquad (2\text{-}39)$$

注意，以上诸式中计算时，arctan 项均用角度数计。

图 2-13 某建筑西墙构造图
（来源：文献 [3]）
1—钢筋混凝土；2—岩棉板；3—钢筋混凝土

【例 2-2】 某建筑西墙的构造如图 2-13 所示，从内到外依次为钢筋混凝土、岩棉板、钢筋混凝土，试求其衰减度 ν_0，延迟时间 ξ_0。

【解】 （1）计算各层热阻 R 和热惰性指标 D 过程如下表：

材料层	d	λ	$R = \dfrac{d}{\lambda}$	S	$D = R \cdot S$
钢筋混凝土	0.05	1.74	0.0287	17.2	0.49
岩棉板	0.08	0.064	1.25	0.93	1.163
钢筋混凝土	0.05	1.74	0.0287	17.2	0.49

得 $\sum D = 2.143$

（2）计算各材料层外表面的蓄热系数 Y

① 围护结构各层的外表面蓄热系数（温度波由外向内时）

$$D_1 < 1 \qquad Y_{1,e} = \frac{R_1 S_1^2 + \alpha_i}{1 + R_1 \alpha_i} = \frac{0.0287 \times 17.2^2 + 8.7}{1 + 0.0287 \times 8.7} = 13.76$$

$$D_2 > 1 \qquad Y_{2,e} = S_2 = 0.93$$

$$D_3 < 1 \qquad Y_{3,e} = \frac{R_3 S_3^2 + Y_{2,e}}{1 + R_3 Y_{2,e}} = \frac{0.0287 \times 17.2^2 + 0.93}{1 + 0.0287 \times 0.93} = 9.18$$

$$Y_e = Y_{3,e} = 9.18 [\text{W}/(\text{m}^2 \cdot \text{K})]$$

② 围护结构内表面蓄热系数（温度波由内向外时）Y_i

因 $D_2 > 1$ $Y_{2,i} = S_2 = 0.93$ 故可以直接计算第一层的 $Y_{1,i}$：

$$D_1 < 1 \quad Y_{1,i} = \frac{R_1 S_1^2 + Y_{2,i}}{1 + R_1 Y_{2,i}} = \frac{0.0287 \times 17.2^2 + 0.93}{1 + 0.0287 \times 0.93} = 9.18$$

$$Y_i = Y_{1,i} = 9.18 [\text{W}/(\text{m}^2 \cdot \text{K})]$$

（3）计算对室外综合温度波的衰减倍数 ν_0（α_i 取 8.7，α_e 取 19）

$$v_0 = 0.9 e^{\frac{\sum D}{\sqrt{2}}} \frac{S_1 + \alpha_i}{S_1 + Y_{1e}} \cdot \frac{S_2 + Y_{1,e}}{S_2 + Y_{2e,}} \cdot \frac{S_3 + Y_{2,e}}{S_3 + Y_{3e,}} \cdot \frac{Y_{3e} + a_e}{a_e}$$

$$= 0.9 \times e^{\frac{2143}{\sqrt{2}}} \times \frac{17.2 + 8.7}{17.2 + 13.76} \times \frac{0.93 + 13.76}{0.93 + 0.93}$$

$$\times \frac{17.2 + 0.93}{17.2 + 9.18} \times \frac{9.18 + 19}{19}$$

$$= 27.58 \text{ 倍}$$

（4）计算对室外综合温度波的延迟时间 ξ_0

$$\xi_0 = \frac{1}{15}\left(40.5\sum D + \arctan\frac{Y_e}{Y_e + \alpha_e\sqrt{2}} - \arctan\frac{a_i}{a_i + Y_i\sqrt{2}}\right)$$

$$= \frac{1}{15}\left(40.5\times 2.143 + \arctan\frac{9.18}{9.18 + 19\sqrt{2}}\right) - \arctan\frac{8.7}{8.7 + 9.18\sqrt{2}}$$

$$= 5.28h$$

2.4 周期性不稳定传热的应用

周期性不稳定传热的一个典型应用就是夏季房间隔热性能设计。房间在自然通风状况下，夏季围护结构的隔热计算，应按室内、外双向谐波热作用下的不稳定过程考虑。室外热作用以24h为周期波动；而室内热作用就是室内气温，它随室外气温变化而变化，因而也是以24h为周期波动的。由于夏季室内、外热作用波动的振幅都比较大，同时太阳辐射对室内影响很大，故不允许作稳定传热的简化。

2.4.1 建筑的隔热及其设计标准

所谓隔热设计标准就是围护结构的隔热设计应当达到的程度。它与地区气候特点、人们的生活习惯和对地区气候的适应能力以及当前的技术经济水平有密切关系。

对于自然通风房屋，外围护结构的隔热设计主要控制其内表面温度 θ_i 值。为此，要求外围护结构具有一定的衰减度和延迟时间，保证内表面温度不致过高，以免向室内和人体辐射过多的热量引起房间过热，恶化室内热环境，影响人们的生活、学习和工作。

按照《民用建筑热工设计规范》（GB 50176—93）要求，自然通风房屋的外围护结构应当满足如下的隔热控制指标：

（1）通常情况下，屋顶和西（东）外墙内表面最高温度 $\theta_{i,max}$ 应满足下式要求：

$$\theta_{i,max} \leqslant t_{e,max}$$

式中，$\theta_{i,max}$——外围护结构内表面最高温度（℃）；

$t_{e,max}$——夏季室外计算温度最高值（℃）。

（2）对于夏季特别炎热地区（如南京、合肥、芜湖、九江、南昌、武汉、长沙、重庆等）$\theta_{i,max}$ 应满足下列要求：

$$\theta_{i,max} < t_{e,max}\,℃$$

（3）当外墙和屋顶采用轻型结构（如加气混凝土）时，$\theta_{i,max}$ 应满足下列要求：

$$\theta_{i,max} \leqslant t_{e,max} + 0.5℃$$

（4）当外墙和屋顶内侧复合轻质材料（如混凝土墙内侧复合轻混凝土、岩棉、泡沫塑料、石膏板等）时，$\theta_{i,max}$ 应满足下式：

$$\theta_{i,max} \leqslant t_{e,max} + 1℃$$

（5）对于夏季既属炎热地区，冬季又属寒冷地区的区域，其建筑设计既应考虑防寒又应考虑防热，外墙和屋顶设计则应同时满足冬季保温和夏季隔热的要求。

关于外围护结构内表面温度 θ_i 值可用 2.3 节中所提的方法进行设计计算。

2.4.2 室外环境的综合热作用——室外综合温度

夏季建筑的热环境设计，不仅要考虑室外空气和太阳辐射对建筑的加热作用，而且要考虑围护结构外表面的有效长波辐射的自然散热作用。为了计算方便，常将三者对外围护结构的共同作用综合成一个单一的室外气象参数，即"室外综合温度"t_{sa}来表示，其计算公式为：

$$t_{sa} = t_e + \rho_s I/\alpha_e - t_{lr} \tag{2-40}$$

式中，t_{sa}——室外综合温度（℃）；

$\quad\quad t_e$——室外气温（℃）；

$\quad\quad \rho_s$——围护结构外表对太阳辐射的吸收系数，参见表 2-5；

$\quad\quad I$——太阳辐射强度（W/m²）；

$\quad\quad t_{lr}$——外表面有效长波辐射温度（℃）。粗略计算可取下值：

对于屋面　　　　　　　　　　$t_{lr} = 3.5℃$

对于外墙　　　　　　　　　　$t_{lr} = 1.8℃$

表 2-5　表面对太阳辐射热的吸收系数 ρ_s

材料名称	表面状况	表面颜色	ρ_s
红褐色瓦屋面	旧	红褐色	0.70
灰瓦屋面	旧	浅灰色	0.52
水泥屋面	旧	青灰色	0.74
石棉水泥瓦	—	浅灰色	0.75
浅色油毛毡	新、粗糙	浅黑色	0.72
沥青屋面	旧、不光滑	黑色	0.85
黏土砖墙	不光滑	红色	0.75
硅酸盐砖墙	不光滑	青灰色	0.50
石灰粉刷墙面	新、光滑	白色	0.48
水刷石墙面	旧、粗糙	浅灰色	0.70
水泥粉刷墙面	新、光滑	浅蓝色	0.56
草地	粗糙	绿色	0.80

式（2-40）中的 $\rho_s I/\alpha_e$ 值又叫做太阳辐射的"等效温度"或"当量温度"。图 2-14 是根据广州某地建筑物的平屋顶的表面状况和实测的气象资料，按式（2-40）计算得到的一天的综合温度变化曲线。从图中可见，太阳辐射的等效温度值是相当大的。气温对各个朝向外墙和屋顶的影响是相同的，但太阳辐射热的影响却差别很大。图 2-15 是广州夏季某建筑各朝向的室外综合温度变化实例。由图可见，平屋顶的室外综合温度最大，其次是西墙，这就说明在炎热的南方，除了特别着重考虑屋顶的隔热外，还要重视西墙、东墙的隔热。

式（2-40）仅给出了综合温度的一般表达形式，当进行隔热计算时，则必须首先确定综合温度的最大值、昼夜平均值以及其昼夜波动振幅。综合温度最大值按下式计算：

$$t_{sa,max} = \bar{t}_{sa} + At_{sa} \tag{2-41}$$

式中，$t_{sa,max}$——综合温度最大值（℃）；

$\bar{t}_{sa}$——综合温度平均值（℃）；

At_{sa}——综合温度振幅（℃）。

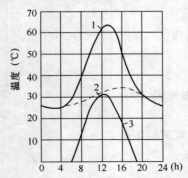

图 2-14　夏季室外综合温度的组成
1—室外综合温度；2—室外空气温度；
3—太阳辐射当量温度
（来源：文献［3］）

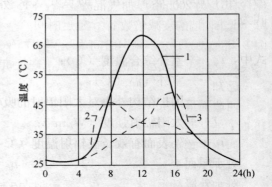

图 2-15　不同朝向的室外综合温度
1—水平面；2—东向垂直面；3—西向垂直面
（来源：文献［3］）

综合温度平均值按下式计算：

$$\bar{t}_{sa} = \bar{t}_e + \rho_s \bar{I}/\alpha_e - t_{lr} \tag{2-42}$$

式中，$\bar{t}_e$——室外平均气温（℃）；

$\bar{I}$——平均太阳辐射照度（W/m²）；

t_{lr}——外表面有效长波辐射温度（℃）。

综合温度的昼夜波动振幅为

$$A_{t_{sa}} = (A_{t_e} + A_{t_s})\beta \tag{2-43}$$

式中，A_{t_e}——室外气温振幅（℃）；

A_{t_s}——太阳辐射等效温度振幅（℃）；

$$A_{t_s} = (I_{max} - \bar{I})\rho_s/\alpha_e \tag{2-44}$$

β——时差修正系数。

由于 $\bar{t}_{e,max}$ 与 I_{max} 的出现时间不一致，故二者的振幅不能取简单的代数和，而要用 β 加以修正，这是一种近似的方法，β 按表 2-6 查取。

表 2-6　时差修正系数 β

$\dfrac{A_{t_s}}{A_{t_e}}$	$\bar{t}_{e,max}$ 与 I_{max} 出现的时差（h）									
	1	2	3	4	5	6	7	8	9	10
1.0	0.98	0.97	0.92	0.87	0.79	0.71	0.60	0.5	0.38	0.26
1.5	0.99	0.97	0.93	0.87	0.80	0.72	0.63	0.53	0.42	0.32
2.0	0.99	0.97	0.93	0.88	0.81	0.74	0.66	0.58	0.49	0.41
2.5	0.99	0.97	0.94	0.89	0.83	0.76	0.69	0.62	0.55	0.49
3.0	0.99	0.97	0.94	0.90	0.85	0.79	0.72	0.65	0.60	0.55
3.5	0.99	0.97	0.94	0.91	0.86	0.81	0.76	0.69	0.64	0.59
4.0	0.99	0.97	0.95	0.91	0.87	0.82	0.77	0.72	0.67	0.63
4.5	0.99	0.97	0.95	0.92	0.88	0.83	0.79	0.74	0.70	0.66
5.0	0.99	0.97	0.95	0.92	0.89	0.85	0.81	0.76	0.72	0.69

注：本表亦可用于求任何二谐波振幅之叠加。

【例 2-3】 广州地区某建筑物在自然通风状态下的西墙（图 2-16）为 200mm 厚加气混凝土墙，内、外抹灰各 20mm 厚。试求西墙的衰减倍数 ν_0，延迟时间 ξ_0，由室内空气到内表面的衰减度 ν_{if}、延迟时间 ξ_{if}、内表面平均温度 θ_i、温度波动振幅 A_{if}、最高温度 $\theta_{i,max}$ 及其出现时间 $\tau_{if,max}$。

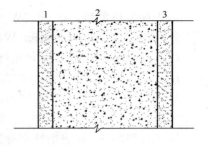

图 2-16　墙体构造
（来源：文献［3］）

已知：

西墙面最大太阳辐射照度：$I_{max}=768W/m^2$，出现在 16 时；

西墙平均太阳辐射照度：$\bar{I}=206W/m^2$；

室外平均气温：$\bar{t}_e=30℃$；

室外最高气温：$t_{e,max}=35℃$，出现在 15 时；

自然通风情况下室内平均气温（由实测结果统计）：$\bar{t}_i=\bar{t}_e+0.5t_{e,max}=35℃$；

室内气温振幅 $A_{t_i}=A_{t_e}-1.5℃$，$t_{i,max}$ 出现时间比 $t_{e,max}$ 晚 1h。

【解】

1）室外综合温度 t_{sa} 的计算

室外平均综合温度按式（2-42）计算，取 $\rho_s=0.48$，$\alpha_e=19W/(m^2 \cdot K)$

$$\bar{t}_{sa}=\bar{t}_e+\frac{\rho_s \bar{I}}{\alpha_e}-1.8=30+\frac{0.48 \times 206}{19}-1.8=33.4℃$$

等效温度振幅 A_{t_s} 按式（2-44）计算

$$A_{t_s}=\frac{(\bar{I}_{max}-\bar{I})\rho_s}{\alpha_e}=\frac{(768-206)\times 0.48}{19}=14.2℃$$

室外气温振幅 A_{t_e} 为

$$A_{t_e}=t_{e,max}-\bar{t}_e=35-30=5℃$$

求出 A_{t_s} 和 A_t 之后，就可以从表 2-6 中查 β 值。$A_{t_s}/A_{t_e}=14.2/5=2.8$，太阳辐射照度和室外气温出现最大值的时间差为

$$\Delta\tau=\tau_{t_{i,max}}-\tau_{t_{e,max}}=16-15=1h$$

所以 $\beta=0.99$

综合温度振幅 $A_{t_{sa}}$ 按式（2-43）计算

$$A_{t_{sa}}=(A_{t_e}+A_{t_s})\beta=(5+14)\times 0.99=19℃$$

从而综合温度最大值为

$$t_{sa,max}=\bar{t}_{se}+A_{t_{sa}}=33.4+19=52.4℃$$

综合温度最大值出现的时间近似地按振幅的大小由下式计算

$$\tau_{t_{sa,max}}=\tau_{t_{e,max}}+\frac{A_{t_s}}{A_{t_s}+A_{t_e}}\times\Delta\tau=15+\frac{15}{15+5}\times 1$$

$$=15.75（即出现在 15 时 45 分）$$

2）衰减倍数、延迟时间的计算

内抹灰（石灰砂浆）：$\lambda_1=0.81$，$S_1=10.12$；

加气混凝土块砌体（$\rho=500kg/m^3$）：$\lambda_2=0.19$，$S_2=2.76$；

外抹灰（石灰水泥防水复合砂浆）：$\lambda_3=0.87$，$S_3=10.79$；

内表面换热系数：$\alpha_i = 8.7 \text{W/} (\text{m}^2 \cdot \text{K})$；

外表面换热系数：$\alpha_e = 19.0 \text{W/} (\text{m}^2 \cdot \text{K})$。

（1）计算各层热阻 R 和热惰性指标 D

$R_1 = d_1/\lambda = 0.02/0.81 = 0.025 \quad D_1 = R_1 S_1 = 0.025 \times 10.12 = 0.253$

$R_2 = d_2/\lambda_2 = 0.02/0.19 = 1.053 \quad D_2 = R_2 S_2 = 1.053 \times 2.76 = 2.906$

$R_3 = d_3/\lambda_3 = 0.02/0.87 = 0.023 \quad D_3 = R_3 S_3 = 0.023 \times 10.79 = 0.248$

墙体传热阻 R_0 和热惰性指标 ΣD 为

$$R_0 = R_i + \Sigma R + R_e = \frac{1}{\alpha_i} + R_1 + R_2 + R_3 + \frac{1}{\alpha_e}$$

$$= \frac{1}{8.7} + 0.025 + 1.053 + 0.023 + \frac{1}{19}$$

$$= 1.269$$

$$\Sigma D = D_1 + D_2 + D_3 = 0.253 + 2.906 + 0.248 = 3.407$$

（2）计算材料层表面蓄热系数 Y

a. 各层外表面蓄热系数（谐波由外向内）

因 $D_1 = 0.253 < 1$，故 $Y_{1,e} = \dfrac{R_1 S_1^2 + \alpha_i}{1 + R_1 \alpha_i} = \dfrac{0.025 \times 10.12^2 + 8.7}{1 + 0.025 \times 8.7} = 9.25$

因 $D_2 = 2.906 > 1$，故 $Y_{2,e} = S_2 = 2.76$

因 $D_3 = 0.248 < 1$，故 $Y_{3,e} = \dfrac{R_3 S_3^2 + Y_{2,e}}{1 + R_3 Y_{2,e}} = \dfrac{0.023 \times 10.79^2 + 2.76}{1 + 0.023 \times 2.76} = 5.11$

$$Y_e = Y_{3,e} = 5.11 \; [\text{W/} (\text{m}^2 \cdot \text{K})]$$

b. 墙体内表面蓄热系数（谐波由内向外）

因 $D_2 > 1$，故可以从第二层算起。

$D_2 > 1$，$Y_{2,i} = S_2 = 2.76$

$D_3 < 1$，故 $Y_{1,i} = \dfrac{R_1 S_1^2 + Y_{2,i}}{1 + R_1 Y_{2,i}} = \dfrac{0.025 \times 10.12^2 + 2.76}{1 + 0.025 \times 2.76} = 4.98$

$Y_i = Y_{1,i} = 4.98 \; [\text{W/} (\text{m}^2 \cdot \text{K})]$

（3）计算对室外谐波的衰减倍数 ν_0

$$\nu_0 = 0.9 e^{\frac{\Sigma D}{\sqrt{2}}} \cdot \frac{S_1 + a_i}{S_1 + Y_{1,e}} \cdot \frac{S_2 + Y_{1,e}}{S_2 + Y_{2,e}} \cdots \frac{S_n + Y_{n-1,e}}{S_n + Y_{n,e}} \cdot \frac{Y_{n,e} + \alpha_e}{\alpha_e}$$

$$= 0.9 e^{\frac{3.407}{\sqrt{2}}} \times \frac{10.12 + 8.7}{10.12 + 9.25} \times \frac{2.76 + 9.25}{2.76 + 2.76} \times \frac{10.79 + 2.76}{10.79 + 5.11} \times \frac{5.11 + 19}{19}$$

$$= 22.89$$

（4）室外谐波延迟时间 ξ_0 的计算

$$\xi_0 = \frac{1}{15} \left(40.5 \Sigma D + \arctan \frac{Y_e}{Y_e + \alpha_e \sqrt{2}} - \arctan \frac{\alpha_i}{\alpha_i + Y_i \sqrt{2}} \right)$$

$$= \frac{1}{15} \left(40.5 \times 3.407 + \arctan \frac{5.11}{5.11 + 19 \times \sqrt{2}} - \arctan \frac{8.7}{8.7 + 4.98 \times \sqrt{2}} \right)$$

$$= \frac{1}{15} (137.98 + 9.08 - 28.93) = 7.88 \text{h}$$

3）墙体内表面最高温度 $\theta_{i,\max}$ 的计算由于是自然通风房间的西墙，承受的是室外综合温度和室内气温的双向谐波热作用，其温度由两个谐波分别作用叠加而成。

$$\theta_{i,max} = \bar{\theta}_i + A_{if}$$
$$\bar{\theta}_i = \bar{t}_i + (\bar{t}_{sa} - \bar{t}_i)/R_0\alpha_i$$
$$A_{if} = (A_{if,e} - A_{if,i})\beta$$

式中，$\bar{\theta}_i$——内表面昼夜平均温度（℃）；

$\quad A_{if}$——内表面温度振幅（℃）；

$\quad A_{if,e}$——室外谐波引起的内表面温度振幅（℃）；

$\quad A_{if,i}$——室内谐波引起的内表面温度振幅（℃）；

$\quad\beta$——时差修正系数，按表 2-6 查取。

（1）内表面平均温度的计算

由已知条件有室内平均气温为：

$$\bar{t}_i = \bar{t}_e + 0.5 = 30 + 0.5 = 30.5℃$$

所以　　　　　　$\bar{\theta}_i = 30.5 + (33.4 - 30.5)/(1.269 \times 8.7) = 30.8℃$

（2）$A_{if,e}$ 的计算

$$A_{if,e} = A_{t_{sa}}/\nu_0 = 19/22.89 = 0.83℃$$

由室外谐波引起的内表面最高温度出现的时间

$$\tau_e = \tau_{t_{sa,max}} + \xi_0 = 15.75 + 7.88 = 23.63\text{h}，即出现在 23 时 38 分。$$

（3）$A_{if,i}$ 的计算

$$A_{if,i} = A_{t_i}/\nu_{if}$$

式中，A_{t_i}——室内气温振幅（℃）；

$\quad\nu_{if}$——室内谐波传至内表面的衰减倍数。

$$\nu_{if} = 0.95\frac{\alpha_i + Y_{if}}{\alpha_i} = 0.95 \times \frac{8.7 + 4.98}{8.7} = 1.49$$

由已知条件可得　　　　　$A_{t_i} = A_{t_e} - 1.5 = 5 - 1.5 = 3.5℃$

所以　　　　　　　　　　$A_{if,i} = A_{t_i}/\nu_{if} = 3.5/1.49 = 2.35℃$

室内谐波传至内表面的延迟时间 ξ_{if} 为

$$\xi_{if} = \frac{1}{15}\arctan\frac{Y_{if}}{Y_{if} + a_i\sqrt{2}} = \frac{1}{15}\arctan\frac{4.98}{4.98 + 8.7 \times \sqrt{2}} = 1.07\text{h}$$

由已知条件室内气温最高值出现时间比室外气温约晚一小时，室外气温最高值出现在 15 时，因此，室内气温最高值应出现在 16 时。于是，由室内谐波引起的墙体内表面最高温度出现在：

$$\tau_i = 16 + 1.07 = 17.07\text{h}，即 17 时 4 分$$

（4）叠加后的内表面温度最高值 $\theta_{i,max}$ 及其出现的时间 $\tau_{if,max}$ 的计算

因已经求得内表面平均温度，只要再求出叠加后的振幅 A_{if}，就可以算出其最高温度。

$$A_{if} = (A_{if,e} + A_{if,i})\beta$$

式中，β 仍然是两个谐波叠加时的时差修正系数，为了从表 2-6 查找相应的 β 值，先要求出二谐波的振幅比例，即

$$A_{if,i}/A_{if,e} = 2.35/0.83 = 2.83$$

在求振幅比例时，总是以数值大者作分子。

其次，还要算出两个谐波最大值出现的时间差，在这里即由室外谐波引起的内表面温度最大值与室内谐波引起的内表面温度最大值出现的时差，在算这个时差时，注意 τ_e 在 23 时

38 分（即 23.63 时），τ_i 在当日的 17 时 4 分（即 17.07 时），两者时差为

$$\Delta\tau = \tau_e - \tau_i = 23.63 - 17.07 = 6.56h$$

于是用内插法从表 2-6 中查得 $\beta = 0.71$

$$A_{if} = (2.35 + 0.83) \times 0.71 = 2.2℃$$

$$\theta_{i,max} = \theta_i + A_{if} + 30.8 + 2.2 = 33℃$$

因此，在国家禁止使用黏土实心砖墙后，广州采用轻质加气混凝土砖外墙能满足《民用建筑热工设计规范》要求的隔热标准，即

$$\theta_{i,max} \leqslant t_{e,max} \text{ 即（} 33℃ \leqslant 35℃）$$

内表面最高温度出现的时间 $\tau_{if,max}$，仍按振幅的大小近似地确定。

$$\tau_{if,max} = \tau_i - \frac{A_{if,e}\Delta\tau}{A_{if,i} + A_{if,e}} = 17.07 + \frac{0.83 \times 6.56}{2.35 + 0.83} = 18.78h$$

$$\tau_{if,max} = \tau_e - \frac{A_{if,i}\Delta\tau}{A_{if,i} + A_{if,e}} = 23.63 - \frac{2.35 \times 6.56}{2.35 + 0.83} = 18.78h$$

两种算法的结果一致，即内表面最高温度出现的时间在 18 时 47 分左右。

【例 2-4】 试验算图 2-17 所示屋顶在上海地区夏季计算条件下的内表面最高温度是否满足隔热要求。已知 30mm 厚聚苯乙烯泡沫塑料保温屋顶的热工性能参数及有关计算如下：

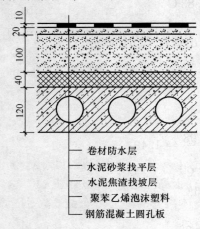

—— 卷材防水层
—— 水泥砂浆找平层
—— 水泥焦渣找坡层
—— 聚苯乙烯泡沫塑料
—— 钢筋混凝土圆孔板

图 2-17 屋顶构造
（来源：文献 [3]）

【解】

（1）室外计算参数（已知）

$$\bar{t}_e = 31.2，t_{e,max} = 36.1$$

$$\Delta t = 4.9，\alpha_e = 19.0$$

$$\bar{I} = 315.4，I_{max} = 967.0$$

（2）室内计算参数

$$\bar{t}_i = \bar{t}_e + 1.5 = 31.2 + 1.5 = 32.7$$

$$A_{t_i} = A_{t_e} - 1.5 = 4.9 - 1.5 = 3.4$$

$$\alpha_i = 8.7$$

（3）室外综合温度平均值

$$\rho = 0.85$$

$$\bar{t}_{sa} = \bar{t}_e + \frac{\rho\bar{I}}{\alpha_e} = 31.2 + \frac{0.85 \times 315.4}{19.0} = 45.31$$

（4）太阳辐射当量温度波幅值

$$A_{t_s} = \frac{\rho(I_{max} - \bar{I})}{\alpha_e} = \frac{0.85 \times (967 - 315.4)}{19.0} = 29.15$$

$$\frac{A_{t_s}}{A_{t_e}} = \frac{29.15}{4.9} = 5.95，\Delta\Phi = \Phi_{t_e} - \Phi_1 = 15 - 12 = 3，\beta = 0.95$$

（5）室外综合温度波幅值

$$A_{t_{sa}} = (A_{t_e} + A_{t_s})\beta = (4.9 + 29.15) \times 0.95 = 32.35$$

$$\frac{A_{t_{sa}}}{V_0} = \frac{32.35}{63.02} = 0.51，\frac{A_{t_i}}{V_i} = \frac{3.4}{2.17} = 1.57$$

$$\frac{\dfrac{A_{t_i}}{V_i}}{\dfrac{A_{t_{sa}}}{V_0}} = \frac{1.57}{0.51} = 3.08$$

$$\Delta\Phi = (\Phi_{t_{sa}} + \xi_0) - (\Phi_{t_i} + \xi_i)$$
$$= (13 + 8.72) - (16 + 1.70) = 4.02, \beta = 0.90$$

（6）内表面平均温度

$$\bar{\theta}_i = \bar{t}_i + \frac{\bar{t}_{sa} - \bar{t}_i}{R_0\alpha_i} = 32.7 + \frac{45.31 - 32.7}{1.14 \times 8.7} = 32.7 + 1.27 = 33.97$$

（7）内表面最高温度：

$$\theta_{i,max} = \bar{\theta}_i + \left(\frac{A_{t_{sa}}}{V_0} + \frac{A_{t_i}}{V_i}\right)\beta = 33.97 + (0.51 + 1.57) \times 0.90$$

$$= 33.97 + 1.87 = 35.84℃$$

低于当地夏季室外计算温度最高值（36.1℃），满足隔热要求。

本 章 小 结

建筑围护结构的传热计算是建筑热环境设计的重要基础。本章重点阐述了一维稳定传热条件下，通过围护结构的传热量及围护结构温度分布问题。这是建筑保温设计及节能设计中经常用到的计算方法。本章还简要介绍了周期性不稳定传热所涉及的主要问题。当运用周期性不稳定传热进行夏季隔热设计时，空气温度、太阳辐射热和夜间长波辐射的综合作用可用室外综合温度来统一考虑。

思 考 题

1. 一维稳定传热的基本特征是什么？

2. 建筑围护结构的传热过程包括哪几个基本过程，几种传热方式？分别简述其要点。

3. 为什么空气间层的热阻与其厚度不是成正比关系？怎样提高空气间层的热阻？

4. 根据图 2-18 所示条件，定性地做出稳定传热条件下墙体内部的温度分布线，区别出各层温度线的倾斜度，并说明理由。已知 $\lambda_3 > \lambda_1 > \lambda_2$。

5. 图 2-19 所示的屋顶结构，在保证内表面不结露的情况下，室外气温不得低于多少？并作出结构内部的温度分布线。已知：$t_i = 22℃$，$\varphi_i = 60\%$。

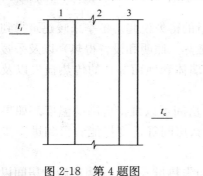

图 2-18　第 4 题图
（来源：文献 [3]）

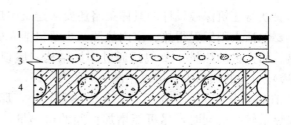

图 2-19　第 5 题图

1—油毡防水层；2—水泥砂浆找平层 20；3—加气混凝土 50，$\rho = 500kg/m^3$；4—钢筋混凝土多孔板 150，板宽 600，孔径 110（来源：文献 [3]）

6. 试确定习题 5 中的屋顶结构在室外单向温度谐波热作用下的衰减倍数和延迟时间。

53

第 3 章　建筑保温设计

重点提示/学习目标

1. 理解保温设计的原则，掌握建筑保温设计的主要策略；
2. 掌握不透明和透明围护结构的保温设计方法；
3. 了解建筑被动式太阳能利用的基本原理和形式。

我国的东北、华北、西北地区（简称三北地区），地理区划主要涉及黑龙江、吉林、内蒙古、新疆、辽宁、甘肃、西藏全境；陕西、河北、山西大部，北京、天津、山东、宁夏青海全境；河南、安徽、江苏北部的部分地区及四川西部等地区，累年日平均温度低于或等于5℃的天数，一般都在 90 天以上，最长的满洲里达 211 天。按照我国建筑热工设计分区，这些地区属于严寒和寒冷地区，一般也称为采暖区，面积约占我国国土面积的 70%。

在这些地区，房屋必须有足够的保温性能才能确保冬季室内热环境的舒适度。如果建筑本身的热工性能较差，则不仅难以达到应有的室内热环境标准，还将使供暖耗热量大幅度地增加。另外，保温性能差的建筑还可能引起围护结构表面或内部产生结露、受潮等一系列问题。因此，在这些地区进行建筑设计时，应使建筑具有良好的保温性能。即使在其他气候区，例如夏热冬冷地区，由于冬季同样比较寒冷，因此需要适当的考虑保温。可以说，建筑保温设计是建筑设计的一个重要部分。

3.1　建筑保温设计策略

3.1.1　建筑保温设计原则

要获得建筑保温设计的具体策略还要从建筑中热量的得失说起。冬季采暖建筑得到的热量主要包括太阳辐射得热、室内热源（主要包括人员散热、照明和设备得热）以及采暖系统供热。而失去的热量主要包括通过围护结构（屋顶、墙体和地面等）的传热损失以及通风（渗透）引起的热损失。可以用图 3-1 来表示。

在得热量相同的情况下，如果失热量较小，那么房间可以维持更高的温度。如果能够在失热量较小的同时，尽可能增加房间的得热量，那么房间舒适度将能够得到进一步的提高。

因此，房间的保温设计应该从控制房间的得热量与失热量入手，尽可能减少房间以各种形式散失的热量，同时尽可能增加或利用房间的各种得热量，即"减少失热，增加得热"的原则。在这一总体原则下，根据建筑得失热量的不同形式，可以采取一些具体的措施，主要

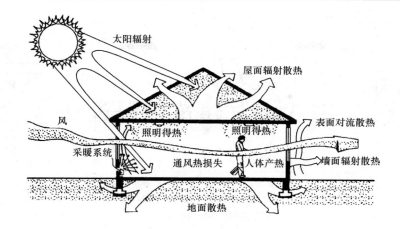

图 3-1　冬季采暖建筑的得热与失热

（来源：文献 ［7］）

包括以下方面：

（1）充分利用太阳能；

（2）防止冷风的不利影响；

（3）选择合理的建筑体型及平面形式；

（4）提高房屋的整体保温性能以及蓄热性能；

（5）合理的节点部位保温设计；

（6）选择舒适、高效的供热系统等。

其中，提高房屋的整体保温性能以及蓄热性能将在本章第 2 节和第 3 节中详细论述。关于选择舒适高效的供热系统可参阅建筑供热与采暖相关文献，本节主要对上述措施的其他几方面进行介绍。

3.1.2　充分利用太阳能

对太阳能的充分利用涉及建筑设计的各个环节。在选择建筑基地及进行建筑群体布局规划时，应该考虑在冬季争取更多的日照以获得更多的太阳辐射得热。在这一阶段，"向阳"可以说是最基本的要求，具体来说，可以从以下方面进行考虑：

（1）建筑基地应选择在向阳的平地或山坡上，以争取尽量多的日照，为建筑单体的热环境设计和节能创造有利的先决条件；

（2）拟建建筑向阳的前方应无固定遮挡，任何无法改造的"遮挡"都会令未来的建筑采暖负荷增加，造成不必要的能源浪费；

（3）建筑应满足最佳朝向范围，并使建筑内的各主要空间有良好朝向的可能，以使建筑争取更多的太阳辐射；

（4）一定的日照间距是建筑充分得热的先决条件，太大的间距会造成用地浪费，一般按建筑类型来规定不同的连续日照时间，以确定建筑的最小间距；

（5）建筑群体相对位置的合理布局或科学组合，可取得良好的日照，同时还可以利用建筑的阴影达到夏季遮阳的目的（图 3-2）。

在此过程中，选择合理的住宅建筑朝向是住宅群体布置过程中需要首先考虑的问题。

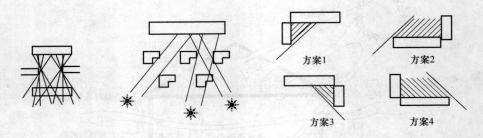

图 3-2 建筑群体布局争取日照

（a）建筑的错列排列争取日照（b）建筑的点状与条状有机结合争取日照

（c）建筑围护空间的挡风和遮阴作用

（来源：文献［2］）

影响住宅朝向的因素很多，除了受地理纬度、地段环境、局部气候特征及建筑用地条件等因素影响外，可能还会受视野、建筑物对邻近公路的位置、建筑基地的地形、噪声源的所在地等条件的制约。从争取日照、增加太阳能得热角度，表 3-1 给出了全国主要城市建筑朝向建议表。

有关建筑单体设计阶段，充分利用太阳能的方法将在 3.4 节中详细论述。

表 3-1 全国部分地区建议建筑朝向表

地　区	最 佳 朝 向	适 宜 朝 向	不 宜 朝 向
北京地区	南偏东 30°以内 南偏西 30°以内	南偏东 45°至 南偏西 45°范围内	北偏西 30°～60°
上海地区	南至南偏东 15°	南偏东 30°至 南偏西 15°范围内	北、西北
石家庄地区	南偏东 15°	南至南偏东 30°范围内	西
太原地区	南偏东 15°	南偏东至东范围内	西北
呼和浩特地区	南至南偏东 南至南偏西	东南至西南范围内	北、西北
哈尔滨地区	南偏东 15°～20°	南至南偏东 20°至 南至南偏西 15°范围内	西北、北
长春地区	南偏东 30° 南偏西 10°	南偏东 45°至 南偏西 45°范围内	北、东北、西北
沈阳地区	南、南偏东 20°	南偏东至东 南偏西至西范围内	东北东至西北西
济南地区	南、南偏东 10°～15°	南偏东 30°	西偏北 5°～10°

续表

地区	最佳朝向	适宜朝向	不宜朝向
南京地区	南偏东 15°	南偏东 25°至 南偏西 10°范围内	西、北
合肥地区	南偏东 5°～15°	南偏东 15°至 南偏西 5°范围内	西
杭州地区	南偏东 10°～15°	南、南偏东 30°以内	北、西
福州地区	南、南偏东 5°～10°	南偏东 20°以内	西
郑州地区	南偏东 15°	南偏东 25°	西北
武汉地区	南偏西 15°	南偏东 15°	西、西北
长沙地区	南偏东 9°左右	南	西、西北
广州地区	南偏东 15° 南偏西 5°	南偏东 22°30′ 南偏西 5°至西	
南宁地区	南、南偏东 15°	南偏东 15°～25° 南偏西 5°	东、西
西安地区	南偏东 10°	南至南偏西范围内	西、西北
银川地区	南至南偏东 23°	南偏东 34°至 南偏西 20°范围内	西、北
西宁地区	南至南偏西 30°	南偏东 30°至南 偏西 30°范围内	北、西北

3.1.3　防止冷风的不利影响

冷风对室内热环境的影响主要有两方面，一方面是通过门窗缝隙进入室内，形成冷风渗透；另一方面是作用在围护结构外表面，使表面对流换热强度增大，增加了外表面的散热量。在建筑设计过程中，应争取不使大面积外表面朝向冬季主导风向。当受条件限制而不可能避开主导风向时，应在迎风面上尽量少开门窗或其他孔洞。对于由门窗缝隙引起的冷风渗透，可以在保证换气需求的情况下，尽可能增加门窗的气密性。在严寒和寒冷地区还应该设置门斗，以减少冷风的不利影响。除此之外，以下情况可能导致建筑局部热环境的恶化，在建筑设计中应尽量避免。

（1）避免"霜冻"：建筑不宜布置在山谷、洼地、沟底等凹形基地。由于寒冬的冷气流在凹形基地会形成冷空气沉积，造成"霜冻"效应，使处于凹形基地部位围护结构所处的微气候恶化，增加建筑局部能量的需求（图 3-3）。

（2）避免产生"局地疾风"：基地周围的建筑组群设计不当会造成局部范围内冬季寒风的流速增加，给建筑围护结构造成较强的风压，增加了墙和窗的冷风渗透，使室内采暖负荷增大。如图 3-4 所示，由于建筑布局产生的"漏斗风"。

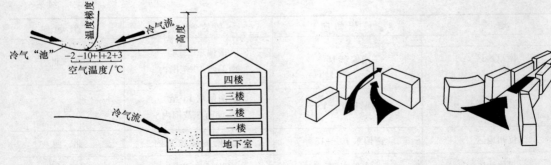

图 3-3　避免"霜冻"效应
（来源：文献 [2]）

图 3-4　建筑布局产生的"漏斗风"
（来源：文献 [2]）

3.1.4　合理的建筑体型和平面布局

建筑的体型对室内热环境有重要的影响。建筑体型的优劣可以用单位体积所具有的外表面积，即建筑体型系数（F_0/V）来表达。在其他条件相同的情况下，体积相同的建筑物，外表面积越小，则体形系数越小，热损耗也越少。计算体形系数时，外表面积 F_0 中不考虑地坪面积，因地坪下的地温一般高于室外气温。

在现行的相关节能标准中，建筑物的体形系数是控制建筑采暖能耗的一个重要参数。如：在《公共建筑节能设计标准》（GB 50189—2005）中规定在严寒、寒冷地区公共建筑体形系数应小于或等于 0.40；《严寒和寒冷地区居住建筑节能设计标准》（JGJ 26—2010）规定严寒地区居住建筑的体形系数，三层或三层以下不应大于 0.50，4～8 层的建筑不应大于 0.30，9～13 层的建筑不应大于 0.28，14 层以上的建筑不应大于 0.25 等。

建筑面积相同而平面形式或层数等布置不同的建筑，外表面积相差悬殊（图 3-5）。平面形状愈凹凸，其外侧周长必愈大，因此外表面积也越大。表 3-2 比较了建筑面积相同的情况下，不同的平面布局形式下，建筑体型系数的差异。从表中可以看出，平面形式接近圆形或正方形时，建筑往往具有较小的体型系数。除此之外，将建筑集中布置是减少表面积、

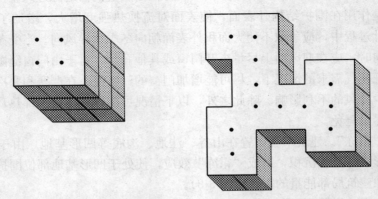

尽管两者的体积相同，但松散的结构（右侧）比紧凑结构多60%的表面积

图 3-5　不同布局方式下建筑表面积的变化
（来源：文献 [1]）

降低体型系数的有效方式（图 3-6）。

表 3-2 不同平面布局下建筑表面积及体型系数比较

平面形状	平面尺寸（地板尺寸＝100m²）	外墙	外墙表面积（m²）（层高 2.5m）	建筑外表面积（㎡）	体型系数
圆形	11.28		88.62	188.62	1.9
椭圆形	7.97 15.95		93.99	193.99	1.4
方形	10.00 10.00		100	200.00	2.0
中庭	10.60		106.06	206.06	2.1
环形	20 10 14		200.00	300.00	3.0
菱形	20 10		111.80	211.80	2.1
梯形	7.07 P48.28		120.71	220.71	2.2

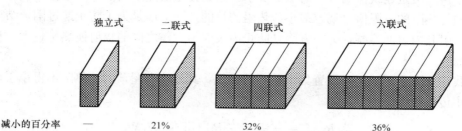

独立式　二联式　四联式　六联式

减小的百分率　—　21%　32%　36%

共用墙体结合在一起的毗连单元房，可以明显地减小外表面的面积

图 3-6 联排布置是减少建筑表面积的有效方式

（来源：文献 [1]）

3.1.5 科学的保温系统与合理的节点构造

在建筑物的外墙、屋顶等外围护结构部分加保温材料时，保温材料与基层的粘结层、保温材料层、抹面层与饰面层等各层材料组成特定的保温系统，如模塑聚苯板（EPS 板）外墙外保温系统、岩棉板外墙保温系统、现场喷涂硬泡沫聚氨酯外墙保温系统等。各种保温系统的适用条件、施工技术、经济性价比各有不同，所以应针对建筑的功能、规模以及所在地

区的气候条件确定科学的保温系统。

　　建筑外围护结构中有很多异常传热部位，即传热在二维或三维温度场中进行的部位，如外墙转角、内外墙交角、楼板或屋顶与外墙的交角、女儿墙、出挑阳台、雨篷等构件。每一个成熟的保温系统，都对这些传热异常部位节点构造有相应的研究设计成果，在采用某种保温系统的同时，应充分利用合理的系统节点构造，以确保建筑保温与节能设计的科学性。

3.2　不透明围护结构的保温与节能

　　建筑外围护结构中的不透明围护结构主要包括外墙、屋顶、底面接触室外空气的架空或外挑楼板、非采暖楼梯间（房间）与采暖房间的隔墙、非透明幕墙、地面等部位，这些围护结构属于建筑的实体围护结构。通过这些围护结构传递的热量主要按照表面吸热—围护结构传热—表面放热这一过程来进行。

　　对于室内外温差较大的冬季，通过这些不透明围护结构的传热可以近似按稳态来考虑。在这种情况下，围护结构的保温性能主要由围护结构的传热系数（或传热阻）来反映。我国建筑节能不同的战略目标阶段（从建筑节能 30%、50% 到节能 65%），都对围护结构各个部位的传热系数（或传热阻）进行了规定，设计建筑的传热系数如果达到限值要求则认为满足保温及节能要求，否则认为不满足要求。

　　需要注意的是，对于地面这类与人体有直接接触的不透明围护结构，其表面材料的吸热特征对人体热舒适有重要影响。所以对于地面，不仅限制其传热系数，还对表面材料的吸热特性作了相关的规定。

3.2.1　不透明围护结构的设计要求

　　（1）最小传热阻

　　最小传热阻是建筑保温设计的最低要求，它是指建筑热工设计计算过程中，允许采用的围护结构传热阻的下限值。规定最小传热阻的目的，一方面是为了防止通过围护结构的传热量过大，引起内表面冷凝，另一方面是防止内表面与人体之间的辐射换热量过大，从而导致人体受凉。

　　在我国北方采暖地区，设置集中采暖的建筑，其外墙和屋顶的传热阻不得小于按下式确定的最小传热阻

$$R_{0 \cdot \min} = \frac{(t_i - t_e)n}{[\Delta t]} R_i \left[(m^2 \cdot K)/W \right] \tag{3-1}$$

式中，t_i——冬季室内计算温度（℃）；

　　　　t_e——冬季室外计算温度（℃）；

　　　　n——温差修正系数；

　　　　R_i——内表面热转移阻 ［（$m^2 \cdot K$）/W］；

　　［Δt］——室内气温与外墙（或屋顶）内表面之间的允许温差（℃）。

　　以上参数的确定原则和选用方法可参阅《民用建筑热工设计规范》（GB 50176—93）。

　　（2）传热系数限值

　　最小传热阻只是最基本的建筑保温设计要求，如果能够进一步地提高围护结构的保温性

能,则不仅能够提高室内热环境舒适度,还能够减少建筑采暖能耗的使用。所以随着我国建设事业的逐步发展和经济条件的日益改善,对建筑节能指标及其围护结构传热系数的要求也逐渐提高。

例如对于居住建筑,依据建设部的节能规划,采暖居住建筑节能的第一阶段是指1986年以后的新建采暖居住建筑,需要在1980—1981年当地通用集合式住宅设计能耗水平的基础上,普遍降低30%;第二阶段是1996年起在与第一阶段相同的基础上节能50%;第三阶段则是在达到第二阶段要求的基础上再节能30%,从而达到节能65%的目标。

而对于公共建筑,节能50%是第一阶段的要求,2010年以后新建的采暖公共建筑需要在第一阶段的基础上再节能30%,实现节能65%的目标。

随着节能目标的不断提高,对于不透明围护结构保温性能的要求也逐步提高。这里主要是采用围护结构的传热系数K作为规定指标,K值可按下式计算:

$$K = 1/R_0 ; R_0 = R_i + \Sigma R + R_e \quad [(m^2 \cdot K)/W] \quad (3-2)$$

式中,R_i——内表面换热阻,在一般工程实践中取$R_i=0.11$(m² · K)/W;

R_e——外表面换热阻,在一般工程实践中取$R_e=0.04$(m² · K)/W;

R——各层材料热阻。

表3-3和表3-4是《严寒和寒冷地区居住建筑节能设计标准》(JGJ 26—2010)以及《公共建筑节能设计标准》(GB 50189—2005)中对居住建筑和公共建筑围护结构传热系数的限值要求。

表3-3　寒冷(A)区围护结构热工性能参数限值(居住建筑)

围护结构部位	传热系数 K [W/(m² · K)]		
	≤3层建筑	(4~8)层的建筑	≥9层建筑
屋　面	0.20	0.25	0.25
外　墙	0.25	0.40	0.50
架空或外挑楼板	0.30	0.40	0.40
非采暖地下室顶板	0.35	0.45	0.45
分隔采暖与非采暖空间的隔墙	1.2	1.2	1.2
分隔采暖与非采暖空间的户门	1.5	1.5	1.5
阳台门下部门芯板	1.2	1.2	1.2

表3-4　严寒地区围护结构传热系数限值(公共建筑)

分区	围护结构部位	体形系数≤0.3	0.3<体形系数≤0.4
A区	屋面	≤0.35	≤0.30
	外墙(包括非透明幕墙)	≤0.45	≤0.40
	底面接触室外空气的架空或外挑楼板	≤0.45	≤0.40
	非采暖房间与采暖房间的隔墙或楼板	≤0.6	≤0.6
B区	屋面	≤0.45	≤0.35
	外墙(包括非透明幕墙)	≤0.50	≤0.45
	底面接触室外空气的架空或外挑楼板	≤0.50	≤0.45
	非采暖房间与采暖房间的隔墙或楼板	≤0.8	≤0.8

（3）围护结构热工性能权衡判断

如果建筑各部分围护结构都满足传热系数的限值要求固然能够保证建筑的节能性能，但是在实际建筑设计过程中，特别是公共建筑设计中，往往因为着重考虑建筑外形立面和使用功能，有时难以完全满足传热系数限值的规定，这时为了尊重建筑师的创造性工作，同时又使所设计的建筑能够符合节能设计标准的要求，引入了建筑围护结构总体热工性能的权衡判断方法。这种方法不拘泥于要求建筑围护结构各个局部的热工性能，而是着眼于总体热工性能是否满足节能标准的要求。

权衡判断是一种性能化的设计方法，具体做法是先构想出一栋虚拟的建筑，称之为参照建筑，分别计算参照建筑和实际设计的建筑的全年采暖和空调能耗，并依照这两个能耗的比较结果做出判断。当实际设计的建筑能耗大于参照建筑的能耗时，调整部分设计参数（例如提高窗户的保温隔热性能，缩小窗户的面积等），重新计算所设计建筑的能耗，直至设计建筑的能耗不大于参照建筑的能耗为止。具体可参阅《公共建筑节能设计标准》（GB 50189—2005）附录 B。

3.2.2　常见保温材料及其性能

围护结构所用的材料很多，其导热系数值变化范围很大，例如聚氨酯泡沫塑料只有 0.03，而钢材则大到 370，相差一万多倍。从纯物理意义上说，即使是导热系数很大的材料，也具有一定的绝热作用，但却不能称为绝热材料。所谓绝热材料是指那些绝热性能比较高，也就是导热系数比较小的材料。究竟小到什么程度才算是绝热材料，并没有绝对的标准，通常是把导热系数小于 0.25，并能用于绝热工程的，叫做绝热材料。习惯上把用于控制室内热量外流的叫保温材料，防止室外热量进入室内的叫隔热材料。

导热系数虽不是保温材料唯一的，但却是最重要、最基本的热物理指标。在一定温差下，导热系数越小，则通过一定厚度材料层的热量越少。同样，为控制一定热流强度所需要的材料层厚度也越小。

影响导热系数的因素很多，例如密实性，内部孔隙的大小、数量、形状、材料的湿度、材料的骨架部分的化学性质以及温度等。常温下，影响因素最大的是密度和湿度。

导热系数随孔隙率的增加而减小，随孔隙率的减小而增加。也就是说，密度越小，导热系数也越小，反之亦然。但当密度小到一定程度之后，如果再继续加大其孔隙率，则导热系数不仅不再降低，相反还会变大。这是因为太大的孔隙率不仅意味着孔隙的数量多，而且空隙必然越来越大。其结果，孔壁温差变大，辐射和对流传热显著（图 3-7）。

同时，材料受潮后，其导热系数显著增大（图 3-8、图 3-9）。增大的原因是由于孔隙中有了水分之后，附加了水蒸气扩散的传热量，此外还增加了毛细的液态水分所传导的热量。除密度和湿度外，温度和热流方向对材料导热系数也有一定影响。温度越高，导

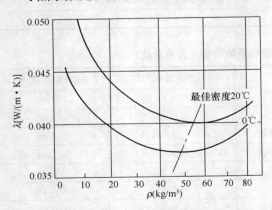

图 3-7　玻璃棉导热系数随密度的变化曲线
（来源：文献 [3]）

热系数越大。同时，热流方向的影响主要表现在各方向异性材料，如木材、玻璃纤维等，当热流平行纤维方向时，导热系数较大，当热流方向垂直于纤维时，导热系数较小。下面对常用的墙体保温隔热材料类型进行介绍。

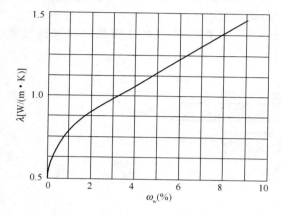

图 3-8 砖砌体导热系数与重量湿度的关系
（来源：文献［3］）

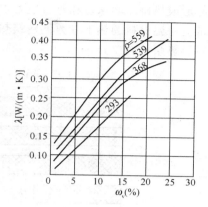

图 3-9 泡沫混凝土导热系数与体积湿度的关系
（来源：文献［3］）

（1）保温棉

这种类型一般是用来填塞龙骨之间的墙的空隙。保温棉是由玻璃纤维制成并做成标准宽度，紧密地填在中心距离为 400 到 600mm 的龙骨之间。填塞木龙骨和填塞金属龙骨所用的棉毡在宽度上稍有差别。在填塞较窄空间时不得把棉毡压紧，因为压紧后，会减小材料的 R 值。棉毡保温可以不加覆面或者用牛皮纸或金属铝来覆面，其导热系数小于 0.049W/（m·K）。

（2）半硬性材料

这种类型是用热固性粘合剂把玻璃纤维或矿棉纤维制成 630mm×1000mm 的绝热板（毡）或定做尺寸。其厚度范围从 25 到 100mm，导热系数约为 0.042 W/（m·K）。半硬性保温材料可以做成几种密度，用于幕墙或附于砖石幕墙上。一种更密实的矿棉保温板用于楼层间防止火灾蔓延，这种类型也叫做防火保温材料。

（3）硬性材料

硬性保温隔热材料是用聚苯乙烯、聚氨酯、酚醛树脂泡沫和高密度玻璃纤维制成的。其厚度一般为 13～100mm。保温板尺寸根据应用情况而定。塑料保温材料如聚苯乙烯和聚氨酯是易燃的，若置于室内表面时，必须用石膏板或其他阻燃材料来保护。

聚苯乙烯板包括膨胀型或挤塑型。膨胀型聚苯乙烯，工地上称为发泡板，密度和 R 值均小于挤塑型聚苯乙烯。挤塑型为封闭型孔形结构，材料强度较高，更耐冲击，且蒸汽渗透阻较大，长期在潮湿环境中使用不易受潮，适用于倒铺屋面、冷库围护结构、地面等的保温隔热层。两种类型都可用于砖墙或混凝土墙保温以及室外装饰。膨胀型聚苯乙烯也用作混凝土砌筑构件槽内的衬垫。挤塑型则用作基础四周的保温隔热材料如覆面层，也用在预制板中。其平均导热系数值约为 0.041 W/（m·K）。

聚氨酯板的热阻值较高，其导热系数约为 0.030～0.041 W/（m·K）。聚氨酯板也可用于屋面的保温隔热设计。

（4）松散材料

像珍珠岩和蛭石这类轻质粒状材料，可以用来填塞混凝土砌块中的空腔以增加其热阻值。在这种情况下，这种松散保温材料的效果不如硬性或半硬性材料，因为混凝土砌块的骨架容易形成热桥。珍珠岩和蛭石也可用来填塞空心墙的空腔。

常见保温材料的热工参数见建筑热工学附录 1 所示。图 3-10 比较了常见保温材料与建筑材料导热系数的差异。

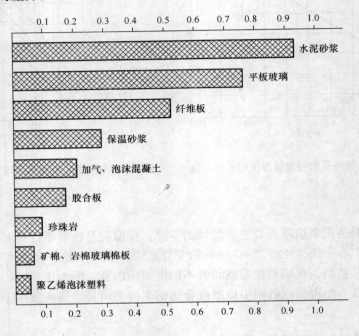

图 3-10　常见保温材料与建筑材料导热系数比较

（来源：著者自绘）

3.2.3　屋顶和外墙的保温构造及其特点

根据地方特点及房间使用性质，外墙和屋顶可以采用的构造方案是多种多样的。下面将分别对外墙和屋顶的保温构造类型和典型保温构造进行介绍。

1）单设保温层

单设保温层是一种使用普遍的保温形式。这种方案是用导热系数很小的材料作保温层而起主要保温作用的。由于不要求保温层承重，所以选择灵活性比较大，不论是板块状、纤维状或者松散颗粒材料，均可应用。

图 3-11 是单设保温层的外墙，这是在砖砌体上贴水泥珍珠岩板或加气混凝土板作保温层的做法。至于在屋顶上单设保温层的做法就更多了。

采用单设保温层的复合墙体（或屋顶）时，保温层的位置对结构及房间的使用质量以及造价、施工、维护费等各方面都有重大影响。保温层在承重层的室内侧，叫内保温；在室外侧，叫外保温；有时保温层可设置在两层密实结构层的中间，叫夹芯（或中间）保温（图3-12）。过去，墙体多用内保温，屋顶则用外保温。近年来，在严寒和寒冷地区外墙、屋顶则采用外保温和夹芯保温的做法较为常见。相对而言，外保温的优点多一些，具体包括以下几个方面：

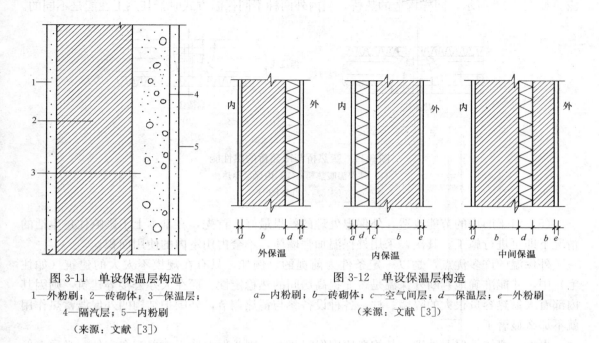

图 3-11　单设保温层构造
1—外粉刷；2—砖砌体；3—保温层；
4—隔汽层；5—内粉刷
（来源：文献［3］）

图 3-12　单设保温层构造
a—内粉刷；b—砖砌体；c—空气间层；d—保温层；e—外粉刷
（来源：文献［3］）

（1）使外墙或屋顶的主要结构部分受到保护，大大降低温度应力的起伏（图 3-13），提高结构的耐久性。图 3-13（a）是保温层放在内侧，使其外侧的承重部分，常年经受冬夏季的很大温差（可达 80～90℃）的反复作用。如将保温层放在承重层外侧，如图 3-13（b），则承重结构所受温差作用大幅度下降，温度变形减小。此外，由于一般保温材料的线膨胀系数比钢筋混凝土小，所以外保温对减少防水层的破坏也是有利的。

（2）由于承重层材料的热容量一般都远大于保温层，所以，外保温对结构及房间的热稳定性有利。当供热不均匀时，承重层因有大量蓄存的热量，故可保证围护结构内表面温度不致急剧下降，从而使室温也不致很快下降。同样，在夏季，外保温也能靠位于内侧的热容量很大的承重层来调节温度。从而附在大热容量层外侧的外保温方法，可使房间冬季不太冷，夏季不太热。

（3）外保温对防止或减少保温层内部产生水蒸气凝结是十分有利的，但具体效果则

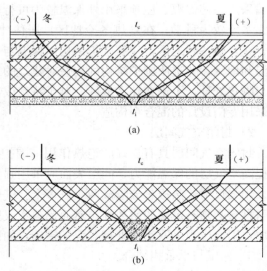

图 3-13　保温层位置不同时屋顶的年间温度变化
（a）内保温；（b）外保温
（来源：文献［3］）

要看环境气候、材料及防水层位置等实际条件（详见第4章）。

（4）外保温法使热桥（thermal bridge）处的热损失减少，并能防止热桥内表面局部结露。如图3-14所示，同样构造的热桥，当内外两种不同保温方式时，其热工性能是不同的。

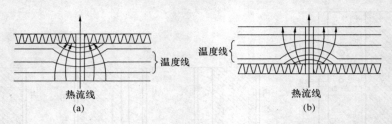

图3-14　暖热桥与冷热桥的热性能
(a) 外保温暖热桥；(b) 内保温冷热桥
（来源：文献 [3]）

（5）对于旧房的节能改造，外保温处理的效果最好。首先，在基本上不影响住户生活的情况下即可进行施工。其次，采用外保温加强墙体，不会占用室内的使用面积。

外保温的许多优点，是以一定条件为前提的。例如，只有在规模不太大的建筑（如住宅）中，才能准确地判断外保温是否能提高房间的热稳定性。而在大办公楼等建筑，则因其内部有大量热容量很大的隔墙、柱、各种设备参与蓄热调节，外围护结构的外保温蓄热作用就不那么显著了。

再如，墙体外保温处理，其构造比内保温复杂。因为保温层不能裸露在室外，必须有保护层。而这种保护层不论在材料还是构造方面的要求，都比内保温时的内饰面层高。

当前，我国不断研发并推广各类保温系统，以适应迅猛发展的建筑节能市场的需求。从目前的工程实践成功经验中，可以看出：在极严寒地区（采暖期度日数≥6000℃·d），建筑外墙采用夹芯保温、屋顶采用外保温较为可行；在严寒和寒冷地区建筑外墙与屋顶均采用外保温系统较为科学；在夏热冬冷地区，居住建筑采用内保温，公共建筑采用外保温较为合理；在夏热冬暖地区，建筑围护结构以保温与承重相结合的保温系统或内保温系统为主；而在温和地区，非透明围护结构的构造对建筑的节能影响较小，应充分重视透明围护结构的遮阳与隔热处理。不论在什么地区，对于特殊或特种建筑如冷藏室、冷冻室等，其围护结构都应采用专门设计的混合型构造。

2）封闭空气间层

封闭空气间层具有良好的绝热作用。围护结构中的空气层厚度，一般以4～5cm为宜。为提高空气层的保温能力，间层表面应采用强反射材料，例如涂贴铝箔就是一种具体方法。如果用强反射遮热板来分隔成两个或多个空气层，当然效果更大。但值得注意的是，这类反辐射材料必须有足够的耐久性，然而铝箔不仅极易被碱性物质腐蚀，长期处于潮湿状态也会变质，因而应当采取涂塑处理等保护措施，如图3-15所示。

3）保温与承重相结合

空心板、多孔砖、空心砌块、轻质实心砌块等，既能承重，又能保温。只要材料导热系数比较小，机械强度满足承重要求，又有足够的耐久性，那么采用保温与承重相结合的方案，在构造上比较简单，施工亦比较方便。

图 3-16 所示为北京地区使用的双排孔混凝土空心砌块砌筑的保温与承重相结合的墙体，其保温能力接近于普通实心砖一砖半墙。

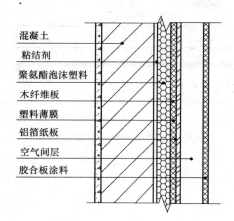

混凝土
粘结剂
聚氨酯泡沫塑料
木纤维板
塑料薄膜
铝箔纸板
空气间层
胶合板涂料

图 3-15　带空气间层的混合型保温构造
（来源：自绘）

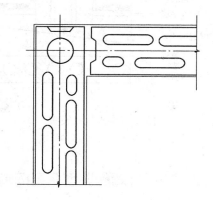

图 3-16　空心砌块保温与承重结合构造
（来源：文献 [3]）

4）混合型构造

当单独用某一种方式不能满足保温要求，或为达到保温要求而造成技术经济上不合理时，往往采用混合型保温构造。例如既有保温层，又有空气层和承重层的外墙或屋顶结构。显然，混合型构造比较复杂，但绝热性能好，在恒温室等热工要求较高的房间，是经常采用的。如图 3-15 所示。

5）屋面保温设计与倒铺屋面

屋顶保温设计与外墙保温设计在很多方面都是类似的，但屋顶作为建筑的水平方向的外围护结构，不仅需要承担自身重量，还需要承担着排水、防水的任务。因此，屋顶的保温设计与外墙保温设计在选材和构造做法上有所不同。

首先，屋面保温层不宜选用松散、密度较大、导热系数较高的保温材料，以防止屋面质量、厚度过大。其次，屋面保温层不宜选用吸水率较大的保温材料，以防止屋面受到湿作用时，保温层大量吸水，降低保温效果。如果选用了吸水率较高的保温材料，屋面上应设置排气孔以排除保温层内不易排出的水分。用加气混凝土块作保温层的屋面，每隔一段距离应设置排气孔一个，如图 3-17 所示。

采用外保温的屋顶，传统的做法是在保温层上面做防水层。这种防水层的蒸汽渗透阻很大，使屋面内部很容易产生结露。同时，由于防水层直接暴露在大气中，受日晒、交替冻融等作用，极易老化和破坏。为了改进这种状况，产生了"倒铺"屋面的做法，即防水层不设在保温层上边，而是倒过来设在保温层底下。这种方法，在国外叫做"Upside Down"构造做法，也称倒铺屋面。

这种屋面由于防水层设在保温层的下面，不会受到太阳辐射的直接照射，其表面温度升降幅度大为减小，从而延缓了防水层老化进程，延长其使用年限，其主要构造层次见图 3-18。

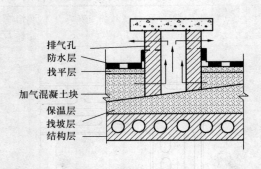

图 3-17 排气孔设置
（来源：文献［2]）

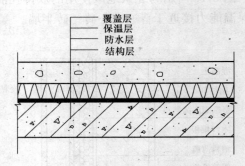

图 3-18 倒铺屋面构造做法示例
（来源：文献［3]）

3.2.4 屋顶和外墙的典型保温构造及热工参数

非透明围护结构的构造方式有多种多样，以下举几种典型构造以窥一斑，见表 3-5 和表 3-6 所示。

表 3-5 典型外墙保温构造及其热工参数

分　类	简图	构造层次	保温层材料厚度（mm）	传热系数 $K_P[W/(m^2 \cdot K)]$	热惰性指标 D
外墙外保温 A		1. 15mm 内墙抹灰 2. 190mm 混凝土空心砌块 3. 聚苯板（保温层） 4. 玻纤网格布，聚合物砂浆 5. 外涂料饰面层	70	0.58	1.98
			80	0.48	2.07
			90	0.43	2.15
			100	0.39	2.24
			110	0.36	2.33
外墙外保温 B		1. 内墙刮腻子 2. 180mm 钢筋混凝土墙 3. 装饰面砖聚氨酯复合板	45	0.54	2.42
			50	0.49	2.49
			55	0.45	2.56
			60	0.42	2.63
			65	0.39	2.70
			70	0.36	2.77
外墙外保温 C		1. 15mm 内墙抹灰 2. 加气混凝土砌块（保温层） 3. 砂浆抹灰 4. 外涂料饰面层	300	0.58	4.74
			350	0.52	5.47
			400	0.47	6.20
			450	0.43	6.93

续表

分类	简图	构造层次	保温层材料厚度（mm）	传热系数 $K_p[\text{W}/(\text{m}^2 \cdot \text{K})]$	热惰性指标 D
外墙内保温 A		1. 10mm 混合砂浆 2. 泡沫玻璃，胶粘剂（保温层） 3. 10mm 水泥砂浆 4. 240mm 混凝土多孔砖 5. 20mm 水泥砂浆	20	1.32	3.00
			25	1.21	3.10
			30	1.10	3.20
外墙内保温 B		1. 12mm 纸面石膏板 2. 矿（岩）棉或玻璃棉板，50×50×δ 防腐木砖双向 3. 20mm 水泥砂浆 4. 240mm 混凝土多空砖 5. 20mm 水泥砂浆	20	1.18	3.30
			25	1.08	3.38
			30	0.99	3.45
外墙自保温		1. 12mm 聚合物水泥砂浆，界面剂 2. 加气混凝土砌块（B05），界面剂 3. 25mm 聚合物水泥砂石灰砂浆，防水腻子，乳胶漆或涂料	200	0.84	3.69
			250	0.69	4.51
			300	0.59	5.33
			350	0.52	6.15
			400	0.44	6.97

表 3-6　典型屋顶保温构造及其热工参数

分类	简图	构造层次	保温层材料厚度（mm）	传热系数 $K_p[\text{W}/(\text{m}^2 \cdot \text{K})]$	热惰性指标 D
间层楼板		1. 20mm 水泥砂浆找平层 2. 100mm 现浇钢筋混凝土楼板 3. 聚苯颗粒保温砂浆 4. 5mm 抗裂石膏，网格布	20	1.79	
			25	1.61	
			30	1.46	
架空楼板		1. 20mm 水泥砂浆找平层 2. 100mm 现浇钢筋混凝土楼板 3. 胶粘剂，挤塑聚苯板 4. 3mm 聚合物砂浆，网格布	15	1.32	
			20	1.13	
			25	0.98	

分类	简图	构造层次	保温层材料厚度 （mm）	传热系数 $K_P[\text{W}/(\text{m}^2 \cdot \text{K})]$	热惰性指标 D
平屋面		1.25～50mm 地砖水泥砂浆 2. 防水层 3.20mm 厚 1：3 水泥砂浆 4. 最薄 30mm 轻骨料混凝土找坡 5. 挤塑聚苯板 6. 钢筋混凝土屋面板	60 70 80 90 100 110	0.51 0.45 0.40 0.36 0.33 0.30	2.86 2.96 3.06 3.16 3.26 3.36
坡屋面	 坡度≤30°	1. 块瓦 2. 挂瓦条，顺水条 3.40mm 细石混凝土（双向配筋） 4. 挤塑聚苯板，防水层 5.15mm 水泥砂浆找平层 6. 钢筋混凝土屋面板 7.15mm 水泥砂浆找平层 8.120mm 现浇钢筋混凝土屋面板	35 40 45 50 60 70	0.67 0.61 0.57 0.52 0.46 0.41	2.45 2.50 2.55 2.60 2.70 2.80

注：表中各材料的导热系数为实验室测定值，考虑到建筑所处的自然条件以及自然条件以及材料在使用过程中所处的位置、构造、施工等影响因素，加以修正。以下修正系数取自《全国民用建筑工程设计技术措施：节能专篇：2007. 建筑》。

1. 聚苯板的导热系数为 0.042W／(m·K)，修正系数 $\alpha=1.20$，计算导热系数 $\lambda_c = 0.042 \times 1.2 = 0.05$W／(m·K)；

2. 聚氨酯的导热系数为 0.025 W／(m·K)，修正系数 $\alpha=1.10$；

3. 加气混凝土的导热系数为 0.19 W／(m·K)，修正系数 $\alpha=1.25$；

4. 190mm 混凝土空心砌块的热阻 $R=0.16$ (m²·K)／W；

5. 泡沫玻璃的导热系数为 0.07 W／(m·K)，修正系数 $\alpha=1.20$；

6. 矿（岩）棉或玻璃棉板的导热系数为 0.05 W／(m·K)，修正系数 $\alpha=1.30$；

7. 聚苯板保温浆料的导热系数为 0.06 W／(m·K)，修正系数 $\alpha=1.30$；

8. 架空楼板处挤塑聚苯板的导热系数为 0.03 W／(m·K)，修正系数 $\alpha=1.15$；

9. 屋顶用挤塑聚苯板的导热系数为 0.03 W／(m·K)，修正系数 $\alpha=1.20$。

3.2.5 地面的保温设计

人体各个部位对冷热的反应是不同的。人体对热的敏感部位是头部和胸部，而对寒冷最敏感的部位则是手部和脚部。其中人的脚部因为直接接触地面而直接带走的热量是身体其余部位的 6 倍左右。可以说，脚部的冷暖感觉对人体的热感觉影响很大。在建筑地面的热工设计过程中，除了应从保温隔热角度进行保温设计以外，还应该从人体的健康舒适的角度对地面的保温进行设计。

（1）底层地面的保温设计

采暖房屋地板的热工性能对室内热环境的质量，对人体的热舒适感有重要影响。对于底层地板和屋顶、外墙一样，也应有必要的保温能力，以保证地面温度不致太低。

由于地面下土壤温度的年变化比室外气温小很多，所以接触土壤的室内地面散热量应该比外墙和屋顶等部位少很多。但是在地面的周边靠近外墙的部位（其宽度约在 0.5～2m 左右），由于传热阻力小，单位面积的热损失比地面非周边部位大很多。根据实测调查结果，在沿外墙内侧周边宽约 1m 的范围内，地面温度之差可达 5℃左右（图 3-19）。因此，地板保温常采取的措施是沿底层外墙周边局部作周边保温。

至于每栋房屋，每个房间外墙周边温度的具体情况，则因受到房屋大小、当地气候、地板下的水文地质以及室内采暖方式等诸多因素的影响，不可能做出简单的结论。我国国家规范规定，对于严寒地区采暖建筑的底层地面，当建筑物周边无采暖管沟时，在外墙内侧 0.5～1.0m 范围内应铺设保温层，其热阻不应小于外墙的热阻。具体做法，可参照图 3-20 所示的局部保温措施。

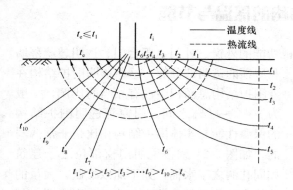

图 3-19　地面及土壤中的温度分布

（来源：文献［3］）

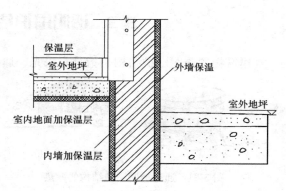

图 3-20　地板的局部保温

（来源：文献［3］）

（2）地板面层材料选择

地面（包括底层地面和楼地面）与人脚直接接触，不同材料的地面，即使其温度完全相同，人站在上面的感觉也会不一样。以木地面和水磨石两种地面为例，后者要使人感觉上凉得多。这是因为地面的热舒适性取决于地面的吸热指数 B。吸热指数 B 与热渗透系数 b_1 密切相关，后者可由下式确定：

$$B = f(b_1) \tag{3-3}$$

$$b_1 = \sqrt{\lambda_1 C_1 \gamma_1} \tag{3-4}$$

式中，b_1——第一层（面层）材料的热渗透系数 $[W/(m^2 \cdot h^{-\frac{1}{2}} \cdot K)]$；

λ_1——第一层材料的导热系数 $[W/(m \cdot K)]$；

C_1——第一层材料的比热 $[W \cdot h/(kg \cdot K)]$；

γ_1——第一层材料的容重（kg/m^3）。

在大多数情况下，可以近似地取 $B = b_1$。B 是与热阻 R 不同的另一个热工指标。B 越大，则从人脚吸取的热量越多越快。木地面的 $B = 10.5$，而水磨石地面的 $B = 26.8$。根据 B 值，我国将地面划分为三类（表 3-7）。木地面、塑料地面等属于 Ⅰ 类；水泥砂浆地面等属于 Ⅱ 类；水磨石地面则属 Ⅲ 类。因此，在进行地板面层设计时，应该选用 B 值小的面层材料，这是保证地板热舒适设计的一个重要方法。

例如对于高级居住建筑、托儿所、幼儿园、医疗建筑等，宜采用 I 类地面。一般居住建筑和公共建筑（包括中小学教室），宜采用不低于 II 类的地面。至于仅供人们短时间逗留的房间，以及室温高于 23℃ 的采暖房间，则允许用 III 类地面。

表 3-7 地面热工性能分类

类别	吸热指数 B	适用的建筑类型	代表性地面材料
I	<17	高级居住建筑、托幼、医院建筑等	木地面、塑料
II	17～23	一般居住建筑、办公、学校建筑等	水泥砂浆
III	>23	临时逗留以及室温高于 23℃ 的采暖建筑	水磨石

3.3 透明围护结构的保温与节能

建筑物的透明围护结构是指具有采光、通视功能的外窗、外门、阳台门、透明玻璃幕墙和屋顶的透明部分等，这些透明围护结构在外围护结构总面积中占有相当的比例，一般

图 3-21 通过透明围护结构的散热
（来源：文献［1］）

为 30%～60% 之间。门窗等透明围护结构的保温性能与实体围护结构相比是非常薄弱的。如图 3-21 意在说明门窗部位之于建筑如同孔洞之于水桶，如不加以控制，大量的热能会从这些部位流出。表 3-8 则说明，外窗和外门的传热失热量的比例之和占围护结构传热损失的 40.8%，连同由门窗缝隙所引起的空气渗透耗热量，占总耗热量的 56.7%。因此，必须充分重视透明围护结构的保温与节能设计。

表 3-8 外围护结构各部分耗热量分布

外围护结构名称	耗热量（kW）	所占围护结构耗热量比例（%）
外墙	25151.0	26.6
屋面	4347.0	4.6
外窗	32573.0	34.4
外门	6026.0	6.4
楼梯间内隔墙	8205.0	8.7
地面	2521.0	2.6
空气渗透耗热量（N=0.5）	15805.0	16.7

3.3.1 外窗与透明幕墙的保温与节能

外窗与透明玻璃幕墙既有有效引入太阳辐射热的有利面，又有引起大量传热损失或冷风渗透的不利面。就其总体效果而言，这些透明围护结构仍是保温能力较低的构件。以单层窗为例，它的传热量是相同单位面积 1 砖墙的 2～3 倍。即使是中空窗、双层窗，其传热系数

也远远大于普通实心砖砖墙的传热系数。表 3-9 为我国大量性建筑中常用的各类窗户的传热系数 K 值。图 3-22 则对现阶段常见玻璃窗的传热系数进行了比较。

表 3-9 窗户的传热系数

窗框材料	窗户类型	空气层厚度（mm）	窗框窗洞面积比（%）	传热系数 K [W/(m²·K)]
钢、铝	单层窗	—	20～30	6.4
	单框双玻窗	12	20～30	3.9
		16	20～30	3.7
		20～30	20～30	3.6
	双层窗	100～140	20～30	3.0
	单层＋单框双玻窗	100～140	20～30	2.5
木、塑料	单层窗	—	30～40	4.7
	单框双玻窗	12	30～40	2.7
		16	30～40	2.6
		20～30	30～40	2.5
	双层窗	100～140	30～40	2.3
	单层＋单框双玻窗	100～140	30～40	2.0

为了有效控制建筑采暖耗热量，在建筑节能设计规范中，严格要求控制外窗（包括玻璃幕墙）的面积。其指标是窗墙面积比，即某一朝向的外窗洞面积与同一朝向外墙面积之比。如在严寒地区，《公共建筑节能设计标准》（GB 50189—2005）中规定建筑每个朝向的窗墙面积比不应大于 0.7；居住建筑各朝向的窗墙面积比规定为北向小于 0.25，东西向小于 0.30，南向小于 0.45。

窗的传热有三个途径：①通过玻璃的传热；②通过门、窗缝的渗透；③通过保温性能差的门、窗框的传热。针对上述情况，通常从构造上采取措施加以改进：

（1）提高气密性，减少冷风渗透

除少数建筑设密闭窗外，一般外窗均有缝隙。为加强外窗生产的质量管理，我国制定有《建筑外门窗气密、水密、抗风压性能分级及检测方法》（GB/T 7106—2008）和《建筑幕墙》（GB/T 21086—2007），标准规定：采用在标准状态下，压力差为 10Pa 时的单位开启缝长空气渗透量 q_1 和单位面积空气渗透量 q_2 作为分级指标，见表 3-10 和表 3-11。

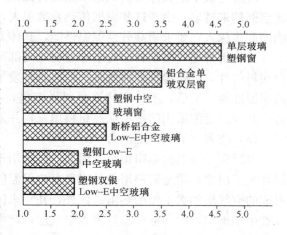

图 3-22 各类窗户的传热系数 K 值
（来源：著者自绘）

表 3-10　建筑外窗气密性能分级

分级	1	2	3	4	5	6	7	8
单位缝长分级指标值 q_1 [m³/ (m·h)]	4.0≥q_1>3.5	3.5≥q_1>3.0	3.0≥q_1>2.5	2.5≥q_1>2.0	2.0≥q_1>1.5	1.5≥q_1>1.0	1.0≥q_1>0.5	q_1≤0.5
单位面积分级指标值 q_2 [m³/ (m·h)]	12≥q_2>10.5	10.5≥q_2>9.5	9.0≥q_2>7.5	7.5≥q_2>6.0	6.0≥q_2>4.5	4.5≥q_2>3.0	3.0≥q_2>1.5	q_2≤1.5

表 3-11　建筑幕墙开启部分气密性能分级

分级代号	1	2	3	4
分级指标值 q_L [m³/ (m·h)]	4.0≥q_L>2.5	2.5≥q_L>1.5	1.5≥q_L>0.5	q_L≤1.5

为了提高外窗、幕墙的气密性能，外窗与幕墙的面板缝隙应采用良好的密封措施，玻璃与非透明面板四周应采用弹性好、耐久性强的密封条密封，或采用注入密封胶的方式密封。开启扇应采用双道或多道密封，并采用弹性好、耐久的密封条。推拉窗开启扇四周应采用中间带胶片毛条或橡胶密封条密封。单元式幕墙的单元板块间应采用双道或多道密封，且在单元板块安装就位后密封条保持压缩状态。居住建筑外窗应具有良好的密闭功能，在严寒地区，外窗气密性不应低于 6 级；在寒冷地区 1～6 层建筑中，外窗气密性不应低于 4 级；在 7～30 层建筑中，外窗气密性不低于 6 级水平。

（2）提高窗框保温性能

传统建筑中绝大部分窗框是木制的，保温性能比较好。在现代建筑中由于种种原因，金属窗框越来越多，由于这些窗框传热系数很大，所以窗户的整体保温性能下降。随着建筑节能的逐步深入，要求提高外窗保温性能，具体方法如下：

首先将薄壁实腹型材改为空心型材，内部形成封闭空气层，提高保温能力。其次，开发出塑料构件，已获得良好的效果。第三，开发了断桥隔热复合型窗框材料，有效提高窗门窗的保温性能。最后，不论用什么材料做窗框，都应将窗框与墙体之间的连接处理成弹性构造，其间的缝隙采用防潮型保温材料填塞，并采用密封胶、密封剂等材料密封。

（3）改善玻璃的保温能力

单层窗中玻璃的热阻很小，因此，仅适用于较温暖地区。在严寒和寒冷地区，应采用双层甚至三层窗，增加窗扇层数是提高窗户保温能力的有效方法之一，因为每两层窗扇之间所形成的空气层加大了窗的热阻。此外，几年来国内外多使用单层窗扇上安装双层玻璃的单框双玻中空玻璃，中间形成良好密封空气层，此类窗的空气层厚度以 9～20mm 为最好，因此此时传热系数最小。当厚度小于 9mm 时，传热系数则明显增大；当大于 20mm 时，则造价提高，而保温能力并不提高。在有的建筑中，当需进一步提高窗的保温能力时，可采用 Low-E 中空玻璃、充惰性气体的 Low-E 中空玻璃，两层或多层中空玻璃与 Low-E 膜玻璃。

3.3.2　外门的保温与节能

这里的外门包括户门、单元门、阳台门以及与室外空气直接接触的其他各式各样的门。门的热阻一般比窗户的热阻大，而比外墙和屋顶的热阻小，因而也是建筑外围护结构保温的薄弱环节，表 3-12 是几种常见门的热阻和传热系数。从表 3-12 中看出，不同种类门的传热系数相差很大，铝合金门的传热系数要比保温门大 2.5 倍，在建筑设计中，应当尽可能选择保温性能好的保温门。

外门的另一个重要特征是空气渗透耗热量特别大。与窗户不同的是，门的开启频率要高得多，这使得门缝的空气渗透程度比窗户缝大得多，特别是容易变形的木质门和钢质门。

表 3-12　几种常见门的热阻和传热系数

序号	名称	热阻（m² · K/W）	传热系数（W/m² · K）	备注
1	木夹板门	0.37	2.7	双面三夹板
2	金属阳台门	0.156	6.4	
3	铝合金玻璃门	0.164～0.156	6.1～6.4	3～7mm 厚玻璃
4	不锈钢玻璃门	0.161～0.150	6.2～6.5	5～11mm 厚玻璃
5	保温门	0.59	1.70	内夹 30 厚轻质保温材料
6	加强保温门	0.77	1.30	内夹 40 厚轻质保温材料

3.3.3　透明围护结构的节点构造设计

门、窗是围护结构中散热量最大的构件。它首先应满足热工的基本要求，其次还应满足构造设计要求，以减少门窗、幕墙与墙之间的热损失。针对上述情况，通常从构造上采取措施加以改进：

（1）门窗、幕墙的面板缝隙应采取良好的密封措施。玻璃或非透明面板四周应采取弹性好、耐久的密封条或密封胶密封。

（2）开启扇应采用双道或多道密封，并采用弹性好、耐久的密封条。推拉窗开启扇四周应采用中间带胶片毛条或橡胶密封条密封。

（3）门窗、幕墙周边与墙边或其他围护结构连接处应为弹性构造，采用防潮型保温材料填塞，缝隙应采用密封剂或密封胶密封。

（4）外窗、幕墙应进行结露验算，在设计计算条件下，其内表面温度不宜低于室内的露点温度。外窗、玻璃幕墙的结露验算应符合《建筑门窗玻璃幕墙热工计算规程》规定。

（5）玻璃幕墙与隔墙、楼板或梁之间的间隙以及幕墙的非透明部分内侧，应采用高效、耐久、防火性能好的保温材料进行保温，保温材料所在的空间应充分隔汽密封，防止冷凝水进入保温材料。

（6）外窗、玻璃幕墙（尤其是西向）需设置一定的夏季遮阳构件。

3.4　被动式太阳能利用设计

如前所述，房间的保温设计应该从控制房间的得热量与失热量入手，即"减少失热，增加得热"。冬季建筑得到的热量主要包括太阳辐射得热、室内热源以及采暖系统供热。其中，太阳辐射能是人们熟知的一种取之不尽、用之不竭、无污染且价廉的能源，但同时它也是一

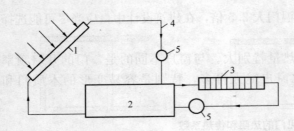

图 3-23　主动式太阳能采暖系统示意图
1—集热器；2—储热装置；
3—散热器；4—管道；5—循环泵
（来源：文献［3］）

种低能流密度且仅能间歇利用的能源。在建筑中利用太阳能增加室内得热，可以提高和改善冬季室内热环境质量，节约常规能源，保护生态环境，是一项利国利民、促进人类住区可持续发展的"绿色"技术。

建筑利用太阳能的方式，根据运行过程中是否需要机械动力，一般分为"主动式"和"被动式"两种。主动式太阳能系统需要机械动力驱动，才能达到采暖和制冷的目的，主要由集热器、管道、储热装置、循环泵以及散热器组成。图 3-23 是主动式利用太阳能系统示意图，系统的集热器与蓄热器相互分开，太阳能在集热器中转化为热能，随着流体工质（一般为水或空气）的流动而从集热器被送到蓄热器，再从蓄热器通过管道与散热设备输送到室内。工质流动的动力，由泵或风扇提供。

太阳能向室内的传递也可以不借助于机械动力，而是通过建筑朝向和周围环境的合理布置、内部空间和外部形体的巧妙处理，以及结构构造和建筑材料的恰当选择，使建筑物以完全自然的方式（经由辐射、传导和自然对流），在冬季能集取、保持、贮存、分布太阳热能，从而解决采暖问题；在夏季能遮蔽太阳辐射，散逸室内热量，从而使建筑物降温。换句话说，就是让建筑物本身作为一个利用太阳能系统。为了与主动式系统相区别，我们把这种方式称之为被动式太阳能利用系统。

3.4.1　被动式太阳能采暖形式

被动式太阳能利用是一个古老而又新兴的问题，人类在长期的生活实践中逐步积累了在房屋建筑中利用太阳能的经验，例如，我国北方农村的传统住宅坐北朝南，南立面开大窗户，南屋檐挑出一定长度，以免夏季阳光透过窗户直接射入室内，这些措施与现代被动式利用太阳能的设计原则是一致的。

在大多数情况下，被动系统的集热部件能够与建筑结构融为一体。被动式太阳房与主动式太阳房相比，具有初期造价低、维护方便等优点，同时作为冬季采暖的辅助建筑设计措施，既能够节约常规能源消耗，又具有独特的建筑外观，为广大建筑师所喜爱。我国绝大部分地区（北纬 25°以北）冬季都可以不同程度地利用被动式太阳能采暖。

按照太阳能的获取途径，被动式太阳能建筑的集热构件分为三种基本类型，分别是直接受益式、集热蓄热墙式、附加阳光间式，如图 3-24。

下面分别对几种集热方式的特点进行介绍。

（1）直接受益式

建筑物利用太阳能采暖最普通、最简单的方法，就是让阳光透过窗户照进来，如图 3-25（a），用楼板层、墙体及家具等作为吸热和储热体，当室温低于储热体表面温度时，这些物体就会像一个大的低温辐射器那样向室内供暖，如图 3-25（b），这就是直接受益式的工作原理。

直接受益方式升温快，构造简单，且与常规建筑的外貌相似，建筑艺术处理比较灵活，

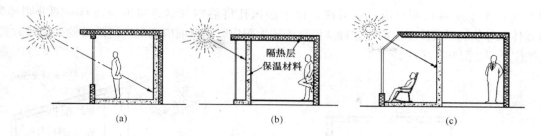

图 3-24　被动式太阳能建筑三种集热方式

（a）直接受益式；（b）集热蓄热墙式；（c）附加阳光间式

（来源：文献 [1]）

但要保持比较稳定的室内温度，需要布置足够的贮热材料，如砖、土坯、混凝土等。贮热体可以和建筑结构结合为一体（图 3-26），也可以在室内单独设置，例如安放若干装满水的容器等。当大量阳光射入建筑物时，贮热体可以吸收过剩的热能，随后用于没有阳光射入建筑物时调节室内温度，减小波动幅度。贮热体应尽量布置在受阳光直接照射的地方。根据一般经验，要贮存同样数量的热能，非直接照射的贮热体需要比被直接照射的贮热体大 4 倍。

　　改善直接受益系统特性的最好途径之一是减少通过玻璃损失的热量。增加玻璃层数只是可供选择的一种办法，夜间对窗玻璃进行保温，是正在被广泛采用的较好措施。窗户的夜间保温装置如保温帘、保温板等，应尽可能放在窗户的外侧，并尽可能地严密，如图 3-25 （b）。

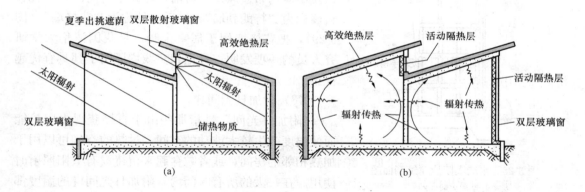

图 3-25　直接受益式太阳房

（a）白天；（b）夜间

（来源：文献 [2]）

（2）集热墙式

　　1956 年，法国学者特朗勃（1956 年）等提出了一种现已流行的集热方案，这就是在直接受益窗后面筑起一道重型结构墙，如图 3-27 所示，这种形式的太阳房在供热机理上与直接受益式不同。阳光透过透明盖层后照射在集热墙上，该墙外表面涂有吸收率高的涂层，其顶部和底部分别开有通风孔，并设有可控制的开启阀门。当透过透明盖层的阳光照射在重型集热墙上，墙的外表面温度升高，所吸收的太阳热量，一部分通过透明盖层向室外损失，另一部分加热夹层内的空气，从而导致夹层内的空气与室内空气密度不同。通过上下通风口而形成自然对流，由上通风孔将热空气送进室内；还有一部分则经集热墙体以导热的形式传至室内。这种"集热墙式太阳房"是目前应用最广泛的被动式采暖方式，其工作原理如图3-27所示。

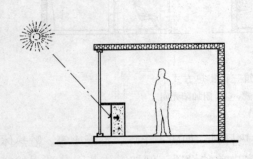

图 3-26 直接受益式太阳房——蓄热体的布置

（来源：文献［1］）

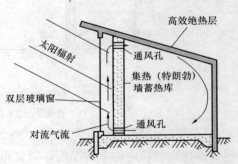

图 3-27 集热蓄热墙工作原理

（来源：文献［2］）

最早的集热墙是 0.5m 厚并在上下两端开孔的混凝土墙，外表面涂黑。多年来，集热墙无论在材料上、结构上，还是在表面涂层上，都有了很大发展。从材料角度来看，大体有三种类型，即建筑材料（砖、石、混凝土、土坯）墙、水墙（图 3-28）和相变蓄热材料墙。

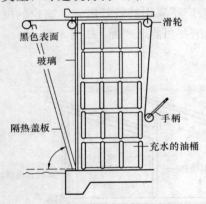

图 3-28 水墙太阳能建筑剖面图

（来源：文献［2］）

按照通风口的有无和分布情况，集热蓄热墙又可分为三类：无通风口、在墙顶端和底部设有通风口以及墙体均布通风口。目前，习惯于将前两种工程材料墙称为"特朗勃墙"，最后一种称为"花格墙"（图3-29），把花格墙用于居室采暖，是我国清华大学研究人员的一项发明，理论和实践均证明了其具有优越性。

（3）附加日光间式

"附加日光间"是指那些由于直接获得太阳热能而使温度产生较大波动的空间。过热的空气可以用于加热相邻的房间，或者贮存起来留待没有太阳照射时使用。在一天的所有时间内，附加日光间内的温度都比室外高，这一较高的温度使其作为缓冲区减少建筑的热损失。除此之外，附加日光间还可以作为温室（Green House）栽种花卉，以及用于以观赏风景、交通联系、娱乐休息等多种功能。它为人们创造了一个置身大自然之中的室内环境，如图 3-30 所示。

普通的南向缓冲区如南廊、封闭阳台、门厅等，把南面做成透明的玻璃墙，即可成为日光间（图3-31）。附加阳光间的屋顶如做成倾斜玻璃，集热量将大大增加。但斜面玻璃容易积灰，且必须具有足够的强度，以保证安全。

大多数日光间采用双层玻璃建造，且不再附加其他减少热损失的措施。为了使夜间的热损失最小，也可安装上卷式保温帘。

哪怕是设计得最好的日光间，在日照强烈、气候炎热期间也需要通风。大多数日光间每

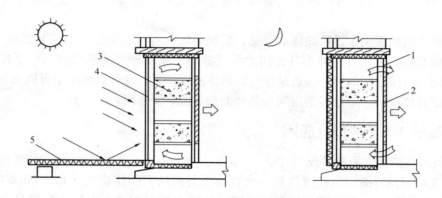

图 3-29　固定后挡板型花格集热蓄热墙

1—通风孔；2—后挡板；3—砌块；4—玻璃；5—保温装置

（来源：文献 [2]）

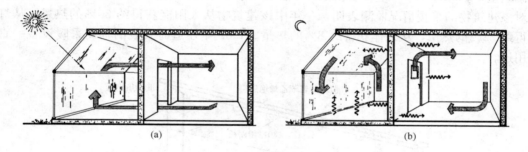

图 3-30　附加日光间原理示意图

（a）白天，太阳室采集太阳辐射并将热量分配到其他房间。同时，保温材料贮藏很多热能以备夜间使用

（b）夜间，必须将太阳室与主体建筑之间隔离开，以防止能量从主体建筑排出

（来源：文献 [1]）

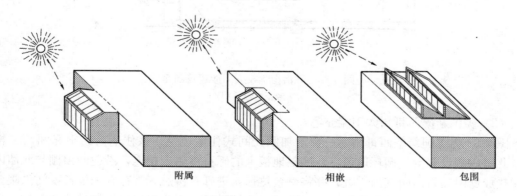

附属　　　　　　　相嵌　　　　　　　包围

图 3-31　太阳室与主体建筑之间几种关系

（来源：文献 [1]）

20~30m² 玻璃需要 1m² 的排风口。排风口应尽可能地靠近屋脊，而进风口应尽可能低一些。

日光间中的地板是布置贮热体最容易、最明显的位置。不论是土壤还是混凝土或缸砖，都有很大的贮热容量，可以减小日光间的温度波动。玻璃外墙的基础应当向下保温到大放脚。日光间与房间之间的墙体，也是设置贮热体的好位置。这些墙体冬季可以充分接受太阳照射，并把其热量的一部分传给房间，其余的热量温暖阳光间。

3.4.2 被动式太阳能设计应用

（1）英国乔治街太阳能学校

英格兰北部乔治街的学校建筑是一个直接受益式的太阳能建筑（北纬 53.40°，剖面见图 3-32）。该建筑高 8m，全部采用双层玻璃，外层为透明玻璃，内层为粗糙扩散玻璃（装于透明玻璃后 600mm 处）。扩散玻璃可扩散更多面积的阳光到达顶棚、地板和后墙。在两层玻璃中间安装了遮阳板，为夏季提供遮阳，同时也可作为维修的通道。

蓄热物质是钢筋混凝土屋面板（180mm 厚）、楼板（230mm 厚）、地板（250mm 厚）以及砖墙壁（230mm 厚）。屋面板和北墙外层采用了 130mm 厚聚苯乙烯材料作为隔热层。连续对该建筑物的采暖情况监测表明，一年中该建筑物从太阳能获得约 30％的热量，从灯光获得约 22％的热量，从人体获得约 8％的热量。1962 年建造时安装的辅助采暖设备一直没有用过。

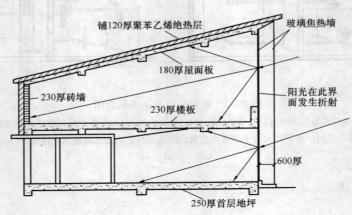

图 3-32　乔治街学校太阳能建筑剖面
（来源：文献〔2〕）

（2）美国新墨西哥州太阳能住宅

图 3-33 为美国新墨西哥州的一幢附加阳光间式住宅建筑。该住宅南向阳光间与二楼顶棚、北墙内侧设有空气循环通道，与底层地板上的砾石蓄热床相连，沿途使顶棚与北墙内侧被加热成低温辐射面向室内供暖，并将剩余热量输进砾石蓄热床蓄存起来以备夜间供暖。分隔温室与房间的南墙做成集热墙，白天蓄热，夜间供暖。夏季阳光间外侧设遮阳百叶，日闭夜开，必要时夜间还可定时开动风扇将温室冷空气循环进入通道，帮助室内降温。

（3）附加阳光间窑居建筑

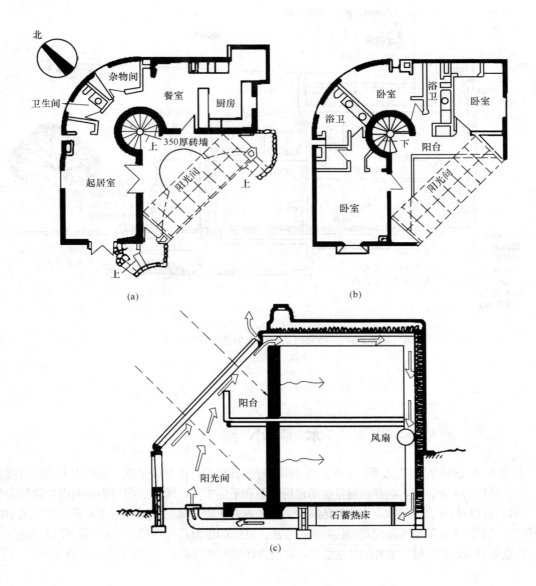

图 3-33　美国新墨西哥州的一幢附加阳光间式住宅建筑实例

（a）首层；（b）二层；（c）剖面

（来源：文献 [2]）

图 3-34 所示为针对延安枣园地区传统窑居建筑的改良方案，这个方案实际上是传统靠山窑与被动式太阳能建筑相结合的产物。由图 3-34 可见，窑洞南立面增加了一个附加阳光间，倾斜透明的阳光间屋顶为室内空间提供了大量的热量，使建筑冬季基本不需要采暖。阳光间顶部有太阳能集热器和太阳能电池，可为住户提供热水和电力。在阳光间地板下设有碎石蓄热槽，利用热虹吸效应，经与蓄热槽连通的管道，冬季向室内提供热风（气流），夏季向室内提供凉风（气流），形成了一个自然空调系统。

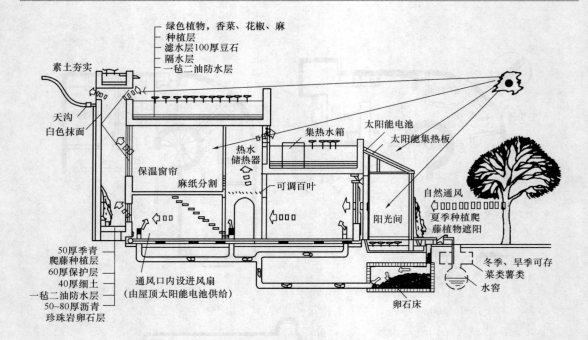

图 3-34　阳光间式窑居太阳能建筑剖面图
（来源：文献 [8]）

本 章 小 结

从冬季建筑热量的得失入手，本章系统介绍了建筑保温设计的相关知识。从减少失热的角度来看，防止冷风的不利影响，选择散热量少的建筑体型和平面布局，增强透明与不透明围护结构的保温性能以及进行科学合理的节点构造都是减少失热的有效手段。从增加得热角度来看，在建筑中以被动式方式利用太阳能是增加建筑得热的首选方法。良好的保温设计不仅能提高室内环境的热舒适度，也能够减少建筑采暖所消耗的常规能源，在资源环境短缺的今天具有重要的现实意义。

思 考 题

1. 阐述我国在不同时期的建设活动中对建筑围护结构热工设计的具体要求与控制方法。

2. 采暖居住建筑房间的密闭程度（气密化程度）对卫生保健、经济、能源消耗等方面各有什么影响？

3. 从节能角度分析在严寒地区设计建筑时应遵循的基本原则。

4. 说明某一地区常用的轻质保温材料的性能及构造做法，并解释为什么轻质保温材料并非总是越轻越好。

5. 以西藏、新疆、甘肃、内蒙古（我国太阳能资源丰富地区）中的某一地域为基地，分析在设计小型办公类、医疗类、教学类建筑时可以采用的被动式太阳集热技术。

第4章 建筑围护结构的传湿与防潮

重点提示/学习目

1. 了解材料的吸湿特性;
2. 掌握围护结构中水分迁移规律及内部冷凝的检验方法;
3. 掌握表面及内部冷凝的控制措施;
4. 了解夏季结露的原因,理解夏季结露的控制方法。

处于自然环境中的房屋建筑,除受热的作用和影响之外,潮湿是另一个重要的影响因素。空气中存在的大量水分会以各种方式渗入建筑围护结构。当围护结构表面温度低于附近空气露点温度时,还会在表面出现冷凝水现象,即表面冷凝;当水蒸气通过外围护结构时,遇到结构内部温度达到或低于露的界面点时,还会在围护结构内部产生冷凝。不管是表面冷凝还是内部冷凝,都会使材料受潮,导致材料强度降低、变形、腐烂、脱落等问题,从而降低使用质量。若围护结构中的保温材料受潮,将使其导热系数增大,保温能力降低。潮湿的材料还会滋生霉菌及其他微生物,严重危害环境卫生和人体健康,影响建筑物的耐久性。因此,建筑师在设计时,除需考虑围护结构热状况外,还应注意改善建筑物的湿环境和围护结构的湿状况。

外围护结构的受潮主要决定于下列诸因素:

(1)用于结构中材料的原始湿度;

(2)施工过程(如浇筑混凝土、在砖砌体上洒水、粉刷等)中进入结构材料的水分。水分的多少主要取决于围护结构的构造和施工方法,若采用装配式结构和干法施工,施工水分就可大大减少;

(3)由于毛细管作用,从土地渗透到围护结构中的水分。可设置防潮层以控制这种作用;

(4)由于受雨、雪的作用而渗透到围护结构中的水分;

(5)使用管理中的水分。例如:在漂白车间、制革车间、食品制造车间以及某些选矿车间等,在生产过程中使用很多水,使地板和墙的下部受潮;

(6)由于材料的吸湿作用,从空气中吸收的水分;

(7)空气中的水分在围护结构表面和内部发生冷凝。

4.1 建筑围护结构的传湿

4.1.1 材料的吸湿与围护结构中的水分迁移

把一块干的材料试件置于湿空气中,材料试件会从空气中逐步吸收水蒸气而受潮,这种现象称为材料的吸湿。建筑材料也具有吸湿特性,只是吸湿的难易程度不同而已。材料的吸热现象导致了材料内部水分的迁移。材料内部所包含水分，可以以三种形式存在：气态（水蒸气）、液态（液态水）和固态（冰）。在材料内部可以迁移的只是两种相态，一种是以气态的扩散方式迁移（又称水蒸气渗透）；一种是以液态水分的毛细渗透方式迁移。

当材料内部存在压力差（分压力或总压力）、湿度（材料含湿量）差和温度差时，均能引起材料内部所含水分的迁移。若围护结构设计不当，水蒸气通过围护结构时，会在材料的孔隙中凝结成水或冻结成冰，造成内部冷凝受潮。

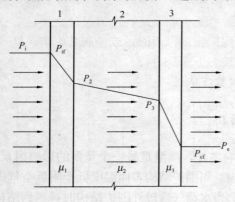

图 4-1　围护结构的水蒸气渗透过程
（来源：文献〔3〕）

目前在建筑设计中为考虑围护结构的湿状况，通常还是采用粗略的分析方法，即按稳定条件下单纯的水蒸气渗透过程考虑。亦即在计算中，室内外空气的水蒸气分压力都取为定值、不随时间而变；不考虑围护结构内部液态水分的转移，也不考虑热湿交换过程之间的相互影响。

稳态下水蒸气渗透过程的计算与稳定传热的计算方法是完全相似的。如图 4-1 所示，在稳态条件下通过围护结构的水蒸气渗透量，与室内外的水蒸气分压力差成正比，与渗透过程中受到的阻力成反比，即：

$$\omega = \frac{1}{H_0}(P_i - P_e) \qquad (4-1)$$

式中，ω——水蒸气渗透强度 $[g/(m^2 \cdot h)]$；

　　H_0——围护结构的总水蒸气渗透阻 $[(m^2 \cdot h \cdot Pa)/g]$；

　　P_i——室内空气的水蒸气分压力（Pa）；

　　P_e——室外空气的水蒸气分压力（Pa）。

围护结构的总水蒸气渗透阻按下式确定：

$$H_0 = H_1 + H_2 + H_3 + \cdots = \frac{d_1}{\mu_1} + \frac{d_2}{\mu_2} + \frac{d_3}{\mu_3} + \cdots + \frac{d_m}{\mu_m} \qquad (4-2)$$

式中，d_m——任一分层的厚度（m）；

　　μ_m——任一分层材料的水蒸气渗透系数 $[g/(m \cdot h \cdot Pa)]$，$m = 1, 2, 3, \cdots n$

水蒸气渗透系数是指 1m 厚的物体，两侧水蒸气分压力差为 1Pa，1h 内通过 $1m^2$ 面积渗透的水蒸气量，用 μ 轰示，单位 $g/(m \cdot h \cdot Pa)$。它表明材料的透气能力，与材料的密实程度有关，材料的孔隙率越大，透气性就越强。例如油毡的 $\mu = 1.25 \times 10^{-6} g/(m \cdot h \cdot Pa)$，玻璃棉的 $\mu = 4.88 \times 10^{-4} g/(m \cdot h \cdot Pa)$，静止空气的 $\mu = 6.08 \times 10^{-4} g/(m \cdot h \cdot Pa)$，垂直空气间层和热流由下而上的水平层的 $\mu = 1.01 \times 10^{-3} g/(m \cdot h \cdot Pa)$，玻璃和金属是不透水蒸气的。应指出，材料的水蒸气渗透系数尚与温度和相对湿度有关，但在建筑热工计算中采用的是平均值。

水蒸气渗透阻是围护结构或某一材料层，两侧水蒸气分压力差为 1Pa，通过 $1m^2$ 面积渗透 1g 水蒸气所需要的时间。用 H 表示，单位 $(m^2 \cdot h \cdot Pa)/g$。

由于围护结构内外表面的湿转移阻，与结构材料层的蒸汽渗透阻本身相比是很微小的，所以在计算总蒸汽渗透阻时可忽略不计。这样，围护结构内外表面的水蒸气分压力可近似地取为 P_i 和 P_e。围护结构内任一层内界面上的水蒸气分压力，可按下式计算（与确定内部温度相似）：

$$P_m = P_i - \frac{\sum\limits_{j=1}^{m-1} H_j}{H_0}(P_i - P_e) \tag{4-3}$$

$$m = 2,3,4 \cdots\cdots n$$

式中，$\sum\limits_{j=1}^{m-1} H_j$ ——从室内一侧算起，由第 1 层至第 $m-1$ 层的水蒸气渗透阻之和。

4.1.2　内部冷凝的检验

围护结构的内部冷凝，危害是很大的，而且是一种看不见的隐患。所以设计之初，应分析所设计的构造方案是否会产生内部冷凝现象，以采取措施加以消除，或控制其影响程度。

为判别围护结构内部是否会出现冷凝现象，可以按一下步骤进行：

（1）根据室内外空气的温湿度（t 和 φ），确定水蒸气分压力 P_i 和 P_e，然后按式（4-3）计算围护结构各层的水蒸气分压力，并作出"P"分布线。对于采暖房屋，设计中取当地采暖期的室外空气的平均温度和平均相对湿度作为室外计算参数。

（2）根据室内外空气温度 t_i 和 t_e，确定各层的温度，并按附录 2 做出相应的饱和水蒸气分压力"P_s"的分布线。

（3）根据"P"线和"P_s"线不相交，说明内部不会产生冷凝，如图 4-2（a）；若相交，则内部有冷凝，如图 4-2（b）。

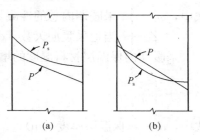

图 4-2　判断围护结构内部冷凝情况

（a）无内部冷凝；（b）有内部冷凝

（来源：文献［3］）

经判别若出现内部冷凝时，可按下述近似方法估算冷凝强度和采暖期保温层材料湿度的增量。

实践经验和理论分析都已判明，在水蒸气渗透的途径中，若材料的水蒸气渗透系数出现由大变小的界面，因水蒸气至此遇到较大的阻力，最易发生冷凝现象，习惯上把这个最易出现冷凝，而且凝结最严重的界面，叫做围护结构内部的"冷凝界面"，如图 4-3 所示。

显然，当出现内部冷凝时，冷凝界面处的水蒸气分压力已达到该界面温度下的饱和水蒸气分压力 $P_{s,c}$。设由水蒸气分压力较高一侧空气进到冷凝界面的水蒸气渗透强度为 ω_1，从界面渗透到分压力较低一侧空气的水蒸气渗透强度为 ω_2，两者之差即是界面处得冷凝强度 ω_c，参见图 4-4，即：

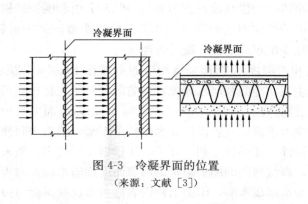

图 4-3　冷凝界面的位置

（来源：文献［3］）

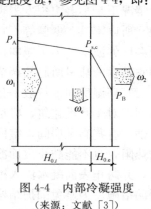

图 4-4　内部冷凝强度

（来源：文献［3］）

$$\omega_c = \omega_1 - \omega_2 = \frac{P_A - P_{s,c}}{H_{0,i}} - \frac{P_{s,c} - P_B}{H_{0,e}} \tag{4-4}$$

式中，P_A——分压力较高的一侧空气的水蒸气分压力（Pa）；

$\quad\quad P_B$——分压力较低的一侧空气的水蒸气分压力（Pa）；

$\quad\quad P_{s,c}$——冷凝界面处的饱和水蒸气分压力（Pa）；

$\quad\quad H_{0,i}$——在冷凝界面水蒸气流入一侧的水蒸气渗透阻〔(m²·h·Pa)/g〕；

$\quad\quad H_{0,e}$——在冷凝界面水蒸气流出一侧的水蒸气渗透阻〔(m²·h·Pa)/g〕；

采暖期内总的冷凝量的近似估算值为：

$$\omega_{c,0} = 24\omega_c Z_h \tag{4-5}$$

式中，$\omega_{c,0}$——采暖期内总的冷凝量（g/m²）；

$\quad\quad Z_h$——当地采暖期天数（d）。

采暖期内保温层材料湿度的增量为：

$$\Delta\omega = \frac{24\omega_c Z_h}{1000 d_i \rho_i} \times 100\% \tag{4-6}$$

式中，d_i——保温层厚度（m）；

$\quad\quad \rho_i$——保温材料的密度（kg/m³）。

应指出，上述的估算是很粗略的，当出现内部冷凝后，必须考虑冷凝范围内的液相水分的迁移机理，方能得出较精确的结果。

4.2　建筑围护结构的防潮

4.2.1　防止和控制表面冷凝

产生表面冷凝的原因，不外乎是由于室内空气湿度过高或是壁面的温度过低造成的。现就不同情况分述如下：

（1）正常湿度的房间。对于这类房间，若设计围护结构时已考虑了最小传热阻的要求，一般情况下是不会出现冷凝现象的。但使用中应注意尽可能使外围护结构内表面附近的气流畅通，所以家具、壁橱等不宜紧靠外墙布置。当供热设备放热不均匀时，会引起围护结构内表面温度的波动，为了减弱这种影响，围护结构内表面层宜采用蓄热特性系数较大的材料，利用它蓄存的热量所起的调节作用，以减少出现周期性冷凝的可能。

（2）高湿房间。一般是指冬季室内相对湿度高于 75%（相应的室温在 18～20℃ 以上）的房间，对于此类建筑，应尽量防止产生表面冷凝和滴水现象，预防湿气对结构材料的锈蚀和腐蚀。有些高湿房间，室内气温已接近露点温度（如浴室、洗染间等），即使加大围护结构的热阻，也不能防止表面冷凝，这时应力求避免在表面形成水滴掉落下来，影响房间使用质量，并防止表面凝水渗入围护结构的深部，使结构受潮。处理时应根据房间使用性质采取不同的措施。为避免围护结构内部受潮，高湿房间的围护结构的内表面应设防水层。对于那种间歇性处于高湿条件的房间，为避免凝水形成水滴，围护结构内表面可增设吸湿能力强且本身又耐潮湿的饰面层或涂层。对于那种连续地处于高湿条件下，又不允许屋顶内表面的凝水滴落到设备和产品上的房间，可设吊顶（吊顶空间应与室内空气相通），将滴水有组织地引走，或加强屋顶内表面附近的通风，防止水滴的形成。

4.2.2　防止和控制内部冷凝

由于围护结构内部的湿转移和冷凝过程比较复杂，目前在理论研究方面虽有一定进展，但尚不能满足解决实际问题的需要，所以在设计中主要是根据实践中的经验和教训，采取一定的构造措施来改善围护结构内部的湿度状况。

（1）合理布置材料层的相对位置

在同一气象条件下，使用相同的材料，由于材料层次布置的不同，一种构造方案可能不会出现内部冷凝，另一种方案则可能出现。如图 4-5 所示，图中（a）方案是将导热系数小、蒸汽渗透系数大的材料层（保温层）布置在水蒸气流入的一侧，导热系数大而蒸气渗透系数小的密实材料层布置在水蒸气流出的一侧。由于第一层材料热阻大，温度降落多，饱和水蒸气分压力"P_s"曲线相应地降落也

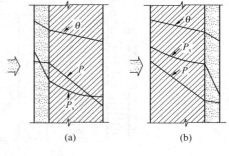

图 4-5　材料层次布置对内部湿状况的影响
（a）有内部冷凝；（b）无内部冷凝
（来源：文献［3］）

快，但该层透气性大，水蒸气分压力"P"降落平缓；在第二层中的情况正相反，这样"P_a"曲线与"P"线很易相交，也就是容易出现内部冷凝。（b）方案是把保温层布置在外侧，就不会出现上述情况。所以材料层次的布置应尽量在蒸汽渗透的通路上做到"进难出易"。

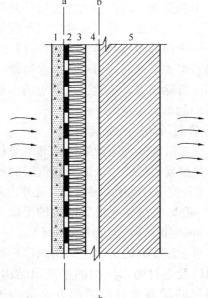

图 4-6　内部冷凝分析检测
1—石膏板条粉刷；2—隔气层；
3—保温层；4—空气间层；5—砖砌体
（来源：文献［3］）

在设计中，也可根据"进难出易"的原则来分析和检测所设计的构造方案的内部冷凝情况。如图 4-6 所示的外墙结构，其内部可能出现冷凝的危险界面是隔气层内表面和砖砌体内表面。首先检验界面"a"，根据界面 a 的温度 θ_a，得出此温度下的饱和水蒸气分压力 $P_{s,a}$。若在分压力差（$P_i - P_{s,a}$）下进入 a 界面的水蒸气量小于在分压力差（$P_{s,a} - P_e$）下从该界面向外流出的水蒸气量，则在界面 a 处就不会出现冷凝水，反之则会产生冷凝。再检验界面"b"，根据界面 b 的温度 θ_b，得出饱和水蒸气分压力 $P_{s,b}$。若在分压力差（$P_i - P_{s,b}$）下进到该界面的水蒸气量，小于在分压力差（$P_{s,b} - P_e$）下流出的水蒸气量，在界面 b 处就是不会出现冷凝。经过检验，若在界面 a 处出现冷凝水，则可增加外侧的保温能力，提高该界面的温度以防止出现冷凝。若在界面 b 处出现冷凝，则可采取两种措施：一是提高隔气层的隔汽能力，减少进入该界面的水蒸气量；一是在砖墙上设置泄气口，使水蒸气很易排出，后一种措施比前者有效而可靠。

（2）设备隔汽层

在具体的构造方案中，材料层的布置往往不能完全符合上面所说的"进难出易"的要求。为了消除或减弱围护结构内部的冷凝现象，可在保温层蒸汽流入的一侧设置隔汽层（如沥青或隔汽涂料等）。这样可使水蒸汽流抵达低温表面之前，水蒸气分压力已得到急剧地下降，从而避免内部冷凝的产生，如图 4-7 所示。

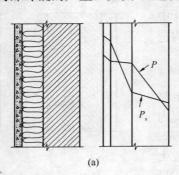 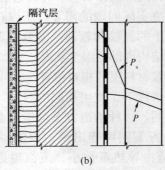

图 4-7 设置隔蒸汽层防止内部冷凝

（a）未设隔汽层；（b）设备隔汽层

（来源：文献 [3]）

隔汽层应布置在蒸汽流入的一侧。所以对于采暖房屋应布置在保温房内侧，对于冷库建筑应布置在隔热层外侧。如图 4-8 所示，隔汽层设在常年高湿一侧。若在全年中存在着反向的蒸汽渗透现象，则应根据具体情况决定是否在内外侧都布置隔汽层。必须指出，对于采用双重隔汽层要慎重对待。在这种情况下，施工中保温层不能受潮，隔汽层的施工质量要严格保证。否则在使用中，万一在内部产生冷凝，冷凝水不易蒸发出去，所以一般情况下应尽量不用双重隔汽层。对于虽存在反向蒸汽渗透，但其中一个方向的蒸汽渗透量大，而且持续时间长，另一方个方向较小，持续时间又短，则可仅按前者考虑。此时，另一方向渗透期间亦可能产生内部冷凝，但冷凝量较小，气候条件转变后即能排除出去，不致造成严重的不良后果。必要时可考虑在保温层的中间设置隔汽层来承受反向的蒸汽渗透。

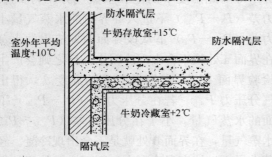

图 4-8 潮湿房间隔汽层的设置

（来源：文献 [3]）

（3）设置通风间层或泄气沟道

设置隔汽层虽能改善围护结构内部的湿状况，但并不是最妥善的办法，因为隔汽层的隔汽质量在施工和使用过程中不易保证。此外，采用隔汽层后，会影响房屋建成后结构的干燥速度。对高湿房间围护结构的防冷凝效果不佳。

为此，对于湿度高的房间（如纺织厂）的外围护结构以及卷材防水屋面的平屋顶结构，采用设置通风间层或泄气沟道的方法最为理想，由于保温层外侧设有一层通风间层，从室内渗入的蒸汽可被不断与室外空气交换的气流带走，对保温层起风干的作用，如图 4-9 所示。

图 4-10 为瑞典一建筑实例，其墙体外表面为玻璃板，原来在玻璃板与其内部温层之间

有小间隙，墙体内部无冷凝；改建后玻璃板紧贴保温层，原起到泄气沟道作用的小间隙消失，一年后保温材料内部冷凝严重，体积含湿量高达 50%。

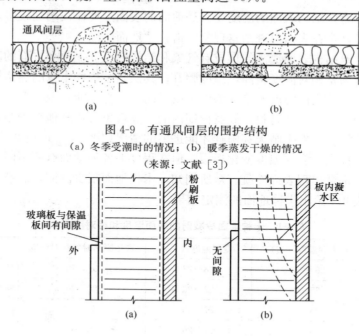

图 4-9　有通风间层的围护结构

（a）冬季受潮时的情况；（b）暖季蒸发干燥的情况

（来源：文献 [3]）

图 4-10　有无泄气沟道的冷凝情况

（a）改建前无冷凝水；（b）改建后产生冷凝水

（来源：文献 [3]）

（4）冷侧设置密闭空气层

在冷侧设一空气层，可使处于较高温度侧的保温层经常干燥，这个空气层叫做引湿空气层，这个空气层的作用称作收汗效应。

4.3　夏季结露与防止措施

我国南方广大湿热气候区，在春夏之交的梅雨时节，或者在久雨初晴之际，或者台风骤雨来临前夕，一般自然通风房屋内普遍产生夏季结露现象。这种现象引发墙面泛潮、地面淌水、衣物发霉、装修变形，闷湿难当。当采用热惰性大，表面呼吸性差的围护结构时，这种结露现象尤其明显。

4.3.1　夏季结露及危害

我国南方湿热地区夏季结露的产生主要是由两方面的原因形成的。一是我国华南和东南沿海地区受热带海洋气团和赤道海洋气团的控制，在春夏之交，从海洋带来的较高的温、湿度的东南季风，吹向大陆和沿海使空气中的温湿度骤增，尤其以珠江流域为最。二是我国长江流域和东南丘陵与南岭山地一带，在春末夏初，由于大陆不断有极地大陆气团南下与热带海洋气团和赤道气团相遇，当锋面停滞不前时，常阴雨连绵，因这时正是黄梅成熟季节，故称为"梅雨"。

海洋的较高温湿度的空气吹向陆地，以及大陆上的久雨初晴，都会使空气中的温湿度骤然增加，但居室中有些结构表面的温度尤其是地面的表面温度往往增加较慢，因此，当较湿的空气流过地面时，常在表面出现结露现象，俗称"地面泛潮"。

由此可知，建筑结构表面泛潮的形成有气象和结构热工性能两个方面的因素。首先是与结构接触的空气必须是相对湿度很高，温度骤升；其次是结构物本身的热惰性较大，并且表面蓄热能力高，从而使表面温度不论在数值上或时间上，都不能紧跟气温变化。在房屋结构中，地面常常采用又厚又重的材料，故黄梅期内的泛潮现象常比其他围护结构严重。若地面材料处理欠妥，黄梅期会发生晴天穿雨鞋才能进屋的情况。

虽然地面热惰性大，表面温度变化迟缓，但在程度上各种地面有所不同。因此，黄梅期内绝不是所有地面都会出现表面冷凝。众所周知，木板地面很少泛潮，而磨石子地面却可能出现一薄水层。表 4-1 给出十种地面的测定结果。

表 4-1　十种地面冷凝时的表面温度和相对湿度

地面面层材料	表面温度（℃）		空气温度（℃）		产生凝结时的相对湿度		地面类型
磨石子	26	25.5	28	27	90	90	湿地面
水泥	25	24	27	26	80	90	
瓷砖	25	24	27	26	80	90	
水泥花砖	25	23	27	26	80	85	
白色防潮砖	24	22	27	26	90	90	吸湿地面
黄色防潮砖	25	25.5	26	24	90	90	
大阶砖	26	25	27	27	95	95	
素混凝土	29	29	26.5	26	100	100	干地面
三合土	29	28	29	28	100	100	
木地板	29	27	29	27	100	100	

注：表中左右两个数据为两次测定之值。

从表 4-1 可以看出，地面的表面温度均随气温的高低而升降，只是两者间的差值因面层材料不同而有差异。差值大者当然容易结露，差值小者表面就干燥。十种地面根据表面泛潮程度大小，大体可分为三类，即

（1）湿地面

这类地面的面层材料的容重较大，表面蓄热能力较强。在气温变化下，其表面温度波动较平缓。因此，表面温度与气温间的差额就比较大，这就导致表面容易产生冷凝。表中值表明，这类地面的表面温度要比气温低 2℃左右。当相对湿度达 80％～90％就会产生表面凝结（气温为 26～28℃）。属此类地面的有：水磨石、水泥、瓷砖、水泥花砖等地面。又由于这些地面的表面材料很密实，不会吸收表面上的凝结水，因此泛潮后，表面显得十分潮湿。

（2）吸湿地面

此类地面的表面温度比气温低 1～1.5℃，相对湿度达 90％～95％时产生冷凝（对应气温为 24～27℃），故情况比湿地面有很大改善。不过，其表面上还是会产生短暂性的冷凝。由于这种地面的面层材料具有微孔，它们会吸收表面上的冷凝水，故表面不出现泛潮现象。

因为产生表面结露的时间较短，所以孔隙中吸收的水分可以在其余的时间蒸发出去，不会持续累积而使面层材料潮湿不堪。材料的这种吸湿放湿作用常称为"呼吸"作用。

黄梅期间，室外空气的相对湿度常有高到十分接近饱和的情况，所以在没有空调的一般建筑中，要保证地面绝对不产生冷凝是比较困难的，即难免出现短暂性的表面结露。因此采用具有"呼吸"功能的面层材料以防止或减少霉季时的地面泛潮是一种较良好的方法。

（3）干地面

这种地面的表面温度能紧跟气温变化，两者相差较小（约 0.5℃ 左右），故相对湿度要十分接近饱和时才有可能产生少量的表面冷凝。

和冬季结露相比，夏季结露的强度大，持续时间长，受害的区域或人群也更多。夏季结露现象给人们的生活和工作带来不便，影响身体健康，若常住在潮湿地面的房间，易患风湿性关节炎等病。潮湿的房间还易繁殖细菌，科学实验证明，霉菌在温度 25～30℃，湿度 80% 以上，且有充足氧气时，便能大量繁殖。被霉菌污染的食物具有很强的致癌性；潮湿房间的衣物、家具或仪器等极易受潮发霉；潮湿房间对房屋结构也会起到破坏作用，如木制构件容易长白蚁、生蛀虫、墙面抹灰、天花的板条抹灰易脱落。所以，建筑师和建筑技术工作者必须对夏季结露给予充分的认识和注意。

4.3.2 夏季结露原因和防潮措施

研究表明，夏季结露是建筑中的一种大强度的差迟凝结现象。

所谓差迟凝结就是在春末，室外空气温度和湿度都骤然增加时，建筑物中的物体表面温度由于热容量的影响而上升缓慢，滞后若干时间而低于室外空气的露点温度，以至于高温高湿的室外空气流过室内低温表面时必然发生大强度的表面凝结。

不难看出，发生室内夏季结露必要且充分的条件是：

（1）室外空气温度高湿度大，空气饱和或者接近饱和；

（2）室内某些表面热惰性大，使其温度低于室外空气的露点温度；

（3）室外高温高湿空气与室内物体低温表面发生接触。

此三个条件必须同时存在，不可或缺。假设室外空气低温低湿，室内物体表面温升与室外空气温升同步或超前，即便室外空气大量流经室内各表面，也不可能发生差迟凝结，夏季结露现象也就不复产生了。所以，破坏上述三个必要充分条件之一，就是我们与夏季结露作斗争的出发点。

防止和控制地面泛潮必须使空气湿度不要太高，地表温度不要过低，并避免湿空气与地面接触。防泛潮措施可从地面材料与构造的合理选择、建筑的其他措施和在霉潮期间房屋日常管理的配合等方面考虑。室内地面宜采用蓄热系数小一些的材料以减少地表温度与空气温度的差值，从而减少表面结露的机会。还可选择表面带有微孔的面层材料来处理，由于面层材料保留一部分空隙，没有形成一层不透水的壳，当室内潮湿时，可以暂时吸收少量的凝结水，当室内空气干燥时，水分再从饰面材料蒸发出来。这是减少或防止地面泛潮的好办法，例如采用表面带有微孔的防潮陶土面砖铺地。

从泛潮的角度来看，居室里控制使用水泥地面、水磨石及瓷砖等容易泛潮的地面，虽然夏季这类地面的降温作用好，但容易在潮湿季节引起泛潮。在传统民居中常用灰土、三合土、木地板等地面，在霉潮时期不易泛潮。

在房屋的底层，尤其是地下水位较高的地区，房屋底层地面由于毛细管作用会加重地面的潮湿程度，故在结构上要注意地面垫层的防潮措施，如加粗砂垫层或涂沥青或设沥青油毡防潮层，可收到良好的防潮效果。

在建筑物上可装设便于开启的门窗，以便于进行间歇通风。例如装设百叶窗、窗顶设小型通气孔、设推拉活动窗扇，同时还可争取日照以加速水分的蒸发和提高地面的温度。在南方民居中常设计半截的腰门和门槛，这些措施可使空气在接近地面处保持一定的厚度，使流入室内较高温度的空气浮在上面而不易与温度较低的地面接触，对泛潮也起了一定的作用。

在建筑设计上、构造材料上、使用管理上采取一定的或者综合的措施和方法，减轻减弱夏季结露的强度、危害和影响。常用的建筑设计方法有以下几种：

（1）架空层防露

架空地板对防止首层地面、墙面夏季结露有一定的作用。近来，广东地区大多把住宅首层设为车库等公用设施，地板脱离土地，提高了住宅首层地面的温度，降低了居室地面夏季结露的强度，很受城市居民欢迎。

（2）空气层防露

利用空气层防潮技术可以满意地解决首层地板的夏季结露问题。空气层防露地板构造如图 4-11 所示。

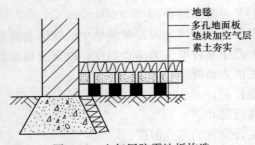

地毯
多孔地面板
垫块加空气层
素土夯实

图 4-11 空气层防露地板构造
（来源：文献［3］）

（3）材料层防露

采用热容量小的材料装饰房间内表面特别是地板表面如木地板、三合土、地毯等地面材料，提高表面温度，减小夏季结露的可能性，效果尚好。

（4）呼吸防露

利用多孔材料的对水分吸附冷凝原理和呼吸作用，不仅可以延缓和减小夏季结露的强度，而且还可以有效地调节室内空气的湿度。例如，陶土防潮砖和防潮缸砖就有这种呼吸防露作用。

（5）密闭防露

在雷暴将至和久雨初晴之时，室外空气温湿度骤升，应尽量将门窗紧闭，避免室外高温高湿空气与室内低温表面接触，减少气流将大量水分带进室内，在较低的表面上结露。

此时开启门窗通风，往往结露更盛，经久不干。

（6）通风防露

梅雨时节，自然通风愈强，室内结露愈烈，但是，有控制地通风仍不失为防止夏季结露的有效方式之一。

白天，夏季结露严重发生之前，应该把门窗紧闭，限制通风。在夜间，室外气温降低以后，门户开放，通风有减湿干燥降温防潮作用。

采用恒温双向换气机对房间同时进行送风和排风，不仅能将室内潮浊空气排出，而且送入的新鲜空气接近室温，不致发生夏季结露。这种简易的机械通风不失为南方梅雨季节改善室内热温环境条件的好方法。

（7）空调防露

近来，居民使用空调越来越多，利用空调器的抽湿降温作用，对防止夏季结露也十分有效。

本 章 小 结

建筑防潮问题与建筑保温问题一样，是建筑热环境设计中的重要环节。诸多原因都会导致建筑围护结构出现冷凝或结露现象。本章从材料的吸湿特征和围护结构中水分迁移入手，系统介绍了围护结构内部冷凝的检验、表面及内部冷凝的控制方法以及夏季结露的控制措施。本章内容是建筑湿环境控制的基础。

思 考 题

1. 围护结构受潮后为什么会降低其保温性能，试从传热机理上加以阐明。
2. 采暖房屋与冷库建筑在水蒸气渗透过程和隔汽处理原则上有何差异？
3. 试检验图 4-12 中的屋顶结构是否需要设置隔汽层。已知：$t_i = 18℃$，$\varphi_i = 65\%$；采暖期室外平均气温 $\overline{t}_e = -5℃$，平均相对湿度 $\overline{\varphi_i} = 50\%$；采暖期 $Z_h = 120d$；加气混凝土的干密度 $\rho_0 = 500kg/m^3$。

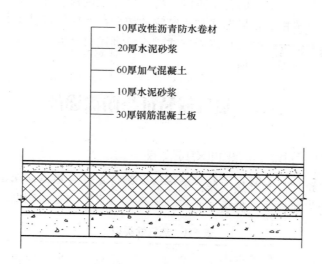

图 4-12　某平屋顶构造

（来源：文献［3］）

4. 采用建筑构造设计方法如何减弱减轻夏季结露？
5. 试从降温与防止地面泛潮的角度来分析南方地区几种室内地面（木地板、水泥地面、水磨石地面或其他地面）中，在春季和夏季哪一种地面较好？该地面处于底层或楼层时有无区别？

第 5 章　建筑防热设计

重点提示/学习目标

1. 熟悉热气候的特征与建筑设计原则，掌握建筑防热的常用措施；
2. 了解围护结构隔热设计的原则，掌握屋顶隔热设计的措施；
3. 掌握遮阳的基本形式及遮阳构件的设计计算方法；
4. 掌握建筑设计不同阶段自然通风的处理手法；
5. 了解自然能源防热降温和空调建筑节能的基本策略。

建筑防热就是为了抵挡夏季室外热作用，防止室内过热而采取的建筑设计综合措施。我国炎热气候区居住着我国半数以上的人口。在这些地区，自然通风房屋和越来越多的空调房屋都必须进行建筑防热设计。否则，不仅造成房间过热、热环境恶化，而且造成建筑物空调负荷过大，空调能耗增加。因此，建筑防热设计具有社会的、经济的和环境的意义。建筑防热的主要内容包括：在建筑设计的各个阶段，有针对性地选择合理的防热措施，例如城市规划阶段，正确地选择建筑物的布局形式和建筑物的朝向；在建筑设计中，选用适宜的有效的围护结构隔热方案；采用合理的窗户遮阳方式；充分利用自然通风；注意建筑环境的绿化等以创造舒适的室内生活、工作环境。

5.1　热气候特征与防热途径

5.1.1　热气候特征与我国炎热地区的范围

热气候可分为干热气候和湿热气候。温度高、湿度大的热气候称为湿热气候；温度高而湿度低的热气候称为干热气候，见表 5-1。

表 5-1　热气候类型

气候参数	热气候类型		气候参数	热气候类型	
	湿热	干热		湿热	干热
日最高温度（℃）	34～39	38～40	年降雨量（mm）	900～1700	<250
温度日振幅（℃）	5～7	7～10	风	和风	热风
相对湿度（%）	75～95	10～55			

我国南方地区大多属于湿热气候，这些地区以长江流域和珠江流域为中心，涉及江苏、浙江、安徽、江西、湖南、湖北各省和四川盆地，东南沿海的福建、广东、海南、台湾以及

广西、云南和贵州的部分地区。这其中的华东、华中和西南地区夏季气温高（七月份平均气温为 26～30℃；七月份最高气温为 30～38℃），湿度大（可达 80％以上），部分地区丘陵环绕，风速弱小，从而形成了闷热的气候特点；华南地区夏季高温期长，昼夜气温变化不大，降雨量较大，滨海地区风速较大，是典型的湿热气候区；而在我国世界著名洼地——新疆吐鲁番盆地附近，高山环绕，干旱少雨，夏季酷热，气温高达 50℃，昼夜气温变化极大，是典型的干热气候。

这些地区的建筑设计如不进行防热设计，房间很容易过热，造成室内热环境恶化或空调能耗增加。而要获得防热设计的具体措施，还要从夏季引起房间过热的原因说起。

5.1.2 室内过热的原因和防热措施

夏季房间所受到热作用的方式与冬季是相似的，主要包括太阳辐射得热、室内热源得热、通风引起的热量传递以及通过围护结构的热量传递。但是，需要注意的是，冬季一般室内温度比室外温度高，通过围护结构的热量和通风引起的传热量方向都是室内传向室外，而在夏季，特别是白天，这些热量传递的方向可能全部都是由室外传向室内，多种形式的得热在集中的时间内到达建筑内部，过热现象也就不足为怪了（图 5-1）。

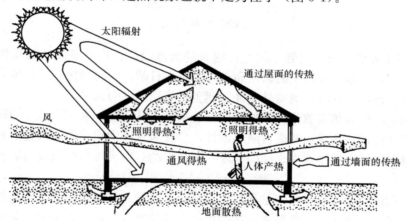

图 5-1 室内过热的原因

（来源：自绘）

具体来说，引起夏季房间过热的原因主要包括以下几个方面：

（1）围护结构向室内的传热。在太阳辐射和室外气温共同作用下，外围护结构外表面吸热升温，热量传导至内表面后，以辐射和对流方式使室内空气温度上升。

（2）透进的太阳辐射热。通过窗口直接进入的太阳辐射热，使部分地面、家具等吸热升温，并以长波辐射和对流换热方式加热室内空气。此外，太阳辐射热投射到房屋周围地面及其他物体，其一部分反射到建筑的墙面或直接通过窗口进入室内；另一部分被地面等吸收后，使其温度升高而向外辐射热量，也可能通过窗口进入室内。

（3）通风带入的热量。自然通风或机械通风过程中带进的热量。

（4）室内产生的余热。室内生产或生活过程中产生的余热，包括人体散热。

建筑防热的主要任务，就是要尽可能地减弱室外热作用的影响，改善室内热环境状况，使室外热量少传入室内，并使室内热量尽快地散发出去，避免过热现象的发生。建筑防热设计应根据地区气候特点、人民的生活习惯和要求以及房屋的使用情况，并且尽可能地开发利用自然能源，采取综合的防热措施（图5-2）：

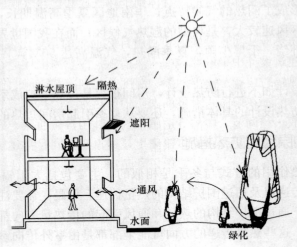

图 5-2　建筑综合防热措施

（来源：文献〔3〕）

（1）减弱室外热作用。主要办法是在建筑的场地设计、总平面设计以及建筑体型、平面设计过程中，正确地选择房屋的朝向和布局，防止日晒。同时绿化周围环境，降低周围环境辐射和气温；创造良好的建筑室外条件以利于自然通风的引入。

（2）外围护结构隔热和散热。围护结构外表面应采用浅色，以减少对太阳辐射的吸收。对屋面、外墙（特别是西墙）要进行隔热设计，合理地选择围护结构和构造形式，以减少传进室内的热量和降低围护结构内表面的温度。最理想的是白天隔热好而夜间散热又快的构造方案。

（3）房间自然通风。自然通风是排除室内余热、改善人体舒适感的主要途径。要组织好房间的自然通风，引风入室，并形成一定的风速，建筑朝向应接近夏季主导风向；要合理地选择建筑的布局形式，正确设计房屋的平面和剖面、房屋的开口位置和面积以及采取各种通风措施，以利于房间的通风散热。

（4）窗口遮阳。遮阳的作用主要是阻挡阳光从室外直射透入，减少对人体的辐射，防止室内墙面、地面和家具表面被晒而导致室温升高。遮阳的方式有多种，或利用绿化，或结合建筑构件处理（如出檐、雨篷、外廊等），或采用临时性的布篷和活动的百叶，或采用专门的遮阳设施。

（5）利用自然能。自然能用于建筑的防热降温是国内外近些年来的研究成果。其中包括建筑外表面的长波辐射、夜间对流、屋顶和墙体淋水被动蒸发冷却、地冷空调、太阳能降温等措施。

当上述措施不能满足室内热舒适需求时，还可以采取一些主动式方式，即依靠设备系统对建筑进行降温，常见的措施主要包括机械通风降温和空调设备降温。

5.1.3　干热和湿热气候的防热措施

上述措施是针对热气候整体而言的，具体到干热气候和湿热气候区，设计原则和策略会呈现一定的差异。

湿热地区建筑的防热应从防止日辐射和利用自然通风的角度出发，合理选择房屋朝向、间距与布局的形式。建筑设计中采取综合的防热措施，注意周围环境的绿化，从而减弱室外热作用，以降低环境热辐射，调节室外的温、湿度并起到冷却热风的作用。窗口要遮阳，外围护结构要隔热，其目的都在于防止大量的太阳辐射热对室内热环境的影响。自然通风可以排除室内热量，利用散热和调节人体的舒适感，因此利用自然通风十分重要。为了防止开窗通风时太阳辐射过多进入室内，设置窗口遮阳更显得重要。同时在建筑措施中还要注意防止夏季结露，尤其是首层地面泛潮、窗口防雨以及防雷、防霉、防虫蚀等问题。总之，湿热地区的建筑总体布置灵活，平面较为开敞，有的设置内庭花园或屋顶花园，有的建筑底层架空。防热措施有阳台、凉台、遮阳板、离雨飘檐及通风屋顶、通风幕墙等处理。我国西双版纳地区的"干阑"建筑，黎族的"船屋"以及广州的"竹筒屋"都是湿热地区建筑的典型代表。

干热区由于气温高、干燥、温度日差较大，晴朗少云，吹热风并带沙尘，建筑多设内院，墙厚少开窗或开小窗以防日辐射和热风沙，外围护结构隔热要求较高，内庭周围多设走廊，庭院内种植物和设置水池以调节干热的气候。例如我国喀什地区的民居，设内院、柱廊、半地下室、屋顶平台和拱廊等。在干热地区生土建筑对调节室内气温起的作用很大，能够使房间内部温度较为平稳，具有一定的空调作用。干热地区可利用蒸发降温和利用夜间长波辐射冷却的作用来改善干热环境。例如在庭院中设置水池，在屋顶设置蓄水屋面等措施。非洲和中东地区有的建筑屋顶设置穹隆和透气孔等措施，甚至有的穹隆设双层圆穹屋顶，底层用生土做成半圆形，同时埋入短柱以支撑上层草帘，上下层间形成了有良好隔热作用的空气层，上层草帘防雨以保护下层土顶；透气孔做成风塔形，下通地下室或地道，利用热压、风压差形成室内自然对流，从而改善室内热状况。

干热和湿热气候下，建筑设计各个阶段防热设计原则具体见表 5-2 所示。

表 5-2　热气候特征与建筑设计原则

气候类型 特点要求		湿热气候	干热气候
气候特点		温度日差较小，气温最高 38℃以下，温度日振幅 7℃以下。湿度大，相对湿度一般在 75% 以上，雨量大，吹和风，常有暴雨	温度日差较大，气温常达到 38℃以上，且日振幅常在 7℃以上。湿度小，干燥，降雨少，长吹热风并带沙
设计原则	规划布局	选择自然通风好的朝向，间距稍大些，布局较自由，房屋要防西晒，环境要有绿化、水域、道路、广场，要有透水能力	布局较密形成小巷道、间距较紧密，便于相互遮挡；要防止热风，注意绿化
	建筑平面	外部较开敞，亦设有内天井，注意庭园布置。设置阳台；平面形式多条形或竹筒形，多设外廊或底层架空	外封闭、内开敞，多设内天井，平面形式有方块式、内廊式，进深较深。防热风、开小窗，防晒隔热

气候类型 特点要求		湿热气候	干热气候
设计 原则	建筑 措施	遮阳、隔热、防潮、防雨、防虫、利用自然通风	防热要求较高，防止热风和风沙的袭击，亦设置地下室或半地下室以避暑
	建筑形式	开敞通透	严密厚重、外闭内敞
	材料 选择	现代轻质隔热材料、铝箔、铝板及其复合材料	热容量大、外隔热、白色外表面、混凝土、砖、石、土
	被动技术 利用	利用夜间强化通风、被动蒸发冷却、长波辐射冷却	被动蒸发冷却、长波辐射冷却、夜间通风、地冷空调

针对热气候的总体特征，本章将分别从弱化室外热作用、围护结构的隔热设计、遮阳设计、自然通风设计以及自然能源的利用几个方面具体阐述建筑防热的设计手法及策略。

5.2 减弱室外热作用

夏季引起室内过热的室外热作用主要是太阳辐射、空气温度和热风，所以若要减弱室外热作用也就要从这几个方面入手。对于太阳辐射，首要措施是遮挡，使其不能到达建筑表面；然后是反射，当太阳辐射不可避免地到达建筑表面时，可以选择反射率高而吸收率小的材料反射阳光。对于高温空气和热风，则可以通过绿化、水域的手段降低建筑周围辐射温度和气温，并对热风起冷却作用。

5.2.1 减弱太阳辐射的作用

合理选择房屋的朝向对于减弱太阳辐射热作用非常有效。南北朝向的建筑在夏季接收到较少的太阳辐射，因此对防热非常有利。图 5-3 表示广州地区各朝向太阳辐射、风向及出现高温和暴雨袭击方向的范围。由图可见，从防太阳辐射角度来看，当然以正南为佳。即，房屋朝向正南向接受的太阳辐射最少，受到的热作用也越小。但是需要注意的是，朝向的选择往往要兼顾自然通风，从自然通风角度来看，该地区以偏东南向为佳，因此综合考虑防止太阳辐射、争取自然通风，并兼顾避免暴风雨袭击等因素，广州地区住宅朝向以南偏西 5° 到南偏东 10° 最佳，南偏东 10°～20° 尚可。

将建筑物安排成相互遮阴或对相邻的外部空间提供遮阴，可以起到很好的降温作用。例如在干热地区，人们较少依靠对流降温，而利用狭窄的南北向街道，对建筑的东、西立面遮阴，如图 5-4 所示。

相互遮阴起到的降温效果与街道朝向、宽度、建筑高度和太阳高度角有关。阴影越多、时间越长、降温效果越好。我国气候湿热的岭南地区，也经常利用建筑之间的遮阴效果，形成的狭窄街道被称为"冷巷"。

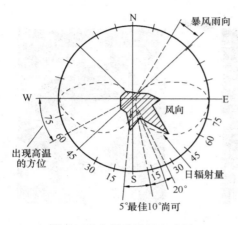

图 5-3　广州地区朝向选择
（来源：文献［3］）

图 5-4　干热地区巷子两侧建筑互相遮阴
（来源：自摄）

在建筑的周边种植树木也可以有效减少到达建筑表面的太阳辐射。特别是在建筑东西立面的外部，高大的树木可以有效地减少上午或下午直射进窗口的阳光，对建筑的降温作用显著，如图 5-5、图 5-6 所示。

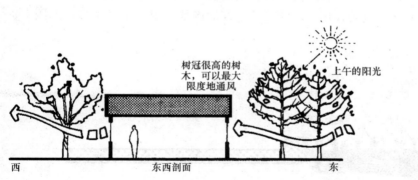

图 5-5　建筑东西向的种植对太阳辐射的作用
（来源：文献［1］）

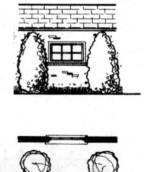

图 5-6　窗口附近种植的遮阳作用
（来源：文献［1］）

对于建筑自身而言，在日晒强烈的围护结构外侧设置遮阳设施，可以有效降低室外综合温度。由此产生了遮阳屋顶或遮阳墙的特殊形式。

将围护结构外表面采用对太阳辐射吸收率小而长波辐射发射率大的材料，也是降低太阳辐射热作用的重要措施。据统计，传统黑色屋顶表面温度在夏季高温时段可达 70℃，而光滑的白色屋顶表面温度不超过 48℃；一个典型的中等深色、吸收率为 0.7 的墙体改为浅色表面、吸收率为 0.1 的墙体，空调系统能耗会降低 20%。

图 5-7　建筑屋顶遮阳
（来源：文献［9］）

图 5-8　建筑屋顶遮阳
（来源：文献［10］）

5.2.2　减弱空气温度和热风的作用

要减弱空气温度和热风的作用，主要可以通过绿化和水域来实现。以绿化为例，植物在生长过程中，因其"蒸腾作用"和"光合作用"吸收太阳辐射热，因此可以起到降低空气温度、调节生态环境的作用。结合遮阴作用，绿化可使建筑周围地面温度下降很多，如图 5-9 所示。

| 32.2℃ | 空气温度 | 43.3℃ |
| 37.8℃ | 地面温度 | 60℃ |

草坪　　　　　　　　　　　　　　　　沥青

图 5-9　草地温度与沥青表面温度的对比
（来源：文献［1］）

除此之外，植物的根部能保持一定的水分，这些水分在吸热蒸发的过程中也会带走热量。一个占地 3～4 万 m² 的公园，园内平均气温可比城市中空旷地的平均气温低 1.6℃ 左右。因此，在城市设计中有必要规划一定占地面积、树木集中的公园和植物园。在小区环境布置中应适当地设置水池、花园、喷泉等景观，起到降低周边环境热辐射、调节空气的温湿度、净化空气的作用（图 5-10 显示了绿化的降温效果）。

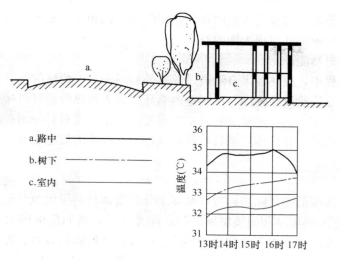

图 5-10 绿化降温的效果（广州地区）

（来源：文献〔2〕）

5.3 围护结构的隔热设计

5.3.1 围护结构隔热设计的原则

夏季，房屋在室外综合温度作用下，通过外围护结构向室内大量传热。对空调房间来说，为了保证室内气温的稳定，减少空调设备的初投资和运行费用，要求外围护结构必须具有良好的隔热性能。对于一般的工业与民用建筑，房间通常是自然通风的，为保证人体低限的热舒适要求和一般的生活、学习和工作条件，也不能忽视房屋隔热的问题。

外围护结构隔热设计的原则可以概括为：

（1）明确隔热设计的重点。外围护结构外表面受到的日晒时数和太阳辐射强度，以水平面为最大，东、西向其次，东南和西南又次之，南向较小，北向最小。所以，隔热的重点在屋面，其次是西墙与东墙。

（2）降低室外综合温度。具体办法包括浅色平滑的粉刷和饰面材料，屋顶或墙面的外侧设置遮阳设施以及采用对太阳短波辐射的吸收率小而对长波辐射的发射率大的材料等。

（3）利用围护结构中的通风间层隔热。围护结构中设置的间层与室外或室内相通，则可以利用风压和热压的作用带走进入空气层内的一部分热量，从而减少传入室内的热量。通风屋顶、通风墙不仅隔热好而且散热快，尤其适合于在自然通风条件下，要求白天隔热好、夜间散热快的房间。

（4）合理设计和选择外围护结构的隔热能力。这主要根据地区气候特点、房屋的使用性质和结构在房屋中的部位来考虑。在夏热冬暖地区，主要考虑夏季隔热，要求围护结构白天隔热好，晚上散热快，可以采用通风围护结构解决这一要求。闷热地区夏季风速小，隔热要求较高，应采用衰减值较大，延迟时间较长的围护结构。

（5）利用水的蒸发和植被对太阳的转化作用降温。例如采用蓄水屋顶、植被屋顶、淋水屋面等措施，可以有效降低屋顶表面的温度。

（6）充分利用自然能源。

在隔热设计过程中，炎热地区自然通风建筑的屋顶和东、西墙应当进行隔热计算，要求内表面最高温度满足隔热设计标准，达到室内热环境和人体热舒适可以接受的最低要求。对于空调建筑房屋，因要求其传热量少并且室内温度振幅小，故对其外围护结构隔热能力的要求应高于自然通风房屋，并且传热系数应符合现行国家标准的规定要求。

5.3.2 屋顶的隔热设计

南方炎热地区传统的屋顶隔热构造，基本上分为实体材料层屋顶（包括带有封闭空气层的屋顶）、通风间层隔热屋顶和阁楼屋顶三类。除此之外，诸如植被屋顶、蓄水屋顶、加气混凝土蒸发屋面以及淋水屋顶等新型屋顶形式，因其良好的隔热效果，也逐步在建筑中得到应用。

1）实体材料屋顶和带有封闭空气层的隔热屋顶

这类屋顶又分为坡屋顶和平屋顶。由于平顶构造简洁，便于利用，故更为常用。

为了提高材料层隔热的能力，最好选用 λ 和 a 值都比较小的材料，同时还要注意材料的层次排列，排列次序不同也影响结构衰减度的大小，必须加以比较选择。如图 5-11 所示实体屋顶的构造做法。方案（a）没有设隔热层，热工性能差；方案（b）加了一层 12cm 厚泡沫混凝土，隔热效果较为显著，但这种构造方案对防水层要求较高。方案（c）是为了适应炎热多雨地区的气候条件，在隔热材料的上面再加一层蓄热系数大的黏土方砖（或混凝土板），这样，在波动的热作用下，温度谐波传经这一层，则波幅骤减，增强了热稳定性。特别是雨后，黏土方砖吸水，蓄热性增大，并且因水分蒸发要散发部分热量，从而提高了隔热效果。此时，黏土方砖外表面最高温度比卷材屋面可降低 20℃ 左右，因而可减少隔热层的厚度，达到同样的热工效果。但黏土方阶砖比卷材重，增加了屋面的自重。

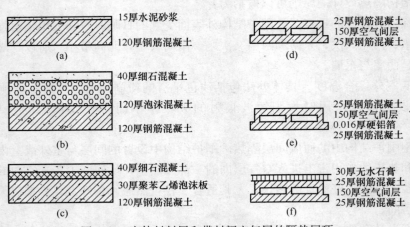

15厚水泥砂浆
120厚钢筋混凝土
(a)

25厚钢筋混凝土
150厚空气间层
25厚钢筋混凝土
(d)

40厚细石混凝土
120厚泡沫混凝土
120厚钢筋混凝土
(b)

25厚钢筋混凝土
150厚空气间层
0.016厚硬铝箔
25厚钢筋混凝土
(e)

40厚细石混凝土
30厚聚苯乙烯泡沫板
120厚钢筋混凝土
(c)

30厚无水石膏
25厚钢筋混凝土
150厚空气间层
25厚钢筋混凝土
(f)

图 5-11 实体材料层和带封闭空气层的隔热屋顶

（a）无隔热层实体屋面；（b）设隔热层；（c）隔热层加黏土方砖；
（d）空气间层隔热 ；（e）空气间层加铝箔；（f）屋面设无水石膏

（来源：文献［3］）

为了减轻屋顶自重，可采用空心大板屋面，利用封闭空气间层隔热。在封闭空气间层中的传热方式主要是辐射传热，不像实体材料结构主要是导热。为了提高间层隔热能力，可在间层内铺设反射系数大、辐射系数小的材料（如铝箔），以减少辐射传热量。铝箔质轻且隔热效果好，对发展轻型屋顶很有意义。图 5-11 的方案（d）和（e）对比，间层内铺设铝箔后的结构内表面温度，后者比前者降低了 7.9℃，效果较显著。图中的方案（f）是在外表面铺白色光滑的无水石膏，结果结构内表面温度比方案（d）降低了 12℃，甚至比贴铝箔的方案（e）还低 5℃。这说明了选择屋顶的面层材料和颜色的重要性，如处理得当，可以减少屋顶外表面太阳辐射的吸收，并且增加了面层的热稳定性，使空心板上壁温度降低，辐射传热量减少，从而使屋顶内表面温度降低。

2）通风屋顶

我国南方地区气候炎热多雨，人们为了隔热防漏，创造了隔热好、散热快的双层瓦通风屋顶以及大阶砖通风屋顶，见图 5-12。

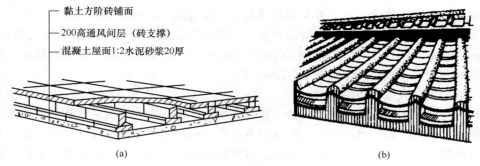

　黏土方阶砖铺面

　200高通风间层（砖支撑）

　混凝土屋面1:2水泥砂浆20厚

（a）　　　　　　　　　　　　　（b）

图 5-12　大阶砖及双层瓦通风屋面

（a）大阶砖通风屋顶 ；（b）双层瓦通风屋顶

（来源：文献［3］）

通风屋顶的隔热效果与通风间层的通风量密切相关，而通风量的大小又与造成空气流动的动力、通风面积和间层的阻力等因素有关。

（1）风压和热压是造成空气流动的动力

风压即气流受房屋阻挡后流向和流速改变，在房屋各个面上造成了正负大小不同的静压。无论平屋顶或坡屋顶，在迎风面通风口处的压强超过大气压，形成正压区。在背风面，空气稀薄，实际压强低于大气压，形成负压区。在平屋顶，迎风面进气，背风面排气。在坡屋顶，当上开口无挡风板时，在风力作用下，迎风面下开口总是进气的。迎风面上开口在多数情况下是进气，但有时因处于负压区而排气。在背风面，上开口总是排气的，而下开口则有时进气，有时排气。这是因为当屋面上的气流直接进入迎风面上开口并穿过背风面上开口流出时，往往在屋脊开口处形成一个较强的空气幕，使来自迎风面下开口的气流大部分冲进背风面间层处，造成背风面下开口都排气，通风效果最好（图 5-13）。

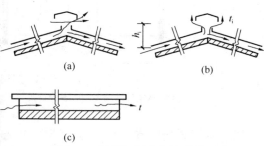

（a）　　　　　　　　　（b）

（c）

图 5-13　通风间层空气流通的动力

（a）坡屋顶；（b）坡屋顶；（c）平屋顶

（来源：文献［3］）

试验表明，在同样风力的作用下，通风口朝向的偏角（即风的投射角）愈小，间层的通风效果愈好，故应尽量使通风口面向夏季主导风向。另外，风速大的地区，利用通风屋顶效果显著。试验还表明，将间层面层在檐口处适当向外挑出一段，能起兜风作用，可提高间层的通风效果，如图 5-13（c）。

热压通风即间层空气被加热后温度升高，密度变小，当进气口与排气口之间存在高差时，热空气就会从位于较高处的排气口逸出，同时，从进气口补充温度较低的空气，如图 5-13（b）。热压的大小取决于进、排气口的温差和高差，温差与高差愈大，热压愈大，通风量就愈大。

（2）通风间层高度

若通风间层两端完全敞开，且通风口面对夏季主导风向时，通风口的面积愈大，通风愈好。由于屋顶构造关系，通风口的宽度往往受结构限制常已固定，在同样宽度情况下，通风口面积只能通过调节通风层的高度来控制。试验结果表明，间层高度增高，对加大通风量有利，但增高到一定程度之后，其效果渐趋缓慢。一般情况下，间层高度以 20～24cm 左右为宜。如采用矩形截面通风口，房屋进深约为 9～12m 的双坡屋顶或平屋顶，其间层高度可考虑取 20～24cm，坡顶可用其下限，平屋顶可用其上限。如为拱形或三角形的截面，其间层高度要酌量增大，平均高度不宜低于 20cm。

（3）通风屋顶气流的组织方式

通风进气的组织，根据自然通风的原理，可采取室外、室内同时进气和利用风压、热压作用相结合的方式。组织的方式有：①从室外进气，同时为了加强风压的作用，近来有采用兜风檐口的做法；②从室内进气；③室内、室外同时进气（图 5-14）。有的为了提高热压的作用，在水平的通风层中间，增设排风帽，造成进、出风口的高度差，并且在帽顶的外表涂成黑色，加强吸收太阳辐射，以提高帽内的气温，有利于排风，如图 5-14（d）。

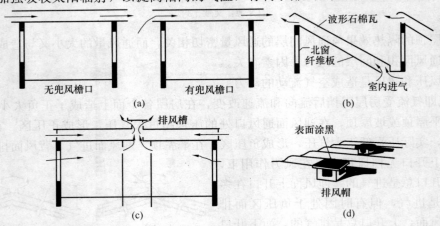

图 5-14　间层通风组织方式

（a）从室外进气；（b）从室内进气；（c）室内、室外同时进气；（d）排风帽

（来源：文献 [3]）

（4）通风屋顶构造

通风屋顶的隔热构造措施如图 5-15，图中所有坡顶屋面，均设置通风屋脊。

3）阁楼屋顶

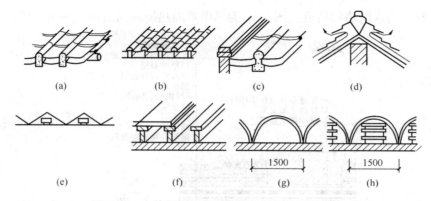

图 5-15 实体材料层和带封闭空气层的隔热屋顶

(a) 双层架空黏土瓦；(b) 山形槽瓦上铺黏土瓦（坡顶）；(c) 双层架空水泥瓦（坡顶）；(d) 坡顶的通风屋顶；(e) 钢筋混凝土折板下吊木丝板；(f) 钢筋混凝土板上铺大阶砖；(g) 钢筋混凝土板上砌 1/4 砖拱；(h) 钢筋混凝土板上砌 1/4 砖拱加设百叶

（来源：文献 [3]）

　　阁楼屋顶是建筑上常用的屋顶形式之一。这种屋顶常在檐口、屋脊或山墙等处开通气孔，有助于透气、排湿和散热。因此阁楼屋顶的隔热性能常比平屋顶还好。但如果屋面单薄，顶棚无隔热措施，通风口的面积又小，则顶层房间在夏季炎热时期仍有可能过热。因此，阁楼屋顶的隔热问题仍需给予应有的注意。在提高阁楼屋顶隔热能力的措施中，加强阁楼空间的通风是一种经济而有效的方法。如加大通风口的面积，合理布置通风口的位置等，都能进一步提高阁楼屋顶的隔热性能。通风口可做成开闭式的，夏季开启，便于通风，冬季关闭，以利保温。组织阁楼的自然通风也应充分利用风压和热压两者的作用。

　　通风阁楼的通风形式通常常有：在山墙上开口通风；从檐口下进气，由屋脊排气；在屋顶设老虎窗通风等，如图 5-16 所示。

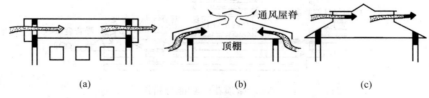

图 5-16 通风阁楼

(a) 山墙通风；(b) 檐下与屋脊通风；(c) 老虎窗通风

（来源：文献 [3]）

　　4）植被隔热屋顶

　　植被屋面也是屋面隔热的有效方式。植被屋顶的隔热原理可以归结为两个方面。一方面是植被层以及培养基质对太阳辐射热的阻隔作用，另一方面是植物叶面的蒸腾和光合作用，对太阳辐射热的吸收作用。植被屋顶的隔热性能和植被的覆盖密度、培养基质的种类和厚度以及基层的构造等因素有关。植被屋面分为覆土植被和无土植被两种。覆土植被就是在钢筋混凝土的屋顶上覆盖 100mm 左右的土壤、种草或其他绿色植物，这种屋顶的吸热性能比通风屋顶还好。无土植被屋顶就是采用蛭石、木屑等代替土壤来种植，具有屋面自重轻、屋面温差小、有利于防水防渗的特点。图 5-17 为佛甲草隔热屋顶构造图。

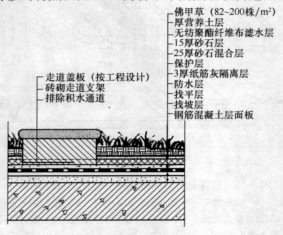

图 5-17　佛甲草隔热屋顶构造
（来源：文献［3］）

在鳞次栉比的城市建筑中，植被屋顶形成的屋顶花园，可避免来自太阳和底层部分屋面的反射眩光和辐射热，增加住宅区的绿化面积，加强自然景观，对于改善居民户外生活的环境，保护生态平衡具有积极的作用（图 5-18）。

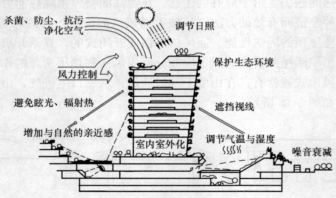

图 5-18　屋顶花园功能分析图
（来源：文献［2］）

5）蓄水屋顶

蓄水屋顶适用于平屋顶（图 5-19）。在平屋面上修建一个浅水池并储存一层薄水，这就形成了蓄水屋顶。其隔热原理是利用水在太阳光的照射下蒸发时需要大量汽化热，从而大量消耗到达屋面的太阳辐射热，有效地减弱了经屋顶传入室内的热量，相应地降低了屋顶内表面的温度。在南方一些地区，人们每天最热时候往屋顶上喷水、淋水降温，就是利用了水的蒸发耗热原理。

蓄水屋顶的蓄水深度以 150mm 作用为宜，水面宜种植水生植物。蓄水屋顶的不足之处在于夜间屋顶温度较高，不利于屋顶散热，在基层中需要设置一定的隔热层以减少夜间向室内散热。

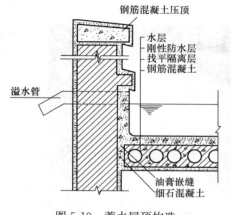

图 5-19 蓄水屋顶构造

（来源：文献 [3]）

图 5-20 加气混凝土蒸发屋面

（来源：文献 [3]）

6）加气混凝土蒸发屋面

这种屋面是在屋顶上铺设一层多孔材料，如松散的沙层、陶粒或固体的加气混凝土层等。这层材料在人工淋水或天然降水以后能蓄存一定的水分，当受到太阳辐射和室外热空气的作用以后，材料层中的水分会逐渐迁移至材料层的上表面，并通过蒸发带走大量的汽化潜热。这一热过程有效抑制了太阳辐射和大气高温对屋面的不利作用，达到了蒸发冷却屋顶的目的。

图 5-20 和图 5-21 是一种加气混凝土屋面的实景照片和构造图。这种加气混凝土块在完全干燥状态下导热系数为 $0.21\sim0.3W/(m \cdot K)$，而在饱和蓄水状态导热系数为 $0.85\sim1.0$ $W/(m \cdot K)$，在晴天的日平均蒸发量可达 $0.4\sim0.8kg/(m^2 \cdot h)$。

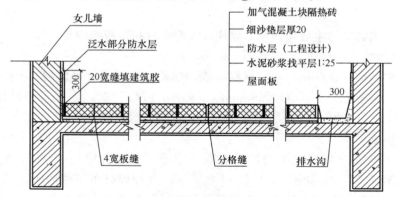

图 5-21 加气混凝土蒸发屋面构造

（来源：文献 [3]）

7）淋水玻璃屋顶

淋水玻璃屋顶是在建筑屋顶的外表面上淋水，通过自身的显热变化吸收表面热量，同时通过水的蒸发和反射作用阻隔太阳辐射的隔热屋顶形式。通过对南方地区玻璃屋顶的夏季实测结果显示，在玻璃采光顶屋面淋水可使玻璃外表面昼夜温差减小 10℃ 左右。图 5-22 和图 5-23 为淋水屋顶的构造示意图以及淋水屋顶的实景照片。

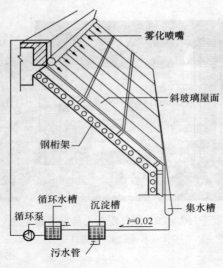

图 5-22　淋水屋顶的构造示意图　　　　图 5-23　淋水屋顶的实景照片
（来源：文献 [3]）　　　　　　　　　　（来源：文献 [3]）

5.3.3　外墙的隔热设计

外墙的室外综合温度较屋顶低，因此在一般建筑中，外墙隔热与屋顶相比是次要的。以往，黏土砖墙是常用的墙体材料之一，其隔热效果较好。对于东、西墙来说，在我国广大南方地区两面抹灰的一砖墙，尚能满足一般建筑的热工要求。空斗墙的隔热效果比同厚度的实砌砖墙稍差，对要求不太高的建筑，尚可采用。目前，黏土砖已被禁止使用，大量建筑开始采用轻质结构的外墙，在这种情况下（尤其当建筑为空调建筑时），外墙隔热也要予以足够的重视。

这种轻质结构的墙体主要包括空心砌块、大型板材和轻板结构等墙体。

（1）空心砌块

空心砌块多利用工业废料和地方材料制成，如矿渣、煤渣、粉煤灰、火山灰、石粉等。一般常用的有中型砌块：200mm×590mm×500mm（厚×宽×高），小型砌块：190mm×390mm×190mm，可做成单排孔的和双排孔的，见图 5-24（a）。

（2）钢筋混凝土空心大板墙

我国南方一些省市当前采用的钢筋混凝土空心大板，规格是 300cm，宽 420mm，厚 16cm，圆孔直径为 11cm，如图 5-24 中（b）所示。这种板材用于西墙不能满足隔热要求，但经改善处理，如外加粉刷层和刷白灰水以及开通风孔等措施，基本上可以应用。

为加速建筑工业化的发展，进一步减轻墙体质量，提高抗震性能，因此发展轻型墙板有着重要的意义。轻型墙板的种类从当前发展的趋势来看有两种：一是用一种材料制成的单一墙板，如加气混凝土或轻骨料混凝土墙板；二是由不同材料或板材组合而成的复合墙板。单一材料墙板生产工艺较简单，但须采用轻质、高强、多孔的材料，以满足强度与隔热的要求。复合墙板构造复杂一些，但它将材料区别使用，可采用高效的隔热材料，能充分发挥各种材料的特长，板体较轻，热工性能较好，适用于住宅、医院、办公楼等多层和高层建筑以及一些厂房的外墙。复合轻墙板的构造见图 5-25。

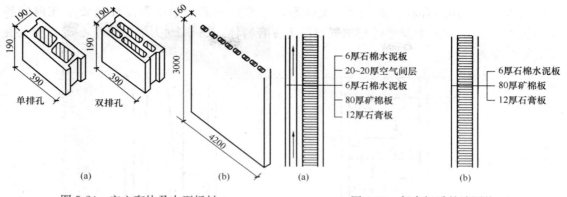

图 5-24　空心砌块及大型板材

（a）小型砌块；（b）大型板材

（来源：文献［3］）

图 5-25　复合轻质外墙隔热

（a）有通风层；（b）无通风层

（来源：文献［3］）

（3）轻骨料混凝土砌块墙

轻骨料混凝土是指密度 $\leqslant 1900kg/m^3$ 的混凝土。其骨料有人造的，如黏土陶粒；天然的，如火山渣、浮石、煤矸石等；以及利用工业废料，如粉煤灰、炉渣、矿渣等。

加气混凝土砌块墙是轻骨料混凝土中非常重要的一种（图 5-26）。加气混凝土砌块是以水泥、矿渣、砂、石灰等为原料，加入发气剂、蒸压养护而成的实心砌块。加气混凝土砌块具有轻质高强、保温隔热、隔声效能好等优良特性，用它砌筑墙体，可减轻墙体自重，提高工效；同时具有隔声、抗震等工效。但加气混凝土砌块在建筑和使用过程中也容易出现墙体开裂、饰面空鼓脱落等质量通病。另一种重要的轻骨料混凝土砌块墙是陶粒混凝土砌块墙，陶粒混凝土砌块（图 5-27）由超轻页岩陶粒，水泥、掺和料以及外加剂等成分制成的一种轻质、保温墙体材料。测试表明，节能保温效果显著，300mm 厚陶粒混凝土墙体相当于 1m 厚红砖墙体的保温效果，是高层建筑的理想材料。

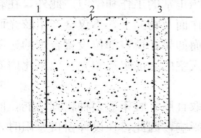

图 5-26　加气混凝土砌块墙

1—内抹灰；2—加气混凝土砌块；3—外抹灰

（来源：文献［3］）

图 5-27　陶粒混凝土砌块

（来源：文献［3］）

（4）复合墙体

当单独采用某一种材料的墙体不能满足功能要求时，或为达到这些要求而造成技术经济不合理时，往往采用复合墙体。复合墙体一般由绝热材料与传统材料复合构成。与单一材料节能墙体相比，复合节能墙体由于采用了高效绝热材料而具有更好的热工性能。

这样既能充分利用各种材料的特性，又能经济、有效地满足包括保温性能要求在内的各项功能要求。图 5-28 为灰砂砖与加气混凝土复合墙体，图 5-29 为混凝土空心砖与加气混凝土复合墙体。

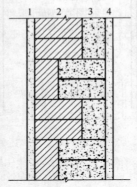 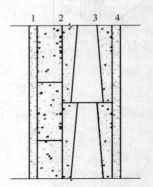

图 5-28　灰砂砖与
加气混凝土复合墙体
1—外抹灰；2—灰砂砖；3—加气混
凝土；4—内抹灰
（来源：文献 [3]）

图 5-29 混凝土空心砌块与
加气混凝土复合墙体
1—外抹灰；2—加气混凝土；
3—混凝土空心砌块；4—内抹灰
（来源：文献 [3]）

5.4　窗口遮阳设计

按照遮挡部位的不同，建筑遮阳可分为屋顶遮阳、窗口遮阳或者外墙遮阳等。按照与室内空间的相对位置，遮阳又可分为外遮阳和内遮阳。其中，到达建筑窗口部位的阳光可以直接透过玻璃进入室内，是造成室内过热的重要原因。另一方面，当室温较高时，如果人体再受到阳光的直接照射，将会感到难以忍受，严重影响正常的工作和学习。此外，在教室、实验室和阅览室以及车间等房间，直接阳光照射到工作面及物品上，不仅会产生眩光而妨碍正常工作，还会使物品、书刊褪色、变质以致损坏。而如果在窗口部位设置合理的遮阳，则可以很大程度上解决上述问题。外遮阳在太阳辐射进入室内之前阻挡阳光，效果比内遮阳好很多，因此本节主要介绍窗口外遮阳的相关内容。

需要注意的是，窗口不仅具有采光、通风、争取日照、眺望等多种物理功能，同时还是建筑立面的重要组成部分，对建筑的造型有重要的影响，因此，在设计窗口遮阳时，应同时满足下列要求：

（1）夏季防止日照，冬天不影响必需的房间日照；

（2）晴天遮挡直射阳光，阴天保证房间有足够的照度；

（3）减少遮阳构造的挡风作用，最好能起导风入室的作用；

（4）能兼作防雨构件，并避免雨天影响通风；

（5）不阻挡从窗口向外眺望的视野；

（6）构造简单，经济耐久；

（7）必须注意与建筑造型处理协调统一。

5.4.1　窗口遮阳的形式及效果

1）窗口遮阳的形式及适宜朝向

实际建筑窗口遮阳的形式丰富多样，这些遮阳形式一般可由下列四种基本形式组合变化而来。这四种基本形式分别是水平式、垂直式、综合式和挡板式（图5-30）。

（1）水平式遮阳。这种形式的遮阳能够有效遮挡高度角较大、从窗口上方投射下来的阳光。

（2）垂直式遮阳。能够有效遮挡从窗户侧面照射过来的阳光。但对于高度角较大的、从窗口上方投射下来的阳光，或接近日出、日落时平射窗口的阳光，它不起遮挡作用。

图5-30　遮阳的基本形式

（来源：文献［3］）

（3）综合式遮阳。综合式遮阳有效遮挡高度角中等的、从窗前斜射下来的阳光，遮挡效果比较均匀。

（4）挡板式遮阳。这种形式的遮阳能够有效遮挡高度角较小的、正射窗口的阳光。

由图5-31可知，建筑不同朝向的窗口所接收太阳辐射的方位和高度是不同的。对于北回归线以北地区的夏季，太阳从东北方向升起，建筑北向附近的窗口会接收到从侧面照射过来的阳光，因此可以采用垂直式遮阳进行遮挡。建筑东西向附近的窗口往往可以接收到以垂直角度入射的太阳光线，这种角度的太阳辐射可以采用挡板式遮阳进行遮挡；南向附近的窗口所接收到的太阳辐射往往角度较大，并从窗口上方透射过来，因此适合采用水平式遮阳。当建筑窗口朝向东南或西南时，水平遮阳往往不能完全遮挡高度角中等的太阳光（图5-32），这时需要采用综合式遮阳。

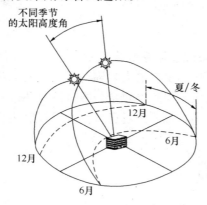

图5-31　建筑的不同朝向窗口与太阳的相对位置

（来源：自绘）

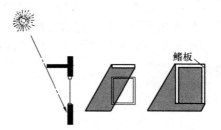

图5-32　水平遮阳与综合式遮阳

（来源：自绘）

2）窗口遮阳的效果

窗口设置遮阳之后，对遮挡太阳辐射热量和在闭窗情况下降低室内气温，效果都较为显著。但是对房间的采光和通风，却有不利的影响。

（1）遮阳对太阳辐射热量的阻挡

遮阳对防止太阳辐射的效果是显著的。图 5-33 为广州地区四个主要朝向在夏季一天内透进的太阳辐射热量及其遮阳后的效果。

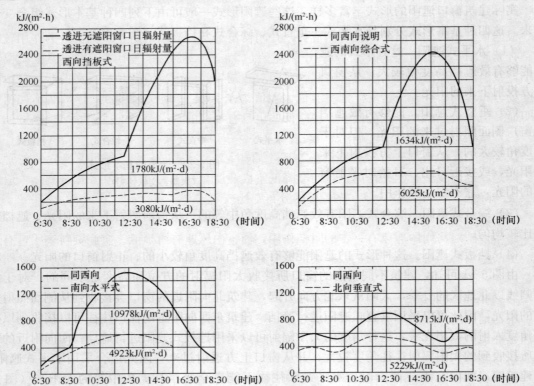

图 5-33　广州地区主要朝向遮阳效果

（来源：文献［3］）

各种遮阳设施遮挡太阳辐射热量的效果一般以遮阳系数来表示。遮阳系数是指在照射时间内，透进有遮阳窗口的太阳辐射量与透进无遮阳窗口的太阳辐射量的比值。对于外遮阳而言，外遮阳系数则是透过有外遮阳构造外窗的太阳辐射得热量与透过没有外遮阳构造的相同外窗的太阳辐射得热量的比值。外遮阳系数愈小，说明透过窗口的太阳辐射热量愈小，防热效果愈好。

$$SD = \frac{Q_S}{Q_N} \tag{5-1}$$

式中，SD——外遮阳系数；

Q_S——有外遮阳构造时，外窗得热量中的太阳辐射得热部分（W）；

Q_N——没有外遮阳构造时，外窗得热量中的太阳辐射得热部分（W）。

遮阳对窗户太阳辐射的影响计算是一个十分复杂的过程：太阳运行的高度角和方位角在不断变化。室外的气象条件又"风云变幻"，造成太阳辐射随时间不断变化，遮阳在窗面的阴影面积也随时变化；太阳辐射又有直射和散射的分量，各个方向的辐射照度都有所不同。计算遮阳影响的方法有计算法、图解法和模型试验等，这些计算方法中图解法使用不便（如棒影图法），而试验法又难以评价设计阶段建筑遮阳的性能。研究人员通过大量的模拟和分析获得的外遮阳系数二元线性回归方程可以简便地获得各种遮阳构件的遮阳系数，具体可查阅《公共建筑节能设计标准》（GB 50189—2005）及相关文献中的相关内容。

（2）遮阳对室内气温的影响

根据在广州西向房间的试验观测资料，在闭窗情况下，遮阳对防止室温上升的作用较明显。有无遮阳，室温最大差值达 2℃，平均差值达 1.4℃。而且有遮阳时，房间温度波幅值较小，室温出现高温的时间较晚。因此，遮阳对空调房间减少冷负荷是很有利的，而且室内温度场分布均匀。在开窗情况下，室温最大差值为 1.2℃，平均差值为 1℃，虽然不如闭窗的明显，但在炎热的夏季，能使室温稍降低些也具有一定的意义。

（3）遮阳对房间采光的影响

从天然采光的观点来看，遮阳设施会阻挡直射阳光，防止眩光，有助于视觉的正常工作。但是，遮阳设施有挡光作用，从而会降低室内照度，在阴天更为不利。据观察，一般室内照度约降低 53%～73%，但室内照度的分布则比较均匀。

（4）遮阳对房间通风的影响

遮阳设施对房间的通风有一定的阻挡作用，使室内风速有所降低。实测资料表明，有遮阳的房间室内的风速约减弱 22%～47%，视遮阳的构造而异。因此在构造设计上应加以注意。

3）遮阳形式的选择

根据地区的气候特点和房间的使用要求，可以把遮阳做成永久性的或临时性的。永久性的即是在窗口设置各种形式的遮阳板；临时性的即是在窗口设置轻便的布帘、竹帘、软百叶、帆布篷等。

在永久性遮阳设施中，按其构件能否活动或拆卸，又可分为固定式或活动式两种。活动式的遮阳可视一年中季节的变换、一天中时间的变化和天空的阴晴情况任意调节遮阳板的角度；在寒冷季节，为了避免遮挡阳光，争取日照，还可以拆除。这种遮阳设施灵活性大，使用合理，因此近年来在国内外建筑中应用较广，如图 5-34 所示。

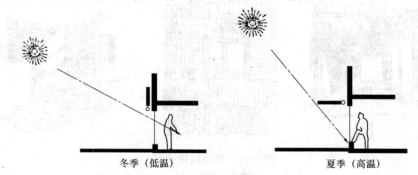

冬季（低温）　　　　　　夏季（高温）

图 5-34　活动式遮阳示意图

（来源：文献［1］）

总体而言，冬冷夏热和冬季较长的地区，宜采用竹帘、软百叶、布篷等临时性轻便遮阳。冬冷夏热和冬、夏时间长短相近的地区，宜采用可拆除的活动式遮阳。对冬暖夏热的地区，一般以采用固定的遮阳设施为宜，尤以活动式较为优越。活动式遮阳多采用铝板，因其质轻，不易腐蚀，且表面光滑，反射太阳辐射的性能较好。图 5-35 为活动式遮阳的常见做法。

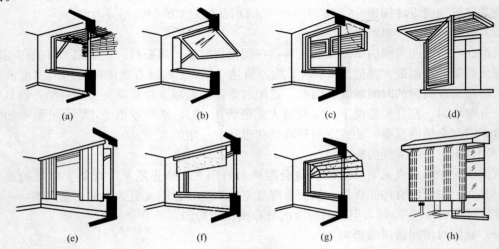

图 5-35　简易活动遮阳设施

（a）竹帘；（b）苇板；（c）活动的垂帘木百叶；（d）活动木旋转窗；（e）布窗帘；

（f）塑料卷帘（g）布篷；（h）挂在窗外的布帘

（来源：文献［2］）

对需要遮阳的地区，一般都可以利用绿化和结合建筑构件的处理来解决遮阳问题。结合构件处理的手法常见的有：加宽挑檐、设置百叶挑檐、外廊、凹廊、阳台、悬窗等。利用绿化遮阳是一种经济而有效的措施，特别适用于低层建筑，或在窗外种植蔓藤植物，或在窗外一定距离种树。根据不同朝向的窗口选择适宜的树形很重要，且按照树木的直径和高度，根据窗口需遮阳时的太阳方位角和高度角来正确选择树种和树形及确定树的种植位置。树的位置除满足遮阳的要求外，还要尽量减少对通风、采光和视线的影响。

图 5-36　攀缘植物遮阳

（来源：文献［2］）

4）遮阳构件尺寸设计

遮阳构件尺寸设计就是设计合理的构件尺寸，使引起过热的阳光遮挡在窗口外，而不影响冬季室内的光照要求。根据太阳在天空中的变化规律，合理设计遮阳板尺寸就可以达到这样的目的，如图 5-37 所示。

（1）水平式遮阳

水平式遮阳的水平挑出长度是非常关键的，如果挑出得过短则不能有效地遮挡阳光，如图 5-38 所示。水平式遮阳设计主要涉及水平方向尺寸和挑出长度。

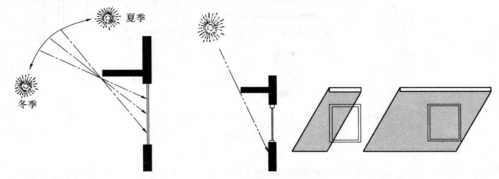

图 5-37　遮阳板尺寸设计的要求　　　　图 5-38　水平遮阳挑出长度的影响
（来源：文献 [2]）　　　　　　　　　　　（来源：文献 [2]）

要获得遮挡某段时间阳光的水平遮阳挑出长度（图 5-39），可以按下式计算：

$$L_- = H \cdot \cot h_s \cdot \cos \gamma_{s,w} \tag{5-2}$$

式中，L_-——水平板挑出长度（m）；

$\quad H$——水平板下沿至窗台高度（m）；

$\quad h_s$——太阳高度角（deg）；

$\quad \gamma_{s,w}$——太阳方位角与墙方位角之差（deg）。

水平板两翼挑出长度按下式计算

$$D = H \cdot \cot h_s \cdot \sin \gamma_{s,w} \tag{5-3}$$

式中，D——两翼挑出长度（m）。

（2）垂直式遮阳

窗口的垂直遮阳板挑出长度（图 5-39），可按下式计算：

$$L_\perp = B \cdot \cot \gamma_{s,w} \tag{5-4}$$

式中，$L_\perp$——垂直板挑出长度（m）；

$\quad B$——板面间净距（或板面至另一边的距离）（m）；

$\quad \gamma_{s,w}$——太阳方位角与墙方位角之差（deg）。

（3）综合式遮阳

任意朝向窗口的综合式遮阳的挑出长度，可先计算出垂直板和水平板两者的挑出长度，然后根据两者的计算数值按构造的要求来确定综合式遮阳板的挑出长度。

（4）挡板式遮阳

挡板式遮阳尺寸，可先按构造需要确定板面至墙外表面的距离 L_-，然后按式（5-5）求出挡板下端窗台的高度 H_0：

$$H_0 = L_- / (\cot h_s \cos \gamma_{s,w}) \tag{5-5}$$

再根据式（5-3）求出挡板两翼至窗口边线的距离 D，最后可确定挡板尺寸（即为水平板下缘至窗台高度 H 减去 H_0）。

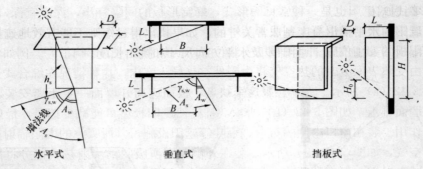

水平式　　　　　　　垂直式　　　　　　　挡板式

图 5-39　遮阳尺寸计算

（来源：文献［3］）

5）遮阳构造设计

如前所述，遮阳的效果除与遮阳形式有关外，还与构造处理、安装位置、材料与颜色等因素有很大关系。

（1）遮阳的板面组合与构造。遮阳板在满足阻挡直射阳光的前提下，设计者可以考虑不同的板面组合，而选择对通风采光、视野、构造和立面处理等要求更为有利的形式。图 5-40 水平式遮阳的不同板面组合形式。

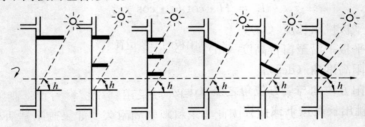

图 5-40　遮阳板面组合形式

（来源：文献［3］）

为了便于热空气的逸散，并减少对通风、采光的影响，通常将板面做成百叶的，如图 5-41（a）所示；或部分做成百叶的，见图 5-41（b）；或中间层做成百叶的，而顶层做成实体，并在前面加吸热玻璃挡板的，如图 5-41（c）所示；后一种做法对隔热、通风、采光和防雨都比较有利。

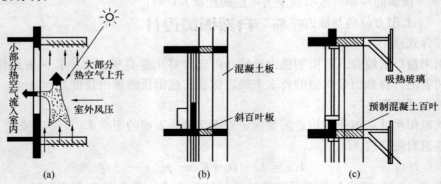

图 5-41　遮阳板面构造形式

（来源：文献［3］）

　　蜂窝形挡板式遮阳也是一种常见的形式，蜂窝形板的间隔宜小，深度宜深，可用铝板、轻金属、玻璃钢、塑料或混凝土制成。

　　(2) 遮阳板的安装位置。遮阳板的安装位置对防热和通风的影响很大。例如将板面紧靠墙布置时，由受热表面上升的热空气将由室外空气导入室内。这种情况在综合式遮阳时更为严重，如图 5-42（a）所示。为了克服这个缺点，板面应离开墙面一定距离安装，以使大部分热空气沿墙面排走，如图 5-42（b）所示，且应使遮阳板尽可能减少挡风，最好还能兼起导风入室的作用。装在窗口内侧的布帘、百叶等遮阳设施，其所吸收的太阳辐射热大部分将散发给室内空气，如图 5-42（c）所示。装在外侧，则所吸收的辐射热大部分将散发给室外空气，从而减少对室内温度的影响，如图 5-42（d）所示。

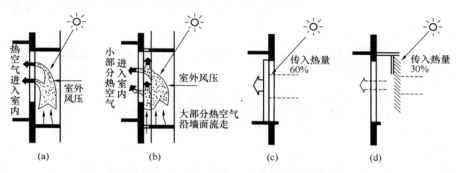

图 5-42　遮阳板的安装位置
(来源：文献 [3])

　　(3) 材料与颜色。为了减轻自重，遮阳构件以采用轻质材料为宜。遮阳构件又经常暴露在室外，受日晒雨淋，容易损坏，因此要求材料坚固耐久。如果遮阳是活动式的，又要求轻便灵活，以便调节或拆除。材料的外表面对太阳辐射热的吸收系数要小，内表面的辐射系数也要小。设计时可根据上述的要求并结合实际情况来选择适宜的遮阳材料。

　　遮阳构件的颜色对隔热效果也有影响。以安装在窗口内侧的百叶为例，暗色、中间色和白色的对太阳辐射热透过的百分比分别为：86％、74％ 和 62％，白色的比暗色的要减少 24％。为了加强表面的反射，减少吸收，遮阳板朝向阳光的一面，应涂以浅色发亮的油漆，而在背光的一面，应涂以较暗的无光泽油漆，以避免产生眩光。

5.5　自然通风设计

　　建筑物中的自然通风，是由于建筑物的开口处（门、窗、过道等）存在着空气压力差而产生的空气流动。这种空气交换可以降低室温和排除湿气，保证房间所需要的新鲜空气。同时，房间内有一定的空气流动，可以加强人体的对流和蒸发散热，提高人体的热舒适感觉，改善人们的工作和生活条件。

　　建筑中组织合理的自然通风，特别是"穿堂风"，对于炎热地区尤为重要，是改善室内过热状况的良好途径。这一节从通风形成的机理出发，系统介绍建筑设计各个阶段创造自然通风的方法。

5.5.1 空气流动的起因

气流穿过建筑物的动力是由空气的压力差引起的。造成空气压力差的原因有二：一是热压作用，一是风压作用，如下图 5-43 所示。

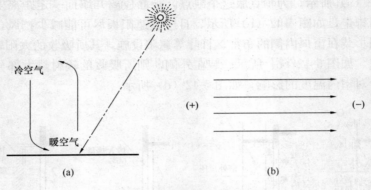

图 5-43　自然通风的形成原因

（来源：文献［1］）

（1）风压作用

风压作用是风作用在建筑物上产生的压力差。当自然界的风吹到建筑物上时，在迎风面上，由于空气流动受阻，速度减小，使风的部分动能转变为静压，即建筑物的迎风面上的压力大于大气压，形成正压区。在建筑物的背面、屋顶和两侧，由于气流的旋绕，这些面上的压力小于大气压，形成负压区。如果在建筑的正、负压区都设有门窗口，气流就从正压区流向室内，再从室内流向负压区，形成室内空气的流动（图 5-44）。

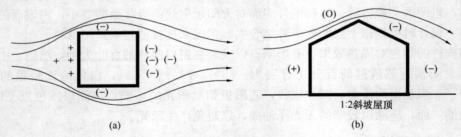

图 5-44　风吹到建筑上引起的风压差

（a）平面；（b）剖面

（来源：文献［1］）

因此，风压的大小与自然风的速度有很大的关系，可由下式计算：

$$P = K \frac{v^2 \rho_e}{2g} \tag{5-6}$$

式中，P —— 风压（kg/m²）；

　　　v —— 风速（m/s）；

　　　g —— 重力加速度（m/s²）；

　　　K —— 空气动力系数。

风压通风能够在室内形成一定的流速，从降温的角度来说，对于改善室内热环境效果较为显著。

（2）热压作用

热压通风基于空气受热后温度升高、密度降低从而自然上升的原理。当室内气温高于室外气温时，室外空气因为较重而通过建筑物下部的门窗流入室内，并将室内较轻的空气从上部的窗户排除出去。进入室内的空气被加热后，又变轻上升，被新流入的室外空气所替代。因此，室内空气形成自下而上的流动。这种现象是因温度差而形成，通常称之为热压作用。热压的大小取决于室内、室外空气温度差所导致的空气密度差以及进出气口的高度差（图5-45），计算公式如下

$$\Delta P = H(\rho_e - \rho_i) \tag{5-7}$$

式中，ΔP ——热压（kg/m^2）；

　　　H ——进排风口中心线的垂直距离（m）；

　　　ρ_e ——室外空气密度（kg/m^3）；

　　　ρ_i ——室内空气密度（kg/m^3）。

总体来说，热压通风形成的通风动力比较弱，为了增加热压通风的效果，通风口之间的高差应该尽可能地大。同时应尽可能减少进口和出口的障碍以使气流畅通无阻。与风压通风相比，热压通风的优点在于可以不依赖室外风速的大小。如果联合两种作用，则可以大大提高自然通风的效果（图5-46）。

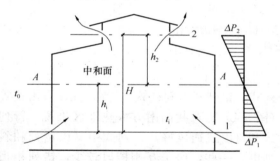

图5-45　热压作用下的自然通风
（来源：文献［2］）

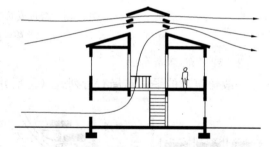

图5-46　风压通风与热压通风的联合运用
（来源：文献［2］）

5.5.2　自然通风设计

建筑的自然通风设计涉及建筑设计的各个阶段，在建筑总体布局阶段如果能够对建筑物的朝向、间距以及建筑群体的布局进行考虑，可以为建筑单体创造良好的通风条件。对建筑单体而言，如果能够组织合理的通风路径、通风开口以及运用适当的导风、引风装置则能更好地利用自然通风提高室内的舒适度。

1）选址与规划

应选择良好的地形和环境，避免因地形等条件所造成的空气滞留或风速过大。在区域内部可通过道路、绿地、河湖水面等空间将风引入，并使其与夏季的主导风向一致。图5-47说明在规划上采取措施引风入市区的实例，其中图（a）表示某城市在东南向有意识地留有一片菜田或绿化地带形成"风道"，将风引入市区。而图（b）则表示居住区划分成若干建

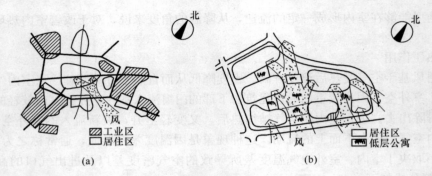

图 5-47　建筑规划中引风入市实例
(a) 绿化形成风道；(b) 绿化和低层建筑组成风道
(来源：文献 [2])

筑组群，它们之间布置绿化和低层公共建筑，以利将风引向纵深。图 5-48 中建筑群所在的位置则可以有效利用河面吹来的凉风。

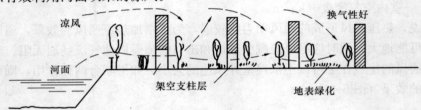

图 5-48　合理安排建筑群与水域的关系
(来源：文献 [2])

2) 建筑的平面布局

一般建筑群的平面布局有行列式（包括并列式、错列式、斜列式）、周边式、自由式等

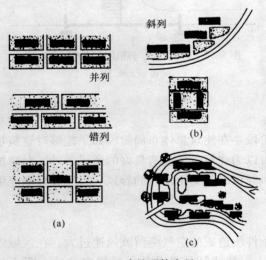

图 5-49　建筑群体布局
(a) 行列式；(b) 周边式；(c) 自由式
(来源：文献 [3])

(图 5-49)。对我国南方炎热地区来说，行列式和自由式通风好，行列式中又以错列和斜列更好一些，房子互相挡风较少，错列相当于加大了前、后栋房子之间的距离，对通风有利。无风时，因热压作用产生巷道风；白天，巷道（胡同）内受太阳辐射少，升温慢，风从巷道吹到外面；夜里，巷道散热慢，风从外面吹入巷道。这样，朝着巷道的房子就得到巷道风。错列式的前、后栋房子的距离可稍微缩小，以节约用地；受地形限制时用斜列式。错列的、斜列的房子可有长有短。自由式是就具体地形、地势灵活布置。对周边式来说，部分房子的前后都处在负压区，通风不好；而且部分房子又处于东、西朝西，所以不适宜于南方炎热地区。

在处理建筑与地形的关系时，为使通风

好，可采取"前低后高"和有规律的"高低错落"的处理方式。图 5-50（a）是利用向阳地坡地，使房子顺着地势一栋比一栋高；图 5-50（b）是在平地上把房子逐栋加高，这样就成了"前低后高"。图 5-50（c）是高的房子和较低的房子错开布置，形成"高低错落"的建筑群。这些布置，房屋之间挡风少，不致太影响后面房屋的通风，同时，也可缩短两栋房屋之间的距离，节约用地。

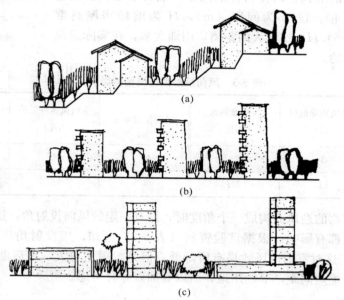

图 5-50　建筑群在立面上的处理
（a）坡地建筑；（b）逐幢加高；（c）高低错落
（来源：文献［2］）

当建筑物采取一字平直形，一般长度以 30m 左右为宜，如体形较长，为改善后排住宅的通风，可在前排住宅适当位置利用楼梯间做垂直通风口，如图 5-51（a）；或利用底层个别房间做过街楼，增加通风口，如图 5-51（b）；也可将底层全部架空做水平通风口，如图 5-51（c），架空底层做居民活动和休息的场所，并与室外庭院结合，成为防晒、防雨的开敞空间。

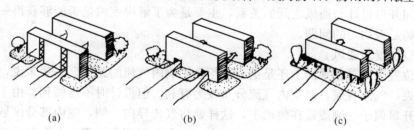

图 5-51　建筑物设通风口
（a）坡地建筑；（b）逐幢加高；（c）高低错落
（来源：文献［2］）

3）建筑的间距

房间要取得良好的自然通风，最好是穿堂入室，直吹室内。假设将风向投射线与房屋墙面的法线的交角称为风向投射角，如图 5-52 所示的 α 角。如果是直吹室内，即 α 为零度。从室内的通风来说，风向投射角愈小，对房间通风愈有利。但实际上在居住小区中住宅不是单排的，一般都是多排的。如果风向投射角为零，则屋后的漩涡区会比较大。为保证后一排房屋的通风，两排房屋的间距一般要求达到前幢建筑物高度的 $4 \sim 5$ 倍。设 L 为间距（m），H 为前幢房屋高度（m），即 $L = (4 \sim 5) H$。这样大的距离，用地太多，在实际建筑设计中是难以采用的。

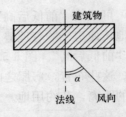

图 5-52 风向投射角
（来源：文献 [3]）

表 5-3 风向投射角与流场的影响

风向投射角 α	室内风速降低值（%）	屋后漩涡区深度	风向投射角 α	室内风速降低值（%）	屋后漩涡区深度
0°	0	3.75H	45°	30	1.5H
30°	13	3H	60°	50	1.5H

当风向与建筑物的迎风面构成一个角度时，即有一定的风向投射角，这时风斜吹进室内的流场范围和风速都有影响。根据试验资料（表 5-3）可知，当投射角从 0° 加大到 60° 时，风速降低了 50%，这对室内通风效果有所降低。但是投射角愈大，屋后漩涡区的深度会大大缩短，这有利于缩短间距，节约用地，所以要加以综合考虑。

4）建筑的朝向

为了组织好房间的自然通风，在朝向上应使房屋纵轴尽量垂直于夏季主导风向。夏季，我国大部分地区的主导风向都是南、偏南或东南。因而，在传统建筑中朝向多偏南。从防辐射角度来看，也应将建筑物布置在偏南方向较好。事实上在建筑规划中，不可能把建筑物都安排在一个朝向。因此每一个地区可根据当地的气候和地理因素，选择合理的朝向范围，以利于在建筑设计时有一个选择的幅度。总体而言，房屋朝向选择的原则是：首先要争取房间自然通风，同时亦综合考虑防止太阳辐射以及防止夏季暴雨的袭击等。

5）通风开口

研究房间开口设计与通风之间的关系，主要是为了解决室内是否能够获得一定的空气流速和室内流场是否均匀的问题。

（1）开口位置与通风

开窗的位置无论是在平面上还是剖面上均会影响内气流的路径。一般来说，进、出气口位置设在中央，气流直通，对室内气流分布较为有利。但设计时不易做到。由于平面组合要求，往往把开口偏于一侧或设在侧墙上，这样就将气流导向一侧，室内部分区域产生涡流现象，风速减少，有的地方甚至无风，在竖向上，也有类似现象。表 5-4 给出了常见开口形式及其通风效果。其中错位型、穿堂型通风效果较好，应尽可能选用。在建筑剖面上，开口高低与气流路线亦有密切关系，图 5-53 说明了这一关系，图中，（a）、（b）为进气口中心在房屋中线以上的单层房屋剖面示意图，（a）为进气口顶上无挑檐，气流向上倾斜。（c）、（d）为进气口中心在房屋中线以下的单层房屋剖面示意图，（c）做法气流贴地面通过，（d）做法则气流向上倾斜。

表 5-4 开口位置与通风

名称	图示	通风特点	备注
侧过型	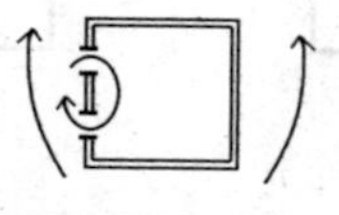	(1) 室外风速对室内通风影响小 (2) 室内空气扰动很小 (3) 无法创造室内良好通风条件	尽量避免
正排型	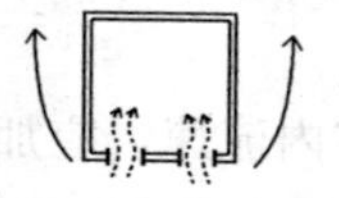	(1) 只有进风口，无出风口 (2) 典型的通风不利型 (3) 室内只有局部存在一定气流扰动	尽量避免
逆排型	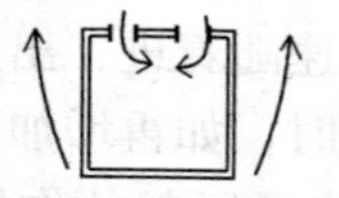	(1) 只有出风口，无进风口（相对而言） (2) 最不佳的洞口方式 (3) 仅靠空气负压作用吸入空气	尽量避免
垂直型	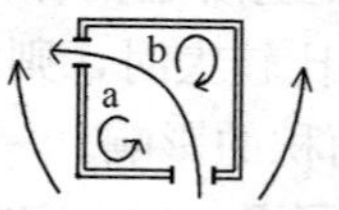	(1) 气流走向直角转弯，有较大阻力 ε (2) 室内涡流区明显，通风质量下降 (3) 区域 a 比 b 通风质量较好	少量采用
错位型	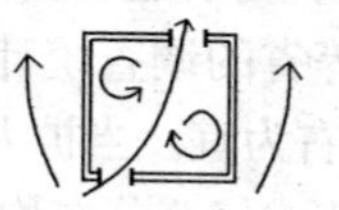	(1) 有较广的通风覆盖面 (2) 室内涡流较小，阻力较小 (3) 通风覆盖面较小	建议采用
侧穿型	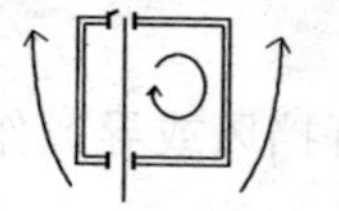	(1) 通风直接、流畅 (2) 室内涡流区明显，涡流区通风质量不佳 (3) 风覆盖面积小	少量采取
穿堂型	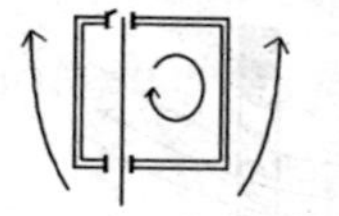	(1) 有较广的通风覆盖面 (2) 通风直接、流畅 (3) 室内涡流区较小，通风质量佳	建议采取

开口部分入口位置相同而出口位置不同时，室内气流速度亦有所变化，如图 5-54 所示。出口在上部时，其出、入口及房间内部的风速均相应地较出口在下部时减少一些。

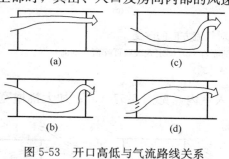

图 5-53 开口高低与气流路线关系
（来源：文献 [3]）

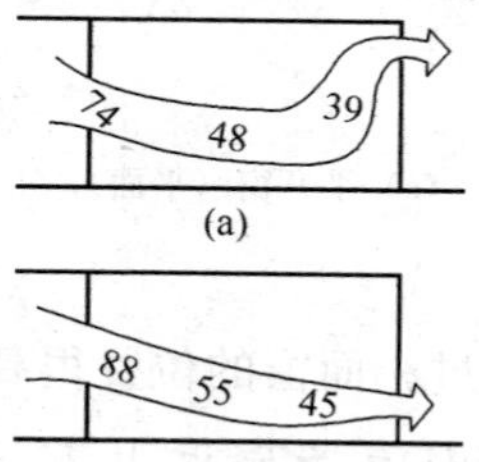

图 5-54 不同出口位置对气流速度的影响
（来源：文献 [3]）

（2）开口面积与通风

建筑物的开口面积是指对外敞开部分而言，对一个房间来说，只有门窗是开口部分。开口大，则流场较大；缩小开口面积，流速虽相对增加，但流场缩小，如图 5-55 中的（a）（b）所示。而（c）和（d）则说明流入与流出空气量相当，当入口大于出口时，在出口处空

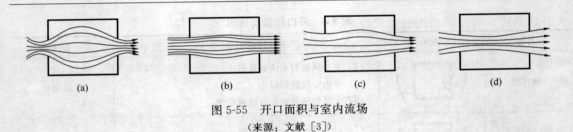

图 5-55　开口面积与室内流场
（来源：文献〔3〕）

气流速最大；相反，则在入口处流速最大。因此，为了加大室内流速，应加大排气口面积。就单个房间而言，当进、出气口面积相等时，开门面积愈大，进入室内的空气量愈多。

据有关试验资料表明：当进、出口面积相同，室内平均风速随着进、出风口的宽度增加而有显著增加，但当窗面积足够大时，例如已达室内宽度 2/3 时，如再增加窗宽，好处就不明显了。窗宽超过 1.1 m 之后，对人们活动区范围内的空气流通所起的作用就较小。室内空气流场与进、出风口面积关系极大。当窗面积与地板面积之比较大时，则室内气流场愈均匀，但当比值超过 25% 后，空气流动基本上不受进、出风口面积的影响。

必须指出，房间对外的开口面积对自然通风有利，但亦增加了夏季进入室内的太阳辐射热，增加了冬季的热损失。一般居住建筑的窗户面积，据湖北、广东等省的调查统计，以窗墙面积比作为控制指标，允许范围建议在 19%～27% 之间，平均在 23% 左右为宜。当扩大面积有一定限度时，可在进气口采用调节百叶窗，以调节开口比，使室内增加流速或气流分布均匀。

（3）导风构件与通风

门窗装置方法对室内自然通风的影响很大，窗扇的开启有挡风或导风作用，装置得宜，则能增加通风效果，如图 5-56 所示。

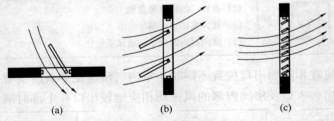

图 5-56　悬窗、百叶对气流方向的改变
（a）平开窗（平面）；（b）外推上悬窗（剖面）；（c）固定式玻璃百叶窗（剖面）
（来源：文献〔3〕）

檐口挑出过小而窗的位置很高时风很难进入室内，见图 5-57（a）；加大挑檐宽度能导风入室，但室内流场靠近上方，见图 5-57（b）；如果再用内开悬窗导流，使气流向下通过，有利于工作面的通风，见图 5-57（c）；它接近于窗位较低时的通风效果，见图 5-57（d）。

一般建筑设计中，窗扇常向外开启呈 90°角，这种开启方法，当风向入射角较大时，使风受到很大的阻挡，见图 5-58（a），如增

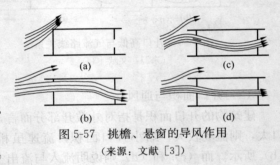

图 5-57　挑檐、悬窗的导风作用
（来源：文献〔3〕）

大开启角度，可改善室内的通风效果，见图 5-58（b）。

中轴旋转窗扇开启角度可以任意调节，必要时还可以拿掉，导风效果好，可以使进气量增加。此外，如落地窗、镂空窗和折门等，用在内隔断或外廊等处都是有利于通风的构造措施，如图 5-59。

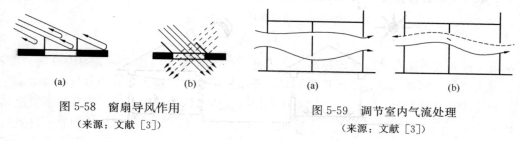

<table>
<tr><td>（a）</td><td>（b）</td><td>（a）</td><td>（b）</td></tr>
</table>

图 5-58　窗扇导风作用 　　　　　　图 5-59　调节室内气流处理
　　（来源：文献［3］）　　　　　　　　　（来源：文献［3］）

5.6　利用自然能源防热降温

凡是不由化石类或核燃料产生的能源，都可以称为自然能源。由于不需要燃烧，自然能源又可以称为无污染能源或绿色能源、可再生能源。在建筑防热设计中可利用的自然能源大致有以下几种：

（1）太阳辐射能；

（2）有效长波辐射能；

（3）夜间对流；

（4）水的蒸发能；

（5）地冷能。

5.6.1　太阳能降温

虽说太阳能是地球上取之不尽、可以再生而又无污染的能源，可用于建筑降温的太阳能制冷、太阳能空调的研究成果也多有面世，但是，由于技术和经济的原因，真正的"太阳能时代"尚未到来。被动式太阳能降温远不如被动式太阳能采暖那样容易和普遍。

最经济有效的"太阳能降温"方法，就是把夏天的太阳热能阻止在建筑物之外。除了前述建筑防热的一切方法之外，屋顶、外墙和窗口的遮阳是问题的关键。作为例子，在炎热地区，我们可以把用于太阳能热水供应和采暖的集热器放于屋顶和阳台护栏上，使尽可能多的屋面和外墙面处于阴影区内，把太阳辐射热变害为利，从而达到太阳能降温的目的。

5.6.2　夜间通风降温

长期以来，人们一直把全天持续自然通风作为夏季住宅降温的主要手段之一。实测证明，在夏季连晴天气过程中，全天持续自然通风的住宅，室内气温白天与室外气温基本相同，日平均气温比室外高 1~2℃，多在 31~34℃ 之间；而夜间和凌晨反比室外高 3℃ 左右，也就是说，持续的自然通风，没有真正达到通风降温的目的，室内热环境条件也没有得到实质性的改善。

最近的研究表明，夜间通风可以明显地改变通风房屋的热环境状况。这是因为，在白天特别是午后室外气温高于室内时，门窗紧闭，限制通风，减弱了太阳辐射、避免了热气侵入，从而遏制了室内气温上升，减少室内蓄热；在夜间，把室外相对凉爽的空气，开窗自然或机械强制地穿越室内，直接降低室内空气的温度，排除室内蓄热，解决夜间闷热问题，如图 5-60。表 5-5 是各种住宅夜间通风的降温效果。

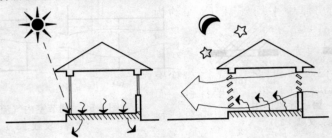

图 5-60　夜间通风降温原理示意图

（来源：文献 [11]）

表 5-5　各种住宅夜间通风降温效果

通风方式	住宅类型	室外气温日较差（℃）	室内外气温差（℃）		
			日平均	日最大	日最小
间歇自然通风	240 砖墙	7.1±0.8	−0.6±0.3	−3.1±0.6	2.0±0.8
	370 砖墙	8.9±0.7	−1.2±0.4	−4.8±0.8	1.8±0.3
	200 厚加气混凝土墙	8.2±0.8	−0.3±0.2	−3.2±0.5	2.9±0.3
间歇机械通风	240 砖墙	7.1±0.8	−1.4±0.4	−3.3±0.4	<1.0
	370 砖墙	8.4±1.0	−1.9±0.5	−4.9±1.1	<1.0

从表 5-5 可以看出，夜间通风能够降低房间的平均气温和温度振幅，而且，夜间机械通风优于夜间自然通风。这是因为闷热地区一般夜间风小且阵发性强，而耗资不多的通风扇可以保证需要的风速和风量。如果选用一台能够自动地时强时弱、时开时停并且发生负离子的通风扇，那就是更接近天然风了，不仅感觉舒适而且有利健康。

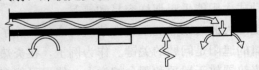

图 5-61　双层楼板通风结构

（来源：文献 [11]）

在夜间通风建筑中，建筑的墙体、屋顶和楼板等构件的蓄放热过程能够在夜晚放出热量，白天吸收热量，有效地调节室温波动。为了增加蓄热量，常常将楼板或墙体做成双层通风结构，如图 5-61 所示。在一些情况下，还可以在楼板中布置相变材料以增加蓄热量。

5.6.3　地冷空调

在炎热的夏季，大地内部的温度差不多总是低于大气温度的，而且一座建筑物很多部分与大地接触，因而利用大地降温是可行的。远古时代的穴居，流传至今的窑洞，近年日渐开发的地下城市、地下街道、地下仓储和地下住宅，都是利用这一原理来节省能源和改善人居环境的。建筑师利用和开发大地能源，大有可为。

地冷空调就是利用夏季地温低于室外气温这一原理，把室外高温空气流经地下埋管散热后直接由风机送入室内的冷风降温系统（图5-62）。

实测结果表明，地冷空调房屋具有自然通风房屋不可比拟的室内热环境质量和人体热舒适感觉。地冷空调房屋中平均气温 $T_{i,mean}$ 约为27℃，夏季室内外温差可达5～7℃。室内平均辐射温度 $MRT_{i,mean}$ 约为27.5℃。两者十分接近，这种低温的、稳定的和均匀的室内热环境条件不仅为人体的热舒适提供了重要保证，而且也避免了自然通风房屋各个表面因不对称辐射或不稳定的热环境参数引起的热不舒适。夏季着薄衣服在躺、坐、站着或从事轻微家务、办公、绘图、计算机工作（met＝47、58、70W/m²）时都感到非常舒适，热感觉接近或者达到国际热舒适标准 ISO-DIS7730，$PMV＝0.5$，$PPD≤10\%$ 的规定。

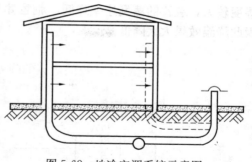

图5-62　地冷空调系统示意图
（来源：文献［3］）

当人体着轻型夏装（$I_{clo}＝0.2clo$）静坐（met＝58W/m²）时，地冷空调房间热环境质量完全达到了 ISO—D157730 的标准（$PMV_{d,m}＝+0.14$，$PPD_{d,m}＝6\%$）。而自然通风房间连我国的小康住宅的热环境质量要求（$PMV＝+1.5$）都达不到（$PMV_{d,m}＝+1.62$，$PPD_{d,m}＝52\%$）。当人体着普通夏装（$I_{clo}＝0.3clo$）静坐（met＝58W/m²）时，地冷空调房间 $PMV_{d,m}＝+0.59$，$PPD_{d,m}＝13.7\%$，十分接近 ISO—DIS7730，$PMV＝0.5$，$PPD≤10\%$ 的热环境水平，而自然通风房屋 $PMV_{d,m}＝+2.03$、$PPD_{d,m}＝68\%$，离我国的小康住宅热环境水平亦相去甚远。总而言之，地冷空调房屋的室内热环境质量是十分卓著的。尽管还需要不断完善系统的设计，降低室内空气相对湿度，以及空气质量等问题需要进一步观测研究解决，但是，无论如何，从低投资、低能耗、高热环境质量方面看，当条件许可时，值得并应当在我国炎热地区推广应用。

5.6.4　被动式蒸发降温

蒸发降温就是直接利用水的汽化潜热来降低建筑外表面的温度，改善室内热环境的一种被动式降温手段（图5-63）。

建筑外表面直接利用太阳能使水蒸发而获得自然冷却的方法，自古有之。如前所述，淋水屋顶和蓄水屋顶的理论研究和隔热效果都已取得满意的成果。另外，在建筑外表面涂刷吸湿材料（如氯化钙等）直接从空气中夺取水分使外表面经常处于潮湿状态，在日照下，水分蒸发降低外表面温度，也可以达到被动蒸发冷却降温的目的。

最近研究的被动蒸发冷却是在屋面上铺设一层多孔含湿材料，利用含湿层中水分的蒸发大量消耗太阳辐射热能、控制屋顶内外表面温升，达到降温节能、改善室内热环境的目的。理论计算和实测证明，多孔含湿材料被动蒸发冷却降温效果卓著，外表面能降低2～5℃，内表面降低5℃，优于传统的蓄水屋面，是一种很有开发前途的蒸发降温系统。

在气候炎热干燥的地区，可以采用如图5-64所示的蒸发降温装置。这种装置的原理与空调有些类似，但构造非常简单，一般是由通风口内安装的一台风扇（耗费的能量很少）、简单的供水装置以及一层湿润的屏风组成。当室外高温干燥的空气经过湿润的屏风时，会因为蒸发降温作用变得凉爽湿润。这种装置在干热地区非常有效。在湿热地区，室外空气相对湿度较大，装置的蒸发速率降低，加之引入的空气会增加室内空气湿度，使室内更加潮湿，因此降温效果大大降低。

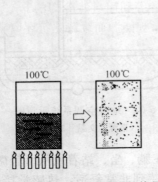

图 5-63　汽化潜热所需要的热量
（来源：文献［1］）

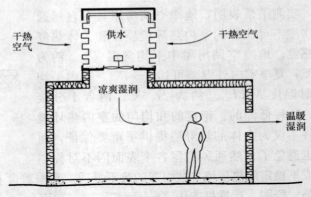

图 5-64　蒸发降温装置示意图
（来源：文献［1］）

5.6.5　长波辐射降温

　　夜间房屋外表面通过长波辐射向天空散热，加强这种夜间辐射散热可达到使房间降温的目的。白天采用反射系数较大的材料覆盖屋面，可抵御来自太阳的短波辐射；夜间将覆盖层收起，利于屋面的长波辐射散热（图 5-65）。另外也可在屋面涂刷选择性辐射涂料，使屋面具有对短波辐射吸收能力小而对长波辐射本领强的特性。这种长波辐射降温法对于日夜温差较大的地区其降温效果较为显著。

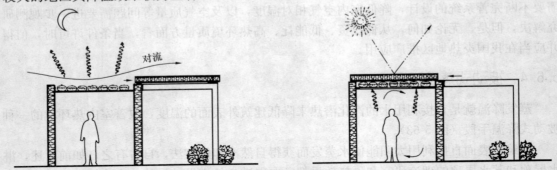

图 5-65　利用长波辐射使屋面降温
（来源：文献［1］）

5.7　空调建筑节能设计

　　创造可持续发展的人居环境必须坚持走低能耗的健康建筑之路。也就是说，既不能盲目地追求过高的室内热环境质量和人体热舒适标准而忽视空调能源消耗，也不能为了节约能源而肆意降低人们必需的热舒适要求。

　　目前，我国的城市化水平已经接近或超过 30％，而且还在以惊人的速度飞快发展。近五年来我国房间空调器持续以 40％ 的年增长率上升，尚未包括大量发展的中央空调建筑。北方地区供暖能耗已占全国总煤耗的 11％；长江中下游地区空调器及热泵的发展已经使该地区出现大于30％以上的电力紧缺。显而易见，空调建筑节能已经迫在眉睫。

节能建筑的设计思想系指充分利用自然能源的被动式供热空调建筑，它既能提供人们生活和生产必需的建筑环境，保证人体的卫生、健康、舒适和长寿，同时具有节能建筑低能耗的特点。例如，世界各国都极力提倡 Free Cooling Building 等利用自然冷却的非空调建筑，以及通过合理设计和使用管理，在某些气候区可以不使用常规能源而维持建筑环境满足舒适和健康要求的零能耗建筑（Zero Energy Building）。

对于单体空调建筑的节能，建筑师应当注意以下几个方面：

5.7.1 合理确定空调建筑的室内热环境标准

除有特殊要求外，一般的民用舒适空调在满足使用功能的前提下，适当降低冬季室内设计温度和提高夏季室内设计温度。供暖时，每降低1℃可节省能源10％～15％；制冷时，每提高1℃可节省能源10％左右。夏季室内温度从26℃提高至28℃，空调冷负荷减少约21％～23％；冬季室内温度从22℃降至20℃，供暖热负荷减少约26％～31％。那种冬天穿衬衫，夏天着毛衣的空调建筑，既不舒适也浪费能源，是不可取的。

5.7.2 合理设计建筑平面与体形

加强空调建筑周围的绿化和水面，广植乔木、花草，减少太阳辐射影响，调节小环境的温湿度，能够减少空调冷负荷。

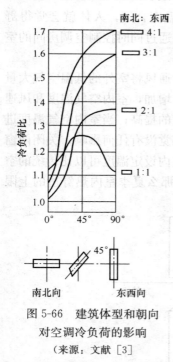

图 5-66 建筑体型和朝向
对空调冷负荷的影响
（来源：文献 [3]）

空调建筑尽可采用外表面小的圆形或方形，避免狭长、细高和过多凹凸，优先采用南北向，尽力避免东西朝向。图 5-66 是朝向、体形与能耗的关系。

尽可能将高精度空调房间布置在一般空调房间之中，将空调房间布置在非空调房间之中，避免在顶层布置空调房间。空调机房宜靠近空调房间，以减少输送能耗。

空调建筑的外门通常需设计空气隔断措施，例如采用门斗、转门、光电控制自动门以及空气幕等。据估计，一台 900mm 长的空气幕一年可以节能 2160×10^5 kJ 的空调负荷（相当于 6000 度电）。

5.7.3 改善和强化围护结构的热工性能

目前，我国已经制定出了一系列建筑节能设计标准、热工设计规范以及相应的建筑围护结构的热工要求，如《民用建筑热工设计规范》（GB 50176—93）、《公共建筑节能设计标准》（GB 50189—2005），《夏热冬暖地区居住建筑节能设计标准》（JGJ 75—2012）、《夏热冬冷地区居住建筑节能设计标准》（JGJ 134—2010）等。建筑师应根据建筑的类型和建筑物所处的建筑气候分区，按照相应的建筑节能标准中的要求，确定建筑围护结构的热工性能参数。当建筑的外围护结构不能满足标准规定指标要求时，为了尊重建筑师的创造性工作，同时又使所设计的建筑能够符合节能设计标准的要求，居住建筑、公共建筑可以采用"权衡判断法"进行节能综合评价。

5.7.4 窗户隔热和遮阳

通常,单位面积外窗引起的空调冷负荷是外墙的 5～20 倍。夏季通过窗户的日射得热约占制冷机最大负荷的 20%～30%,因而窗户隔热和遮阳是空调建筑节能设计的最有效的方法之一。

(1)减少窗面积

显而易见,空调房间的外窗面积不宜过大。通常的窗墙比可保持在下列数值:单层外窗不宜超过 30%,双层窗不宜超过 40%。

(2)窗户隔热

为了提高窗户的隔热性能,可以采用吸热玻璃、镀膜玻璃和贴膜玻璃,设置密封条,装设隔热窗帘,采用双层玻璃等措施,以减少日射得热,降低空调冷负荷。例如,5mm 厚的吸热玻璃可以吸收 30%～40% 的太阳辐射热,镀膜玻璃和贴膜玻璃可分别反射 30% 和 70% 的太阳辐射热,其隔热节能效果是很可观的。

(3)窗户遮阳

如前所述,窗户遮阳是炎热地区的一种有效的防晒措施,在空调建筑中合理地设计建筑遮阳,可以减少日射得热的 50%～80%。

5.7.5 空调房间热环境的联动控制(自然通风＋电扇调风＋空调器降温)

传统空调系统的作用点是室内空气的温度,认为只要空气温度合适,人体就会觉得舒适。而"自然通风＋电扇调风＋空调器降温"的联动控制系统是通过同时控制空调房间的室内温度和风速两大因素来实现舒适与节能的和谐统一。

当室外空气温度低于室内空气温度时,打开门窗,利用自然通风将室外的低温空气大量引入室内,使室内温度达到人体热舒适的状况;当室外空气温度增加,室内空气温度和风速不能满足热舒适时,打开电扇增大房间内的风速以补偿室内温度的提高;当室内空气温度进一步增大到约等于人体表面平均温度时,此时风速对人体的热感觉没有任何影响,关闭门窗打开空调进行降温。由于风扇提高了室内的风速,此时空调的室内设定温度可以比传统的空调室内设定温度高。如果室内风速从 0.25m/s 提高到 0.8m/s,那么夏季室内热舒适的上限温度可以提高到 28℃ (相对湿度为 50%)。

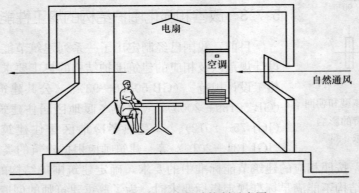

图 5-67　热环境联动控制示意图

(来源:文献 [3])

目前，大部分的空调房间的室内设定温度为 24～26℃，而一些公共建筑中空调温度控制得更低，甚至低于 22℃，不但浪费能源，而且室内的舒适度也很差，且是导致"空调病"的主要原因。研究表明，空调温度调高 1℃，可以节约用电 5%～8%。在保证人体热舒适的前提下，采用热环境联动控制方式（自然通风＋电扇调风＋空调器降温）后，可以将空调房间的设定温度调高到 26～28℃，从而取得显著的节能效果。

应当指出，空调建筑节能是一个系统工程。除建筑设计之外，还必须注意空调系统和空调设备及其运行管理的节能。不过，只有建筑师首先注意节能才是积极主动的节能。

本 章 小 结

本章围绕建筑防热设计策略，具体介绍了包括减弱室外热作用、围护结构隔热、窗口遮阳、自然通风以及利用自然能源降温在内的防热设计综合措施。在建筑设计阶段，如果能够对防热问题进行针对性的考虑，可以大大提高房间的热舒适度，降低建筑的空调降温能耗，减少温室气体的排放，这对我国自然资源环境的保护具有重要的意义。

思 考 题

1. 围护结构隔离太阳辐射热和隔绝空气温差传热的方式分别有哪些？

2. 在热工分区不同的地区，分别应该采用什么样的遮阳方式，说明理由。

3. 设北纬 30°地区某住宅朝南窗口需设遮阳板，求遮挡 7 月中旬 9 点到 15 点所需遮阳板挑出长度及其合理的形式。

已知窗口高 1.8m，宽 2.4m；窗间墙宽 1.6m，厚 0.18m。

4. 试从隔热的观点来分析：（1）多层实体结构；（2）有封闭空气间层结构；（3）带有通风间层的结构；它们的传热原理及隔热的处理原则。

5. 为提高封闭空气间层的隔热能力应采取什么措施？外围护结构中设置封闭空气间层其热阻值在冬季和夏季是否一样？试从外墙及屋顶的不同位置加以分析。

第6章 建筑日照

重点提示/学习目标

1. 了解日照设计的基本要求；
2. 了解地球运动的基本规律；
3. 掌握表征地球运动的特征角度以及太阳位置的确定方法；
4. 能运用棒影图法求解阴影区、日照间距及日照时间问题。

日照对于建筑室内热环境既有有利的一面，也有不利的一面。如何利用日照有利的一面，同时控制与防止日照不利的影响，是建筑日照设计的主要目的。建筑日照设计的相关问题，如窗口的日照时间、室内日照区以及遮阳构件尺寸都可以通过一种图解方法——棒影图法来求解。本章将对这种方法的原理及应用作详细的阐述。

6.1 日照的基本原理

6.1.1 日照的作用与建筑对日照的要求

日照就是物体表面被太阳光直接照射的现象。

建筑首先应该争取适宜的日照。因为，日光能够促进生物机体的新陈代谢，其中的紫外线能预防和治疗一些疾病。冬季，含有大量红外线的阳光照射入室所产生的辐射热，能提高室内温度，有良好的取暖和干燥作用。此外，日照对建筑物的造型艺术也有一定的影响，能增强建筑物的立体感，不同角度的阴影给人们的艺术感觉也有所不同。

但是，过量的日照，特别是在我国南方炎热地区的夏季，容易造成室内过热，因此对人体来说是不利的，且阳光直射工作面上会产生眩光，损害视力。尤其在工业厂房中，工人会因室内过热与眩光而易于疲劳，工作效率降低，增加废品，甚至造成伤亡事故。此外，直射阳光对物品有褪色、变质等损坏作用；有些化学药品被晒，还有发生爆炸的危险。

因此，如何利用日照有利的一面，控制与防止日照不利的影响，是建筑日照设计时应当考虑的问题。

建筑对日照的要求是根据建筑的使用性质决定的。病房、幼儿活动室和农业用的日光室等是需要争取日照的。病房和幼儿活动室主要要求中午前后的阳光，因这时的阳光含有较多的紫外线，而日光室则需整天的阳光。对居住建筑，则要求一定的日照，目的是使室内有良好的卫生条件，起消灭细菌与干燥潮湿房间的作用，以及在冬季能使房间获得太阳辐射热而提高室温。我国建筑设计相关规范对这类建筑的日照时间进行了规定，称为日照标准。例如我国住宅日照标准应符合表 6-1 的规定,且每套住宅至少有一间居室,四居室以上户型至少有两间居室达到日照标准。

表 6-1　住宅日照标准

建筑气候区号和城市类型	Ⅰ、Ⅱ、Ⅲ、Ⅶ气候区		Ⅳ气候区		Ⅴ与Ⅵ气候区
	大城市	中小城市	大城市	中小城市	
日照标准日	大寒日				冬至日
日照时数（h）	≥2		≥3		≥1
有效日照时间带（h）	8～16				9～15
计算起点	住宅底层窗台面				

需要避免日照的建筑大致有两类:一是防止室内过热,主要是在炎热地区,夏季一般建筑都需要避免过量的直射阳光进入室内,特别是恒温恒湿的纺织车间,高温的冶炼车间等更要注意。另一类是避免眩光和防止起化学作用的建筑,如展览室、绘图室、阅览室、精密仪器车间,以及某些化工厂、实验室、药品车间等,都需要限制阳光直射在工作面和物体上,以免发生危害。因此,建筑日照设计的主要目的是根据建筑的不同使用要求,采取措施使房间内部获得适当的而防止过量的太阳直射光。有特殊要求的房间甚至终年要求限制阳光直射。

为此目的,在建筑日照设计时,应考虑日照时间、面积及其变化范围,以保证必需的日照或避免阳光过量射入以防室内过热。因此要相应地采取建筑措施,正确地选择房屋的朝向、间距和布局形式,做好窗口的遮阳处理,且要综合考虑地区气候特点、房间的自然通风及节约用地等因素,防止片面性。

6.1.2　地球绕太阳运行规律

地球按一定的轨道绕太阳的运动,称为公转,公转一周的时间为一年。地球公转的轨道平面叫黄道面。由于地轴是倾斜的,它与黄道面约 66°33′的交角。在公转的运行中,这个交角和地轴的倾斜方向,都是固定不变的。这样就使阳光直射的范围,在南纬、北纬 23°27′之间作周期性变动,从而形成了春、夏、秋、冬的更替。图 6-1 表示地球绕太阳运行一周的行程。

通过地心并和地轴垂直的平面与地球表面相交而成的圆,就是赤道。为说明地球在公转中阳光直射地球的变动范围,用所谓太阳赤纬角 δ,即太阳光线垂直照射的地面某点与地球赤道面所夹的圆心角来表示。它是表征不同季节或日期的一个数值。赤纬角从赤道面算起,向北为正,向南为负。在一年中,春分时,阳光直射赤道,赤纬角为 0°,阳光正好切过两极,因此,南北半球昼夜等长。此后,太阳向北移动,到夏至日,阳光直射北纬 23°27′,且切过北极圈,即北纬 66°33′线,这时的赤纬角＋23°27′。所以,赤纬角亦可看做是阳光直射的地理纬度。在北半球从夏至到秋分为夏季,北极圈内总向着太阳的一侧是"永昼",南极圈内背向太阳的一侧是"长夜";北半球昼长夜短,南半球夜长昼短。夏至以后,太阳不继续向北移动,而是逐日南返回赤道移动,所以北纬 23°27′线称为北回归线。当阳光

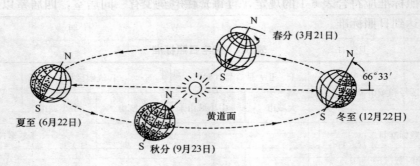

图 6-1　地球绕太阳运行图
（来源：文献 [3]）

回到赤道，其赤纬角为 0°，是为秋分。这时南北半球昼夜又是等长。当阳光继续向南半球
移动到冬至日，阳光直射南回归线，即南纬 23°27′，其赤纬角为 −23°27′，且切过南极圈，
即南纬 60°30′线。这种情况恰好与夏至日相反，在北半球从冬至到春分为冬季，南极圈内
"永昼"，北极圈内"长夜"；南半球昼长夜短，北半球昼短夜长。冬至以后，阳光又向北移
动返回赤道，当回到赤道时又是春分，如此周而复始，年复一年。如图 6-2、图 6-3 是表示
夏至日、冬至日太阳照射情况。

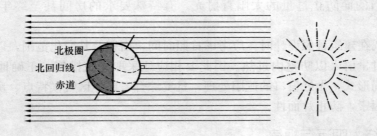

图 6-2　夏至日太阳直射北回归线
（来源：文献 [1]）

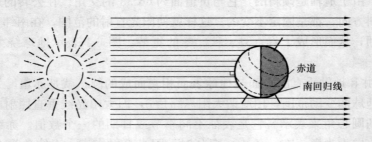

图 6-3　冬至日太阳直射北回归线
（来源：文献 [1]）

地球绕太阳公转在一年的行程中，不同节气有不同的太阳赤纬角。全年主要节气的太
阳赤纬角，见表 6-2。一年中分 24 节气，即每半个月为一段。

表 6-2 四季阳光直射地球变化

节 气	日 期	赤纬（δ）	节 气	日 期	赤纬（δ）
立春	2 月 4 日	$-16°23'$	立秋	8 月 8 日	$+16°18'$
雨水	2 月 19 日	$-11°29'$	处暑	8 月 23 日	$+11°38'$
惊蛰	3 月 6 日	$-5°53'$	白露	9 月 8 日	$+5°55'$
春分	3 月 21 日	$\pm0°00'$	秋分	9 月 23 日	$+0°09'$
清明	4 月 5 日	$+5°51'$	寒露	10 月 8 日	$-5°40'$
谷雨	4 月 20 日	$+11°19'$	霜降	10 月 24 日	$-11°33'$
立夏	5 月 6 日	$+16°22'$	立冬	11 月 8 日	$-16°24'$
小满	5 月 21 日	$+20°04'$	小雪	11 月 23 日	$-20°13'$
芒种	6 月 6 日	$+22°35'$	大雪	12 月 7 日	$-22°32'$
夏至	6 月 22 日	$+23°27'$	冬至	12 月 22 日	$-23°27'$
小暑	7 月 7 日	$+22°39'$	小寒	1 月 6 日	$-22°34'$
大暑	7 月 23 日	$+20°12'$	大寒	1 月 20 日	$-20°14'$

6.1.3 太阳高度角和方位角的确定

从地面上观察太阳在天空的位置通常以太阳高度角和方位角来表示。太阳光线与地平面的夹角 h_s 称为太阳高度角，太阳光线在地平面上的投射线与地平正南线所夹的角 A_s 称为太阳方位角，如图 6-4 所示。

任何一个地区，在日出、日落时，太阳高度角为零。一天中在中午，即当地太阳时 12 点的时候，高度角最大，此时太阳位于正南。太阳方位角，以正南点为零，顺时针方向的角度为正值，表示太阳位于下午的范围；反时针方向的角度为负值，表示太阳位于上午的范围。任何一天内，上、下午太阳的位置对称于正午，例如下午 3 时 15 分对称于上午 8 时 45 分，太阳的高度角相同；方位角的数值也相同，只是方位角有正负之分。

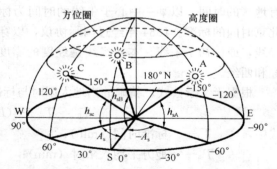

图 6-4 一天中太阳高度角和方位角的变化

（来源：文献 [3]）

确定太阳高度角和方位角的目的是为了进行日照时数、日照面积、房屋朝向和间距以及房屋周围阴影区范围等问题的设计。

影响太阳高度角 h_s 和方位角 A_s 的因素有三：赤纬 δ，它表明季节（即日期）的变化；时角 Ω，它表明时间的变化；地理纬度 φ，它表明观察点所在地方的差异。

太阳高度角与方位角计算

太阳高度角和方位角的计算公式为：

（1）求太阳高度角 h_s

135

$$\sin h_{\mathrm{s}} = \sin \varphi \cdot \sin \delta + \cos \varphi \cdot \cos \delta \cdot \cos \Omega \tag{6-1}$$

式中，h_{s}——太阳高度角（°）；

$\qquad \varphi$——地理纬度（°）；

$\qquad \delta$——赤纬（°）；

$\qquad \Omega$——时角（°）。

（2）求太阳方位角 A_{s}

$$\cos A_{\mathrm{s}} = \frac{\sin h_{\mathrm{s}} \cdot \sin \varphi - \sin \delta}{\cos h_{\mathrm{s}} \cdot \cos \varphi} \tag{6-2}$$

式中，A_{s}——太阳方位角（°）。

（3）求日出、日没时的方位角

因日出日没时 $h_{\mathrm{s}}=0$，代入式（6-1）和式（6-2）得

$$\cos \Omega = -\tan \varphi \cdot \tan \delta \tag{6-3}$$

$$\cos A_{\mathrm{s}} = \frac{-\sin \delta}{\cos \varphi} \tag{6-4}$$

（4）求中午的太阳高度角

以 $\Omega=0$ 代入式（6-1）得

$$h_{\mathrm{s}} = 90 - (\varphi - \delta) \quad （当 \varphi > \delta 时） \tag{6-5}$$

$$h_{\mathrm{s}} = 90 - (\varphi - \theta) \quad （当 \varphi < \delta 时） \tag{6-6}$$

6.1.4　地方时和标准时

日照设计所用的时间，均为当地平均太阳时，它与日常钟表所指示的标准时之间往往有一差值，故需加以换算。所谓标准时间，是各个国家按所处理地理位置的某一范围，划定所有地区的时间，以某一中心子午线的时间为标准时。我国标准时是以东经 120° 为依据作为北京时间的标准。1884 年经过国际协议，以穿过伦敦当时的格林威治天文台的经线为本初经线，或称初子午线。本初经线是经度的零度线，由此向东和向西，各分为 180°，称为东经和西经。

根据天文学公式，精确的当地太阳时与标准时之间的转换关系为

$$T_0 = T_{\mathrm{m}} + 4(L_0 - L_{\mathrm{m}}) + E_{\mathrm{p}} \tag{6-7}$$

式中，　　　T_0——标准时间（min）；

$\qquad T_{\mathrm{m}}$——地方平均太阳时（min）；

$\qquad L_0$——标准时间子午圈所处的经度（°）；

$\qquad L_{\mathrm{m}}$——当地时间子午圈所处的经度（°）；

$\qquad E_{\mathrm{p}}$——均时差（min）；

$\quad 4(L_0 - L_{\mathrm{m}})$——时差（min）。

E_{p} 是基于下述原因的一个修正系数。地球绕太阳公转的轨道不是一个圆，而且是一个椭圆，而且地轴是倾斜于黄道面运行，致使一年中太阳时的量值不断变化，故需加以修正。E_{p} 值变化的范围是从 -16 分到 +14 分之间。考虑到日照设计中所用的时间不需要那样精确，为简化起见，修正值 E_{p} 一般可忽略不计，而近似地按下列关系式换算地方时与标准时：

$$T_0 = T_m + 4(L_0 - L_m) \tag{6-8}$$

经度差前面的系数 4 是这样确定的：地球绕其轴自转一周为 24 小时，地球的经度分为 $360°$，所以，每转过经度 $1°$ 为 4 分钟。地方位置在中心经度线以西时，经度每差 $1°$ 要减去 4 分钟；位置在中心线以东时，经度每差 $1°$ 要加上 4 分钟。

6.2 棒影图的原理及其应用

求解日照问题的方法，有计算法、图解法和模型试验等。现介绍一种作图法——棒影图法。

6.2.1 棒影图日照图的基本原理及其制作

设在地面上 O 点立一任意高度 H 的垂直棒，在已知某时刻的太阳方位角和高度角的情况下，太阳照射棒的顶端 α 在地面上的投影为 α' 的长度 $H' = H \cdot \cot h_s$，这是棒与影的基本关系（图 6-5a）。

由于建筑物高度有不同，根据上述棒与影的关系式，当 $\cot h_s$ 不变时，H' 与 H 成正比例变化。若把 H 作为一个单位高度，则可求出其单位影长 H'。若棒高由 H 增加到 $2H$，则影长亦增加到 $2H'$（图 6-5b）。

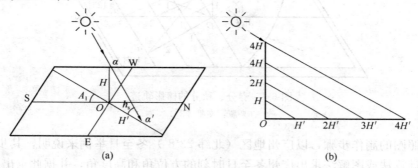

图 6-5 棒与影的关系
(来源：文献 [3])

利于上述原理，可求出一天的棒影变化范围（图 6-6）。例如，已知春、秋分日的太阳高度角和方位角，可绘出棒影轨迹图（图 6-7）。图中棒的顶点 α 在每一时刻如 10、12、14 点的落影 α'_{10}、α'_{12}、α'_{14}，将这些点连成一条一条的轨迹线，即表示所截取的不同高度的棒端落影的轨迹图，放射线表示棒在某时刻的落影方位角线。$O\alpha'_{10}$、$O\alpha'_{12}$、$O\alpha'_{14}$ 则是相应时刻棒影长度，也表示其相应的时间线。上述内容就构成了棒影日照图。

所以棒影日照图实际上表示了下列两个内容：

(1) 位于观察点的直棒在某一时刻影的长度 H'（即 $O\alpha$）及方位角（A'_s）。

(2) 某一时刻太阳的高度角 h_s 及方位角 A_s，即根据同一时刻影的长度和方位角的数据由下式确定：

$$A_s = A'_s - 180° \tag{6-9}$$

$$\cot h_s = O\alpha'/H \tag{6-10}$$

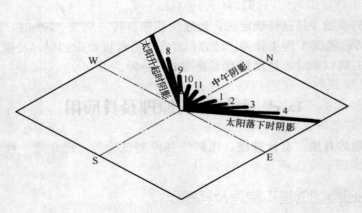

图 6-6 影子在一天中的变化规律
（来源：文献［1］）

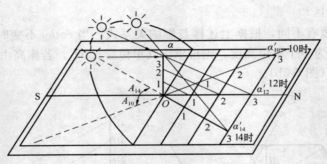

图 6-7 春分、秋分的棒影轨迹
（来源：文献［3］）

棒影日照图的制作步骤，以广州地区（北纬 23°8′）冬至日举例来说明，其步骤如下：

（1）由计算法或图解法求出广州冬至日时刻的方位角和高度角，并据此求出影长及方位角。假定棒高 1cm，其计算结果见表 6-3。

表 6-3 广州冬至棒影长度计算

项目 \ 时间	日出	7	8	9	10	11	12
	日没	17	16	15	14	13	
方位角 A_s	0°	±66°22′	±62°38′	±55°31′	±45°17′	±34°6′	±18°30′	0°
高度角 h_s	0°	3°24′	15°24′	26.8′	35°4′	41°12′	43°27′
影长 $H\cot h_s$	∞	18.67	3.65	2.03	1.42	1.14	1.06
影长方位角 A'				$A_s' = A_s + 180°$			

（2）如图 6-8 所示，在图上作水平线和垂直线交于 O，在水平线上按 1：100 比例（以 1cm 代表 1m 的高度）截取若干段（也可以其他比例表棒高的实长）。由 O 点按各时刻方位

角作射线（用量角器量出），并标明射线的钟点数。再按 $t\coth_s$ 值在相应的方位角线上截取若干段影长，即有 1cm 棒高的日照图后，也可根据棒长加倍，影长随之加倍的关系，将影长沿方位射线截取而获得棒高为 2cm、3cm 等的影长，依此类推，并在图上标明 1、2、3 等标记。然后把各射线同一棒高的影长各点连接，即成棒影日照图。

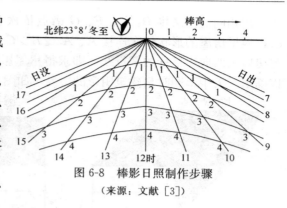

图 6-8　棒影日照制作步骤

（来源：文献 [3]）

（3）棒影日照图上应注明纬度、季节日、比例及指北方向等。

按上述制作方法，可制作不同纬度地区在不同季节的棒影日照图。

6.2.2　用棒影日照图求解日照间距

1）建筑物阴影区和日照区的确定

这一类问题都可以直接利用棒影日照图来解决。

（1）建筑阴影区的确定

试求北纬 40°地区一幢 20m 高，平面呈 U 形，开口部分朝北的平屋顶建筑物（图 6-9），在夏至日上午 10 点周围地面上的阴影区。首先将绘于透明纸上的平屋顶房屋的平面图覆盖于棒影图上，使平面上欲求之 A 点与棒图上的 O 点重合，并使两图的指针方向一致。平面图的比例最好与棒影比例一致，较为简单。但亦可以随意，当比例不同时，要注意在棒影图上影长的折算。例如选用 1：100 时，棒高 1cm 代表 1m；选用 1：500 时，棒高 1cm 代表 5m，依次类推。建筑可视为由一系列木棒组成（图 6-10），这样只需要求出端点处木棒的影子就可以确定建筑的影子形状。如平面图上 A 为房屋右翼北向屋檐的一端，高度为 20m，则它在这一时刻之影就应该落在 10 点这根射线的 4cm 点 A' 处（建筑图比例为 1：500，故棒高 4cm 代表 20m），连接 AA' 线即为建筑物过 A 处外墙角的影。

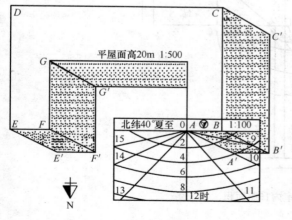

图 6-9　建筑物阴影区的确定

（来源：文献 [3]）

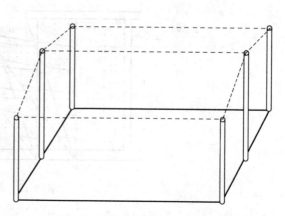

图 6-10　将建筑视为一系列木棒

（来源：文献 [1]）

用相同的方法将 B、C、F、G 诸点依次在 O 点上，可求出它们的阴影 B'、C'、E'、G'，根据房屋的形状依次连接 A、A'、B'、C'、C 和 E、E'、F'、G' 所得的连线并从 G' 作与房屋东西向边平行的平行线，即求得房屋影区的边界，如图 6-11 所示。用同样的方法可以确定一天中不同时刻建筑阴影的边界，如图 6-11 所示。

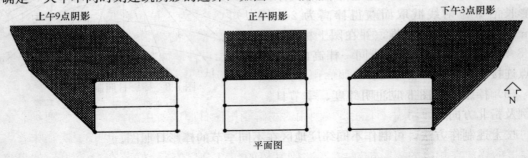

图 6-11　不同时刻建筑形成的阴影区

（来源：文献［1］）

（2）室内日照区的确定

利用棒影日照图也可以求出采光口在室内地面或墙面上的投影即室内日照区。了解室内日照面积与变化范围，对室内地面、墙面等接受太阳辐射所得热量的计算，了解窗口的形式与尺寸及对室内的日照深度等，均有很大的帮助。

例如，求广州冬至日 14 时正南朝向的室内日照面积，设窗台高 1m，窗高 1.5m，墙厚 16cm，见图 6-12。

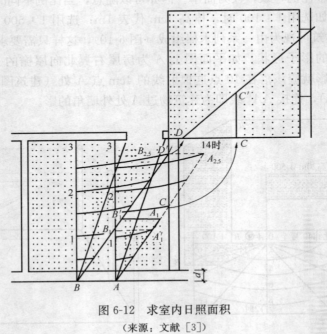

图 6-12　求室内日照面积

（来源：文献［3］）

首先使房间平面的比例及朝向与棒影图相一致，再将棒影图 O 点置于窗边的墙外线 A 点及 B 点。从图的 14 时射线上找出 1 个单位影长的点 A_1 及 B_1，连 A_1B_1 虚线代表窗台外边的投影轨迹，再考虑墙厚 16cm 得 $A_1'B_1'$ 线，即为实际的窗台的落影线。再由此射线上找出 2.5 单位的影长占 $A_{2.5}$ 及 $B_{2.5}$，则连接 A_1'、$A_{2.5}$、B_1'、$B_{2.5}$ 即为该时刻的日照面积，日照深度可在房间平面上直接量出。窗愈高，则日照深度愈大。而投影于墙面的日影，则应将墙面展开，例如图中 C 点是窗边在平面落影与墙面的交点，则窗边 A 在墙面的落影长度 CC' 可由地面落影 $CA_{2.5}$ 折算为单位实长求出。由图可知 $CA_{2.5}$ 为 1 单位影长，故 CC' 为 1 单位实长。这是因为窗边在墙面的投影是平行投影关系，故在墙的投影 CC' 是窗边一段的实长。对于 D 点，在展开的墙面上与 C' 相连，则 CDC' 为窗口在墙面上的日照面积。同理可求出它时刻的投影，将各个时间的日照面积连接起来，即为一天内在室内的日照面积范围。

2）确定建筑物日照时间和遮阳尺寸

为了求解这一类问题，不能直接利用上述解阴影区日照区所用的棒影图，需要把它的指北向改为指南向，然后应用。如图 6-13 表示旋转 180°后的棒影图。旋转 180°就意味着将某一高度的棒放在相应的棒影轨迹 O' 上，则其棒的端点 A' 的影恰好落在 O 点上。如果将棒立于连线 OO' 之上任一位置，则 O' 点受到阳光，即 O' 有日照；如果将棒立于连线 OO' 以外时，棒端点 A' 的影就达不到 O 点，则 O 点受到阳光，即 O 点有日照。

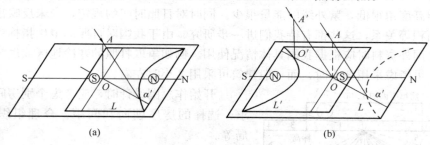

图 6-13　旋转 180°后的棒影图

（来源：文献［3］）

据此原理，便可利用朝向改变后的棒影图。当已知房屋的朝向和间距时，就可确定前面有遮挡下该房屋的日照时间；也可以根据所要求的日照时间，来确定房屋的朝向和间距。同时亦可以用来确定窗口遮阳构件的挑出尺寸等。

（1）日照时间的计算

例如求广州冬至日正南向底层房间窗口 P 点的日照时间，窗台高 1m，房间外围房屋见图 6-14。

图中 B_1 幢房屋高 9m，B_2 高 3m，B_3 高 6m。由于减去 1m 窗台高，故 B_1 相对高 8m，B_2 相对高 2m，B_3 对高 5m。

将棒影图 O 与 P 点重合，使图的 SN 旋转 180°，并使与建筑朝向相重合。由于窗口有一定厚度，故 P 点只在 $\angle QPR$ 的采光角范围内才能受照

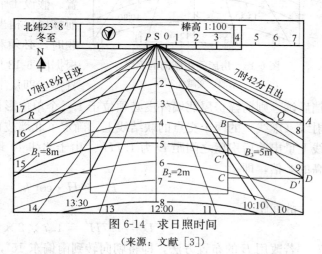

图 6-14　求日照时间

（来源：文献［3］）

射。由图内找出 5 个单位影长的轨迹线，则 B_3 平面图上的 $C'D'$ 与轨相交，这是有无照射的分界点。而平面上的 $ABC'D'$ 均在轨迹线范围内，故这些点均对 P 点有遮挡，由时间线查出 10 时 10 分之前遮挡 P 点。对于 B_2 幢来说，因它在 2 个单位影端轨迹之外，故对 P 点无遮挡。同理，对于 B_1 幢来说，因它在 8 个单位影端轨迹之内，故对 P 点有遮挡，时间由 13 时 30 分至日落。因此 P 点实际受到日照的时间是从 10 时 10 分到 13 时 30 分，共 3 小时 20 分。

（2）建筑朝向与间距的选择

从日照角度确定适宜的建筑间距和朝向，主要目的在于能获得必要的阳光，达到增加冬季的室温和利用紫外线杀菌的卫生效果。对一些疗养院、托儿所和居住建筑来说，都应保证一定的室内日照时间，但具体标准涉及卫生保健的需要以及经济条件等问题，应由卫生部协同有关人员共同研究制定。根据国外研究资料：美国公共卫生协会推荐至少应有一半居住用房在冬至日中午有 1～2 小时日照；前苏联提出，普通玻璃窗的居住建筑，每天有 3～4 小时的日照，即能获得良好杀菌效果；德国柏林建筑法规规定，所有居住面积每年须有 250 天每天有 2 小时的日照。必须指出，据研究，在中午左右时间紫外线杀菌能力较强，而接近早晨和傍晚太阳高度角很低，紫外线的能量很少。同时对日照时间的规定，尚未反映出室内日照的深度、面积等关系，这些都有待我们进一步研究。由于我国对日照的卫生指标尚未具体规定，在参考国外资料时应根据我国具体情况使用。例如争取日照的寒冷地区或医疗建筑、托幼建筑等，可考虑采用 3 小时，而一般建筑可采用 2 小时左右。

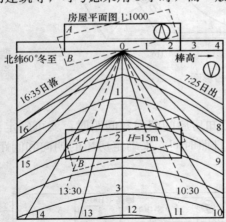

图 6-15　房屋间距朝向的确定
（来源：文献〔3〕）

开始作总图设计时，应考虑个别房间的日照要求，选择的房屋朝向和间距，合理组织建筑的布局等。

以图 6-15 为例，说明这一问题。图中前幢房屋（相对）高度为 15m，位于北纬 40°地区，已知冬至日后幢房屋所需日照时数为正午前后 3 小时，则前后房屋的间距和朝向可按下述方法确定。

若两幢房屋朝向正南，如图中 A（实线）布置。假设 1 个单位棒高代表 10m，即 $H=10$m，则前幢房屋相当于 1.5 个单位棒高，因而讨论这一问题时，必须利用棒影图中的 1.5 个单位影长曲线。根据图 6-13 原理，为保证后幢房屋正前后有 3 小时日照，即从 10 时 30 分到 13 点 30 分，前幢不得遮挡后幢，则前幢房屋北墙外皮必须位于 1.5 个单位影长曲线与 10 时 30 分、13 时 30 分两条射线（虚线）的两个交点的联结线上。确定了北墙皮的位置以后，即可从图中 12 点钟时间线上量出前后房屋之间距 D 为 $1.7H'$。由于北纬 40°地区冬至正午时，单位影长等于单位棒高的 2 倍，即

$$H' = H \cdot \cot h_s = 2H$$

故间距

$$D = 1.7H' = 1.7 \times 2 \times 10 = 34 \text{m}$$

若改用 B 的布置方法，即将朝向转到南偏东 15°，则虽间距未变，而日照时间却可达 4

小时以上。由此可见，合理选择间距和朝向，对日照状况有重大影响。因此，在总图设计中如能合理布局，既可节约用地，又能减少投资。

当然，房间的实际朝向和间距，还取决于其他许多因素，如总体规划的要求、太阳辐射、主导风向、采光要求以及考虑防砂、防暴雨袭击等，因此要综合有关因素后再作最后选择。

（3）遮阳尺寸的确定

要确定遮阳的形式和尺寸，首先应知道建筑物的朝向和所要求的遮阳时间。

试用日照棒影图，求广州地区一个朝南偏东 10° 的窗口（窗 1.5m，窗高 2m 墙厚 0.18m）在秋分日上午 9 时到下午 1 时室内不进阳光的遮阳构件尺寸。

如图 6-16 所示，先将窗的平、剖面按一比例（如 1：50）绘在透明纸上，并准备好广州地区秋分的棒影图，设比例为 1：100。

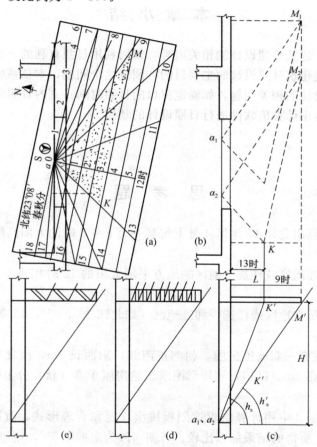

图 6-16　求遮阳构件尺寸

（a）窗口遮阳在棒影图上的范围（图中阴影部分）；（b）窗口遮阳尺寸的包络线；（c）遮阳的高度角范围及构件的挑出长度；（d）按照遮阳尺寸设计的格栅式遮阳板；（e）改变格栅尺寸的遮阳板

（来源：文献［3］）

将已制好的北纬 23°08′ 秋分日的棒影图的 O 点置于窗台内线上任一点 α（因考虑阳光只要不从内窗台线上之 α 点进入室内），见图 6-16（a）。应注意将棒影图的指北方向改为朝南方向应用。由于遮阳窗口的高度为 2m，故在棒高 4cm 轨迹线上的 KM 一段若立有 2m 高之棒，端点之影皆终于 α 点而不入室内，故遮阳的平面尺寸应为 OKM 范围，如图 6-16（a）中之阴影区，也就是遮阳的方位角应为∠KOM，可将 OKM 面积沿着内窗台线上各点例如图 6-16（b）中 α₁、α₂ 点而平行移动，它们的包络图即为所述窗口遮阳的尺寸，如虚线表示的矩形所示。相应地要求遮阳的高度角范围可从剖面图来求，从图 6-16（b）中之 K、M 两点向图 6-16（c）引投影线，交于 K′、M′ 两点，从而得到遮阳高度角的范围及构件挑出长度 L_（已减墙厚），两翼挑出长度各为由窗边到矩形包络图的端线边的长度。据此就可设计各种遮阳板的构造形式，如图 6-16 的 c、d、e 等图。

本 章 小 结

本章主要介绍了建筑日照设计的相关内容。如何利用日照有利的一面，同时控制与防止日照不利的影响，是建筑日照设计的主要目的。围绕这个问题，本章系统了介绍了运用棒影图法求解建筑日照设计的相关问题，如确定窗口的日照时间、室内日照区以及遮阳构件尺寸等。本章内容也是运用计算机软件进行日照设计的基础。

思 考 题

1. 用计算法计算出北纬 40°地区 4 月下旬某一天下午 3 时的太阳高度角和方位角以及日出、日没时刻和方位角。

2. 试求学校所在地区或任选一地区的地方平均太阳的 12 时相当于北京标准时间多少？两地时差多少？

3. 试绘制学校所在地区或任选一纬度地区（如北纬 30°，35°，45°等）春（秋）分的棒影日照图。

4. 北纬 40°地区有一双坡顶房屋，朝向正南北，东西长 8m，南北宽 6m，地面至屋檐高 4m，檐口至屋脊高 2m，试用日照棒影图求该幢房屋于春（秋）分上午 10 时投于地面上的日照阴影。

5. 第 5 章思考题 3 中用计算法求遮阳板挑出长度和合理形式，改用棒影图方法解之，并与第 5 章用计算法所得的结果加以比较。若朝向改为南偏东 10°，则遮阳板如何设计？

第二篇　建筑光学

人类对光的了解始于对太阳的感官认识，近代物理学则深入现象内部，揭示了光实际上是一种能够在人的视觉系统上引起光感觉的电磁辐射。自然界中电磁辐射的波长范围很大，但只有波长在 380～780nm 之间的电磁辐射，才能引起人眼的光感觉，这个波段的电磁辐射也因此被称为可见光，可见光只是太阳电磁波谱中很小的一部分。

人们依靠不同感觉器官从外界获得的各种信息，其中有 80％来自视觉器官，可以说人类的生活离不开光。建筑作为人们工作、学习和生活的场所，其良好的光环境不仅可以创造舒适明亮的环境气氛，发挥人们的视觉功效，保证视力健康和人身安全，振奋精神，提高工作效率，满足生理、心理、工效及安全要求，而且可以显示和塑造建筑空间，表现光的艺术效果，美化室内外环境，因此建筑设计中应该对光环境给予足够的重视。

所谓建筑光环境，就是由光照射于建筑内外空间所形成的环境。其中，室外光环境是在建筑外部空间由光照射而形成的环境，主要受天气条件、直射日光、天空光、人工光、遮挡物及其阴影等因素的影响；室内光环境是在建筑物内部空间由光照而形成的环境。其影响因素除了天然光和人工光源的状况以外，还包括室内空间布置与家具陈设，室内表面材料的质地、质感、色彩和室内绿化等。

利用天然光提供良好光照条件的方式称为自然采光或简称采光，而利用人工光源提供建筑室内外光照条件的方式则称为建筑照明。自然采光和建筑照明是本篇的主要内容，光度学和色度学的基本知识是建筑光环境设计的重要基础。在能源、资源和环境问题日益突出的今天，良好的建筑光环境设计能够有效地节约能源。本篇中还将对绿色照明工程相关的内容进行介绍。

第 1 章　建筑光环境基本知识

重点提示/学习目标

1. 掌握人眼的视觉特征与光谱光视效率的含义；
2. 掌握光的度量物理量之间的区别与联系；
3. 掌握可见度的影响因素；
4. 理解颜色的基本属性及度量方法。

人类感知的光除了与光源自身状况相关外，还与人的主观感觉密切相关，因此光的度量必须与人的主观感觉结合起来。本章将首先介绍人眼视觉特征与光的度量相关的知识。不同材料对光的传播具有显著的影响，本章将对材料的光学性质进行介绍。颜色作为影响光环境的要素之一，本章将对其基本特征和度量方法进行简要介绍。

1.1　光 与 视 觉

1.1.1　眼睛与视觉

所谓视觉，就是由进入人眼的光辐射引起人的光感觉而获得的对外界的认识。人们的视觉只能通过眼睛来完成，眼睛好似一个很精密的光学仪器，它在很多方面都与照相机相似。

照相机利用镜头收集和汇聚光线，而人眼则利用角膜、虹膜以及晶状体完成这一精密的活动，人眼与照相机的相似性对比如图 1-1 和表 1-1 所示。当光线到达人眼后，首先会通过角膜和眼前房（里面充满眼房液），接着通过瞳孔和虹膜上的开口，虹膜内肌肉的舒张和收缩可以改变瞳孔的大小，从而控制进入瞳孔内部光线的多少。这一步相当于完成了进入眼睛光线的"量"的控制。在此之后的水晶体则能够根据物体的远近改变形状，从而改变屈光度，使物体能够在视网膜上形成清晰的图像，即完成"聚焦"控制。穿过水晶体光线最终会投射到视网膜上，这如同照相机利用感光材料固定被摄景物的影像。此后，汇集在视网膜上的图像经过视神经传递到大脑，由大脑对接收的视觉信息进行分析和译码，这如同照相机的图形处理系统。当我们得出"看到什么"的结论时，一个视觉体验过程才算是完全结束。

表 1-1　人眼与照相机的相似性对比

人　　眼	照相机
瞳孔（角膜、虹膜、晶状体）	镜头
视网膜	胶片
大脑	图像处理系统

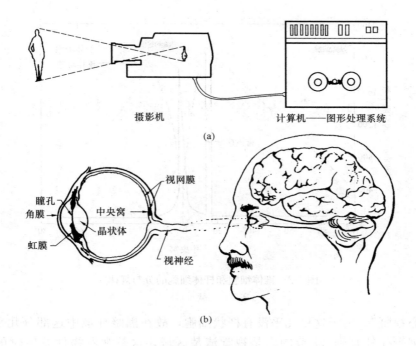

摄影机　　　　　　　　　计算机——图形处理系统

(a)

瞳孔　　　　　　　　　　视网膜

角膜　　　　中央窝

晶状体

虹膜

视神经

(b)

图 1-1　人眼与照相机的工作原理

（a）在可以"看"的机器人身上，计算机大脑能够识别摄影机所拍摄到的电信号；

（b）光线照在视网膜上，产生电信号进入大脑，大脑再把这些信号诠释成一定的意义

（来源：文献［1］）

1.1.2　人眼的视觉特征

人眼的视觉特征与分布在视网膜外层的感光细胞有很大的关系。这些感光细胞可分为锥体细胞和杆体细胞两种。锥体细胞主要集中在视网膜的中央部位，称为"黄斑"的黄色区域；黄斑区的中心有一小凹，称为"中央窝"，如图 1-1（b）所示。在这里，锥体细胞达到最大密度，在黄斑区以外，锥体细胞的密度急剧下降。与此相反，在中央窝处几乎没有杆体细胞，自中央窝向外，其密度逐渐增加，在离中央窝 20°附近达到最大密度，然后又逐渐减少。锥体细胞和杆体细胞的分布规律如图 1-2 所示。

两种感光细胞有各自的功能特征。锥体细胞在明亮环境下对色觉和视觉敏锐度起决定作用，这时它能分辨出物体的细部和颜色，并对环境的明暗变化作出迅速的反应。而杆体细胞在黑暗环境中对明暗感觉起决定作用，它虽能看到物体，但不能分辨其细部和颜色，对明暗变化的反应缓慢。基于人眼的构造特征和感光细胞的上述特性，人眼的视觉活动具有以下特点：

（1）视看范围

根据感光细胞在视网膜上的分布特征，以及眼眉、脸颊的影响，人眼的视看范围有一定的局限。双眼不动的视野范围为：水平面 180°；垂直面 130°；上方为 60°；下方为 70°（图 1-3）。白色区域为双眼共同视看范围；打上斜线区域为单眼视看最大范围；黑色为被遮挡区域。黄斑区所对应的角度约为 2°，它具有最高的视觉敏锐度，能分辨最微小的细

147

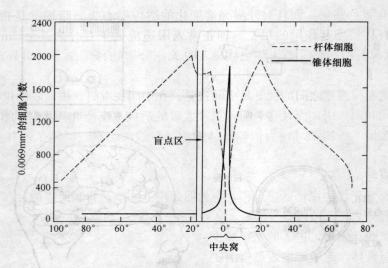

图 1-2　锥体细胞和杆体细胞的分布规律

（来源：文献［3］）

部，称"中心视野"。由于这里几乎没有杆状细胞，故在黑暗环境中这部分几乎不产生视觉。从中心视野往外直到 30°范围内是视觉清楚区域，这是观看物件总体时的有利位置（图 1-4）。通常站在离展品高度的 2～1.5 倍的距离观赏展品，就是使展品处于上述视觉清楚区域内。

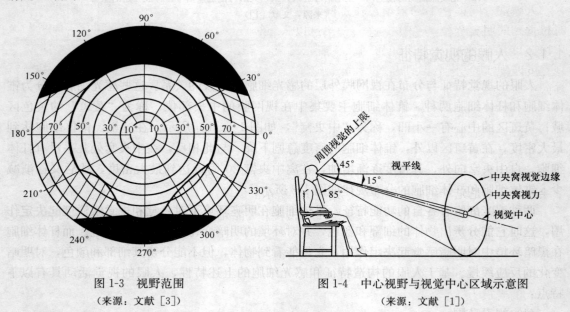

图 1-3　视野范围　　　　　　　　　图 1-4　中心视野与视觉中心区域示意图

（来源：文献［3］）　　　　　　　　　　（来源：文献［1］）

（2）明视觉与暗视觉

由于锥体、杆体感光细胞分别在不同的明、暗环境中起主要作用，故形成明、暗视觉。明视觉是指在明亮环境中，主要由视网膜的锥体细胞起作用的视觉（即正常人眼适应高于几个 cd/m^2 的亮度时的视觉，cd 为光亮度单位：坎德拉）。明视觉能够辨认很小的细节，同时具有颜色感觉，而且对外界亮度变化的适应能力强。暗视觉是指在暗环境中，主要由视网膜杆体细胞起作用的视觉（即正常人眼适应低于百分之几 cd/m^2 的亮度时的视觉）。暗视觉只有明暗感觉而无颜色感觉，也无法分辨物件的细节，对外部变化的适应能力低。

介于明视觉和暗视觉之间的视觉是中间视觉。在中间视觉时，视网膜的锥体感光细胞和杆体感光细胞同时起作用，而且它们随着正常人眼的适应水平变化而发挥的作用大小不同：中间视觉状态在偏向明视觉时较为依赖锥体细胞，在偏向暗视觉时则依赖杆体细胞的程度变大。

（3）明适应与暗适应

人由暗处走到亮处的视觉适应过程，称为明适应。这个调整和适应的过程需要大约 1 分钟，其调整过程分为三个阶段：

第一阶段：瞳孔缩小，进入的光线减少；

第二阶段：锥体细胞敏感度逐渐增加；

第三阶段：杆体细胞敏感度迅速降低。

人由亮处走到暗处时的视觉适应过程，称为暗适应。这个过程需要大约 30 分钟的调整和适应，调整过程与明适应调整过程正好相反。眼睛的明暗适应曲线如图 1-5 所示。

（4）光谱光视效率——视觉的灵敏性

人眼观看同样功率的辐射，在不同波长时感觉到的明亮程度不一样。这一规律可以用视亮度匹配实验来说明，如图 1-6 所示。视亮度匹配实验分别针对明视觉和暗视觉选择两个波长的单色光作为参照光（或称标准光），明视觉参照光波长为 555nm，暗视觉

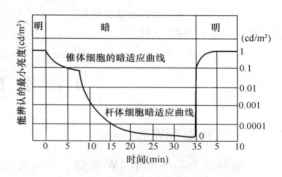

图 1-5　明适应与暗适应曲线

（来源：文献［3］）

为 507nm，然后测定一系列波长与参照光不同的单色光（简称被测光）引起的人眼视觉亮度。在此过程中，不断调整被测光的辐射通量，直到达到与参照光相同的亮度感觉。这时参照光与该被测光辐射通量的比值称为光谱光视效率 $V(\lambda)$。将不同波长单色光的光谱光视效率绘图表示就是光谱光视效率曲线，如图 1-7 所示。

从另一个角度来说，光谱光视效率曲线代表了等能光谱波长 λ 的单色辐射所引起的明亮感觉程度。明视觉时，人眼对波长 555nm 处（黄绿光部位）的光感受最为敏锐，越趋向光谱两端的光显得越暗。$V'(\lambda)$ 曲线表示暗视觉时的光谱光视效率，它与 $V(\lambda)$ 相比，整个曲线向短波方向推移，长波端的能见范围缩小，短波端的能见范围略有扩大，这时，人眼对 507nm 的光最为敏感。

在明暗视觉条件下人眼视觉灵敏性不同的现象称为"普尔金耶效应"（Purkinje effect）。我们在设计室内颜色装饰时，就应根据它们所处环境可能的明暗变化，利用上述效应，选择相应的明度和色彩对比，否则就可能在不同时候产生完全不同的效果，达不到预期目的。

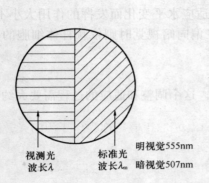

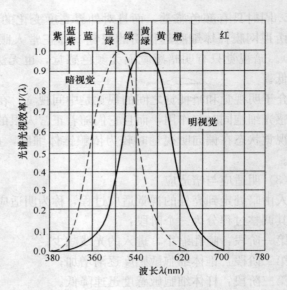

图 1-6　视亮度匹配实验原理
（来源：文献［12］）

图 1-7　人眼的光谱光视效率曲线
（来源：文献［3］）

1.2 光 的 度 量

1.2.1 光通量与光效

假如有两个功率都是 1W 的灯，分别发射 555nm 和 620nm 的单色光，这时人眼感觉波长为 555nm 的单色光比 620nm 的单色光要亮些。由光谱光视效率曲线可知，这是因为人眼对不同波长的电磁波灵敏度不同所致。这一现象说明我们不能仅用光源的辐射功率或辐射通量来衡量光能量，而必须采用能同时考虑光源辐射通量和视觉灵敏度的物理量。这一物理量就是光通量，它是根据辐射对标准光度观察者的作用导出的光通量。对于明视觉，有：

$$\Phi = K_{\mathrm{m}} \int_0^\infty \frac{\mathrm{d}\Phi_{\mathrm{e}}(\lambda)}{\mathrm{d}\lambda} V(\lambda) \mathrm{d}\lambda \qquad (1-1)$$

式中　Φ——光通量，单位为流明（lm）；

K_{m}——最大光谱光视效能，在明视觉时为 683lm/W；

$\mathrm{d}\Phi_{\mathrm{e}}(\lambda)/\mathrm{d}\lambda$——辐射通量的光谱分布（W）；

$V(\lambda)$——光谱光视效率，可由图 1-7 查出，或由附录 1 的 $\overline{y}(\lambda)$［等于 $V(\lambda)$］中查得。

在计算时，光通量常采用下式算得：

$$\Phi = K_{\mathrm{m}} \sum \Phi_{\mathrm{e},\lambda} V(\lambda) \qquad (1-2)$$

式中，$\Phi_{\mathrm{e},\lambda}$——波长为 λ 的辐射通量（W）。

建筑光学中常用光通量表示一光源发出光能的多少，用流明来计量。例如 100W 普通白炽灯发出 1179lm 的光通量，40W 日光色荧光灯约发出 2400lm 的光通量。光源发出的光通量类似于水龙头的喷水量，如图 1-8 所示。

流明   每分钟千克数

图 1-8 光的照射类似于水的喷射

(来源：文献 [1])

光源所发出的总光通量与该光源所消耗的电功率（瓦）的比值，称为该光源的光效。光效表示光源将电能转化为光能的能力，光效越大，表示同样的输入电能，发出的光通量越多。图 1-9 显示了白炽灯和荧光灯的光通量和光效。

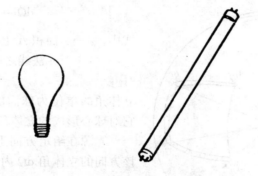

图 1-9 白炽灯和荧光灯光源的光通量和光效

(a) 100W 普通白炽灯发出 1179lm 的光通量，光效 11.79lm/W；

(b) 40W 日光色荧光灯约发出 2400lm 的光通量，光效 60lm/W

(来源：自绘)

1.2.2 发光强度

以上谈到的光通量是某一光源向四周空间发射出的总光能量。不同光源发出的光通量在空间的分布是不同的。例如悬吊在桌面上空的一盏 100W 白炽灯，它发出 1179lm 光通量。但用不用灯罩，投射到桌面的光线就不一样。加了灯罩后，灯罩将往上的光向下反射，使向下的光通量增加，因此我们就感到桌面上亮一些。如果灯罩的形状不一样，又会对光的分布产生影响，如图 1-10 所示。

这例子说明只知道光源发出的光通量还不够，还需要了解它在空间中的分布状况，即光通量的空间密度分布。

图 1-11 表示一空心球体，球心 O 处放一光源，它向由 $A_1B_1C_1D_1$ 所包的面积 A 上发出 Φlm 的光通量。而面积 A 对球心形成的角称为立体角，它是以 A 的面积和球的半径 r 平方之比来度量，即

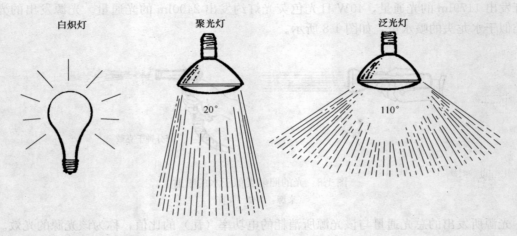

白炽灯　　　　聚光灯　　　　泛光灯

图 1-10　灯罩对光分布的影响

（来源：文献［1］）

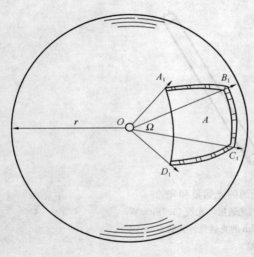

图 1-11　立体角概念

（来源：文献［3］）

$$\mathrm{d}\Omega = \frac{\mathrm{d}A\cos\alpha}{r^2}$$

式中，α——面积 A 上微元 $\mathrm{d}A$ 和 O 点连线与微元法线之间的夹角。对于本例有

$$\Omega = A/r^2 \tag{1-3}$$

立体角的单位为球面度（sr），即当 $A=r^2$ 时，它对球心形成的立体角为 1sr（球面度）。

　　光源在给定方向上的发光强度是该光源在该方向的立体角 $\mathrm{d}\Omega$ 内传输的光通量 $\mathrm{d}\varPhi$ 除以该立体角之商，发光强度的符号为 I。例如，点光源在某方向上的立体角元 $\mathrm{d}\Omega$ 内发出的光通量为 $\mathrm{d}\varPhi$ 时，则该方向上的发光强度为：

$$I = \frac{\mathrm{d}\varPhi}{\mathrm{d}\Omega}$$

当角 α 方向上的光通量 $\varPhi$ 均匀分布在立体角内时，则该方向的发光强度为

$$I_\alpha = \frac{\varPhi}{\Omega} \tag{1-4}$$

　　发光强度的单位为坎德拉，符号为 cd，它表示光源在 1 球面度立体角内均匀发射出 1lm 的光通量，即

$$1\mathrm{cd} = \frac{1\mathrm{lm}}{1\mathrm{sr}}$$

　　图 1-10 中 40W 白炽灯泡正下方具有约 30cd 的发光强度。而在它的正上方，由于有灯头和灯座的遮挡，在这方向上没有光射出，故此方向的发光强度为零。如加上一个不透明的搪瓷伞形罩，向上的光通量除少量被吸收外，都被灯罩朝下面反射，因此向下的光通量增

加，而灯罩下方立体角未变，故光通量的空间密度加大，发光强度由 30cd 增加到 73cd 左右。

1.2.3 照度

对于被照面而言，常用落在其单位面积上的光通量多少来衡量它被照射的程度，这就是常用的照度，符号为 E，它表示被照面上的光通量密度。表面上一点的照度是入射在包含该点面元上的光通量 $\mathrm{d}\Phi$ 除以该面元面积 $\mathrm{d}A$ 之商，即

$$E = \frac{\mathrm{d}\Phi}{\mathrm{d}A}$$

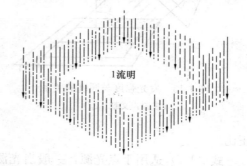

当光通量 Φ 均匀分布在被照表面 A 上时，则此被照面各点的照度均为

$$E = \frac{\Phi}{A} \tag{1-5}$$

照度的常用单位为勒克斯，符号为 lx，它等于 1lm（流明）的光通量均匀分布在 1m² 的被照面上，如图 1-12 所示。

$$1\mathrm{lx} = \frac{1\mathrm{lm}}{1\mathrm{m}^2}$$

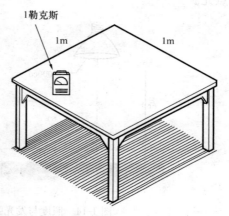

为了对照度有一个实际概念，下面举一些常见的例子。在 40W 白炽灯下 1m 处的照度约为 30lx；加一搪瓷伞形罩后照度就增加到 73lx；阴天中午室外照度为 8000～20000lx；晴天中午在阳光下的室外照度可高达 80000～120000lx。

照度的英制单位为英尺烛光（fc），它等于 1 流明的光通量均匀分布在 1 平方英尺的表面上，由于 1 平方米等于 10.76 平方英尺，所以 1fc=10.76lx。

图 1-12 照度单位示意图
（来源：文献 [1]）

1.2.4 发光强度和照度的关系

一个点光源在被照面上形成的照度，可从发光强度和照度这两个基本量之间的关系求出。如图 1-13 所示，按照式（1-5），算得表面上的照度为

$$E = \frac{\Phi}{A}$$

由式（1-4）可知 $\Phi = I_a\Omega$（其中 $\Omega = A/r^2$），将其代入式（1-5），则得

$$E = \frac{I_a}{r^2} \tag{1-6}$$

由式（1-6）可知，某表面的照度 E 与发光强度 I_a 成正比，与距光源的距离 r 的平方成

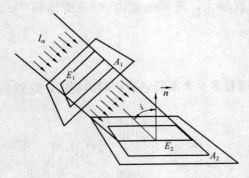

图 1-13　发光强度与照度的关系
（来源：文献 [3]）

反比。这就是计算点光源产生照度的基本公式，称为距离平方反比定律。当光源距被照面距离一样时，被照面的亮度与发光强度有关，当光源发光强度相同，被照面上的照度与距离有关，这个规律可以用图 1-14 来表示。

当入射角不等于零时，有

$$E_2 = \frac{I_\alpha}{r^2} \cos i \qquad (1\text{-}7)$$

式（1-7）表示，表面法线与入射光线成 i 角处的照度，与它至点光源的距离平方成反比，而与光源在 i 方向的发光强度和 λ 射角 i 的余弦成正比。

式（1-7）适用于点光源，一般当光源尺寸小于至被照面距离的 1/5 时，即将该光源视为点光源。

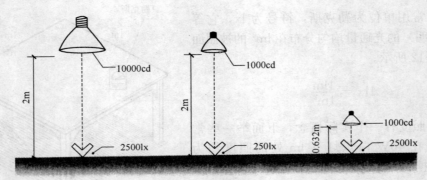

图 1-14　照度与发光强度的关系——平方反比定律示意图
（来源：文献 [13]）

1.2.5　亮度

在房间内同一位置，放置了黑色和白色的两个物体，虽然它们的照度相同，但在人眼中引起不同的视觉感觉，看起来白色物体亮得多，这说明物体表面的照度并不能直接表明人眼对物体的视觉感觉。

一个发光（或反光）物体，在眼睛的视网膜上成像，视觉感觉与视网膜上的物像的照度成正比，物像的照度越大，我们觉得被看的发光（或反光）物体越亮。视网膜上物像的照度是由物像的面积（它与发光物体的面积有关）和落在这面积上的光通量（它与发光体朝视网膜上物像方向的发光强度有关）所决定。它表明：视网膜上物像的照度是和发光体在视线方向的投影面积 $A\cos\alpha$ 成反比，与发光体朝视线方向的发光强度 I_α 成正

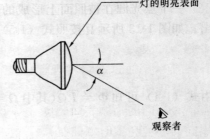

图 1-15　亮度示意图
（来源：文献 [1]）

比，即亮度就是单位投影面积上的发光强度，如图 1-15 所示。

亮度的符号为 L，其计算公式为：

$$L = \frac{\mathrm{d}^2\Phi}{\mathrm{d}\Omega\,\mathrm{d}A\cos\alpha}$$

式中，$\mathrm{d}^2\Phi$——由给定点处的束元 $\mathrm{d}A$ 传输的并包含给定方向的立体角元 $\mathrm{d}\Omega$ 内传播的光通量；

　　$\mathrm{d}A$——包含给定点处的射束截面积；

　　α——射束截面法线与射束方向间的夹角。

当角 α 方向上射束截面 A 的发光强度 I_α 均相等时，角 α 方向的亮度为

$$L_\alpha = \frac{I_\alpha}{A\cos\alpha} \tag{1-8}$$

由于物体表面亮度在各个方向不一定相同，因此常在亮度符号的右下角注明角度，它表示与表面法线成 α 角方向上的亮度。亮度的常用单位为坎德拉每平方米（$\mathrm{cd/m^2}$），它等于 $1\mathrm{m^2}$ 表面上，沿法线方向（$\alpha=0°$）发出 1 坎德拉的发光强度，即

$$1\mathrm{cd/m^2} = \frac{1\mathrm{cd}}{1\mathrm{m^2}}$$

有时用另一较大单位熙提（符号为 sb），它表示 $1\mathrm{cm^2}$ 面积上发出 lcd 时的亮度单位。很明显，$1\mathrm{sb}=10^4_c\mathrm{d/m^2}$。常见的一些物体亮度值如表 1-2 所示。

表 1-2　经常遇到的亮度等级

物体	亮度（$10^4\mathrm{cd/m^2}$）	视觉感受
荧光灯管表面	0.8～0.9	视野模糊
白炽灯灯丝	300～500	室内正常亮度
太阳	200000	室外正常亮度

亮度反映了物体表面的物理特性；而我们主观所感受到的物体明亮程度，除了与物体表面亮度有关外，还与我们所处环境的明暗程度有关。例如同一亮度的表面，分别放在明亮和黑暗环境中，我们就会感到放在黑暗中的表面比放在明亮环境中的亮。为了区别这两种不同的亮度概念，常将前者称为"物理亮度"（或称亮度），后者称为"表观亮度"（或称明亮度）。如图 1-16 所示是通过大量主观评价获得的实验数据整理出来的亮度感觉曲线。从图中可看出，相同的物体表面亮度（横坐标），在不同的环境亮度时（曲线），产生不同的亮度感觉（纵坐标）。从图中还可看出，要想在不同适应亮度条件下（如同一房间晚上和白天时的环境明亮程度不一样，适应亮度也就不一样）获得相同的亮度感觉，就需要根据

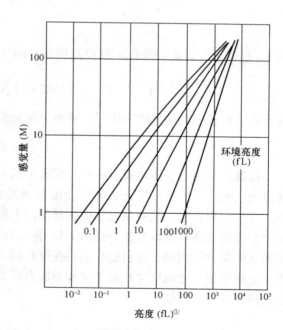

图 1-16　物理亮度与表观亮度的关系
（来源：文献［3］）

① fL—英尺朗伯，英制中的亮度单位：$1\mathrm{fL}=3.426\mathrm{cd/m^2}$。

以上关系确定不同的表面亮度。在本篇中，仅研究物理亮度（亮度）。

1.2.6 照度和亮度的关系

所谓照度和亮度的关系，指的是光源亮度和它所形成的照度间的关系。如图 1-17 所示，设 A_1 为各方向亮度都相同的发光面，A_2 为被照面。在 A_1 上取一微元面积 dA_1，由于它的尺寸和它距被照面间的距离 r 相比，显得很小，故可视为点光源。微元发光面积 dA_1 射向 O 点的发光强度为 dI_α，这样它在 O 点处形成的照度为

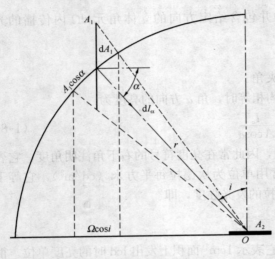

图 1-17 照度和亮度的关系

（来源：文献［3］）

$$dE = \frac{dI_\alpha}{r^2}\cos i \qquad (1)$$

对于微元发光面积 dA_1 而言，由亮度与光强的关系式可得：

$$dI_\alpha = L_\alpha dA_1 \cos\alpha \qquad (2)$$

将式（2）带入式（1）则得

$$dE = L_\alpha \frac{dA_1 \cos\alpha}{r^2}\cos i \qquad (3)$$

式中，$\dfrac{dA_1 \cos\alpha}{r^2}$ 是微元面 dA_1 对 O 点所张开的立体角 $d\Omega$，故式（3）可写成

$$dE = L_\alpha d\Omega \cos i$$

因为光源在各方向的亮度阈相同，则整个发光面在 O 点形成的照度为

$$E = L_\alpha \Omega \cos i \qquad (1-9)$$

这就是常用的立体角投影定律，它表示某一亮度为 L_α 的发光表面在被照面上形成的照度值的大小，等于这一发光表面的亮度与该发光表面在被照点上形成的立体角的投影的乘积。这一定律表明：某一发光表面在被照面上形成的照度，仅和发光表面的亮度及其在被照面上形成的立体角投影有关。在图 1-17 中，A_1 和 $A_1\cos\alpha$ 的面积不同，但由于它对被照面形成的立体角投影相同，故只要它们的亮度相同，它们在 A_2 面上形成的照度就一样。立体角投影定律适用于光源尺寸相对于它和被照点距离较大时。本章小节部分对光的度量涉及的相关物理量进行了归纳。

1.3 光与建筑材料

光在均匀介质中的传播方向不会发生改变，但当光的传播遇到不同介质的阻挡时，其传播方向就会发生变化而产生反射、透射和吸收现象。在日常生活中，我们所看到的光，大多数是经过物体反射或透射的光，这些反射或透射的光线信息经由我们视觉系统的加工处理，

形成了我们对事物的视觉感受。

当光透射到不同的表面，则会产生不同的效果。例如装上透明玻璃，从室内可以清楚地看到室外的景色；装上磨砂玻璃后，只能看到白茫茫的一块玻璃，室外景色已无法看到，同时室内的采光效果也完全不同。要创造良好的室内光环境，必须了解不同材质的特性，以掌握其对光传播的影响，同时还要了解光线经过这些材料的反射和透射后的分布规律。

1.3.1　材料对光传播的影响

当光到达物体的表面，光的传播方向就会发生变化。对于入射到物体表面的光通量 Φ，一部分光被物体表面反射出去（Φ_ρ），一部分光会被物体吸收（Φ_a），在光照射到透光物体时，还会有一部分投过物体继续传播（Φ_τ），如图 1-18 所示。

反射、吸收和透射光通量与入射光通量之比，分别称为光反射比（曾称为反光系数）ρ、光吸收比（曾称为吸收系数）α 和光透射比（曾称为透光系数）τ，这样一来则有：

$$\Phi = \Phi_\rho + \Phi_\tau + \Phi_a \tag{1-10}$$

$$\rho + \tau + \alpha = 1 \tag{1-11}$$

建筑中的各种表面往往具有不同的反射、透射和吸收系数，所以在进行室内照明设计之前，要对所用装饰材料的特性有足够的认识，以便进行针对性的设计。建筑光学附录 2 中有常见材料的反射、透射和吸收系数。

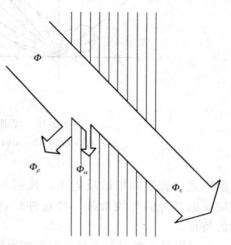

图 1-18　光的反射、吸收和透射
（来源：文献［3］）

1.3.2　材料的光反射特征

当光照射到物体的表面就会出现反射现象。反射光的强弱与分布形式取决于材料的表面特征和入射光的方向。例如，垂直入射到透明玻璃板上的光线约有 8% 的反射比。加大入射角度，即向玻璃板作倾斜照射，反射比将随之增大。

光的反射因材料的表面特征的差异会产生两种反射状态，一种是反射光呈规则的几何状态，即规则反射；另一类反射光呈扩散状态，即扩散反射。

（1）规则反射

规则反射又叫镜面反射，其入射光线、反射光线及反射表面的法线同处于一个平面内，入射光与反射光分别位于法线两侧，且入射角等于反射角，如图 1-19（a）所示，人在镜子中看到自己的形象就是基于这样的反射规律。

（2）扩散反射

扩散反射又分定向扩散反射、漫反射和均匀漫反射几种形式，如图 1-19（b）（c）（d）所示。

定向扩散反射是一种既存在规则反射又存在以规则反射光为中心向外扩散反射的一种

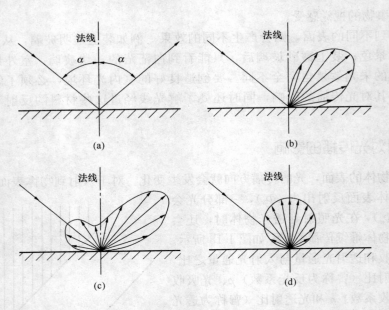

图 1-19　规则反射及扩散反射的几种形式
(a) 规则反射；(b) 定向扩散反射；(c) 漫反射；(d) 均匀漫反射
(来源：文献 [14])

反射形式。在定向扩散反射中，反射光保持与入射光分别位于法线两侧的特点，其中以规则反射部分的光线最强。经过冲砂、酸洗或锤点处理的毛糙金属表面具有定向扩散反射的特征。

漫反射是一种反射光自由发散的反射方式，其特点是反射光的分布与入射光方向无关，在宏观上没有规则，反射光不规则地分布在所有方向上。光滑的纸、较粗糙的金属表面、油漆表面等往往具有这种反射特性。

若反射光的光强分布与入射光无关，而且反射光呈现出以入射光与反射面的交点为切点的圆球分布，这种漫反射称为均匀漫反射。石膏、氧化镁等材料表面具有这样的特征。装饰工程中的大部分常用的无光泽饰面都可以近似地看做均匀漫反射材料，如粉刷涂料、乳胶漆、无光塑料墙纸、陶板面砖等。

1.3.3　材料的光透射特征

光线通过透光介质时将产生透射现象。玻璃、晶体、某些塑料、纺织品、水等都能透过大部分的入射光，都属于透光材料。材料的透光性能不仅取决于它的分子结构，还与它的厚度有关。非常厚的玻璃或水将变成不透明的，而一张极薄的金属膜可能是透光的，至少可以透过部分光线。

材料透射光的分布形式可分为规则透射和扩散透射，如图 1-20 所示。透明材料属于规则透射，在入射光的背侧可以清晰地看见光源与物像。磨砂玻璃是典型的定向扩散透射，在其背光的一侧仅能看见光源模糊的影像。乳白玻璃具有均匀漫透射特征，整个透光面亮度均匀，完全看不见背侧的光源和物像，是做灯具滤光片很好的材料。

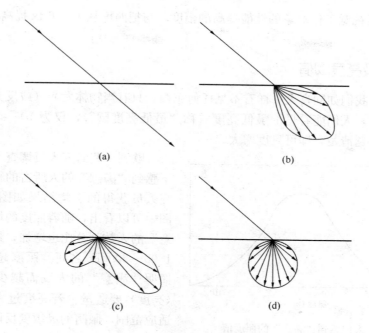

图 1-20 透射光的分布形式
（a）规则透射；（b）定向扩散透射；（c）漫透射；（d）均匀漫透射
（来源：文献［14］）

1.4 可见度及其影响因素

可见度就是人眼辨认物体存在或形状的难易程度。在室外时，以人眼能恰可看到标准目标的距离定义，故又称能见度。可见度的概念是用来表示人眼看物体的清楚程度（故以前又把它称为视度），与光源状况、人眼视觉特征、被看对象和视觉环境等多种因素都有关系，以下介绍各个因素对可见度的影响情况。

1.4.1 物体的尺寸与距离

物体的尺寸和眼睛至物件的距离都会影响人们观看物件的可见度，这两个因素决定了观察者的视角。被观察的物体变大或者放到离观察者更近的地方，视角就会增大。

物件尺寸 d、眼睛至物件的距离 l 形成视角 α 可以下式定义：

$$\alpha = 3440\frac{d}{l}(')\qquad(1\text{-}12)$$

物件尺寸 d 是指需要辨别的尺寸，在图 1-21 中需要指明开口方向时，物件尺寸就是开口尺寸。

只要有可能，设计人员就应当提高观察者的视角，因为视角稍微加大，就相当于大幅度提高照度级。例如，把黑板上字母的尺

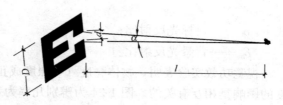

图 1-21 视角的定义
（来源：文献 ［3］）

寸放大 25%，对视觉工作对象的性能提高的幅度，与把照度从 107.6 lx 提高到 107600 lx 相当。

1.4.2 亮度及亮度阈值

在黑暗中，我们如同盲人一样看不见任何东西，只有当物体发光（或反光）我们才会看见它。实验表明，人们能看见的最低亮度（称"最低亮度阈"），仅为 10^{-5} sb。随着亮度的增大，我们看得越清楚，即可见度增大。

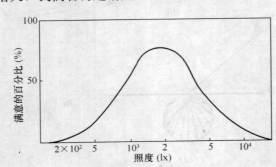

图 1-22　人们感到"满意"的照度值
（来源：文献［3］）

欧洲一些研究人员调查了各种照度条件下感到"满意"的人所占的百分数，不同研究人员获得的平均结果如图 1-22 所示。从图中可以看出，随着照度的增加，感到"满意"的人数百分比也增加，最大百分比约在 1500～3000lx 之间。照度超过此数值，对照明"满意"的人反而越少，这说明照度（亮度）要适量。若亮度过大，超出眼睛的适应范围，眼睛的灵敏度反而会下降，易引起眼疲劳，如夏日在室外看书，感到刺眼，不能长久地坚持下去。一般认为，当物体亮度超过 16sb 时，人们就感到刺眼，不能坚持工作。因此，一味通过加大亮度来提高可见度是一种代价非常昂贵而且可能导致人不舒适的做法。

1.4.3 亮度对比

亮度对比即观看对象和其背景之间的亮度差异，差异越大，可见度越高，如图 1-23 所示，常用 C 来表示亮度对比，它等于视野中目标和背景的亮度差与背景亮度之比，即

$$C = \frac{L_t - L_b}{L_b} = \frac{\Delta L}{L_b} \qquad (1-13)$$

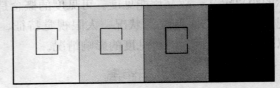

图 1-23　亮度对比度和可见度的关系
（来源：文献［3］）

式中，L_t——目标亮度；

　　L_b——背景亮度；

　　ΔL——目标与背景的亮度差。

对于均匀照明的无光泽的背景和目标，亮度对比可用光反射比表示

$$C = \frac{\rho_t - \rho_b}{\rho_b} \qquad (1-14)$$

式中，ρ_t——目标光反射比；

　　ρ_b——背景光反射比。

视觉功效实验表明，物体亮度（与照度成正比）、视角大小和亮度对比三个因素对可见度的影响是相互有关的。图 1-24 为辨别几率为 95%（即正确辨别视看对象的次数为总辨别次数的 95%）时这三个因素之间的关系。

从图 1-24 中的曲线可看出：①从同一根曲线来看，它表明观看对象在眼睛处形成的

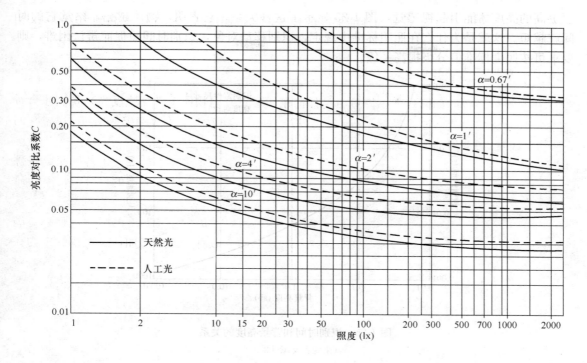

图 1-24　视觉功效曲线
（来源：文献［3］）

视角不变时，如对比下降，则需要增加照度才能保持相同可见度。也就是说，对比的不足，可用增加照度来弥补。反之，也可用增加对比来补偿照度的不足。②比较不同的曲线（表示在不同视角时）后看出，目标越小（视角越小），需要的照度越高。③天然光（实线）比人工光（虚线）更有利于可见度的提高。但在视看大的目标时，这种差别不明显。

　　然而，需要注意的是，虽然可以通过增加亮度对比的方式补偿照度的不足，但是当亮度对比过大时，眼睛需要不停地在两个亮度级别上进行调整，很容易引起视疲劳。需要控制亮度对比在合适的范围内。表 1-3 给出的是书本表面亮度和背景亮度的推荐比值。

表 1-3　达到室内照明最佳效果的推荐亮度比

亮度对比的区域	事　例	亮度比
需要看清的工作对象与直接的背景	书本与桌面	3∶1
需要看清的工作对象与一般的背景	书本与它相邻的部分	5∶1
需要看清的工作对象与较远的背景	书本与远处的墙壁	10∶1

1.4.4　识别时间

　　眼睛观看物体时，只有当该物体发出足够的光能，形成一定刺激，才能产生视觉感觉。在一定条件下，亮度×时间＝常数（邦森—罗斯科定律），也就是说，呈现时间越少，越需要更高的亮度才能引起视感觉，图 1-25 显示了这种关系。它表明，物体越亮，察觉它的时间就越短。这就是为什么在照明标准中规定，识别移动对象，识别时间短促而辨认困难，则要求可按照度标准值分级提高一级。

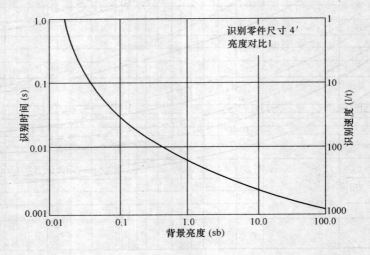

图 1-25　识别时间和背景亮度的关系
（来源：文献 [3]）

1.4.5　人眼的视力

视力的定性含义是眼睛区分精细部分的能力，视力的定量含义是指眼睛能够识别分开的两个相邻物体的最小张角 D 的倒数（$1/D$）。生理因素、生活环境、工作环境、年龄因素都是影响视力的因素。视力是影响物体可见度的个体因素。

1.4.6　眩光

1）眩光分类

视野中由于亮度的分布或亮度范围不适宜，或在空间或时间上存在着极端的亮度对比，以致引起不舒适或降低物体可见度的视觉条件就是眩光。眩光如同"视觉噪声"，会造成视觉降低和人眼睛的不舒适甚至疼痛，严重影响人眼的观察事物的能力。

根据眩光对视觉的影响程度，可分为失能眩光和不舒适眩光。降低视觉对象的可见度，但并不一定产生不舒适感觉的眩光称为失能眩光。出现失能眩光后，就会降低目标和背景间的亮度对比，使可见度下降，甚至丧失视力。产生不舒适感觉，但并不一定降低视觉对象的可见度的眩光称为不舒适眩光。不舒适眩光会影响人们的注意力，长时间就会产生视疲劳。

从形成眩光的过程来看，可把眩光分为直接眩光和反射眩光。直接眩光是由视野中特别是在靠近视线方向存在的发光体所产生的眩光；而反射眩光是由视野中的反射所引起的眩光，特别是在靠近视线方向看见反射像所产生的眩光。如常在办公桌上玻璃板里出现灯具的明亮反射形象就是一种常见的反射眩光。反射眩光往往难以避开，比直接眩光更为讨厌。

室内照明环境中影响眩光的原因很多，例如，光源表面或灯具表面的亮度越高，眩光越显著；光源距离视线越近，眩光越显著；视场内光源面积越大、数目越多，眩光越显著。

2）直接眩光的控制方法

（1）限制光源亮度。当光源亮度超过 16sb 时，不管亮度对比如何，均会产生严重的眩光现象。在这种情况下，应考虑采用半透明材料（如乳白玻璃灯罩）或不透明材料将光源挡住，降低其亮度，减少眩光影响程度，如图 1-26 所示。

（2）增加眩光源的背景亮度，减少二者之间的亮度对比。当视野内出现明显的亮度对比就会产生眩光，其中最重要的是工作对象和它直接相邻的背景间的亮度对比，如书和桌面的亮度对比，深色的桌面（光反射比为 0.05～0.07）与白纸（光反射比为 0.8 左右）形成的亮度对比常大于 10，这样就会形成一个不舒适的视觉环境。如将桌面漆成浅色，减小了桌面与白纸之间的亮度对比，就会有利于视觉工作，可缓解视觉疲劳。

（3）减小形成眩光的光源视看面积，即减小眩光源对观测者眼睛形成的立体角。如将灯具做成橄榄形，如图 1-27 所示，减少直接眩光的影响。

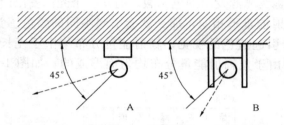

图 1-26　利用不透明材料将光源挡住

（来源：文献 ［1］）

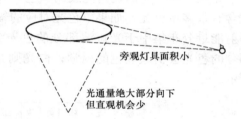

旁观灯具面积小

光通量绝大部分向下
但直观机会少

图 1-27　减少光源的视看面积以减少眩光

（来源：文献 ［3］）

（4）尽可能增大眩光源的仰角。当眩光源的仰角小于 27°时，眩光影响就很显著；而当眩光源的仰角大于 45°时，眩光影响就大大减少了，如图 1-28 所示。通常可以提高灯的悬挂高度来增大仰角，但要受到房间层高的限制，而且把灯提得过高对工作面照明也不利，故有时用不透明材料将眩光源挡住更为有利。

3）反射眩光的控制方法

（1）尽量使视觉作业的表面为无光泽表面，以减弱规则反射而形成的反射眩光；

（2）应使视觉作业避开和远离照明光源同人眼形成的规则反射区域；

（3）使用发光表面面积大、亮度低的光源；

（4）使引起规则反射的光源形成的照度在总照度中所占比例减少，从而减少反射眩光的影响。

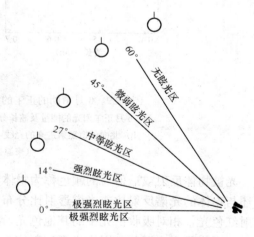

图 1-28　不同角度的眩光感受

（来源：文献 ［3］）

1.5 光 与 颜 色

在人们的日常生活中，经常要涉及各种颜色。颜色是影响建筑光环境质量的要素之一，能对人的生理和心理活动产生作用，影响人们的工作效率。因此，为了进行合理的光环境设计，就要掌握一些有关颜色的基本知识，同时了解一些视觉心理学和美学方面的知识。

1.5.1 光源色与物体色

所谓色感觉就是眼睛接受色刺激后产生的视觉。在明视觉条件下，色觉正常的人可以感觉出红色、橙色、黄色、绿色、蓝色和紫色等颜色，同时还可以在两个相邻颜色的过渡区域内看到各种中间色，如黄红、绿黄、蓝绿、紫蓝和红紫等。颜色有光源色和物体色的区别。

光源色就是光源发出光线的颜色，或称为光源发出的色刺激。通常一个光源发出的光包含有很多单色光，如果单色光对应的辐射能量不相同，那么就会引起不同的颜色感觉。辐射能量分布集中于光短波部分的色光会引起蓝色的视觉；辐射能量分布集中于光长波部分的色光会引起红色的视觉；白光则是由于光辐射能量分布均匀而形成的，如图1-29所示。

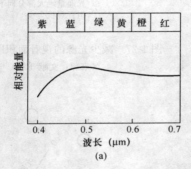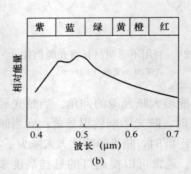

图1-29　6月晴朗的正午的阳光与从朝北的窗户透进的阳光

(a) 6月正午阳光的能量及波长分布，各种颜色的光在数量上几乎相等；

(b) 北向外窗照射进来的光线，蓝色一端的能量比红色一端大很多

(来源：文献 [1])

光被物体反射或透射后的颜色称为物体色。物体色不仅与光源的光谱能量分布有关，而且还与物体的光谱反射比或光谱透射比分布有关。例如有一红色物体表面，用白光照射时，反射红色光，相对吸收白光中的其他色光，故这一张纸仍呈现红色；若仅用蓝光去照射该物体时，它将呈现出黑色，因为光源辐射中没有红光成分，如图1-30所示。这个物体表面反射最多的波长就是物体的颜色。物体表面的颜色主要是从入射光中减去一些波长的光而产生的。

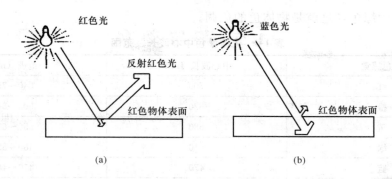

图 1-30 物体色成因示意图

（a）表面为红色的物体用红光照射可反射大部分红光；（b）用纯蓝光照射其表面为黑色

（来源：文献［1］）

1.5.2 颜色的分类和属性

（1）无彩色与有彩色

颜色分为无彩色和有彩色两大类。

无彩色在知觉意义上是指无色调的知觉色，它是由从白到黑的一系列中性灰色组成的。它们可以排成一个系列，并可用一条直线表示，如图 1-31 所示。它的一端是光反射比为 1 的理想的完全反射体——纯白，另一端是光反射比为 0 的理想的无反射体——纯黑。在实际生活中，并没有纯白和纯黑的物体，光反射比最高的氧化镁等只是接近纯白，约为 0.98；光反射比最低的黑丝绒等只是接近纯黑，约为 0.02。

当物体表面的光反射比在 0.8 以上时，该物体为白色；当物体表面的光反射比在 0.04 以下时，该物体为黑色。对于光源色来说，无彩色的黑白变化相应于白光的亮度变化。当光的亮度非常高时，就认为是白色的；当光的亮度很低时，就认为是灰色的；无光时为黑色。

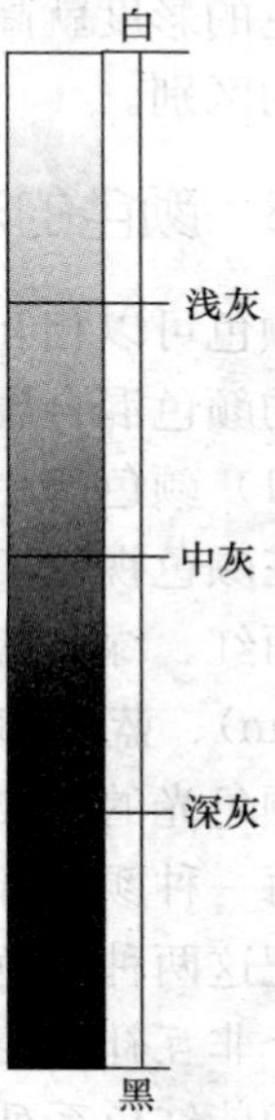

有彩色在感知意义上是指所感知的颜色具有色调，它是由除无彩色以外的各种颜色组成的。任何一种有彩色图的表观颜色，均可以按照三种独立的属性分别加以描述，这就是色调（色相）、明度、彩度。

图 1-31 白黑系列

（来源：自绘）

（2）色调、明度和彩度

色调就是光源或物体的颜色属性，通常用红、黄、绿、蓝、紫的一种或两种来区分和表达。在明视觉时，人们对于 380～780nm 范围内的光辐射可引起不同的颜色感觉。不同颜色感觉的波长范围和中心波长参见表 1-4。光源的色调取决于辐射的光谱组成对人产生的视感觉；各种单色光在白色背景上呈现的颜色，就是光源色的色调。物体的色调取决于光源的光谱组成和物体反射（透射）各波长光辐射的比例对人产生的视感觉。在日光下，如一个物体表面反射 480～550nm 波段的光辐射，而相对吸收其他波段的光辐射，那么该物体表面为绿色，这就是物体色的色调。

表 1-4　光谱颜色中心波长及范围

颜色感觉	中心波长（nm）	范围（nm）
红	700	640～750
橙	620	600～640
黄	580	550～600
绿	510	480～550
蓝	470	450～480
紫	420	400～450

明度就是颜色的明暗程度。色光的亮度越高，人眼感觉越明亮，它的明度就越高；物体色的明度则反映光反射比（或光透射比）的变化，光反射比（或光透射比）大的物体色明度高；反之则明度低。

彩度指的是有彩色的纯度，颜色越纯，彩度越高。各种单色光是最饱和的彩色。当单色光掺入白光成分越多，就越不饱和，当掺入的白光成分比例很大时，看起来就变成白光了。物体色的彩度决定于该物体反射（或透射）光谱辐射的选择性程度，如果选择性很高，则该物体色的彩度就高。无彩色只有明度这一个颜色属性的差别，而没有色调和彩度这两种颜色属性的区别。

1.5.3　颜色的混合

颜色可以相互混合。光源色的颜色混合称为相加混合（或称加色法），染料、涂料等物体色的颜色混合属于相减混合（减色法）。

（1）颜色的相加混合

在颜色视觉实验中发现，任何颜色的光均能以不超过三种纯光谱波长的光来正确模拟得到，而红、绿、蓝三种颜色可以获得最多的混合色。因此，在色度学中将红（700nm）、绿（546nm）、蓝（435.8nm）三色称为加色法的三原色。

颜色光的相加混合具有下述规律：

每一种颜色都有一个相应的补色。某一颜色与其补色以适当比例混合得出白色或灰色，通常把这两种颜色称为互补色，如红色和青色，绿色和品红色，蓝色和黄色都是互补色。任何两个非互补色相混合可以得出两色中间的混合色，如 400nm 紫色和 700nm 红色相混合，产生的紫红色系列是光谱轨迹上没有的颜色。

表观颜色相同的色光，不管它们的光谱组成是否一样，颜色相加混合中具有相同的效果。如果颜色 A＝颜色 B，颜色 C＝颜色 D，那么在颜色光不耀眼的很大范围内有

$$颜色 A＋颜色 C＝颜色 B＋颜色 D$$

上式称为颜色混合的加法定律，常称为格拉斯曼定律（代替律），这是 2°视场色度学的基础。

混合色的总亮度等于组成混合色的各颜色光亮度的总和。

颜色的相加混合应用于不同光色的光源的混光照明和舞台照明等方面。

（2）颜色的相减混合

染料和彩色涂料的颜色混合以及不同颜色滤光片的组合，与上述颜色的相加混合规律不同，它们均属于颜色的减法混合。

在颜色的减法混合中，为了获得较多的混合色，应控制红、绿、蓝三色，为此，采用红、绿、蓝色的补色，即青色、品红色、黄色三个减法原色。青色吸收光谱中红色部分，反射或透射其他波长的光辐射，称为"减红"原色，是控制红色用的，如图 1-32（a）所示；品红色吸收光谱中绿色部分是控制绿色的，称为"减绿"原色，如图 1-32（b）所示；黄色吸收光谱中蓝色部分，是控制蓝色的，称为"减蓝"原色，如图 1-32（c）所示。

当两个滤光片重叠或两种颜料混合时，相减混合得到的颜色总要比原有的颜色暗一些。如将黄色滤光片与青色滤光片重叠时，由黄色滤光片"减蓝"和青色滤光片"减红"共同作用后，即两者相减只透过绿色光；又如品红色和黄色颜料混合，因品红色"减绿"和黄色"减蓝"而呈红色；如果将品红、青、黄三种减法原色按适当比例混在一起，则可使有彩色全被减掉而呈现黑色。

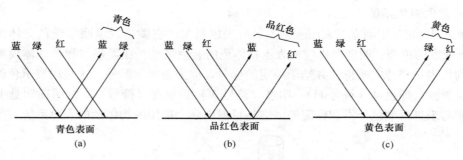

图 1-32 颜料的减色混合原理

（来源：文献 [3]）

我们要掌握颜色混合的规律，一定要注意颜色相加混合［如图 1-33（a）所示］与颜色相减混合［如图 1-33（b）所示］的区别，切忌将减法原色的品红色误称为红色，将青色误称为蓝色，以为红色、黄色、蓝色是相减混合中的三原色，造成与相加混合中的三原色红色、绿色、蓝色混淆不清。

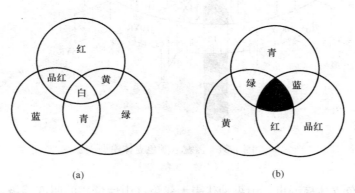

图 1-33 颜色混合的原色和中间色

（a）相加混合（光源色）；（b）相减混合（物体色）

（来源：文献 [3]）

1.5.4 颜色的定量

从视觉的观点来描述自然界景物的颜色时，可用白、灰、黑、红、橙、黄、绿、蓝、紫等颜色名称来表示。但是，即使颜色辨别能力正常的人对颜色的判断也不完全相同。有人认为完全相同的两种颜色，如换一个人判断，就可能会认为有些不同。

随着科学技术的进步，颜色在工程技术方面得到广泛应用，为了精确地规定颜色，就必须建立定量的表色系统。所谓表色系统，就是使用规定的符号，按一系列规定和定义表示颜色的系统，亦称为色度系统。表色系统有两大类：一是以光的等色实验结果为依据的，由进入人眼能引起有彩色或无彩色感觉的可见辐射表示的体系，即以色刺激表示的体系，国际照明委员会（CIE）1931 标准色度系统就是这种体系的代表；二是建立在对表面颜色直接评价的基础上，用构成等感觉指标的颜色图册表示的体系，如孟塞尔表色系统等。CIE1931 标准色度系统的具体介绍可查阅相关文献资料，这里仅简单介绍针对物体色的孟塞尔表色系统。

孟塞尔于 1905 年创立了采用颜色图册的表色系统，它就是用孟塞尔颜色立体模型（图 1-34）所规定的色调、明度和彩度来表示物体色的表色系统。在孟塞尔颜色立体模型中，每一部位均代表一个特定颜色，并给予一定的标号，称为孟塞尔标号。这是用表示色的三个独立的主观属性，即色调（符号 H）、明度（符号 V）和彩度（符号 C）按照视知觉上的等距指标排列起来进行颜色分类和标定的。它是目前国际上通用的物体色的表色系统。

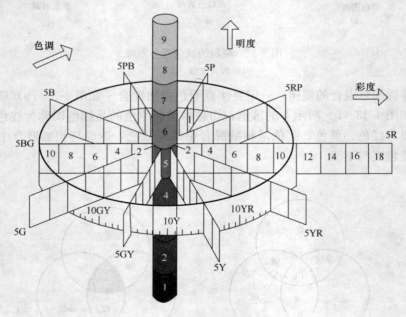

图 1-34　孟塞尔颜色立体模型
（来源：文献［3］）

在孟塞尔颜色立体模型里，中央轴代表无彩色（中性色）的明度等级，理想白色为 10，理想黑色为 0，共有视知觉上等距离的 11 个等级。在实际应用中只用明度值 1 至 9。

颜色样品离开中央轴的水平距离表示彩度变化。彩度也分成许多视知觉上相等的等级，中央轴上中性色的彩度为 0，离开中央轴越远彩度越大。各种颜色的最大彩度是不一样的，个别最饱和颜色的彩度可达到 20。

孟塞尔颜色立体模型水平剖面上的各个方向代表 10 种孟塞尔色调，包括红（R）、黄（Y）、绿（G）、蓝（B）、紫（P）5 种主色调，以及黄红（YR）、绿黄（GY）、蓝绿（BG）、紫蓝（PB）和红紫（RP）5 种中间色调。为了对色调作更细的划分，10 种色调又各分成 10 个等级，每种主色调和中间色调的等级都定为 5。

任何一种物体色都可以用孟塞尔表色系统来标定，即先写出色调 H，然后写明度值 V，再在斜线后面写出彩度 C，即：

$$HV/C = 色调 \quad 明度/彩度$$

例如孟塞尔标号为 10Y8/12 的颜色，就表示它的色调是黄（Y）与绿黄（GY）的中间色；明度值为 8，该颜色是比较明亮；彩度是 12，它是比较饱和的颜色。

无彩色用 N 符号表示，且在 N 后面给出明度值 V，斜线后空白，即：

$$NV/ = 中性色 \quad 明度值/$$

例如明度值等于 5 的中性灰色写成 N5/ 。

1943 年美国光学学会对孟塞尔颜色样品进行重新编排和增补，制定出孟塞尔新表色系统，修正后的色样编排在视觉上更接近等距。

1.5.5　光源的色温和显色性

光源的色温和显色性属于光源的颜色质量范畴，它们对光环境的影响很大。

（1）光源的色温和相关色温

在辐射作用下既不反射也不透射，而能把落在它上面的辐射全部吸收的物体称为黑体或称为完全辐射体。一个黑体被加热，其表面按单位面积辐射的光谱功率大小及其分布完全取决于它的温度。当黑体连续加热时，它的相对光谱功率分布的最大值将向短波方向移动，相应的光色将按顺序红－黄—白—蓝的方向变化。黑体温度在 800～900K 时，光色为红色；3000K 时为黄白色；5000K 左右时呈白色；在 8000～10000K 时为淡蓝色。

由于不同温度的黑体辐射对应着一定的光色，所以人们就用黑体加热到不同温度时所发出的不同光色来表示光源的颜色。通常把某一种光源的色品与某一温度下的黑体的色品完全相同时黑体的温度称为光源的色温，并用符号 T_c 表示，单位是绝对温度（K）。例如，某一光源的颜色与黑体加热到绝对温度 3000K 时发出的光色完全相同，那么该光源的色温就是 3000K。

白炽灯等热辐射光源的光谱功率分布与黑体辐射分布近似，因此，色温的概念能恰当地描述白炽灯等光源的光色。

气体放电光源，如荧光灯、高压钠灯等，这一类光源的光谱功率分布与黑体辐射相差甚大，严格地说，不应当用色温来表示这类光源的光色，但是往往用与某一温度下的黑体辐射的光色来近似地确定这类光源的颜色，通常把某一种光源的色品与某一温度下的黑体的色品最接近时的黑体温度称为相关色温，以符号 T_{cp} 表示。部分人工光源和自然光源的色温参见图 1-35。

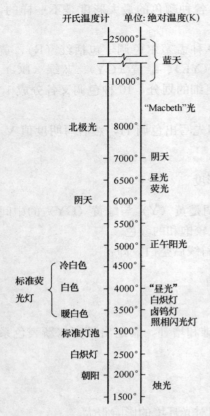

图 1-35　人工光源与自然光源的色温
（来源：文献 [1]）

（2）光源的显色性

物体色在不同照明条件下的颜色感觉有可能要发生变化，这种变化可用光源的显色性来评价。光源的显色性就是照明光源对物体色表的影响（该影响是由于观察者有意识或无意识地将它与标准光源下的色表相比较而产生的），它表示了与参考标准光源相比较时，光源显现物体颜色的特性。

显色性可以用类似如图 1-36 和图 1-37 所示的测试方法测定。CIE 及我国制定的光源显色性评价方法中，都规定把 CIE 标准照明体 A 作为相关色温低于 5000K 的低色温光源的参照标准，它与早晨或傍晚时日光的色温相近；当相关色温高于 5000K 的光源用 CIE 标准照明体 D_{65} 作为参照标准，它相当于中午的日光。

光源的显色性主要取决于光源的光谱功率分布。日光和白炽灯都是连续光谱，所以它们的显色性均较好。荧光灯主要辐射蓝、绿色光，显色性较日光和白炽灯要差，如图 1-38 所示。

光源的显色性采用显色指数来度量，它是在被测光源和标准光源照明下，在适当考虑色适应状态下，物体的心理物理色符合程度的度量值，反映了光源显示物体颜色的好坏程度。与 CIE 色试样的心理物理色的符合程度的度量称为特殊显色指数（符号 R_i）；光源对特定的 8 个一组的色试样的 CIE1974 特殊显色指数的平均值则称为一般显色指数（符号 R_a）。

由 CIE 规定的这 8 种颜色样品如表 1-5 中所示的第 1 号至第 8 号，它们是从孟塞尔颜色图册中选出来的明度为 6 并具有中等彩度的颜色样品。如要确定一般显色指数，可根据 CIE

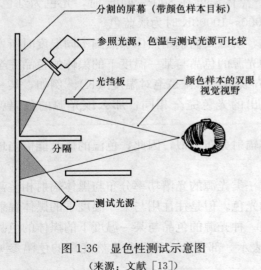

图 1-36　显色性测试示意图
（来源：文献 [13]）

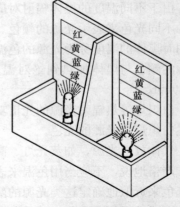

图 1-37　显色性测试简易装置
（来源：文献 [1]）

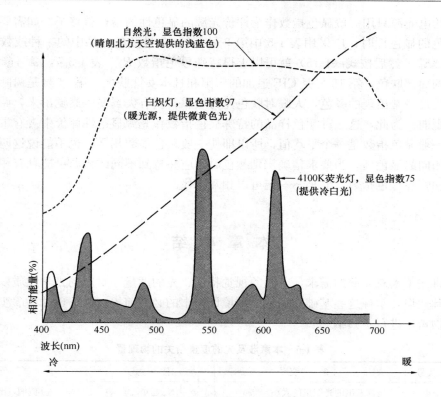

图 1-38 光源的光谱分布与显色性能

（来源：文献［13］）

色差计算公式和以下特殊显色指数计算公式计算获得

$$R_i = 100 - 4.6\Delta E_i \tag{1-15}$$

式中，ΔE_i 是定量表示的色知觉差异，可用色差公式算得；系数 4.6 是用来改变标度的，目的是使暖白色荧光灯的一般显色指数为 50。

一般显色指数就是第 1 号至第 8 号 CIE 颜色样品显色指数的算术平均值，即

$$R_a = \frac{1}{8}\sum_{i=1}^{8} R_i \tag{1-16}$$

显色指数的最大值定为 100。一般认为光源的一般显色指数在 100～80 范围内时，显色性优良；在 79～50 范围内时，显色性一般；如小于 50 则显色性较差。

表 1-5 CIE 颜色样品

号数	孟塞尔标号	日光下的颜色	号数	孟塞尔标号	日光下的颜色
1	7.5R6/4	淡灰红色	9	4.5R4/13	饱和红色
2	5Y6/4	暗灰黄色	10	5Y8/10	饱和黄色
3	5GY6/8	饱和黄绿色	11	4.5G5/8	饱和绿色
4	2.5G6/6	中等黄绿色	12	3PB3/11	饱和蓝色
5	10BG6/4	淡蓝绿色	13	5YR8/4	淡黄粉色（人的肤色）
6	5PB6/8	淡蓝色			
7	2.5P6/8	淡紫蓝色	14	5GY4/4	中等绿色（树叶）
8	10P6/8	淡红紫色	15	1YR6/4	中国女性肤色

常用的电光源只用一般显色指数作为评价光源的显色性的指标就够了。如需要考察光源对特定颜色的显色性时，应采用表 1-5 中第 9 号至第 15 号颜色样品中的一种或数种计算相应的色差 ΔE_i，然后按式（1-15）就可以求得特殊显色指数 R_i。表 1-5 第 13 号颜色样品是欧美妇女的面部肤色，第 15 号是 CIE 追加的中国和日本女性肤色，第 14 号是树叶绿色，这三种颜色是最经常出现的颜色，人眼对肤色尤为敏感，稍有失真便能察觉出来，而使人物的形象受到歪曲。为此，这三种颜色样品的特殊显色指数在光源显色性评价中占有重要地位。

因为一般显色指数是一个平均值，所以即使一般显色指数相等，也不能说这两个被测光源有完全相同的显色性。当要求精确辨别颜色时，应注意到不同的光源可能具有相同的一般显色指数和特殊显色指数，但是不一定可以相互替代。

本 章 小 结

主要讲述了人对光照的需求、人眼的视觉特征、光的度量、材料的光学性质以及颜色的度量等基础知识，掌握这些基础知识是光环境设计中的必要前提。表 1-6 对本章涉及光的度量相关的物理量进行了归纳。

表 1-6　本章涉及光的度量相关的物理量

名称	代号	含　义	公　式	单　位
光通量	Φ	光源发出的光能量的大小	$\Phi = K_m \sum \Phi_{e,\lambda} V(\lambda)$	流明（lm）
光效	—	消耗单位电功率所能发出的光能量	光效 $= \Phi/W$	流明每瓦（lm/W）
发光强度	I_α	光通量的空间分布密度，即单位立体角内均匀发射出的光通量	$I_\alpha = \dfrac{\Phi}{\Omega}$	坎德拉（cd）
照度	E	单位面积被照面上的光通量	$E = \dfrac{\Phi}{A}$	勒克斯（lx）
亮度	L_α	人眼感受到的物体的明亮程度	$L_\alpha = \dfrac{I_\alpha}{A \cos\alpha}$	坎德拉每平方米（cd/m²）

思 考 题

1. 波长为 540nm 的单色光源，其辐射功率为 5W，试求：（1）这单色光源发出的光通量；（2）如它向四周均匀发射光通量，求其发光强度；（3）离它 2m 处的照度。

2. 一个直径为 250mm 的乳白玻璃球形灯罩，内装一个光通量为 1179lm 的白炽灯，设灯罩的光透射比为 0.60，求灯罩外表面亮度（不考虑灯罩的内反射）。

3. 一房间平面尺寸为 7m×15m，净空高 3.6m，在顶棚正中布置一亮度为 500cd/m² 的均匀扩散光源，其尺寸为 5m×13m，求房间正中和四角处的地面照度（不考虑室内反射光）。

4. 有一物件尺寸为 0.22mm，视距为 750mm，设它与背景的亮度对比为 0.25。求达到辨别几率为 95% 时所需的照度；如对比下降为 0.2，需要增加照度多少才能达到相同可见度？

5. 有一白纸的光反射比为 0.8，最低照度是多少时我们才能看见它？达到刺眼时的照度又是多少？

6. 试说明光通量与发光强度、照度与亮度间的区别和联系？

7. 看电视时，房间完全黑暗好，还是有一定亮度好？为什么？

8. 你们教室的黑板上是否存在反射眩光（窗、灯具），怎么形成的？如何消除它？

9. 写出下列颜色的色调、明度、彩度：

①2.5PB5.5/6；②5.0G6.5/8；③7.5R4.5/4；④N9.0/；⑤N1.5/。

第2章 建筑的自然采光设计

重点提示/学习目标

1. 了解光气候分区，掌握采光系数的概念；

2. 掌握侧窗采光的形式及改善措施；

3. 掌握自然采光质量评价指标，熟悉采光设计步骤并能进行采光设计计算。

人眼只有在良好的光照条件下才能有效地进行视觉工作。而目前大多数工作都需要在建筑内部进行，因此必须在建筑室内创造良好的光环境。

视觉功效试验（图1-24）证实人眼在天然光下比在人工光下具有更高的视觉功效，这说明人类在长期进化过程中，眼睛已习惯于天然光形成的光环境。此外，由于自然光可以有效地杀灭室内的细菌和微生物，防止潮湿、发霉，可以增强人体的免疫力，所以自然光形成的光环境要比人工照明形成的光环境更健康、更舒适。相关调查研究表明，90％的使用者更喜欢在有窗户和可以看到外面的房间中工作，认为没有窗户的房间令人难以忍受。

自然光环境也是营造室内气氛、创造意境的重要手段。在城市高速发展、人工环境越来越充斥人类生活空间的今天，人们对大自然的渴望却越加强烈。利用自然光富于变化的特点，在建筑中创造出丰富的自然光的语言，给静止的空间增加动感，给无机的墙面予以色彩，不仅能表现建筑空间的艺术魅力，也能够满足人类对自然光与生俱来的渴望和追求。

此外，太阳光是一种巨大和安全的清洁光源，我国地处温带，气候温和，天然光很丰富，为充分利用天然光提供了有利的条件。室内充分的利用天然光，可以起到节约资源和保护环境的作用，这对我国实现可持续发展战略具有重要意义。

总之，随着科技的进步，很多环境的照明问题都可以通过人工来实现，但人们对自然光的热爱是任何照明都无法取代的。在本章中，将对自然采光的气候资源、基本概念、设计方法以及设计过程进行系统的介绍，为相关行业人员利用自然光进行建筑采光设计提供设计参考。

2.1 光气候及光气候分区

利用天然光使室内环境明亮的工作称为自然采光或采光。在自然采光的房间里，室内的光线随着室外天气的变化而改变。因此，要设计好室内自然光环境，必须对当地的室外的光气候状况以及影响光气候的气象因素有所了解，以便在设计中采取相应措施，保证采光需要。所谓的光气候就是由太阳直射光、天空漫射光和地面反射光形成的天然光平均状况，下面简要介绍一些光气候知识。

2.1.1 天然光的组成和影响因素

由于地球与太阳相距很远，故可认为太阳光是平行射到地球上的。太阳光穿过大气层时，一部分透过大气层射到地面，称为太阳直射光，它形成的照度大，并具有一定方向，在被照射物体背后出现明显的阴影；另一部分碰到大气层中的空气分子、灰尘、水蒸气等微粒，产生多次反射，形成天空漫射光，使天空具有一定亮度，它在地面上形成的照度较小，没有一定方向，不能形成阴影；太阳直射光和天空漫射光射到地球表面上后产生反射光，并在地球表面与天空之间产生多次反射，使地球表面和天空的亮度有所增加（图 2-1）。在进行采光计算时，除地表面被白雪或白沙覆盖的情况外，一般可不考虑地面反射光影响。

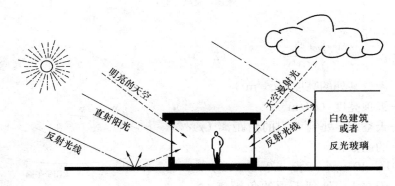

图 2-1　到达建筑窗口的天然光组成
（来源：文献［1］）

因此，全阴天时只有天空漫射光，晴天时室外天然光由太阳直射光和天空漫射光两部分组成。这两部分光的比例随天空中的云量和云是否将太阳遮住而变化：太阳直射光在总照度中的比例由全晴天时的 90% 到全阴天时的零；天空漫射光则相反，在总照度中所占比例由全晴天的 10% 到全阴天的 100%。随着两种光线所占比例的不同，地面上阴影的明显程度也改变，总照度大小也不一样。现在分别按不同天气来看室外光气候变化情况。

1）晴天

它是指天空无云或很少云（云量为 0～3 级）。这时地面照度是由太阳直射光和天空漫射光两部分组成。其照度值都是随太阳的升高而增大，只是漫射光在太阳高度角较小时（日出、日落前后）变化快，到太阳高度角较大时变化小。而太阳直射光照度在总照度中所占比例是随太阳高度角的增加而较快变大（图 2-2），阴影也随之而更明显。两种光线的组成比例还受大气透明度的影响，大气透明度越高，直射光占的比例越大。

根据立体角投影定律，室内某点的照度是取决于从这点通过窗口所看到的那一块天空的亮度。为了在采光设计中应用标准化的光气候数据，国际照明委员会（CIE）根据世界各地对天空亮度观测的结果，提出了 CIE 标准全晴天空亮度分布的数学模型，按照下列 CIE 标准全晴天空相对亮度分布就可以求出天空中任意一处的亮度（式中所涉及的角度参见图 2-3 所示）：

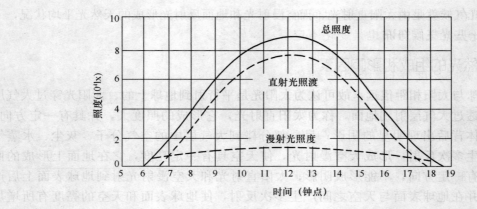

图 2-2　晴天室外照度变化情况

（来源：文献［3］）

$$L_{\xi\gamma} = \frac{f(\gamma)\varphi(\xi)}{f(Z_0)\varphi(0°)}L_z \qquad (2-1)$$

式中，$L_{\xi\gamma}$——天空某处的亮度（cd/m^2）；

$\quad\quad L_z$——天顶亮度（cd/m^2）；

$\quad\quad f(\gamma)$——天空 $L_{\xi\gamma}$ 处到太阳的角距离（γ）
的函数：

$$f(\gamma) = 0.91 + 10\exp(-3\gamma) + 0.45\cos^2\gamma$$

$\quad\quad \varphi(\xi)$——天空 $L_{\xi\gamma}$ 处到天顶的角距离（ξ）
的函数；

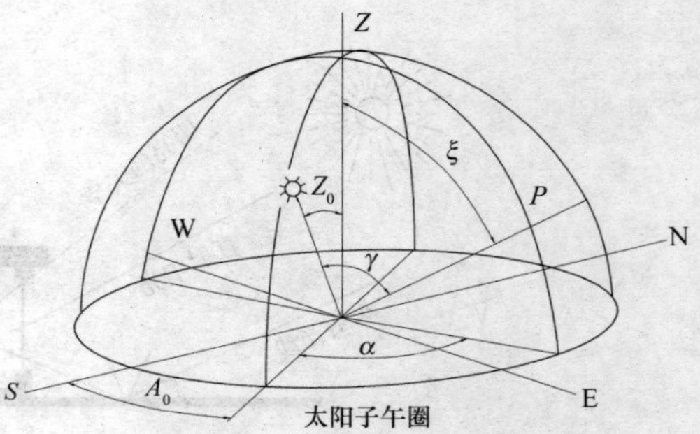

图 2-3　天空亮度计算中角度定义示意图

（来源：文献［3］）

$$\varphi(\xi) = 1 - \exp(-0.32\sec\xi)$$

$\quad\quad f(Z_0)$——天顶到太阳的角距离（Z_0）的函数：

$$f(Z_0) = 0.91 + 10\exp(-3Z_0) + 0.45\cos^2 Z_0$$

$\quad\quad \varphi(0°)$——天空点 $L_{\xi\gamma}$ 处对天顶的角距离为 $0°$ 的函数；

$$\varphi(0°) = 1 - \exp(-0.32) = 0.27385$$

当 γ、Z_0 和 ξ 的角度给定时，这些函数就可以计算出来。在一般实际情况中，ξ 和 Z_0 角是很容易看出来的，但球面距离 γ 应使用所考虑天空元的角坐标借助于下面的关系来计算：

$$\cos\gamma = \cos Z_0\cos\xi + \sin Z_0\sin\xi\cos\alpha$$

在大城市或工业区污染的大气中，可用下面函数来定义更接近实际的指标：

$$f'(\gamma) = 0.856 + 16\exp(-3\gamma) + 0.3\cos^2\gamma$$

$$f'(Z_0) = 0.856 + 16\exp(-3Z_0) + 0.3\cos^2 Z_0$$

实测表明，晴天天空亮度分布是随大气透明度、太阳和计算点在天空中的相对位置而变化的：最亮处在太阳附近；离太阳越远，亮度越低，在太阳子午圈（由太阳经天顶的瞬时位置而定）上，与太阳成 $90°$ 处达到最低（图 2-4）。

176

　　由于太阳在天空中的位置是随时间而改变的，因此天空亮度分布也是变化不定的。如图 2-5（a）给出当太阳高度角为 40°时的无云天空亮度分布，图中所列值是以天顶亮度为 1 的相对值。这时，建筑物的朝向对采光影响很大。朝阳房间（如朝南）面对太阳所处的半边天空，亮度较高，房间内照度也高；而背阳房间（如朝北）面对的是低亮度天空，故这些房间就比朝阳房间的照度低得多。在朝阳房间中，如太阳光射入室内，则在太阳照射处具有很高的照度，而其他地方的照度就低

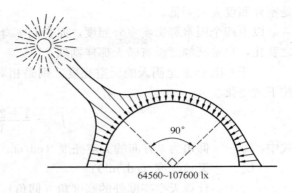

图 2-4　晴天天空典型的亮度分布状况
（来源：文献 [1]）

得多，这就产生很大的明暗对比。这种明暗面的位置和比值又不断改变，使室内采光状况很不稳定。

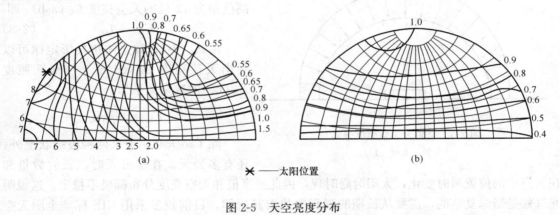

※——太阳位置

图 2-5　天空亮度分布
（a）无云天（b）全云天
（来源：文献 [3]）

2）阴天

阴天是指天空云很多或全云（云量为 8～10 级）的情况。全阴天时天空全部为云所遮盖，看不见太阳，因此室外天然光全部为漫射光，物体后面没有阴影。这时地面的照度取决于：

（1）太阳高度角。全阴天中午仍然比早晚的照度高。

（2）云状。不同的云由于它们的组成成分不同，对光线的影响也不同。低云云层厚，位置靠近地面，它主要由水蒸气组成，故遮挡和吸收大量光线，如下雨时的云，这时天空亮度降低，地面照度也很小。高云是由冰晶组成，反光能力强，此时天空亮度达到最大，地面照度也高。

（3）地面反射能力。由于光在云层和地面间多次反射，使天空亮度增加，地面上的漫射光照度也显著提高，特别是当地面积雪时，漫射光照度比无雪时提高可达 1 倍以上。

（4）大气透明度。如工业区烟尘对大气的污染，使大气杂质增加，大气透明度降低，于

是室外照度大大降低。

以上四个因素都影响室外照度，而它们本身在一天中也是变化的，必然会使室外照度随之变化，只是其幅度没有晴天那样剧烈。

至于 CIE 标准全阴天的天空亮度，则是相对稳定的，它不受太阳位置的影响，近似地按下式变化

$$L_\theta = \frac{1 + 2\sin\theta}{3} L_z \qquad (2-2)$$

式中，L_θ——仰角为 θ 方向的天空亮度（cd/cm²）；

$\quad\ L_z$——天顶亮度（cd/m²）；

$\quad\ \theta$——计算天空亮度处的高度角（仰角）。

图 2-6 所示显示了 CIE 全阴天天空亮度与高度角的关系，可以看出天顶亮度为地平线附近天空亮度的 3 倍左右。一般阴天的天空亮度分布见图 2-5（b）和图 2-6 所示。由于阴天的亮度低，亮度分布相对稳定，因而室内照度较低，但受朝向影响小，室内照度分布稳定。

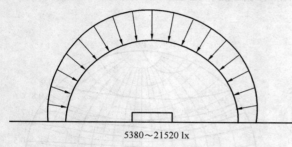

5380～21520 lx

图 2-6　全阴天天空照度分布

（来源：文献 [1]）

这时地面照度 $E_{地}$（lx）在数量上等于高度角为 42°处的天空亮度 L_{42}（asb），即

$$E_{地} = L_{42} \qquad (2-3)$$

由式（2-2）和立体角投影定律可以导出天顶亮度 L_{42}（cd/m²）与地面照度 $E_{地}$（lx）的数量关系为：

$$E_{地} = \frac{7}{9}\pi L_z$$

除了晴天和阴天这两种极端状况外，还有多云天。在多云天时，云的数量和在天空中的位置瞬时变化，太阳时隐时现，因此照度值和天空亮度分布都极不稳定。这说明光气候是错综复杂的，需要从长期的观测中找出其规律。目前较多采用 CIE 标准全阴天空作为设计的依据，这显然不适合于晴天多的地区，所以有人提出按所在地区占优势的天空状况或按"CIE 标准一般天空[①]"来进行采光设计和计算。

2.1.2　我国光气候概况

从上述可知，影响室外地面照度的因素主要有：太阳高度、云状、云量、日照率（太阳出现时数和可能出现时数之比）。我国地域辽阔，同一时刻南北方的太阳高度相差很大。从日照率来看，由北、西北往东南方向逐渐减少，而以四川盆地一带为最低。从云量来看，大致是自北向南逐渐增多，新疆南部最少，华北、东北少，长江中下游较多，华南最多，四川盆地特多。从云状来看，南方以低云为主，向北逐渐以高、中云为主。这些特点说明，天然光照度中，南方以天空漫射光照度较大，北方和西北以太阳直射光为主。

在我国缺少照度观测资料的情况下，可以利用各地区多年的辐射观测资料及辐射光当量

---

① 国际标准化组织（ISO）和国际照明委员会提出了 15 种不同的一般天空（ISO15469—2004/CIES011—2003：Spatical distribution of daylight—CIE standard general sky）。CIE 一般标准参考天空类型分为晴天空、阴天空和一般天空三大类，其中每个大类天空各包含 5 小类不同的天空类型，它们涵盖了大多数实际天空。

模型来求得各地的总照度和散射照度。根据我国 273 个站近 30 年的逐时气象数据，并利用辐射光当量模型，可以得到典型气象年的逐时总照度和散射照度。根据逐时的照度数据，可得到各地区年平均的总照度，从而可绘制出我国的总照度分布图（图 2-7）。

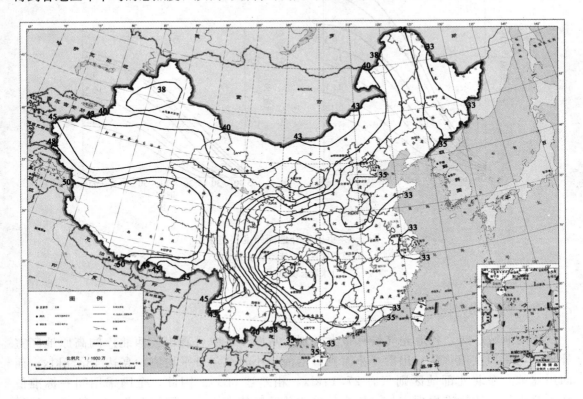

图 2-7　中国光气候资源分布图（地图审图号：GS（2008）1353 号）
（依据《建筑采光设计标准》GB 50033—2013）
来源：文献［3］

　　从图 2-7 中可以看出我国各地光气候的分布趋势：天然光照度随着海拔高度和日照时数的增加而增加，如拉萨、西宁地区照度较高；随着湿度的增加而减少，如宜宾、重庆地区，这是因为这一地区全年日照率低、云量多，并多属低云所致。图 2-8 所示的是重庆地区室外地面照度的实测值。

　　从图 2-8 中可以看出：重庆市由于多云，且多为低云，故总照度中漫射光照度所占比重很大。它表明室外天然光产生的阴影很淡，不利于形成三维物体的立体感。在设计三维物体和建筑造型时，应考虑这一特点，才能获得好的外观效果。

　　我们还可以利用图 2-8 得出当地某月某时的室外照度值（如 6 月份上午 8 点半时的总照度约 430000lx，漫射光照度为 28000lx）。也可获得全年（或某月）的天然光在某一照度水平的延续总时数（如 6 月份一天中漫射光照度高于 5000lx 的时间约为上午 6 点半到下午 5 点半，即 11 个小时。而 12 月份是从上午 9 点半到下午 2 点半，仅 5 个小时）。这些数据对采光、照明设计和经济分析都具有重要价值。

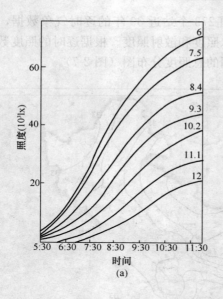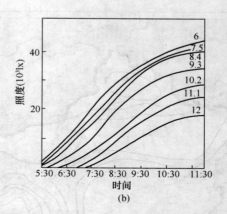

图 2-8　重庆室外地面照度实测值

（a）总照度；（b）天空漫射光照度

（来源：文献〔3〕）

2.1.3　光气候分区

我国地域辽阔，各地光气候有很大区别，从图 2-7 中可看出：西北广阔高原地区室外年平均总照度值（从日出后半小时到日落前半小时全年日平均值）高达 48.78klx；而四川盆地及东北北部地区则只有 27.14klx，相差达 80%。因此，全国采用同一标准值是不合理的，故标准根据室外天然光年平均总照度值大小将全国划分为 Ⅰ～Ⅴ 类光气候区（图 2-9）。再根据光气候特点，按年平均总照度值确定分区系数，即光气候系数 K，参见表 2-1。

表 2-1　光气候系数 K

光气候区	Ⅰ	Ⅱ	Ⅲ	Ⅳ	Ⅴ
K 值	0.85	0.90	1.00	1.10	1.20
室外天然光设计照度值 E_s（lx）	18000	16500	15000	13500	12000

2.1.4　采光系数

室外照度是经常变化的，这必然使室内照度随之而变，而不可能是一固定值，因此对采光数量的要求，我国和其他许多国家都采用相对值，这一相对值称为采光系数（C），它是在全阴天空漫射光照射下，室内给定平面上的某一点由天空漫射光所产生的照度（E_n）与室内某一点照度同一时间、同一地点室外无遮挡水平面上由天空漫射光所产生的照度（E_w）的比值（图 2-10）。计算式为：

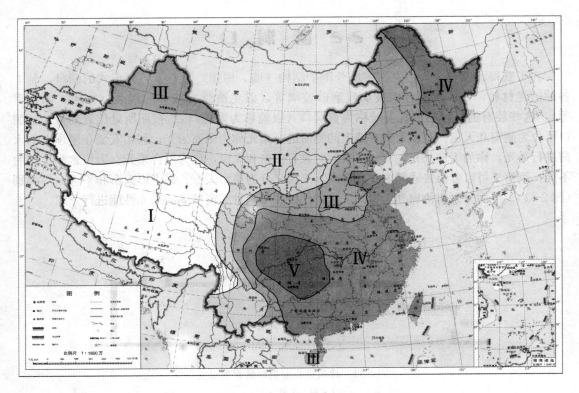

图 2-9　中国光气候分区图（地图审图号：GS（2008）1353 号）

注：按天然光年平均总照度（klx）：Ⅰ.$E_q{\geq}45$；Ⅱ.$40{\leq}E_q{<}45$；Ⅲ.$35{\leq}E_q{<}40$；Ⅳ.$30{\leq}E_q{<}35$；Ⅴ.$E_q{<}30$。

（依据《建筑采光设计标准》）GB 50033—2013

$$C = \frac{E_n}{E_w} \times 100\%$$ (2-4)

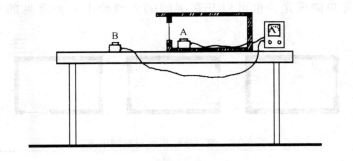

图 2-10　采光系数的概念示意图

（来源：文献［1］）

采光系数为 5‰ 意味着，当阴天室外照度为 21520lx 时，室内的照度便为 1076lx。利用采光系数这一概念，就可根据室内要求的照度换算出需要的室外照度，或由室外照度值求出当时的室内照度，而不受照度变化的影响，以适应天然光多变的特点。

2.2 窗 洞 口

为了获得天然光，人们在房屋的外围护结构（墙、屋顶）上开了各种形式的洞口，装上各种透光材料，如玻璃、乳白玻璃或磨砂玻璃等，以免遭受自然界的侵袭（如风、雨、雪等），这些装有透光材料的孔洞统称为窗洞口（以前称为采光口）。按照所处位置划分，窗洞口可分为侧窗和天窗。利用安装在墙上的侧窗进行采光称为侧面采光；利用安装在屋顶上的天窗进行采光，称为天窗采光；有的建筑同时兼有侧窗和天窗，称为混合采光。因位置和形状的不同，侧窗又可以分为普通侧窗和高侧窗，天窗又分为矩形天窗、锯齿形天窗和平天窗等类别（图 2-11）。下面分别对侧窗和天窗的采光特性以及不同种类窗玻璃的采光性能进行介绍。

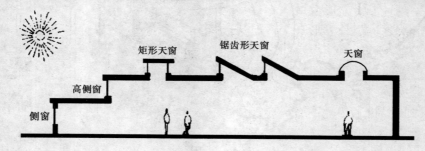

图 2-11　建筑采光窗洞口的常见形式
（来源：文献 ［1］）

2.2.1 侧窗

1）基本形式及采光特点

侧窗是在房间的侧墙上开窗洞的一种采光形式，也是最常见的采光形式。侧窗可以开在一侧墙上，即单侧采光；也可以开在房间的多侧墙上，如常见的双侧采光（图 2-12）。

图 2-12　侧窗单侧采光与双侧采光
（来源：自绘）

侧窗由于构造简单、布置方便、造价低廉，光线具有明确的方向性，有利于形成阴影，对观看立体物件特别适宜，并可通过它看到外界景物，扩大视野，故使用很普遍。它一般放置在 1m 左右高度。有时为了争取更多的可用墙面，或提高房间深处的照度，以及其他原因，将窗台提高到 2m 以上，称高侧窗，如图 2-13 之右侧，高侧窗常用于展览建筑，以争取更多的展出墙面；用于厂房以提高房间深处照度；用于仓库以增加贮存空间。

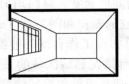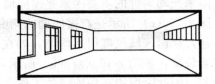

图 2-13 侧窗采光的形式

（来源：文献 [3]）

侧窗通常做成长方形。实验表明，就采光量（由窗洞口进入室内的光通量的时间积分量）来说，在窗洞口面积相等，并且窗台标高一致时，正方形窗口采光量最高，竖长方形次之，横长方形最少。但从照度均匀性来看，竖长方形在房间进深方向均匀性好，横长方形在房间宽度方向较均匀（图 2-14），而方形窗居中。所以窗口形状应结合房间形状来选择，如窄而深房间宜用竖长方形窗。

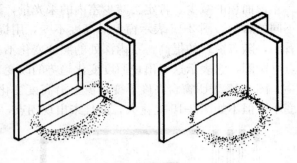

图 2-14 不同形状侧窗的光线分布

（来源：文献 [3]）

对于沿房间进深方向的采光均匀性而言，最主要的是窗位置的高低，图 2-15 给出侧窗位置对室内照度分布的影响。图 2-15 下面的图是通过窗中心的剖面图，图中的曲线表示工作面上不同点的采光系数。上面三个图是平面采光系数分布图，同一条曲线的采光系数相同。图 2-15（a）（b）表明当窗面积相同，仅位置高低不同时，室内采光系数分布的差异。由图中可看出，低窗时，如图 2-15（a）所示；近窗处照度很高，往里则迅速下降，在内墙处照度已很低。当窗的位置提高后，如图 2-15（b）所示；虽然靠近窗口处照度下降（低窗时这里最高），但离窗口远的地方照度却提高不少，均匀性得到很大改善。

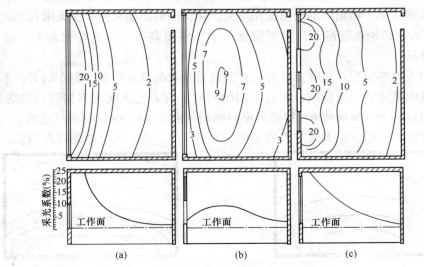

图 2-15 窗的不同位置对室内采光的影响

（来源：文献 [3]）

183

影响房间横向采光均匀性的主要因素是窗间墙，窗间墙愈宽，横向均匀性愈差，特别是靠近外墙区域。图 2-15（c）所示是有窗间墙的侧窗，它的面积和图 2-15（a）（b）相同，但由于窗间墙的存在，靠窗区域照度很不均匀，如在这里布置工作台（一般都有），光线就很不均匀，如采用通长窗，如图 2-15（a）（b）所示，两种情况靠墙区域的采光系数虽然不一定很高，但很均匀。因此沿窗边布置连续的工作台时，应尽可能将窗间墙缩小，以减少不均匀性，或将工作台离窗布置，避开不均匀区域。

下面我们分析侧窗的尺寸、位置对室内采光的影响。

窗面积的减少，肯定会减少室内的采光量，但不同的减少方式，却对室内采光状况带来不同的影响。图 2-16 表示窗上沿高度不变，用提高窗台来减少窗面积。从图中不同曲线可看出，随着窗台的提高，室内深处的照度变化不大，但近窗处的照度明显下降，而且出现拐点（圆圈，它表示这里出现照度变化趋势的改变）往内移。

图 2-17 表明窗台高度不变，窗上沿高度变化对室内采光分布的影响。这时近窗处照度变小，但不如图 2-16 变化大，而且未出现拐点，但离窗远处照度的下降逐渐明显。

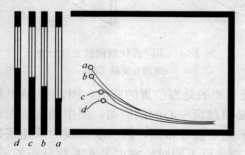

图 2-16 表示窗台高度变化对室内采光的影响　　图 2-17 窗上沿高度的变化对室内采光的影响
　　　　　（来源：文献［3］）　　　　　　　　　　　　　　（来源：文献［3］）

图 2-18 表明窗高不变，改变窗的宽度使窗面积减小。这时的变化情况可从平面图上看出：随着窗宽的减小，墙角处的暗角面积增大。从窗中轴剖面来看，窗无限长和窗宽为窗高 4 倍时差别不大，特别是近窗处。但当窗宽小于 4 倍窗高时，照度变化加剧，特别是近窗处，拐点往外移。

以上是阴天时的情况，这时窗口朝向对室内采光状况没有影响。但在晴天，不仅窗洞尺寸、位置对室内采光状况有影响，而且不同朝向的室内采光状况大不相同。如图 2-19 所示给出同一房间在阴天（见曲线 b）和晴天窗口朝阳（曲线 a）、窗口背阳（曲线 c）时的室内照度分布。可以看出晴、阴天时室内采光状况大不一样，晴天窗口朝阳时高得多；但在晴天

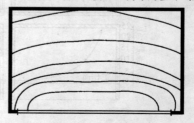

图 2-18 窗宽的变化对室内采光的影响
（来源：文献［3］）

窗口背阳时，室内照度反比阴天低。这是由于远离太阳的晴天空亮度低的缘故。

双侧窗在阴天时，可视为两个单侧窗，照度变化按中间对称分布，如图2-20曲线*b*所示。但在晴天时，由于两侧窗口对着亮度不同的天空，因此室内照度不是对称变化的，如图2-20曲线*a*所示，朝阳侧的照度高得多。

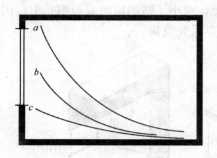

图 2-19　天空状况对单侧窗室内采光的影响
（来源：文献［3］）
a—晴天窗朝阳；*b*—阴天；*c*—晴天窗背阳

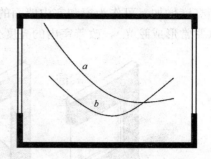

图 2-20　天空状况对双侧窗室内采光的影响
（来源：文献［3］）
a—晴天；*b*—阴天

高侧窗常用在美术展览馆中，以增加展出墙面，这时内墙（常在墙面上布置展品）的墙面照度对展出的效果很有影响。随着内墙面与窗口距离的增加，内墙面的照度降低，并且照度分布也有改变。离窗口愈远，照度愈低，照度最高点（圆点）也往下移，而且照度变化趋于平缓（图2-21）。我们还可以调整窗洞高低位置，使照度最高值处于画面中心（图2-22）。

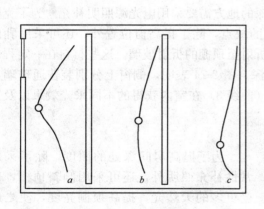

图 2-21　侧窗时内墙墙面照度变化
（来源：文献［3］）

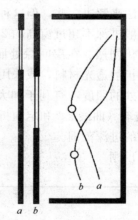

图 2-22　侧窗位置对内墙墙面照度分布的影响
（来源：文献［3］）

以上情况仅考虑了晴天空对室内采光的影响，由此已可看出窗口相对于太阳的朝向影响很大。如太阳进入室内，则不论照度的绝对值，还是它的变化梯度都将大大加剧。所以晴天多的地区，对于窗口朝向应慎重考虑，仔细设计。

2）提高侧窗采光效果的措施

要提高侧窗采光的采光效果，除了采取增大窗口面积、提高窗口高度等基本措施以外，还可以有针对性地采取以下一些措施：

（1）喇叭口

对于外墙较厚、挡光严重的情况（北方采暖建筑往往具有这样的特点），为了减少遮挡，可以将靠窗的墙作成喇叭口（图 2-23）。这样做，不仅减少遮挡，而且斜面上的亮度较外墙内表面亮度增加，可作为窗和室内墙面的过渡平面，减小了暗的窗间墙和明亮窗口间的亮度对比（常常形成眩光），改善室内的亮度分布，提高采光质量。

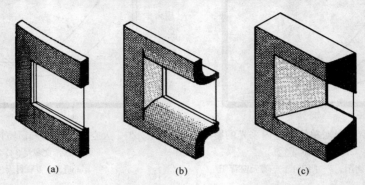

图 2-23 "喇叭口"改善采光
（a）棱角分明的窗沿；（b）圆形窗沿；（c）八字形窗沿
（来源：文献［1］）

（2）扩散和折射玻璃

我们可以发现，侧窗的采光特点是照度沿房间进深下降很快，分布很不均匀，虽可用提高窗位置的办法来解决一些，但这种办法又受到层高的限制，故这种窗只能保证有限进深的采光要求，一般进深不超过窗高的 2 倍；更深的地方需要采用电光源照明补充。为了克服侧窗采光照度变化剧烈、在房间深处照度不足的缺点，除了提高窗位置外，还可采用乳白玻璃、玻璃砖等扩散透光材料，或采用将光线折射至顶棚的折射玻璃。这些材料在一定程度上能提高房间深处的照度，有利于加大房间进深。图 2-24 表明，侧窗上分别装普通玻璃（曲线 1）、扩散玻璃（曲线 2）和定向折光玻璃（曲线 3）在室内获得的不同采光效果以及达到某一采光系数的进深范围。

（3）倾斜顶棚

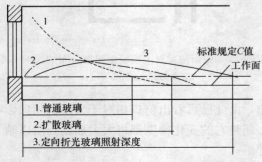

图 2-24 窗玻璃对侧窗采光效果的影响
（来源：文献［3］）

为了提高房间深处的照度，除了采用经常性补充照明外，还可采用倾斜顶棚，以接受更多的天然光，提高顶棚亮度，使之成为照射房间深处的第二光源。图 2-25 是一大进深办公大楼采用倾斜顶棚的局部做法。图 2-26 是某公司行政大楼利用倾斜屋顶的实例。倾斜的屋顶可以使窗户修建得又高又大，让大量的昼光照入室内。

（4）光线反射板

除将顶棚做成倾斜外，如果建筑所处地

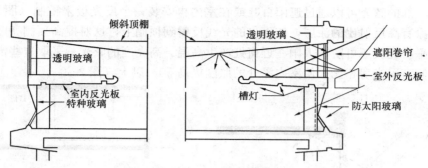

图 2-25　某办公室利用倾斜顶棚的采光方案
（来源：文献 [3]）

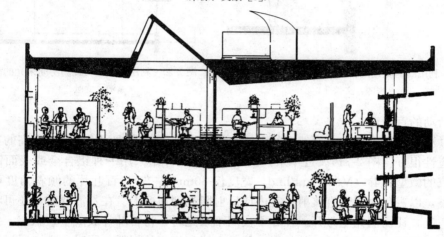

图 2-26　某公司行政大楼是利用倾斜屋顶增加采光
（来源：文献 [1]）

区晴天多，为了尽可能多地利用太阳光，有一种非常好的解决办法就是利用反光板反射太阳直射光。对于单层建筑而言，人行道、马路或浅色的庭院，都可以大量反射光线到顶棚上，如图 2-27 所示。对于多层建筑，可以利用建筑自身的某些部件将光线反射到室内。例如利用宽敞的窗台，如图 2-28 所示，但是这样很容易使窗台变成一个眩光源，如果在刚好高于视平线的地方安装反光板，就可以消除这一问题。这时反光板下部的窗户主要是用来欣赏风

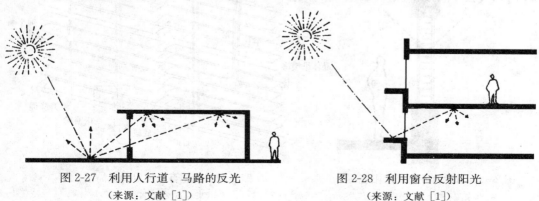

图 2-27　利用人行道、马路的反光
（来源：文献 [1]）

图 2-28　利用窗台反射阳光
（来源：文献 [1]）

景，而来自上部的眩光可以通过遮阳百叶或在室内再安装一个反光板来控制（图 2-29）。反光板表面均涂有高反射比的涂层，使更多的光线反射到顶棚上，这对提高顶棚亮度有明显效果，同时水平反光板还可防止太阳在近窗处产生高温、高亮度的眩光；采取这些措施后，与常用剖面的侧窗采光房相比，使室内深处的照度提高 50％以上（图 2-30）。

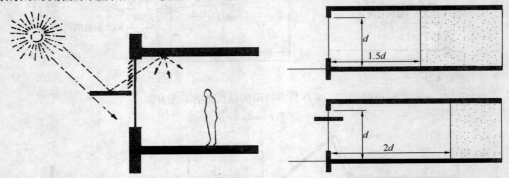

图 2-29　利用高的反光板和百叶解决反射板形成的眩光　图 2-30　利用反光板可提高房间采光的范围
（来源：文献［1］）　　　　　　　　　　　　　　（来源：文献［1］）

（5）活动的百叶窗

上述办法可能受到建筑立面造型的限制，相比之下，活动的百叶窗具有很高的光反射效率而且适应性很好（图 2-31）。近年来，国内一些建筑开始采用一种铝合金或表面镀铝的塑料薄片做成的微型百叶（VenetianBlind，宽度仅 80mm 左右）。百叶片的倾斜角度可根据需要随意调整，以避免太阳光直接射入室内或反射阳光到顶棚上。在不需要时，还可将整个百叶收叠在一起，让窗洞完全敞开。在冬季夜间不采光时，将百叶片放成垂直状态，使窗洞完全被它遮住，以减少光线和热量的外泄，降低电能和热能的损耗。同时，它还通过光线的反射，增加射向顶棚的光通量，有利于提高顶棚的亮度和室内深处的照度。如图 2-32 所示为微型百叶简图。

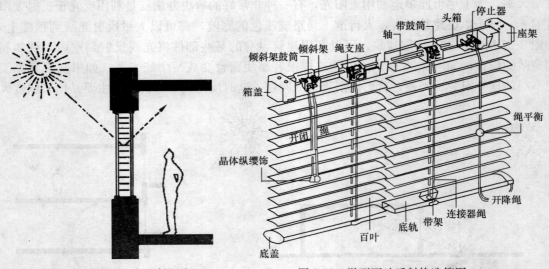

图 2-31　活动百叶窗反射阳光　　　　　　图 2-32　微型百叶反射构造简图
（来源：文献［1］）　　　　　　　　　　　（来源：文献［3］）

安装在窗户外部的百叶最大的问题是容易积聚污垢，要解决这一问题可以把百叶安装在双层玻璃的中间。在双层玻璃之间设计的通风系统可以将夏季空腔中的热空气排出。

（6）建筑体型

侧窗采光时，由于窗口位置低，一些外部因素对它的采光影响很大。故在一些多层建筑中，将上面几层往里收，增加一些屋面，这些屋面可成为反射面，当屋面刷白时，对上一层室内采光量增大的效果很明显（图2-33）。图2-34显示了体型变化提高采光效果的措施。平面布局的合理安排也可以大大提高房间的采光效果，图2-35为几种有利于采光的布局形式。图2-36显示了在平面布局上利用中央天井所获得的采光效果。

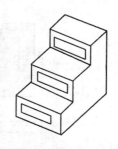

图2-33 利用屋面反光增加采光
（来源：文献［3］）

（7）群体布局

建筑群体布局对室内采光也有影响。平行布置房屋，需要留足够的间距，否则挡光严

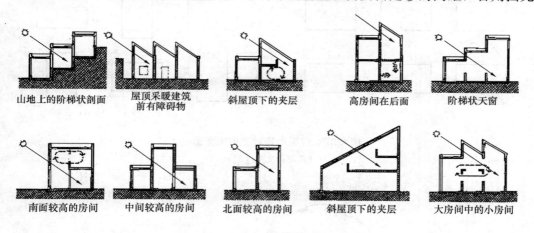

山地上的阶梯状剖面　屋顶采暖建筑前有障碍物　斜屋顶下的夹层　高房间在后面　阶梯状天窗

南面较高的房间　中间较高的房间　北面较高的房间　斜屋顶下的夹层　大房间中的小房间

图2-34 调整建筑的体型以增加采光的常见方式
（来源：文献［15］）

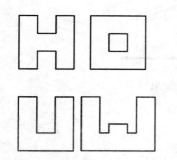

图2-35 利用采光的建筑平面布局形式
（来源：自绘）

重，如图2-37（a）所示。如仅从挡光影响的角度看，将一些建筑转180°布置，这样可减轻挡光影响，如图2-37（b）所示。

在晴天多的地区，朝北房间采光不足，若增加窗面积，则热量损失过大，这时如能将对面建筑（南向）立面处理成浅色，由于太阳在南向垂直面形成很高照度，使墙面成为一个亮度相当高的反射光源，就可使北向房间的采光量增加很多。

另外，由于侧窗的位置较低，易受周围物体的遮挡（如对面房屋、树木等），有时这种挡光很严重，甚至使窗失去作用（图2-38），故在设计时应保持适当距离。

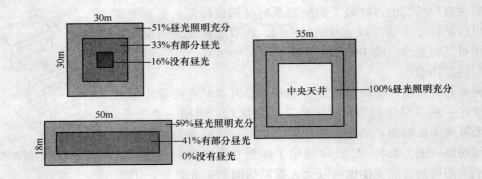

图 2-36 利用中央天井提高采光效果
（来源：文献 [1]）

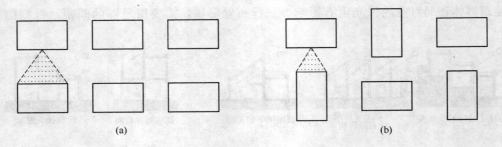

(a)   (b)

图 2-37 房屋布置对室内采光影响
（来源：文献 [3]）

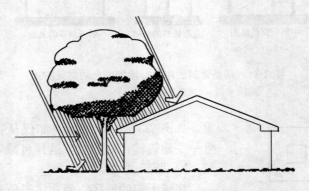

图 2-38 树木距离房屋太近影响采光效果
（来源：文献 [1]）

2.2.2 天窗

在一些大面积的建筑中，单一的侧窗往往不能满足房间深处的采光需求，而利用房屋顶部的采光则可以很好地解决这一问题（图 2-39）。这种利用房屋顶部进行采光的形式就是天窗。由于使用要求不同，天窗也呈现不同的形式，如矩形天窗、锯齿形天窗、平天窗等，下面分别进行介绍。

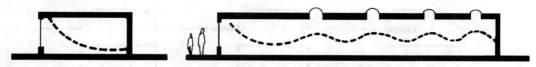

图 2-39 天窗可以将光线引入大尺度房间的内部
(来源:文献 [1])

1) 矩形天窗

矩形天窗是一种常见的天窗形式。实质上,矩形天窗相当于提高位置(安装在屋顶上)的高侧窗,它的采光特性与高侧窗相似。矩形天窗有很多种,名称也不相同,如纵向矩形天窗、梯形天窗、横向矩形天窗和井式天窗等。其中纵向矩形天窗是使用非常普遍的一种矩形天窗,它是由装在屋架上的一列天窗架构成的,窗的方向垂直于屋架方向,故称为纵向矩形天窗(图2-40)。如将矩形天窗的玻璃倾斜放置,则称为梯形天窗。另一种矩形天窗的做法是把屋面板隔跨分别架设在屋架上弦和下弦的位置,利用上、下屋面板之间的空隙作为窗洞口,这种天窗称为横向矩形天窗(图2-43),简称为横向天窗,有人又把它称为下沉式天窗。井式天窗与横向天窗的区别仅在于后者是沿屋架全长形成巷道,而井式天窗为了通风上的需要,只在屋架的局部作成窗洞口,使井口较小,起抽风作用(图2-44)。下面对不同形式的矩形天窗作一些介绍。

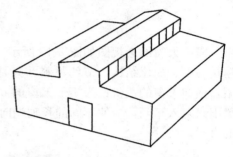

图 2-40 纵向矩形天窗
(来源:自绘)

纵向矩形天窗是由装在屋架上的天窗架和天窗架上的窗扇组成。通常简称为矩形天窗,它的窗扇一般可以开启,也可起通风作用。矩形天窗的光分布见图 2-41。由图可见,采光系数最高值一般在跨中,最低值在柱子处。由于天窗布置在屋顶上,位置较高,如设计适当,可避免照度变化大的缺点,达到照度均匀。而且由于窗口位置高,一般处于视野范围外,不易形成眩光。

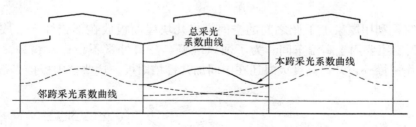

图 2-41 矩形天窗采光系数曲线
(来源:文献 [3])

为了避免直射阳光透过矩形天窗进入车间,天窗的玻璃面最好朝向南北,这样太阳光射入车间的时间最少,而且易于遮挡。如朝向别的方向时,应采取相应的遮阳措施。有时为了增加室内采光量,将矩形天窗的玻璃作成倾斜的,则称为梯形天窗。图 2-42 表示矩形天窗和梯形天窗(其玻璃倾角为 60°)的比较,采用梯形天窗时,室内采光量明显提高(约60%),但是均匀度却明显变差。虽然梯形天窗在采光量上明显优于矩形天窗,但由于玻璃处于倾斜面,容易积尘,污染严重,加上构造复杂,阳光易射入室内,故选用时应慎重。

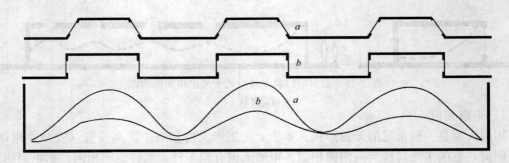

图 2-42 矩形天窗和梯形天窗采光比较
（来源：文献〔3〕）
a—梯形天窗；b—矩形天窗

　　横向天窗的透视图如图 2-43 所示。与矩形天窗相比，横向天窗省去了天窗架，降低了建筑高度，简化结构，节约材料，只是在安装下弦屋面板时施工稍麻烦。根据有关资料介绍，横向天窗的造价仅为矩形天窗的 62%，而采光效果则和矩形天窗差不多。为了减少直射阳光射入车间，应使车间的长轴朝向南北，这样，玻璃面也就朝向南北，有利于防止阳光的直射。

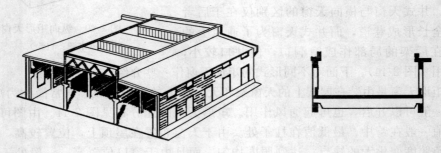

图 2-43 横向天窗透视图
（来源：文献〔3〕）

　　井式天窗是利用屋架上下弦之间的空间，将几块屋面板放在下弦杆上形成井口，见图 2-44。井式天窗主要用于高温车间。为了通风顺畅，开口处常不设玻璃窗扇。为了防止飘雨，除屋面作挑檐外，开口高度大时还在中间加几排挡雨板。这些挡雨板挡光很厉害，光线

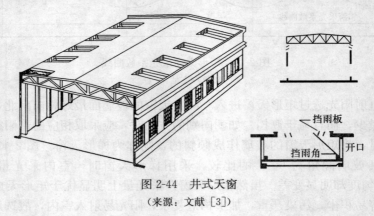

图 2-44 井式天窗
（来源：文献〔3〕）

很少能直接射入车间，而都是经过井底板反射进入，因此采光系数一般在1％以下。虽然这样，在采光上仍然比旧式矩形避风天窗好，而且通风效果更好。

　　2）锯齿形天窗

　　锯齿形天窗属单面顶部采光。这种天窗由于倾斜顶棚的反光，采光效率比纵向矩形天窗高，当采光系数相同时，锯齿形天窗的玻璃面积比纵向矩形天窗少15％～20％。它的玻璃也可做成倾斜面，但很少用。锯齿形天窗的窗口朝向北面天空时，

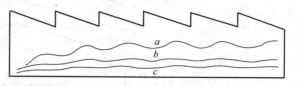

图2-45　锯齿形天窗朝向对采光的影响
（来源：文献［3］）

可避免直射阳光射入房间，因而不致影响房间的温湿度调节，故常用于一些需要调节温湿度的房间。图2-45为锯齿形天窗的室内天然光分布，可以看出它的采光均匀性较好。由于它是单面采光形式，故朝向对室内天然光分布的影响大，图中曲线a为晴天窗口朝向太阳时，曲线c为背向太阳时的室内天然光分布，曲线b表示阴天时情况。

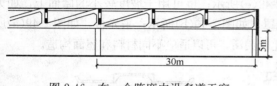

图2-46　在一个跨度内设多道天窗
（来源：文献［3］）

　　这种天窗具有单侧高窗的效果，加上有倾斜顶棚作为反射面增加反射光，故较高侧窗光线更均匀。同时，它还具有方向性强的特点。为了使房间内照度均匀，天窗轴线间距应小于窗下沿至工作面高度的2倍。当厂房高度不大而跨度相当大时，为了提高照度的均匀性，可在一个跨度内设置几个天窗（图2-46）。

　　纵向矩形天窗、锯齿形天窗都需增加天窗架，构造复杂，建筑造价高，而且不能保证高的采光系数。为了满足生产提出的不同要求，产生了其他类型的天窗，如平天窗等。

　　3）平天窗

　　这种天窗是在屋面直接开洞，铺上透光材料（如钢化玻璃、夹丝平板玻璃、玻璃钢、塑料等）。由于不需特殊的天窗架，降低了建筑高度，简化结构，施工方便，据有关资料介绍，它的造价仅为矩形天窗的21％～37％。由于平天窗的玻璃面接近水平，故它在水平面的投影面积（S_b）较同样面积的垂直窗的投影面积（S_a）大（图2-47）。根据立体角投影定律，如天空亮度相同，则平天窗在水平面形成的照度比矩形天窗大，它的采光效率比矩形天窗高2～3倍。

　　平天窗不但采光效率高，而且布置灵活，易于达到均匀的照度。图2-48表示平天窗在屋面的不同位置对室内采光的影响，图中三条曲线代表5种窗口布置方案时的采光系数曲线，这说明：①平天窗在屋面的位置影响均匀度和采光系数平均值。当它布置在屋面中部偏屋脊处（布置方式b），均匀性和采光系数平均值均较好。②它的间距（d_c）对采光均匀性影响较大，最好保持在窗位置高度（h_x）的2.5倍范围内，以保证必要均匀性。

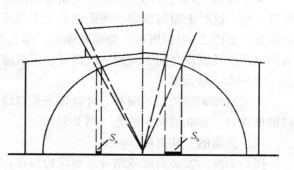

图2-47　矩形天窗和平天窗采光效率比较
（来源：文献［3］）

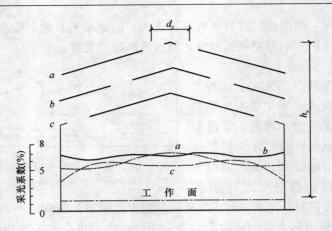

图 2-48　平天窗在屋面不同位置对室内采光的影响
（来源：文献［3]）

平天窗可用于坡屋面，如槽瓦屋面，如图 2-49(c) 所示；也可用于坡度较小的屋面上，如大型屋面板，如图 2-49(a) 和 (b) 所示。可做成采光罩，如图 2-49(b) 所示；采光板，如图 2-49(a) 所示；采光带，如图 2-49(c) 所示。平天窗构造上比较灵活，可以适应不同材料和屋面构造。

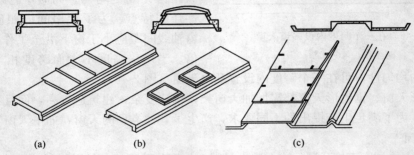

图 2-49　平天窗的不同做法
（来源：文献［3]）

4）改善天窗采光效果的措施

（1）天窗的间距

为了获得室内均匀的照明，开天窗应当保持一定的间隔。如果没有侧窗，天窗可以离墙壁近一些，这时天窗与侧墙的间距以及天窗与天窗之间的间距一般为采光窗上沿至地面距离的函数，如图 2-50(a) 所示。如果有侧窗，那么天窗应该离侧窗要有一定的距离，天窗与侧墙的间距以及天窗之间的间距一般设计成建筑层高的函数。如图 2-50(b) 所示。

（2）八字形天窗

为了增加天窗的采光面积，可以将采光口修建成八字形。这种开口获得的光线比矩形开口更加均匀，并能够减少眩光（图 2-51）。

（3）天窗的安装高度

提高天窗的安装高度或结合屋面结构特点，将天窗安装在屋顶较高的位置上，那么通过天窗的光线在到达室内地板，就已经成为漫射光了（图 2-52）。这可以很大程度上避免直接照射的眩光。因为很亮的直射光已经被挡在观察者的视野边缘之外了。同样的道理，如果在

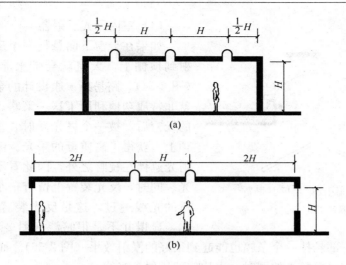

图 2-50 天窗的间距以及与侧墙的间距的合理控制

(来源：文献 [1])

（a）没有侧窗时；（b）有侧窗时

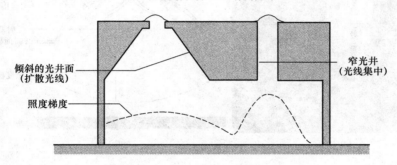

图 2-51 八字形采光口

(来源：文献 [1])

靠近建筑北墙的屋顶开设天窗，那么北墙就可以充当漫射反射板。同时，墙壁被照亮，房间也显得更加开阔（图 2-53）。

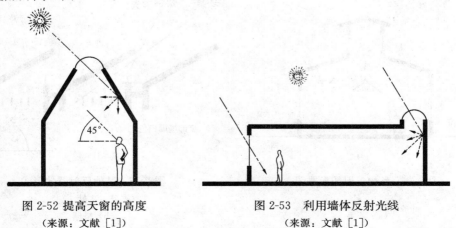

图 2-52 提高天窗的高度

(来源：文献 [1])

图 2-53 利用墙体反射光线

(来源：文献 [1])

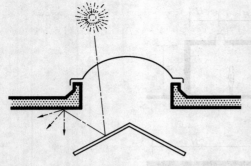

图 2-54　利用反射器反射阳光
（来源：文献［1］）

（4）室内阳光反射器

如果在天窗下面悬挂一个反射板，把光线反射到顶棚上，天窗就会带来非常均匀的漫射光（图 2-54）。路易斯·康设计的金贝尔艺术博物馆就非常成功地利用了这一策略。光线进入一系列的天窗后，被一个昼光反射装置反射到混凝土拱顶上，获得了高质量的采光。由于反光装置把直射光遮挡在视野之外，因此看不到直接照射的眩光。同时，反光装置上留有很小的孔，可以让少量的光线透过，这是反光装置与明亮的顶棚相比，显得并不是很暗淡（图 2-55）。对于矩形天窗，常常在天窗下部悬挂一个条幅也能起到很好的漫射效果（图 2-56）。而图 2-57 则是通过布置格栅的方式在壁面眩光的同时，也均匀的反射了光线。

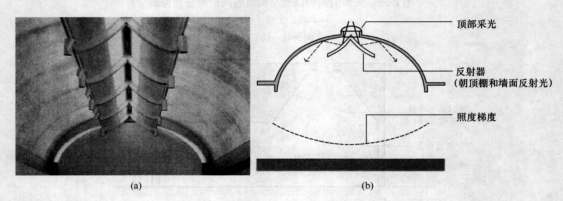

（a）　　　　　　　　　　　　　（b）

图 2-55　金贝尔艺术博物馆运用反射器的天窗采光
（来源：文献［1］）
（a）实景；（b）剖面

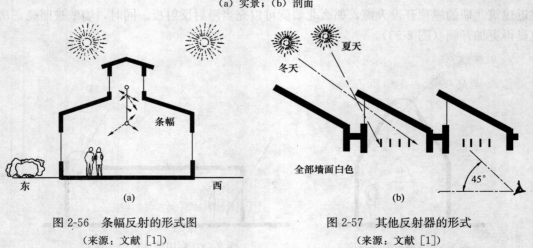

（a）　　　　　　　　　　　　　（b）

图 2-56　条幅反射的形式图　　　　　图 2-57　其他反射器的形式
（来源：文献［1］）　　　　　　　　（来源：文献［1］）
（a）条幅　　　　　　　　　　　　（b）格栅

（5）室外反射板

使用室外遮阳可以有效减少遮挡夏季强烈的阳光，避免因为采光而导致的室内过热问题；而在冬季采用室外的反射板则可以反射更多的光线进入室内（图2-58）。遮阳和反射板如果是可移动式的，效果会更好一些。

（6）天窗的坡度

平天窗在夏季获得的光线和热量都非常多，使用坡度较大的天窗，当朝南或朝北时，可以在冬季获得较多的光线和热量，而在夏季获得较少的光线和热量（图2-59）。总体来说，坡度较大的天窗可以一年四季都提供比较均匀的光线。而坡度达到90°时，就演变成了矩形天窗或高侧窗。

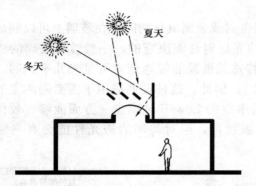

图 2-58　利用遮阳设施和反光板改善天窗采光效果

（来源：文献 [1]）

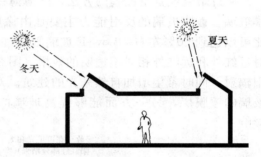

图 2-59　合理设计天窗的坡度

（来源：文献 [1]）

2.2.3　玻璃与自然采光

玻璃是窗洞口的主要透光材料，选择合理的玻璃类型对采光设计的成败具有至关重要的作用。需要注意的是，当自然光透过玻璃射入室内的同时，同时也把太阳辐射热带入室内。因此，玻璃的选择不仅要考虑透光量的大小，透射光的分布，还要考虑玻璃热工性能。目前常见的玻璃类型有透明玻璃、吸热玻璃和镀膜玻璃等几种类型，下面分析不同玻璃的采光性能。

（1）透明玻璃

透明玻璃是目前应用得最为普遍的一种玻璃，这种玻璃对于太阳辐射的可见光波段和近红外波段是高度透明的，而对远红外波段则相对不透明（图2-60）。对于争取自然采光并争取太阳辐射采暖的房间，采用透明玻璃是非常适合的。即使对于没有太阳光直射的朝向，无法利用太阳直射光进行采暖时，透明玻璃对于房间的采光也是非常有利的。

为了减少玻璃的热传导，可以使用双层玻璃作为窗户的透光材料。双层玻璃的中空玻璃窗对太阳辐射和可

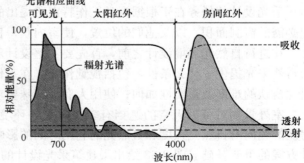

图 2-60　透明玻璃的吸收透射性能

（来源：文献 [13]）

见光的透射率会减小 10% 左右，但传热系数可以减小约 50%，大大提高了保温性能。

（2）吸热玻璃

吸热玻璃是一种通过对玻璃着色以减少太阳辐射透过率的玻璃类型。与透明玻璃类似，它们在远红外波段相对不透明，对透光量的减少是通过增加光反射和玻璃内部吸收来实现的（图 2-61）。这一般会引起玻璃自身温度的升高，而升高后的玻璃表面一方面和室内人体进行辐射换热，另一方面会通过对流换热散热到室内，进而增加室内的不舒适度。吸热玻璃对可见光的透过率比透明玻璃要小，并且会改变进入室内的光的颜色，不利于室内色彩表现，因此虽然这种玻璃能够减轻高亮度的窗户表面引起的眩光问题，但由于降低了室内的照度，所以并不适合争取自然采光的建筑。

（3）镀膜玻璃

通过焙烧或真空镀膜的方法，将薄薄一层金属或金属氧化物附着在玻璃上可以制成镀膜玻璃。镀膜玻璃的反射能力主要是由涂层的光反射性能决定的，一般镀膜玻璃的透光比可以达到 60% 左右。Low-E 玻璃则通过其特殊的镀膜能够达到对可见光几乎透明，而对近红外和远红外相对不透明的效果（图 2-62）。因此，这种玻璃适用于需要隔离室外太阳辐射，同时希望增加自然采光的建筑。双层中空的 Low-E 玻璃窗一方面能够有效保护玻璃的镀膜层，另一方面能够提高玻璃的保温性能，但对玻璃的透光性能会有一定的影响。

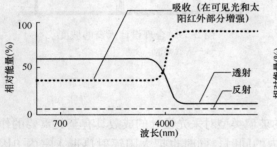

图 2-61　吸热玻璃的吸收透射性能图
（来源：文献 [13]）

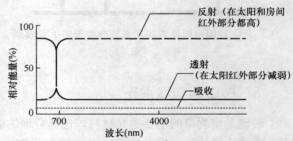

图 2-62　Low-E 玻璃的吸收透射性能
（来源：文献 [13]）

2.3　自然采光设计

采光设计的任务在于根据视觉工作特点所提出的各项要求，正确地选择窗洞口形式，确定必需的窗洞面积，以及他们的位置，使室内获得良好的光环境，保证视觉工作顺利进行。

在进行自然光环境设计之前，首先要了解设计对象对光环境有哪些要求，建筑规划方案给自然采光提供了什么条件，包括视觉作业，在工作环境中要看到的细节到什么程度，作业对比辨认的难度及重要性如何；使用人有无特殊要求，如对老年人要不要考虑较高的照明水平，室外景物对可见天空的遮挡有多少，室外环境中有无可利用的反射（地面、水面等）；房屋的朝向对自然光强度和自然光的利用时间的影响如何等，这些问题是形成自然光环境设计方案的重要基础。图 2-63 给出了建筑采光设计的主要步骤和过程。

在自然采光的房间里，需要通过窗户将自然光线引进来，为防止直接照射，又需通过玻璃对自然光进行遮挡。窗的形式、位置、大小，玻璃的材料等都是自然采光的核心内容。

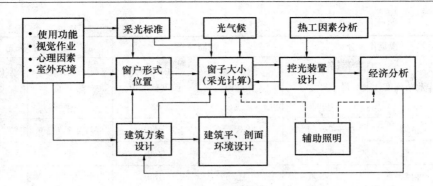

图 2-63　自然采光环境设计的过程示意图
（来源：文献［16］）

为了在建筑采光设计中，充分利用天然光，创造良好的光环境和节约能源，就必须使采光设计符合建筑采光设计标准要求。

2.3.1　采光设计标准

我国于 2013 年 5 月 1 日起施行的《建筑采光设计标准》（GB 50033—2013）是采光设计的依据。下面介绍该标准的主要内容：

1）采光系数标准值

本篇第 1 章已谈到，不同情况的视看对象要求不同的照度，而照度在一定范围内是愈高愈好，照度愈高，工作效率愈高。但高照度意味着投资大，故它的确定必须既考虑到视觉工作的需要，又照顾到经济上的可能性和技术上的合理性。采光标准综合考虑了视觉实验结果，根据已建成建筑的采光现状进行的现场调查，窗洞的经济分析，我国光气候特征，以及我国国民经济发展等因素，将视觉工作分为Ⅰ～Ⅴ级，提出了各级视觉工作要求的室内天然光照度标准值以及采光系数标准值。采光系数标准值是由室内天然光照度标准值和室外天然光设计照度值换算而成。室外天然光设计照度值是根据我国的光气候状况，考虑到天然光利用的合理性，以及与照明标准的协调性确定的室外设计照度值。该值的确定影响开窗大小、电光源照明使用时间等，有一定的经济意义。依据我国天然光资源分布情况，以及对各种费用的综合比较，并考虑到开窗的可能性。采光标准中规定我国第Ⅲ类光气候区的室外设计照度值为 15000lx。

由于不同的采光类型在室内形成不同的光分布，故采光标准按采光类型，分别提出不同的要求。顶部采光以及侧面采光的采光系数标准值参见表 2-2。

表 2-2　视觉作业场所工作面上的采光系数标准值

采光等级	视觉作业分类		侧面采光		顶部采光	
	作业精确度	识别对象的最小尺寸 d（min）	采光系数标准值（%）	室内天然光照度标准值（lx）	采光系数标准值（%）	室内天然光照度标准值（lx）
Ⅰ	特别精细	$D \leqslant 0.15$	5	750	5	750
Ⅱ	很精细	$0.15 < d \leqslant 0.3$	4	600	3	450

采光等级	视觉作业分类		侧面采光		顶部采光	
	作业精确度	识别对象的最小尺寸 d（min）	采光系数标准值（%）	室内天然光照度标准值（lx）	采光系数标准值（%）	室内天然光照度标准值（lx）
Ⅲ	精细	$0.3 < d \leqslant 1.0$	3	450	2	300
Ⅳ	一般	$1.0 < d \leqslant 5.0$	2	300	1	150
Ⅴ	粗糙	$d > 5.0$	1	150	0.5	75

注：1. 工业建筑参考平面取距地面 1m，民用建筑取距地面 0.75m，公用场所取地面。

2. 表中所列采光系数标准值适用于我国Ⅲ类光气候区，采光系数标准值是按室外设计照度值 15000lx 制定的。

3. 采光标准的上限值不宜高于上一采光等级的级差，采光数值不宜高于 7%。

表 2-2 中所列采光系数值适用于Ⅲ类光气候区。其他地区应按光气候分区，选择相应的光气候系数，各区具体标准为表 2-2 中所列值乘上表 2-1 中该区的光气候系数。

2）采光质量

（1）采光均匀度

视野内照度分布不均匀，易使人眼疲乏，视觉功效下降，影响工作效率。因此，要求房间内照度分布应有一定的均匀度，故标准提出顶部采光时，Ⅰ～Ⅳ级采光等级的采光均匀度不宜小于 0.7。侧面采光时，室内照度不可能做到均匀，以及顶部采光时，Ⅴ级视觉工作需要的开窗面积小，较难照顾均匀度，故对均匀度均未作规定。

（2）窗眩光

侧窗位置较低，对于工作视线处于水平的场所极易形成不舒适眩光，故应采取措施减小窗眩光；作用区域应减少或避免直射阳光照射，不宜以明亮的窗口作为视看背景，可采用室内外遮挡设施降低窗亮度或减小对天空的视看立体角，宜将窗结构的内表面或窗周围的内墙面做成浅色饰面。

（3）光反射比

为了使室内各表面的亮度比较均匀，必须使室内各表面具有适当的光反射比。例如，对于办公、图书馆、学校等建筑的房间，其室内各表面的光反射比宜符合表 2-3 所示的规定。

表 2-3 室内各表面的光反射比

表面名称	反射比
顶棚	0.6～0.9
墙面	0.3～0.8
地面	0.1～0.5
作业面	0.2～0.6

在进行采光设计时，为了提高采光质量，还要注意光的方向性，并避免对工作产生遮挡和不利的阴影；如果在白天时天然光不足，应采用接近天然光色温的高色温光源作为补充照明光源。

2.3.2　采光设计步骤

1）搜集资料

（1）了解设计对象对采光的要求

①房间的工作特点及精密度。同一个房间的工作不一定是完全一样的，可能有粗有细。了解时应考虑最精密和最具有典型性（即代表大多数）的工作；了解工作中需要识别部分的大小（如织布车间的纱线，而不是整幅布；机加工车间加工零件的加工尺寸，而不是整个零件等），根据这些尺寸大小，可从表 2-2 中确定视觉作业分类和它所要求的采光系数的标准值。

在采光标准中，为了方便设计，提供了各类建筑的采光系数，包括工业建筑的采光系数标准值、学校建筑的采光系数标准值以及博物馆和美术馆等建筑类型的采光系数标准值。

②工作面位置。工作面有垂直、水平或倾斜的，它与选择窗的形式和位置有关。例如侧窗在垂直工作面上形成的照度高，这时窗至工作面的距离对采光的影响较小，但正对光线的垂直面光线好，背面就差得多。对水平工作面而言，它与侧窗距离的远近对采光影响就很大，不如平天窗效果好。值得注意的是，我国采光设计标准推荐的采光计算方法仅适用于水平工作面。

③工作对象的表面状况。工作表面是平面或是立体，是光滑的（规则反射）或粗糙的，对于确定窗的位置有一定影响。例如对平面对象（如看书）而言，光的方向性无多大关系；但对于立体零件，一定角度的光线，能形成阴影，可加大亮度对比，提高可见度。而光滑的零件表面，由于规则反射，若窗的位置安设不当，可能使明亮的窗口形象恰好反射到工作者的眼中，严重影响可见度，需采取相应措施来防止。

④工作中是否容许直射阳光进入房间。直射阳光进入房间，可能会引起眩光和过热，应在窗口的选型、朝向、材料等方面加以考虑。

⑤工作区域。了解各工作区域对采光的要求。照度要求高的布置在窗口附近，要求不高的区域（如仓库、通道等）可远离窗口。

（2）了解设计对象其他要求

①采暖。在北方采暖地区，窗的大小影响到冬季热量的损耗，因此在采光设计中应严格控制窗面积大小，特别是北窗影响很大，更应特别注意。

②通风。了解在生产中发出大量余热的地点和热量大小，以便就近设置通风孔洞。

③泄爆。某些车间有爆炸危险，如粉尘很多的铝、银粉加工车间、贮存易燃易爆物的仓库等，为了降低爆炸压力、保存承重结构，可设置大面积泄爆窗，从窗的面积和构造处理上解决减压问题。在面积上，泄爆要求往往超过采光要求，从而会引起眩光和过热，要注意处理。

还有一些其他要求。在设计中，应首先考虑解决主要矛盾，然后按其他要求进行复核和修改，使之尽量满足各种不同的要求。

（3）房间及其周围环境概况

了解房间平、剖面尺寸和布置；影响开窗的构件，如吊车梁的位置、大小，房间的朝向，周围建筑物、构筑物和影响采光的物体（如树木、山丘等）的高度，以及他们和房间的间距等。这些都与选择窗洞口形式、确定影响采光的一些系数值有关。

2）选择窗洞口形式

根据房间的朝向、尺度、生产状况、周围环境，结合上一节介绍的各种窗洞口的采光特性来选择适合的窗洞口形式。在一幢建筑物内可能采取几种不同的窗洞口形式，以满足不同的要求。例如在进深大的车间，往往边跨用侧窗、中间几跨用天窗来解决中间跨采光不足。又如车间长轴为南北向时，则宜采用横向天窗或锯齿形天窗，以避免阳光射入车间。

3）确定窗洞口位置及可能开设窗口的面积

（1）侧窗。常设在朝向南北的侧墙上，由于它建造方便，造价低廉，维护使用方便，故应尽可能多开侧窗，采光不足部分再用天窗补充。

（2）天窗。侧窗采光不足之处可设天窗。根据车间的剖面形式，它与相邻车间的关系，确定天窗的位置及大致尺寸（天窗宽度、玻璃面积、天窗间距等）。

4）估算窗洞口尺寸

根据车间视觉工作分级和拟采用的窗洞口形式及位置，即可从表 2-4 查出所需的窗地面积比。值得注意的是，由窗地比和室内地面面积相乘获得的开窗面积仅是估算值，它可能与实际值差别较大。因此，不能把估算值当做最终确定的开窗面积。

当同一车间内既有天窗，又有侧窗时，可先按侧窗查出它的窗地比，再从地面面积求出所需的侧窗面积，然后根据墙面实际开窗的可能来布置侧窗，不足之数再用天窗来补充。

表 2-4　窗地面积比和采光有效进深

采光等级	侧面采光		顶部采光
	窗地面积比 (A_c/A_d)	采光有效进深 (b/h_s)	窗地面积比 (A_c/A_d)
I	1/3	1.8	1/6
II	1/4	2.0	1/8
III	1/5	2.5	1/10
IV	1/6	3.0	1/13
V	1/10	4.0	1/23

注：1. 窗地面积比计算条件：窗的总透射比取 0.6；室内各表面材料反射比的加权平均值：I～III 级取＝0.5；IV 级取＝0.4；V 级取＝0.3；

2. 顶部采光指平天窗采光，锯齿形天窗和矩形天窗可分别按平天窗的 1.5 倍和 2 倍窗地面积比进行估算。

例如，某车间跨度为 30m（单跨），屋架下弦高度为 6m，采光要求为 I 级。查表 2-4 可知侧窗要求的窗地比为 1/3。现按一个 6m 柱距来计算，要求在两面侧墙上开 60m² 的侧窗，而工作面至屋架下弦可开侧窗面积约为 49.0m²（窗高×窗宽×两侧面＝4.8m×5.1m×2≈49.0m²），不足的地面面积 33m²，考虑采用天窗来解决。现采用矩形天窗，查表 2-4 得窗地比为 1/3，现选用 1.5m 高的钢窗，可补充 18m² 天窗面积（1.5m×6m×2 ＝ 18m²）。在选择窗的尺寸时，应注意尽可能采用标准构件尺寸。

5）布置窗洞口

估算出需要的窗洞口面积，确定了窗的高、宽尺寸后，就可进一步确定窗的位置。这里不仅考虑采光需要，而且还应考虑通风、日照、美观等要求，拟出几个方案进行比较，选出最佳方案。

经过以上五个步骤，确定了窗洞口形式、面积和位置，基本上达到初步设计的要求。由于它的面积是估算的，位置也不一定确定不变，故在进行技术设计之后，还应进行采光验算，以便最后确定它是否满足采光标准的各项要求。

2.4　采　光　计　算

　　采光计算的目的在于验证所做的设计是否符合采光标准中规定的各项指标。采光计算方法很多，如利用公式或是利用特别制定的图表计算，也可以利用计算机进行计算。下面介绍我国《建筑采光设计标准》推荐的方法，它是综合分析了国内外各种计算方法的优缺点之后，在模型实验的基础上，提出的一种简易计算方法。它是利用图表，按房间的有关数据直接查出采光系数值。它既有一定的精度，又计算简便，可满足采光设计的需要。

2.4.1　确定采光计算中所需数据

　　（1）房间尺寸。这主要是指与采光有关的一些数据，如房间的平剖面尺寸，周围环境的遮挡及相对尺寸。
　　（2）室内表面反光程度。
　　（3）窗玻璃表面污染程度。
　　（4）窗洞口尺寸及位置。
　　（5）窗结构形式及材料类型。

2.4.2　计算步骤及方法

　　这种计算方法是按侧窗和天窗，分别利用两个不同的图标，根据有关数据查出相应的采光系数值。在进行计算时，首先要确定无限长带形窗洞口的采光系数；然后按实际情况考虑各种影响因素，加以修正而得到侧面采光以及顶部采光的采光系数标准值（即采光系数平均值）。下面具体介绍计算方法。

　　1）侧面采光计算
　　按采光标准规定，侧窗采光系数平均值为：

$$c_{av} = \frac{A_c \tau \theta}{A_z (1 - \rho_j^2)} \tag{2-5}$$

$$\tau = \tau_o \cdot \tau_c \cdot \tau_w \tag{2-6}$$

$$\rho_j = \frac{\sum \rho_i A_i}{\sum A_i} = \frac{\sum \rho_i A_i}{A_z} \tag{2-7}$$

$$\theta = \arctan\left(\frac{D_d}{H_d}\right) \tag{2-8}$$

式中，τ——窗的总透射比；
　　A_c——窗洞口面积（m^2）；
　　A_z——室内表面总面积（m^2）；
　　ρ_j——室内各表面反射比的加权平均值；
　　θ——从窗中心点计算的垂直可见天空的角度值（图 2-64），无室外遮挡 θ 为 9°；
　　τ_o——采光材料的透射比；
　　τ_c——窗结构的挡光折减系数；

τ_w ——窗玻璃的污染折减系数；

ρ_i ——顶棚、墙面、地面饰面材料和普通玻璃窗的反射比；

A_i ——与 ρ_i 对应的各表面面积；

D_d ——窗对面遮挡物与窗的距离（m）；

H_d ——窗对面遮挡物距窗中心的平均高度（m）。

相关系数取值应依据《建筑采光设计标准》（GB 50033—2013）附录 D 中有关要求进行选取。

2）顶部采光计算（图 2-65）

按采光标准规定，顶部采光系数平均值为：

$$C_{av} = \tau \cdot CU \cdot \frac{A_c}{A_d} \tag{2-9}$$

式中，C_{av} ——采光系数平均值（%）；

τ ——窗的总透射比，可参见式（2-6）；

CU ——利用系数，可按表 2-5 进行确定；

A_c/A_d ——窗地面积比。

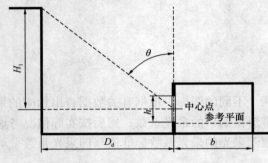

图 2-64　侧窗采光示意图

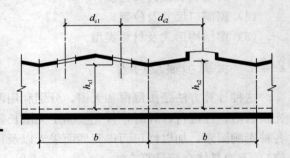

图 2-65　顶部采光示意图

表 2-5　利用系数 (CU) 表

顶棚反射比（%）	室空间比 RCR	墙面反射比（%）		
		50	30	10
80	0	1.19	1.19	1.19
	1	1.05	1.00	0.97
	2	0.93	0.86	0.81
	3	0.83	0.76	0.70
	4	0.76	0.67	0.60
	5	0.67	0.59	0.53
	6	0.62	0.53	0.47
	7	0.57	0.49	0.43
	8	0.54	0.47	0.41
	9	0.53	0.46	0.41
	10	0.52	0.45	0.40

顶棚反射比 （％）	室空间比 RCR	墙面反射比（％）		
		50	30	10
	0	1.11	1.11	1.11
	1	0.98	0.95	0.92
	2	0.87	0.83	0.78
	3	0.79	0.73	0.68
	4	0.71	0.64	0.59
50	5	0.64	0.57	0.52
	6	0.59	0.52	0.47
	7	0.55	0.48	0.43
	8	0.52	0.46	0.41
	9	0.51	0.45	0.40
	10	0.50	0.44	0.40
	0	1.04	1.04	1.04
	1	0.92	0.90	0.88
	2	0.83	0.79	0.75
	3	0.75	0.70	0.66
	4	0.68	0.62	0.58
20	5	0.61	0.56	0.51
	6	0.57	0.51	0.46
	7	0.53	0.47	0.43
	8	0.51	0.45	0.41
	9	0.50	0.44	0.40
	10	0.49	0.44	0.40

地面反射比为 20％

（1）室空间比 RCR 可按下式计算：

$$RCR = \frac{5h_x (l+b)}{l \cdot b} \qquad (2\text{-}10)$$

式中，h_x——窗下沿距参考平面的高度（m）；

l——房间场地（m）；

b——房间进深（m）。

（2）当求窗洞口面积 A_c 时可按下式计算：

$$A_c = C_{av} \cdot \frac{A_c'}{c} \cdot \frac{0.6}{\tau} \qquad (2\text{-}11)$$

式中，C'——典型条件下的平均采光系数，取值为 1%；

A'_c——典型条件下的开窗面积，可按采光标准附录 C 中相关参数进行取值。

注：1. 当需要考虑室内构件遮挡时，室内构件的挡光折减系数可按采光标准附录 D 中表 D.0.8 进行取值；

2. 当采用采光罩采光时，应考虑采光罩井壁的挡光折减系数（K_j），可按采光标准附录 D 中图 D.0.9 和表 D.0.10 进行取值。

3）导光管系统采光设计时，宜按下列公式进行天然光照度计算：

$$E_{av} = \frac{n \cdot \Phi_u \cdot CU \cdot MF}{l \cdot b} \qquad (2-12)$$

$$\Phi_u = E_s \cdot A_\tau \cdot \eta \qquad (2-13)$$

式中，E_{av}——平均水平照度（lx）；

n——拟采用的导光管采光系统数量；

CU——导光管采光系统的利用系数，可按表 2-5 进行取值；

MF——维护系数，导光管采光系统在使用一定周期后，在规定表面上的平均照度或平均亮度与该装置在相同条件下新装时在同一表面上所得到的平均照度或平均亮度之比；

Φ_u——导光管采光系统漫射器的设计输出光通量（lm）；

E——室外天然光设计照度值（lx）；

A_τ——导光管有效采光面积（m^2）；

η——导光管采光系统的效率（%）。

本 章 小 结

自然采光不仅能使人类具有更高的工作效率，同时也是满足人体生理、心理健康的重要条件。在能源紧张的形势下，自然采光的重要性日益凸显。本章对自然采光设计所涉及的问题进行了系统的介绍。一个地方的光气候是建筑自然采光的室外气候资源，很大程度上决定了建筑自然采光的潜力，本章首先介绍了这部分内容。窗洞口作为建筑自然采光的媒介，在整个采光设计中占据着核心地位，本章详细介绍了各种采光口和玻璃的采光特点以及提高采光效果的具体措施。最后，本章介绍了采光设计及采光计算的详细过程，为在建筑设计中进行采光设计提供指导。

思 考 题

1. 从图 2-8 中查出重庆 7 月份上午 8：30 时天空漫射光照度和总照度。

2. 根据图 2-8 找出重庆 7 月份室外天空漫射光照度高于 4000lx 的延续时间。

3. 按图 2-66 所给房间剖面，求侧窗洞口在房间水平参考面上形成的采光系数标准值；若窗洞上装有透明玻璃窗时的采光系数；若窗洞上装有 Low-E 玻璃窗时的采光系数。（透明玻璃：$\tau_o = 0.86$，$\tau_c = 0.75$，$\tau_w = 0.90$；Low-E 玻璃：$\tau_o = 0.62$，$\tau_c = 0.60$，$\tau_w = 0.90$)

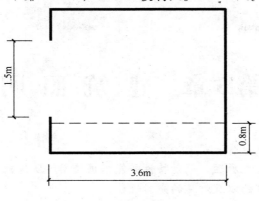

图 2-66 习题 3 图

4. 重庆地区某会议室平面尺寸为 5m×7m，净空高 3.6m，估算需要的侧窗面积并绘出其平、剖面图。

第3章 建筑照明

重点提示/学习目标
1. 了解各种光源的发光原理、辐射特性并能根据使用场所选择合适的光源类型；
2. 掌握配光曲线的概念以及灯具的光学性能；
3. 掌握室内功能性照明设计的设计过程；
4. 掌握环境艺术照明的设计手法。

在前面一章里我们已经谈到，天然光比任何一种人工光源的发光效率都高，因此，只要有可能，建筑应该尽可能地利用天然光。然而，人们对天然光的利用，受到时间和地点的限制。建筑物不仅在夜间必须采用人工光源照明，在某些场合，白天也要用人工光源进行照明。建筑设计人员应掌握一定的照明设计知识，以便能在设计中考虑照明问题，配合电气专业人员完成具体的照明设计方案，创造宜人的建筑室内光环境。

3.1 电 光 源

人类一直在积极探索着既物美价廉又安全方便的照明方式，在电灯问世以前，人们普遍使用的照明工具是油灯和煤气灯，这种灯燃烧油或煤气，有浓烈的黑烟和刺鼻的气味，并且要经常添加燃料，擦洗灯罩，很不方便，更为严重的是还可能引起火灾。直到1879年，托马斯·爱迪生发明了白炽灯泡，才从根本上改变了人工照明的状况。

时至今日，人工电光源经历了100多年的演进和发展，目前已经具有尺寸、颜色、光强、光学性能和安装条件可供选择的各类品种。从发光原理来看，主要可以分成热辐射光源、气体放电光源和固体发光光源三个大类，下面分别对这几类光源的相关特性进行介绍。

3.1.1 热辐射光源

热辐射光源是通过电流加热安装在填充气体泡壳内的灯丝，使其辐射光线的一种光源。这种发光原理基于这样的一个事实：任何物体的温度只要高于绝对零度，就向四周空间发射辐射能。常温物体的辐射波长不在可见光范围内，所以人眼觉察不到。将金属加热到500℃时，就会发出暗红色的可见光，并且温度愈高，可见光在总辐射中所占比例愈大。

1) 白炽灯

白炽灯是用通电的方法加热玻壳内的螺旋形钨丝，使其产生热辐射而发光的光源。白炽灯的结构主要由玻璃泡壳、灯丝和灯头组成，如图3-1所示。泡壳可以是透明的，可以是磨砂的,也可以涂有反射涂层。白炽灯的泡壳有梨形、蘑菇形和椒形等多种形状,如图 3-2 所示。

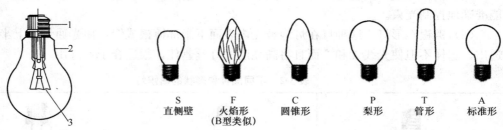

图 3-1 白炽灯的组成

(来源:自绘)

1—灯头;2—玻璃泡壳;3—灯丝

图 3-2 白炽灯的常见形状

(来源:文献 [1])

由于钨是一种熔点很高的金属(熔点 3417℃),故白炽灯灯丝可加热到 2300K 以上。为了避免热量的散失和减少钨丝蒸发,将灯丝密封在一玻璃壳内。为了提高灯丝温度,以便发出更多的可见光,提高其发光效率,一般将灯泡内抽成真空(小功率灯泡采用此法),或充以惰性气体,并将灯丝做成双螺旋形(大功率灯泡采用此法)。即使这样,普通白炽灯的发光效率仍不高,仅 6.9~21.5 lm/W 左右。也就是说,只有 2‰ ~3‰ 的电能转变为光,其余电能都以热辐射的形式损失掉了。表 3-1 列出了白炽灯的光通量和光效。常见光源的光参数和寿命可参见建筑光学附录 3。

表 3-1 白炽灯的发光效率

光源类型	功率（W）	光通量（lm）	光效（lm/w）
PZ220-15	15	104	6.9
PZ220-60	60	574	9.6
PZ220-100	100	1179	11.8
PZ220-200	200	2819	14.1

白炽灯的光谱特征如图 3-3 所示。由于材料、工艺等的限制,白炽灯的灯丝温度不能太高,故它发出的可见光以长波辐射为主,与天然光相比,白炽灯光色偏红。由于白炽灯的全光谱特性,所以显色指数可以达到 100。

为了适应不同场合的需要,表 3-2 列举了白炽灯几种不同的品种和形状。

(1)投光灯。英文缩写为 PAR 和 EAR 型灯,这种灯是用硬料玻璃分别做成内表面镀铝的上半部和透明的下半部,然后将它们密封在一起,这样可使反光部分保持准确形状,并且可保证灯丝在反光镜中保持精确位置,从而形成一个光学系

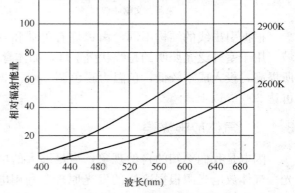

图 3-3 白炽灯的辐射光谱

(来源:文献 [3])

统，有效地控制光线。反光镜的形状不同可获得不同的光线分布。

（2）反光灯泡。英文缩写为 R 型灯，它与投光灯泡的区别在于采用吹制泡壳，因而不能准确地控制光束。

（3）镀银碗形灯。这种灯在灯泡玻壳内表面下半部镀银或铝，使光通量向上半部反射并透出。这样不但使光线柔和，而且将高亮度的灯丝遮住，很适合于台灯用。

表 3-2　不同品种和形状的白炽灯

（a）投光灯	（b）反光灯泡	（c）镀银碗形灯

白炽灯的总体特点是体积小，结构简单，易于控光，可在很宽的环境温度下工作，维护、安装和更换都很简便；缺点是红光成分较多，灯丝亮度高（达 500sb 以上），散热量大，寿命短（1000 小时左右），玻壳温度高（可达 250℃以上），受电压变化和机械振动影响大，特别是发光效率很低，不仅浪费能源，遇到较高的空间时，提高被照物的照度比较困难。

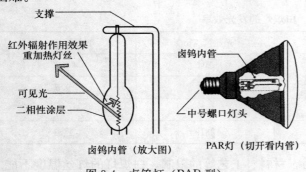

图 3-4　卤钨灯（PAR 型）
（来源：文献［13］）

2）卤钨灯

卤钨灯是填充气体内含有部分卤族元素或卤化物的充气白炽灯，它也是热辐射光源。卤族元素的作用是在高温条件下，将钨丝蒸发出来的钨元素带回到钨丝附近的空间，甚至送返钨丝上（这种现象称为卤素循环）。这个过程可以减慢钨丝在高温下的挥发速度，克服了白炽灯易黑化的缺点。图 3-4 是具有卤钨内管的 PAR 灯。

根据引出线的结构不同，卤钨灯有单端和双端两种形式。单端灯大多用于室内照明领域。用于室外泛光照明的是线状卤素灯，如体育馆泛光照明。卤钨灯的光效较普通白炽灯有所提高，投入成本较低，色温为暖色调 2900～3200K，显色性为 100，寿命比白炽灯要长，可达 2000h 以上。

3.1.2　气体放电光源

闪电是我们熟知的自然现象，当足够大的电场加在大气气体上，气体被击穿而导致发光。气体放电光源根据这样的发光原理，利用电流通过封装在管内的气体或金属蒸气而发光。气体放电灯在光效和使用寿命上比白炽灯提高很多。一个普通 100W 白炽灯和一个具有等量光强的紧凑型荧光灯相比，白炽灯寿命大致为 1000 小时，而紧凑型荧光灯标称寿命达到 10000 小时以上，是白炽灯的 10 倍多，如图 3-5 所示。

图 3-5　荧光灯和白炽灯的寿命比较

（来源：文献［13］）

1）荧光灯

荧光灯是一种在发光原理和外形上都有别于白炽灯的气体放电光源。它的内壁涂有荧光物质，管内充有稀薄的氩气和少量的汞蒸气。灯管两端各有两个电极，通电后加热灯丝，达到一定温度就发射电子（即热阴极发射电子），电子在电场作用下逐渐达到高速，轰击汞原子，使其电离而产生紫外线。紫外线射到管壁上的荧光物质，激发出可见光，如图 3-6 所示。由此可见，荧光灯是汞蒸气产生紫外线使荧光物质发光的一种放电灯。

荧光灯属于线性光源，灯管的形状可以是直管型的，也可以是弯管形的，甚至是环形的，如图 3-7 所示。标准荧光灯不可缺少的配件是镇流器和启辉器，它们起着启动放电、限制和控制灯管电流的作用，可以有效避免灯管频闪。

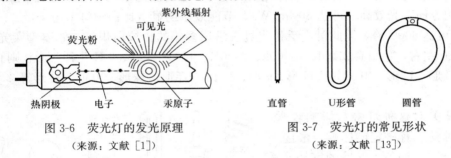

图 3-6　荧光灯的发光原理

（来源：文献［1］）

图 3-7　荧光灯的常见形状

（来源：文献［13］）

荧光灯与白炽灯有很大区别，其特点如下：

（1）发光效率较高。可达 90 lm/W，比白炽灯高 3 倍左右（见表 3-3）。

（2）发光表面亮度低。荧光灯发光面积比白炽灯大，故表面亮度低，光线柔和，可避免强烈眩光出现。

（3）光色好且品种多。根据荧光物质的不同配合比，发出的光谱成分也不同。荧光灯有多种色温（从暖白光 2700 K 到冷白光 6500 K）可供选择，也可制成接近天然光光色的荧光灯，如图 3-8 所示。

（4）寿命较长。国内灯管可达 10000h，同外有的产品已达到 20000 h 以上。

（5）灯管表面温度低。

表 3-3　荧光灯的光通量和发光效率

光源类型	功率（W）	光通量（lm）	光效（lm/w）
T5 线性	35	3650	104.3
T8 线性	32	2850	89.1
T12 弯管	40	2800	70

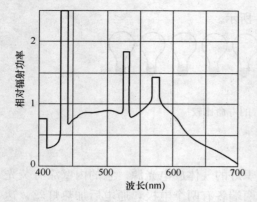

图 3-8　荧光灯光谱（日光色）能量分布
（来源：文献［3］）

在光效相同的情况下，如果管径更小的话则更容易控光。近年来，荧光灯技术在不断发展和进步。40W 的、32W 的 T8 和 28W 的 T5 已经能够和 40W 的 T12 具有相同的光通量。正因为如此，T12 已经被逐步取代（T 表示直管型荧光灯，如为弯管和环形分别用 B 和 C 表示。管径以标示尺寸除以 8，用英寸表示。例如 T12 是指直管型荧光灯，管径为 12/8 英寸＝1.5 英寸。）

荧光灯目前尚存在着初始投资高，对温度、湿度较敏感，尺寸较大，不利于控光等问题，普通荧光灯还有射频干扰和频闪效应等缺点，这些缺点已随着技术的发展逐步得到解决。至于初始投资可从光效较高、寿命较长的受益中得到补偿。故荧光灯已在很多场合得到广泛运用。

2）紧凑型荧光灯

紧凑型荧光灯俗称节能灯，是一种将放电管弯曲或拼结成一定形状，以缩小放电管线形长度，并将灯管与镇流器、启辉器一体化的荧光灯。它的发光原理与普通荧光灯相同，但体积小，使用方便，光效高（可达 80 lm/W）、节能效果明显（比白炽灯节电 80%）、寿命长（平均寿命可达 6000 h），因此可广泛替代过去沿用多年的传统白炽灯。紧凑型荧光灯的显色指数在 80 左右，色温有 2700K、3000k、3500K、4100K 和 5000 K 几种。形状则有 H 形、2H 形、2D 形、U 形、2U 形、3U 形、π 形、2π 形、环形、球形、方形、柱形等多个类型，如图 3-9 所示。

频繁开关对这种灯寿命影响较大，环境温度对其也有一定的影响。最佳工作环境为 25℃，如冬天寒冷的室外，紧凑型荧光灯就很难达到最大的光输出。

3）荧光高压汞灯

荧光高压汞灯就是玻壳内壁涂有荧光物质的高压汞灯，因管内工作气压为

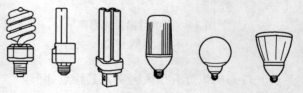

图 3-9　紧凑型荧光灯的常见形状
（来源：文献［1］）

1～5 个大气压，比普通荧光灯高得多，故名荧光高压汞灯，又称为高强度气体放电灯（HID 灯）。它的发光原理与荧光灯相同，但两者构造不同，如图 3-10 所示。这种灯的内管为放电管，发出紫外线，激发涂在玻璃外壳内壁的荧光物质，使其发出可见光。

荧光高压汞灯的光效可达 50 lm/W 左右，寿命可达 12000h 以上；荧光高压汞灯主要发绿、蓝色光，如图 3-11 所示，光色较差，在此灯光照射下，物件都增加了绿、蓝色色调，使人们不能正确地分辨颜色，故通常用于施工现场和不需要认真分辨颜色的大面积照明场所。

4）金属卤化物灯

金属卤化物灯是在荧光高压汞灯的基础上发展起来的一种高效光源，因此也是一种高强度气体放电灯。这种灯在汞蒸气放电管中加入了一些金属卤化物，能起到提高光效、改善光色的作用，因此得到了广泛的使用。

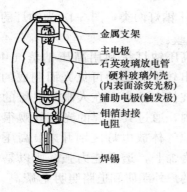

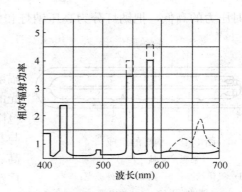

图 3-10　荧光高压汞灯的构造
（来源：文献 [17]）

图 3-11　荧光高压汞灯光谱能量分布
（来源：文献 [3]）

　　金属卤化物灯发出的白光稍微有些倾向于冷色，但它们在光谱分布的每个部分都有足够的能量，因此光线的显色性非常出色，适合商店、办公室、学校等对光线的显色性要求比较高的场合，其光谱能量分布如图 3-12 所示。这种灯集合了很多优点：较高的发光效率（80～125 lm/W）、较长的寿命（10000～20000 h）、好的显色性以及便于控制等特点，是一种比较理想的照明光源。

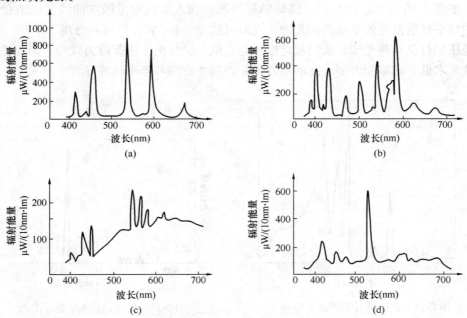

图 3-12　金属卤化物灯的光谱能量分布
（来源：文献 [3]）

　　与荧光灯一样，所有的金属卤化物灯必须有镇流器才能启动和使用。这种灯的启动也需要一定的时间，并且需要等弧管冷却才能再次启动，因此它不适合在应急照明和频繁启闭的场合使用。

　　5）钠灯

　　钠灯是由钠蒸气放电而发光的放电灯，它也是一种高强度气体放电灯。根据钠灯泡中钠蒸气放电时压力的高低，把钠灯分为高压钠灯和低压钠灯两类，图 3-13 为钠灯的主要组成部分。

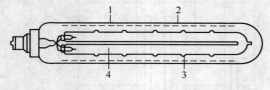

图 3-13　钠灯的组成

（来源：文献［17］）

1—氧化钢膜；2—抽真空的外玻壳；

3—储钠小凸窝；4—放电管

高压钠灯是利用高压钠蒸气中放电时，辐射出较宽光谱的可见光而制成的。其辐射光的波长主要集中在人眼最灵敏的黄绿色光范围内，通过其光源的光色外观很容易将它与其他气体放电灯区别开来。高压钠灯光效高、寿命长，透雾能力强，所以是目前应用广泛的户外照明和道路照明光源。

高压钠灯的光谱能量分布见图 3-14。普通高压钠灯的一般显色指数小于 60，显色性较差，但当钠蒸气压增加到一定值（约 95 kPa）时，可达 85。用这种方法制成了中显色型和高显色型高压钠灯，这些灯的显色性比普通高压钠灯好，并可以用于一般性室内照明。与金属卤化物灯类似，高压钠灯启动时需要 10min 左右的时间才能达到完全的光通，关闭后再次启动时也需要 1～2min 的冷却时间。

低压钠灯是利用在低压钠蒸气中放电，钠原子被激发而产生（主要是）波长 589nm 的黄色光，如图 3-15 所示。因为低压钠灯辐射的波长和人眼视觉灵敏度曲线的峰值接近，因此低压钠灯是目前发光效率最高的光源，光效可达 200 lm/W，平均寿命在 18000～20000h。然而，低压钠灯是单色光源，所以显色性极差。低压钠灯由于透雾能力较强，因此适用于一些显色性要求低、透雾能力要求高的室外场所，例如道路和停车场等环境。

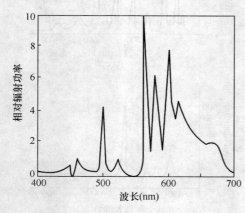

图 3-14　高压钠灯光谱能量分布

（来源：文献［3］）

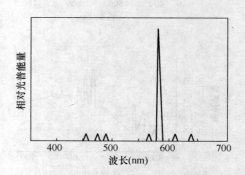

图 3-15　低压钠灯光谱能量分布

（来源：文献［3］）

6）氙灯

氙灯是由氙气放电而发光的放电灯，它也是一种高强度气体放电灯。它是利用在氙气中高电压放电时，发出强烈的连续光谱这一特性制成的。光谱和太阳光极相似。由于它功率大，光通大，又放出紫外线，故安装高度不宜低 20m，常用在广场大面积照明场所。氙气灯的光参数参见表 3-4。部分氙灯的光谱特性见图 3-16 所示。

表 3-4 氙气灯的发光效率

光源类型	功率（W）	光通量（lm）	光效（lm/w）
XHA75	75	950	400
XHA1000	1000	35000	1500
XHA4000	4000	155000	800

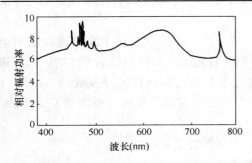

图 3-16 氙灯的光谱能量分布
（来源：文献［3］）

7）冷阴极荧光灯

冷阴极荧光灯的工作原理与普通的（热阴极）荧光灯相似，但冷阴极荧光灯是辉光放电[①]，热阴极荧光灯是弧光放电[②]。冷阴极荧光灯管径细、体积小、耐振动、能耗低、光效高，亮度高（15000～40000cd/m²），光色好，色温 2700～6500K，寿命长达 20000h 以上，可以频繁启动。将冷阴极灯管装入各种颜色的外壳内，可作为装饰用的护栏灯、轮廓灯、组图灯等用。常见的霓虹灯就属于冷阴极辉光放电灯，其辐射光具有极强的穿透大气的能力、色彩鲜艳、绚丽多姿。冷阴极荧光灯的光效见表 3-5。

表 3-5 冷阴极荧光灯的光参数和寿命

功率（W）	光通量（lm）	光效（lm/w）
10～12	400	33～40
12～15	480	32～40
15～20	600	30～40
25～30	750	25～30

8）高频无极感应灯

高频无极感应灯（图 3-17）也是荧光灯的一种，但发光原理与上述气体放电灯的发光原理有明显的不同，这种灯不需要电极，仅利用在气体放电管内建立的高频电磁场，使管内气体发生电离产生紫外辐射激发玻壳内荧光粉层而发光。高频无极感应灯简称为无极荧光灯。无极荧光灯可瞬间启动并可多次开关，不会像很多带电极光源出现光衰减的现象；这种灯的寿命很长，给照明设计带来了全新的理念。

目前国外的无极荧光灯光显色指数可达 80 以上，寿命高达 80000～100000h。这类光源的光效也较好，可达 47～76

图 3-17 无极荧光灯

---

① 辉光放电是小电流高电压的放电现象，阴极发射电子主要是靠正离子轰击产生的。

② 弧光放电是大电流低电压的放电现象，阴极发射电子主要是靠热电子发射产生的。

lm/W。我国已开发出多种型号和规格的高频无极感应灯，功率有 23W、40W、80W、120W、150W 和 200W，标称寿命为 60000～100000h。

目前，无极感应灯主要用于维护费用高、比较危险、人难以到达的地方，如桥梁、塔、高层建筑屋顶、广告和标识等场合。

3.1.3 固体发光光源

固体发光光源则是光源家族的新生代，它是指某种固体材料在电场作用下发光的光源形式。发光二极管就是一个典型的固体发光光源。

发光二极管（LED）实际上是一个半导体 PN 结，其工作原理是向 PN 结通以正向电流，使其高效率的发出可见光或红外辐射。采用不同材料和掺入不同杂质的 PN 结，可以辐射出不同颜色的光：红光、绿光、黄光、橙光和蓝光等。随着新材料的开发成功，LED 光通量得到大幅度提高以后，其运用变得更具有吸引力。LED 在红、橙区已经达到了 100 lm/W 的光效，在绿色区域的光效约为 50 lm/W。

目前的 LED 与传统的照明光源相比较，具有如下显著特点：

（1）光色纯，彩度大，单一颜色的 LED 的辐射光谱狭窄；

（2）寿命长，理论寿命可超过 100000h，在实际应用时，由于目前的封装技术不完善，半导体元件过热等原因，现阶段的实际应用寿命只有 20000h 左右；

（3）体积小，响应快，无污染，控制灵活，应用广泛；

（4）单体 LED 的功率小，一般在 0.05～1W，用于照明需要几十颗 LED 组合才能达到要求的照明水平；

（5）目前高亮度 LED 的价格贵；

（6）自身不能发出白光。由半导体材料的发光机理决定了单一 LED 芯片不可能发出连续光谱的白光，可利用辐射出蓝光或紫外光激发荧光粉后再辐射出白光，以及利用互补的二色芯片或三色芯片发出白光；

（7）散热存在一定问题。在使用大功率 LED 和 LED 组合模块时应解决好散热问题，否则会影响 LED 正常工作，甚至会降低寿命，加快光衰。

LED 被世界公认为 21 世纪照明的新光源，其突飞猛进的研究新成果正在造福于全人类。目前，LED 已广泛应用于广告、标识、建筑物轮廓勾勒、装饰用变色发光以及道路照明等场合，LED 单灯及封装灯如图 3-18 所示。

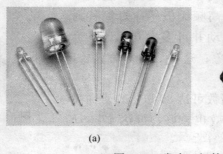

(a)　　　　　　　　　　　　　　(b)

图 3-18　发光二极管
(a) LED 单灯；(b) 封装 LED 灯

3.1.4 光源的选择

在建筑光环境设计中很多时候面临光源选择的问题。根据照射的对象、照明方式、灯具类型、艺术效果和所处环境的不同,使用光源的类型也会有所不同。在选择光源时基本原则是选择光效较高、色温和显色性符合设计要求、寿命长、节能的光源产品,以下介绍一些选择指标。

(1) 光通量

光通量反映了单位时间内光源发出可见光能力的大小。

(2) 光效

发光效率是光源发出的光通量与其耗电量的比值,单位是 lm/W。也就是说每一瓦电力所发出光的量,其数值越高表示光源的效率越高。光源效率通常是光源选择的重要考虑因素。

发光效率应该是指光源和照明系统的整体部分。对于荧光灯和高压气体放电灯,发光效率应该将镇流器的功率消耗考虑进去。图 3-19 显示了光源包括镇流器功率在内的光源效率。在所列举的这些光源类型中,低压钠灯具有最高的光效,白炽灯的光效最低。对于同一种光源,光效还与功率、制造方法和灯型有关。

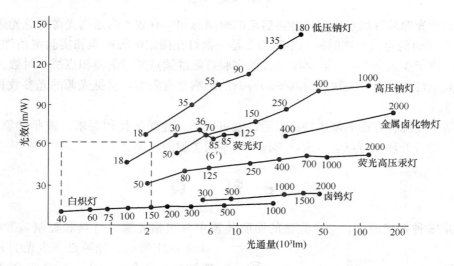

图 3-19 不同光源的光效

(来源:文献 [3])

(3) 色温与显色性

对于白炽灯而言,光源的色温可以用黑体温度表示。因为能够辐射连续的光谱,它们的显色性都被视为 100。气体放电灯的色温、显色性等特征与白炽灯不同,其情况变得更加复杂。它们发出的是不连续的波长,在可见光波段的范围内,其光波的分布和相对强度决定了光源的光色。这类光源与黑体辐射的光色接近时,可用相关色温标示。对于颜色辨认要求高的场所应该选用显色性好的光源,如图 3-20 所示。

(4) 寿命

光源寿命也是选择光源时要考虑的重要因素。光源的寿命分全寿命、有效寿命和平均寿

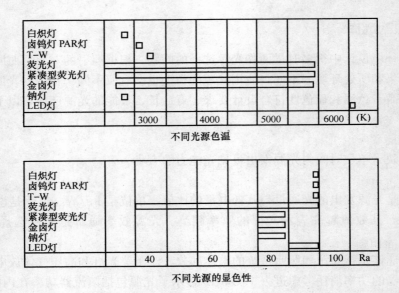

图 3-20　不同光源的色温以及显色性

（来源：文献［18]）

命。全寿命指光源从开始点燃到不能再启动的时间总和。有效寿命是指光源的总光通量下降到初始值 70％时的总共点燃时间。平均寿命是一批灯在额定电源电压和实验室条件下点燃，且每启动一次至少点燃 10h，至少有 50％的实验灯能继续点燃时的累积点燃小时数。对白炽灯和气体放电灯来讲，开关次数对其平均寿命的影响是有限的，常见光源的光参数和寿命可查阅附录 3。

在了解了光源各方面的基本特征以后，就可以结合建筑的使用要求、被照对象的特点、照明方式以及所处环境特点等因素，选择应用不同类型的光源。

3.2　灯　具

无论是哪种发光原理，一个完整的照明装置主要包括光源、灯具和控制装置等部件，如图 3-21 所示。光源是产生光的元件，一般被装入一个设备中，这个组合就是人们常说的灯具。灯具是能透光、分配和改变光源光分布的器具，包括除光源外用于固定和保护光源所需的全部零、部件，以及与电源连接所必需的线路附件，因此可以认为灯具是光源所需的灯罩及其附件的总称。其中灯罩是灯具的基本部分，主要用于光源的安装。灯具附件还包括一些灯具控制装置，如折射器、反射器、遮光格栅、保护玻璃、灯具保护网等。

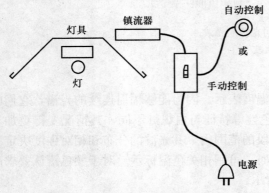

图 3-21　人工照明装置的组成部分

（来源：文献［13]）

3.2.1　灯具的光特性

（1）配光曲线

一旦把一盏灯点亮，灯光就会以灯丝为中心，向四面八方扩散出去，就像膨胀起来的大气球一样。正如气球有各种各样的形状和大小，从光源和照明灯具放射出来的光，也有各种各样的形状和大小。虽然光的形状不能直接用眼睛看到，但可以借助"配光曲线"使光图形化。

配光曲线是光源发光强度矢量终端的连线被平面切割后所呈现的图线，可以以极坐标的形式绘制，也可以以直角坐标的形式绘制。以极坐标为例，将光源作为极坐标的中心，以极坐标的角度表示光线在空间的分布，如图 3-22 所示，以极坐标矢量的长度表示该方向上光强的大小，那么，把发光强度的矢量终端连接起来，就会构成一个封闭的光强体。当光强体被一个垂直平面切割时，在平面上将获得一封闭的交线，这就是灯具的极坐标配光曲线，如图 3-23 所示。以一定比例的光强值为半径作绘制一系列同心圆表示等光强线，就可以读出光源在每个方向的发光强度值。图 3-24 则是扁圆吸顶灯外形以及配光曲线。

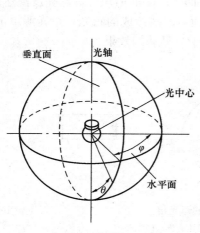

图 3-22　配光曲线坐标体系
（来源：自绘）

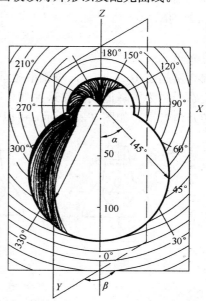

图 3-23　灯具的配光曲线
（来源：文献 [3]）

配光曲线上的每一点，表示灯具在该方向上的发光强度，离开光源越远的点表示该处的发光强度越大。知道灯具对计算点的投光角 α，就可查到相应的发光强度 I_α，利用公式（1-7）可求出点光源在计算点上形成的照度。例如对于扁圆形吸顶灯，投光角为 0°的方向，即灯具的正下方，发光强度约为 130cd，而投光角为 30°时，发光强度为 110cd（图 3-24）。

为了使用方便，配光曲线通常按光源发出的光通量为 1000lm 来绘制。故实际光源发出的光通量不是 1000lm 时，对查出的发光强度，应乘一修正系数，即实际光源发出的光通量

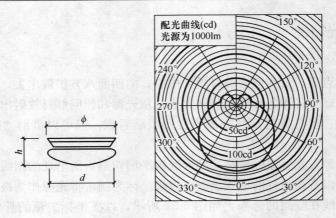

图 3-24 扁圆型灯具的外形及配光曲线

（来源：文献［3］）

与 1000lm 之比值。

对于非对称配光的灯具，则用一组曲线来表示不同剖面的配光情况。荧光灯灯具常用两根曲线分别给出平行于灯管（"//"符号）和垂直于灯管（"⊥"符号）剖面光强分布。

（2）遮光角

当光源亮度超过 16sb 时，人眼就不能忍受，而 100W 的白炽灯灯丝亮度高达数百熙提，人眼更不能忍受。为了降低或消除这种高亮度表面对眼睛造成的眩光，给光源罩上一个不透光材料做的开口灯罩，如图 3-25 所示，可以收到十分显著的效果。

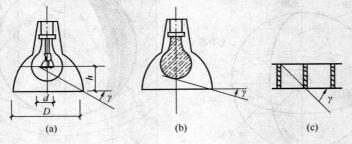

图 3-25 灯具的遮光角

（a）普通灯泡；（b）乳白灯泡；（c）挡光格片

（来源：文献［3］）

为了说明某一灯具的防止眩光范围，就用遮光角 γ 来衡量，灯具遮光角是指光源最边缘一点和灯具出光口的连线与水平线之间的夹角（图 3-25），可用下式来表示。

$$\tan \gamma = \frac{2h}{D+d} \tag{3-1}$$

灯具的保护角越大，光分布就越窄，效率也随之降低。综合考虑眩光和灯具利用效率两方面的因素，对于一般灯具选取 15°～30°的遮光角，格栅灯具选择 25°～30°的遮光角比较适宜。

当灯罩用半透明材料做成，即使有一定遮光角，但由于它本身具有一定亮度，仍可能成为眩光光源，故应限制其表面亮度值。

（3）灯具效率

任何材料制成的灯罩，对于投射在其表面的光通量都要被它吸收一部分，光源本身也要吸收少量的反射光（灯罩内表面的反射光），余下的才是灯具向周围空间投射的光通量。在相同的使用条件下，灯具发出的总光通量 Φ 与灯具内所有光源发出的总光通量 Φ_Q 之比，称为灯具效率也称为灯具光输出比，即

$$\eta = \frac{\Phi}{\Phi_Q} \times 100\% \tag{3-2}$$

显然 η 是小于 1 的。灯具效率是灯具的主要质量指标之一，它取决于灯罩开口的大小和灯罩材料的光反射比、光透射比。在满足使用要求的前提下，应选择配光特征合理、灯具效率高的灯具。灯具效率值一般用实验方法测出，列于灯具说明书中。

3.2.2 灯具分类

建筑照明设计中用到的灯具种类非常丰富，这些灯具在不同场合有不同的分类方法。例如，按照光通量的分布状况又可以分为从直接到间接的不同类型；而按照安装方式的不同，可以将灯具分为吸顶灯具、嵌入式灯具、壁灯、悬挂式灯具以及移动式灯具等。

1）按光通量的分布状况分类

以光源为中心，按照光通量在上、下半球的分布，国际照明委员会将灯具划分为五类：直接型、半直接型、漫射型、半间接型、间接型，见表 3-6。各类灯具在照明方面的特点如下：

表 3-6 灯具类型

灯具类别		直接型	半直接型	漫射（直接-间接）型	半间接型	间接型
光强分布						
光通量分布	上	0～10	10～40	40～60	60～90	90～100
	下	100～90	90～60	60～40	40～10	10～0

（1）直接型灯具

直接型灯具是能向灯具下部发射 90%～100% 直接光通量的灯具。灯罩常由反光性能良好的不透光材料做成（如搪瓷、铝、镜面等）。灯具外形及配光曲线见图 3-26。按其光通量分配的宽窄，又可分为广阔（I_{max} 在 50°～90° 范围内）、均匀（$I_0 = I_a$）、余弦（$I_a = I_0 \cos\alpha$）和窄（I_{max} 在 0°～40° 范围内）配光，见图 3-27。图 3-26（c）（f）能将光线集中在轴线附近的狭小立体角范围内，它适用于层高较高的建筑中。图 3-26（a）所示为用扩散

反光材料或均匀扩散材料都可制成余弦配光的灯具。广阔配光的直接型灯具，适用于广场和道路照明。

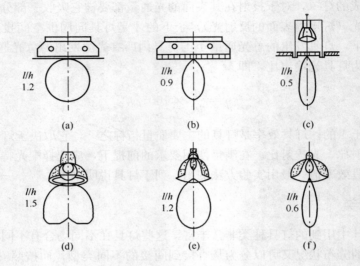

图 3-26　直接型灯具及其配光曲线
(a)(b) 荧光灯灯具；(c) 反射型灯具；(d)(e)(f) 白炽灯或高强气体放电灯具
l—灯的距离；h—灯具与工作面的距离
（来源：文献［3］）

直接型灯具虽然效率较高，由于灯具的上半部几乎没有光线，顶棚很暗，它和明亮的灯具开口形成严重的亮度对比，又因光线方向性强，所以阴影浓重。当工作物受几个光源同时照射时，如处理不当就会造成阴影重叠，影响视看效果。

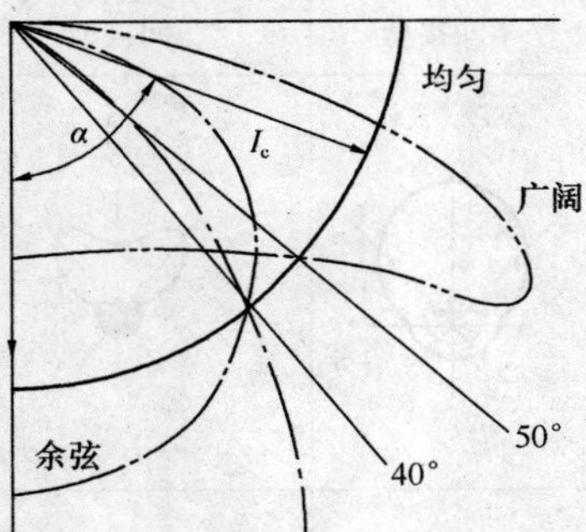

（2）半直接型灯具

为了改善室内的空间亮度分布，使部分光通量射向上半球，减小灯具与顶棚间的强烈的亮度对比，常用半透明材料作灯罩或在不透明灯罩上部开透光缝，这就形成半直接型灯具，如图 3-28 所示，半直接型灯具就是能向灯具下部发射 60％ ～90％ 直接光通量的灯具。这一类灯具下面的开口能把较多的光线集中照射到工作面，具有直接型灯具的优点；又有部分光通量射向顶棚，使空间环境得到适当照明，改善了房间的亮度对比。

图 3-27　直接型灯具配光分类
（来源：文献［3］）

（3）漫射型灯具

漫射型灯具就是能向灯具下部发射 40％ ～60％ 直接光通量的灯具。此类灯具的灯罩，多用扩散透光材料制成，上、下半球分配的光通量相差不大，因而室内得到优良的亮度分布。漫射型灯具通常在一个透光率很低或不透光的上下都有开口的灯罩里，上、下各安装一个灯泡。上面的灯泡照亮顶棚，使室内获得一定的反射光；下面的灯泡则用来直接照亮工作面，使之获得高的照度，但总体光利用率比较低，如图 3-29 所示。

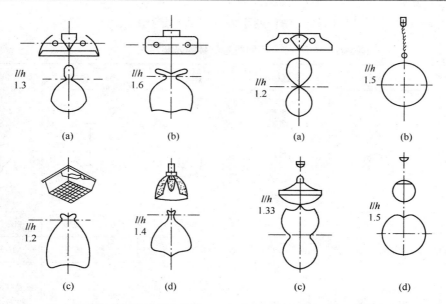

图 3-28 半直接型灯具及配光曲线
（来源：文献 [3]）

图 3-29 漫射型灯具外形及配光曲线
（来源：文献 [3]）

（4）半间接型灯具

半间接型灯具就是能向灯具下部发射 10% ～40% 直接光通量的灯具。这种灯具的上半部是透明的（或敞开），下半部是扩散透光材料。上半部的光通量占总光通量的 60% 以上，房间的光线更均匀、柔和（图 3-30）。这种灯具在使用过程中，透明部分很容易积尘，使灯具的效率降低。

（5）间接型灯具

间接型灯具就只能向灯具下部发射 10% 以下的直接光通量的灯具（图 3-31）。它的下半部用不透光材料做成，几乎全部光线（90%～100%）都射向上半球。由于光线是经顶棚反射到工作面，因此扩散性很好，光线柔和而均匀，并且完全避免了灯具的眩光问题。但因有用的光线全部来自反射光，故利用率很低，且照明缺乏立体感。此类灯具一般用于希望全室均匀照明、光线柔和宜人的情况，如医院和一些公共建筑较为适宜。

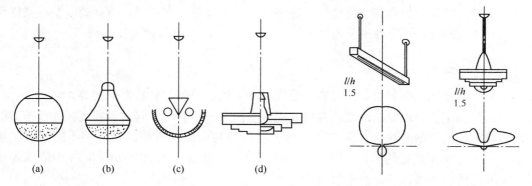

图 3-30 半间接型灯具的外形
（来源：文献 [3]）

图 3-31 间接型灯具外形及配光曲线
（来源：文献 [3]）

现将上述几种类型灯具的特性综合列于表 3-7，以便于比较。

表 3-7 不同类型灯具的光照特性

分类	直接型	半直接型	漫射型	半间接型	间接型
灯具光分布					
上半球光通量	0%～10%	10%～40%	40%～60%	60%～90%	90%～100%
下半球光通量	100%～90%	90%～60%	60%～40%	40%～10%	10%～0%
光照特征	灯具效率高；室内表面的光反射比对照度影响小；设备投资少；维护使用费少	灯具效率中等；室内表面的光反射比影响照度中等；设备投资中等；维护使用费中等			光线柔和；灯具效率低；室内表面的光反射比影响照度大；设备投资少；维护使用费少

2）按安装方式分类

（1）吸顶灯，直接安装在顶棚上的灯具。常用于大厅、门厅、走廊、楼梯及办公室、会议室等场所。

（2）嵌入式顶棚灯，灯具可嵌入顶棚内，用于多种场合有装饰吊顶的场所。

（3）壁灯，安装在墙壁上的灯具，主要作为室内装饰，兼作辅助性照明。

（4）吊灯，用软线、链条或钢管等将灯具从顶棚吊下，这种灯具主要用于装饰，花样品种十分繁多，广泛应用于酒店、餐厅、会议厅和居民住宅等场所。

（5）嵌墙灯，将灯具嵌入墙体，多用于应急疏散指示照明或酒店等场合作为脚灯。

（6）移动式灯具，如台灯、落地灯、床头灯、轨道灯等。它可以自由移动以获得局部高照度，同时作为装饰，可以改变室内气氛。

3.2.3 灯具附件

灯具附件主要包括折射器、反射器、遮光格栅、保护玻璃、灯具保护网等。

折射器是利用折射现象来改变光源的光通量空间分布的装置。其主要安装在光源前方的灯具出口面上，来控制光线方向和亮度。折射器一般是用玻璃或塑料做成的不同形状的棱镜，如图 3-32。利用棱镜的形状，可以对灯具的出射光线进行控制，如图 3-33 中的菲涅尔棱镜内平外凸的形状可以将光线折射成平行光线。

反射器是利用反射现象来改变光源的光通量空间分布的装置。目前，大多选用铝材（高纯铝或合金铝板）制作混光灯具反射器，少量选用不锈钢板，如图 3-34 所示。

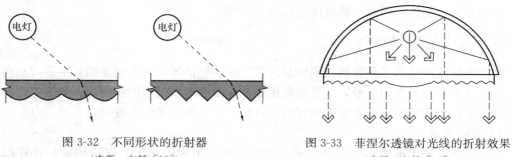

图 3-32 不同形状的折射器
（来源：文献［13］）

图 3-33 菲涅尔透镜对光线的折射效果
（来源：文献［13］）

遮光格栅（图 3-35）所示是由半透明或不透明组件构成的遮光体，组件的几何布置应使在给定的角度内看不见灯光。格栅的形状有正方形、长方形、抛物线形、菱形和波浪形等。

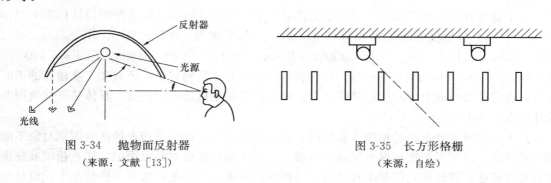

图 3-34 抛物面反射器
（来源：文献［13］）

图 3-35 长方形格栅
（来源：自绘）

3.3 室内工作照明设计

照明设计总的目的是在室内造成一个人为的光环境，满足人们生活、学习、工作等要求。以满足视觉工作要求为主的室内工作照明，多从功能方面来考虑，如工厂、学校等场所的照明。另一种是以艺术环境观感为主，为人们提供舒适的休息和娱乐场所的照明，如大型公共建筑门厅，休息厅等，它除满足视觉功能外，还应强调它们的艺术效果。

工作照明设计，可分下列几个步骤进行。

A：明确空间的功能属性，掌握空间的具体要素，明确照明设计目的以及照明质量标准；

B：选择照明方式；

C：选择光源和灯具；

D：布置灯具；

E：进行照明计算；

F：评定照明质量；

G：如满足照明要求，则可以进行后期的电气设计、绘制工程图纸，如不满足照明要求，则重新进行步骤 B~F，直至达到照明设计要求；

H：工程竣工后对建筑光环境进行测量与鉴定。

下面对室内工作照明设计的具体过程进行介绍。

3.3.1 明确照明质量标准

照明质量标准是为了使建筑照明满足人们工作、生活等需要而制定的，主要包括两个方面，第一方面是涉及照明数量，主要是限定作业面或参考平面上的照度值；第二方面是照明质量，主要从生理和心理效果方面来评价光环境，关注光环境的亮度分布状况。

1）照明数量

照度虽然是决定被照物体明亮程度的间接指标，但由于亮度的现场测量和计算都较复杂，故照明设计相关标准规定的是作业面①或参考平面②的照度值（国际上也是如此）。CIE在 1986 年正式出版物《室内照明指南》中指出，辨认人的脸部特征的最低亮度约需 1cd/m^2，此时需要的一般照明的水平标准约为 20lx，因此将 20lx 作为所有非工作房间的最低照度值。

为了适合我国的经济发展状况和电力供应水平，我国现行的《建筑照明设计标准》（GB 50034—2004）将照度分级向低延伸到 0.5 lx，照度等级为：0.5lx、1lx、3lx、5lx、10lx、15lx、20lx、30lx、50lx、75lx、100lx、150lx、200lx、300lx、500lx、750lx，1000lx、1500lx、2000lx、3000lx 和 5000 lx。针对新建、改建和扩建的居住、公共和工业建筑的不同场所，规定了参考面上的照度标准值，为照明设计提供了可遵循的依据，具体见《建筑照明设计标准》（GB 50034—2004）。

对于一些视觉要求高的精细作业场所、连续长时间紧张的视觉作业场所或识别对象不断移动的场所，可参考照度标准分级提高一级。而对于那些作业时间很短的、作业精度或速度无关紧要或建筑等级和功能要求较低时，可按照度标准分级降低一级。一般情况下，设计照度值与照度标准值相比较，可有−10％ ～ ＋10％的偏差。

2）照明质量

眩光、颜色、均匀度、亮度分布等都明显地影响可见度，影响容易、正确、迅速地观看的能力，所以照明质量也受这些因素的影响。

（1）眩光

眩光是评价照明环境质量的重要指标之一。在室内环境中，光源或灯具等可能引起直接眩光，而由反射比高的表面的镜面反射可能引起反射眩光，作业本身的镜面反射与漫反射重叠出现时还可能引起光幕反射，任何方式引起的眩光对人的生理和心理都会有明显的危害。

按照眩光造成的后果，眩光又可以分为失能眩光和不舒适眩光。不舒适眩光就是产生不舒适感觉，但并不一定降低视觉对象可见度的眩光。在公共建筑和工业建筑常用房间或场所中的不舒适眩光应采用统一眩光值（UGR）评价，并使最大允许值（UGR 计算值）符合建筑照明设计标准中的相应值规定。凡是控制不舒适眩光的措施，一般均有利于消除失能眩光。

照明场所的统一眩光值应按下式计算：

---

① 作业面——在其表面上进行工作的平面。

② 参考平面——测试或规定照度的平面。

$$UGR = 8\lg \frac{0.25}{L_b} \sum \frac{L_{ti} \cdot \Omega_i}{P_i}$$　　　　（3-3）

式中，L_b——背景亮度（cd/m²）；

　　　L_{ti}——观察者方向第 i 个灯具的亮度（cd/m²）；

　　　Ω_i——第 i 个灯具发光部分对观察者眼睛所形成的立体角（sr）；

　　　P_i——第 i 个灯具的位置指数，且由本篇附录 4 确定。

统一眩光值是度量处于视觉环境（视野中除观察目标以外的周围部分）中的照明装置发出的光对人眼引起不舒适感主观反应的心理参量。工程实践证明，统一眩光值越低，说明对眩光的控制越好。表 3-8 给出了主观眩光程度与统一眩光值的对比。

表 3-8　眩光程度与统一眩光值（UGR 值）的对比

UGR	对应眩光程度的描述	视觉要求和场所示例
<13	没有眩光	手术台、精细视觉作业
13～16	开始有感觉	使用视频终端、绘图室、精品展厅、珠宝柜台、控制室、颜色检验
17～19	引起注意	办公室、会议室、教室、一般展室、休息厅、阅览室、病房
20～22	引起轻度不适	门厅、营业厅、候车厅、观众厅、厨房、自选商场、餐厅、自动扶梯
23～25	不舒适	档案室、走廊、泵房、变电所、大件库房、交通建筑的入口大厅
26～28	很不舒适	售票厅、较短的通道、演播室、候车区

为了提高室内照明质量，不但要限制直接眩光，而且还要限制工作面上的反射眩光和光幕反射。

① 直接眩光。工程实践表明，直接眩光是随光源亮度的增高和光源同眼睛构成的立体角加大而加重（图 3-36），同时又随光源与视线的夹角增大及背景亮度的增高而减弱，为了降低或消除直接型灯具对人眼造成的直接眩光，应使灯具的遮光角不小于表 3-9 的数值。同时，选用表面亮度较低、配光合理的光源及灯具。合理地选择灯具的悬挂高度；当房间的长和宽一定时，灯具安装得越高，产生眩光的可能性就越小。

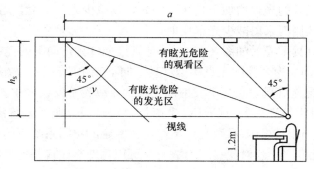

图 3-36　房间尺寸和灯具的安装高度与眩光的关系

（来源：文献 [17]）

表 3-9　直接型灯具的遮光角

光源平均亮度（kcd/m²）	遮光角（°）	光源平均亮度（kcd/m²）	遮光角（°）
1～20	10	50～500	20
20～50	15	≥500	30

② 反射眩光。反射眩光既引起不舒适感，又分散注意力。如它处于被看物件的旁边时，还会引起该物件的可见度下降。

③ 光幕反射。光幕反射是由于视觉对象的规则反射，使视觉对象的对比降低，以致部分地或全部地难以看清细部。它就是在视觉作业上规则反射与漫反射重叠出现的现象。当反射影像出现在观察对象上，物件的亮度对比下降，可见度变坏，好像给物件罩上一层"光幕"一样。光幕反射降低了作业与背景之间的亮度对比，致使部分地或全部地看不清它的细节。例如在有光纸上的黑色印刷符号，如光源、纸、观察人三者之间位置不当，就会产生光幕反射，使可见度下降，如图 3-37 所示。图 3-37（a）是当投光灯放在照相机（眼睛位置）后面，这位置使有光纸上的光幕反射效应最小；图 3-37（b）是当暗槽灯处于上前方干扰区内，这时在同一纸上的印刷符号的亮度对比减弱，但不明显；图 3-37（c），显示的是同一有光纸，但聚光灯位于干扰区内，这时光幕反射得最厉害，可见度下降。

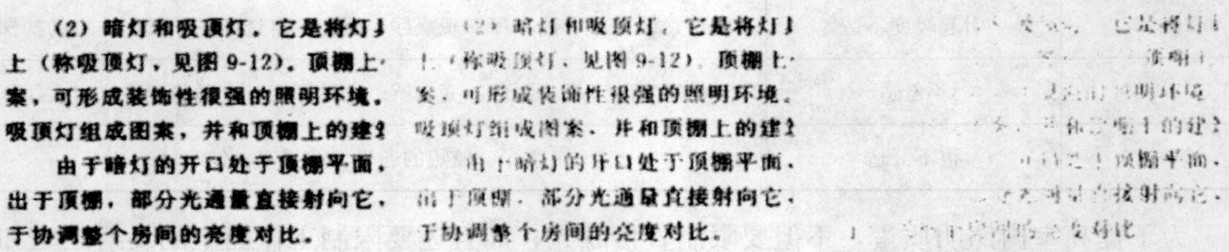

(a)　　　　　　　　　　(b)　　　　　　　　　　(c)

图 3-37　光幕反射对可见度的影响
（来源：文献［3］）

减弱光幕反射的措施有：

① 尽可能使用无光纸和不闪光墨水，使视觉作业和作业房间内的表面为无光泽的表面；

② 提高照度以弥补亮度对比的损失，不过这种做法在经济上可能是不合算的；

③ 减少来自干扰区的光，增加干扰区外的光，以减少光幕反射，增加有效照度；

④ 尽量使光线从侧面来以减少光幕反射；

⑤ 采用合理的灯具配光。如图 3-38（a）是直接型灯具，向下的光很强，易形成严重的光幕反射；图 3-38（b）为余弦配光直接型灯具，向下光相应减少，故光幕反射减轻；图 3-38（c）为蝙蝠翼形配光灯具，它向下发射的光很少，故光幕反射最小。

光幕反射可用对比显现因数（CRF）来衡量，它是评价照明系统所产生的光幕反射对作业可见度影响的一个因数。该系数是一项作业在给定的照明系统下的可见度与该作业在参考照明条件下的可见度之比。对比显现因数通常可用亮度对比代替可见度求得：

$$CRF = \frac{C}{C_r} \tag{3-4}$$

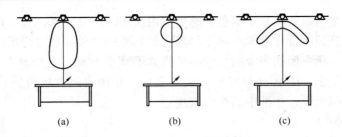

图 3-38　灯具配光对光幕反射的影响

（来源：文献［3］）

式中，CRF ——对比显现因数；

　　　C ——实际照明条件下的亮度对比；

　　　C_r ——参考照明条件下的亮度对比。

参考照明是一种理想的漫射照明，如内表面亮度均匀的球面照明，将作业置于球心就形成这种参考照明条件，在该条件下测得的亮度对比即为 C_r。

（2）光源颜色

光源的颜色特征不同对照明质量的影响很大。光源颜色特征主要包含光源的色温和显色性两个方面。

光环境所要形成的气氛与光源的色温有很大的关系，光源的相关色温不同，产生的冷暖感也不同。当光源的相关色温大于 5300K 时，人们会产生冷的感觉；当光源的相关色温小于 3300K 时，人们会产生暖和的感觉，光源的相关色温和主观感觉效果以及适用场合如表 3-10 所示。

表 3-10　光源色表分组

色表分组	色表特征	相关色温（K）	适合场所举例
I	暖	<3300	客房、卧室、病房、酒吧、餐厅
II	中间	3300~5300	办公室、教室、阅览室、诊室、检验室等
III	冷	>5300	热加工车间、高照度场所

光源的颜色主观感觉效果还与照明水平有关。在低照度下，采用低色温光源为佳；随着照明水平的提高，光源的相关色温也应相应提高。表 3-11 说明观察者在不同照度下，光源的相关色温与感觉的关系。

表 3-11　不同照度下光源的相关色温与感觉的关系

照度（lx）	光源色的感觉		
	低色温	中等色温	高色温
≤500	舒适	中等	冷
500~1000	∫	∫	∫
1000~2000	刺激	舒适	中等
2000~3000	∫	∫	∫
≥3000	不自然	刺激	舒适

良好的显色性是明辨物体真实颜色、感受室内氛围的重要因素。为了正确地利用光源的显色性，我国《建筑照明设计标准》对不同场所的光源的显色指数进行了规定。对于长期工作或停留的房间或场所，照明光源的一般显色指数不宜小于 80。在灯具安装高度大于 6m 的工业建筑的场所可低于 80，但必须能够辨别安全色。常用房间或场所的一般显色指数最小允许值应符合建筑照明设计标准中的相应值规定。

（3）照明的均匀度

实践证明，若参考平面上各处的照度值相差较大时，人眼就会因频繁的明暗适应而造成视觉疲劳。所以，在一般照明情况下，处理要求参考平面上具有合理的照度外，还应该要求有一定的照度均匀度。特别是在教室、办公室一类长时间使用视力工作的场所中，工作面的照明应该非常均匀。公共建筑的工作房间和工业建筑作业区域内的一般照明照度均匀度，即规定表面上的最小照度与平均照度之比不应小于 0.7，而作业面邻近周围的照度均匀度不应小于 0.5。房间或场所内的通道和其他非作业区域的一般照明的照度值不宜低于作业区域一般照明照度值的 1/3。

（4）反射比

当视场内各表面的亮度比较均匀，人眼视看才会达到最舒服和最有效率的结果，故希望室内各表面亮度保持一定比例。为了获得建议的亮度比，必须使室内各表面具有适当的光反射比。表 2-3（室内各表面的光反射比）推荐的工作房间表面的光反射比对于长时间连续作业的房间是适宜的。

（5）照明的稳定性

照明的不稳定性主要是由于光源的光通量的变化导致了工作环境中亮度发生变化。视野内的这种忽亮忽暗的照明使人被迫产生视力跟随适应，如果这种跟随适应次数增多，将使视力降低；如果光环境中的照度在短时间内迅速发生变化，还会在心理上分散人们的注意力，使人感到烦躁，从而影响生活、工作和学习。因此室内一般场所的照明应当具有稳定的照度。将照明供电线路和负荷变化大的电路分开，在一些场合避免采用有频闪效应的交流气体放电光源以及灯具安装时，避开气流扰动都可以有效地控制频闪效应。

3.3.2　选择照明方式

照明方式一般分为：一般照明、分区一般照明、局部照明、混合照明。其特点如下：

（1）一般照明。它是在工作场所内不考虑特殊的局部需要，为照亮整个场所而设置的均匀照明，如图 3-39（a）所示，灯具均匀分布在被照场所上空，在工作面上形成均匀的照度。这种照明方式，适合于对光的投射方向没有特殊要求，在工作面上没有特别需要提高可见度的工作点，以及工作点很密或不固定的场所。当房间高度大，照度要求又高时，单独采用一般照明，就会造成灯具过多，功率很大，导致投资和使用费都高，这是很不经济的。

（2）分区一般照明。对某一特定区域，如进行工作的地点，设计成不同的照度来照亮该区域的一般照明。例如在开敞式办公室中有办公区、休息区等，它们要求不同的一般照明的照度，就常采用这种照明方式，如图 3-39（b）所示。

（3）局部照明。它是在工作点附近，专门为照亮工作点而设置的照明装置，如图 3-39（c）所示，即为特定视觉工作用的、为照亮某个局部（通常限定在很小范围，如工作台面）

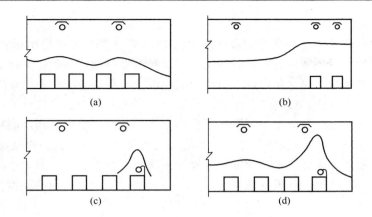

图 3-39　不同照明方式及照度分布

（a）一般照明；（b）分区一般照明；（c）局部照明；（d）混合照明

（来源：文献〔3〕）

的特殊需要而设置的照明。局部照明常设置在要求照度高或对光线方向性有特殊要求处。但在一个工作场所内不应只采用局部照明，因为这样会造成工作点与周围环境间极大的亮度对比，不利于视觉工作。

（4）混合照明。混合照明就是由一般照明与局部照明组成的照明。它是在同一工作场所，既设有一般照明，解决整个工作面的均匀照明；又有局部照明，以满足工作点的高照度和光方向的要求，如图 3-39（d）所示。在高照度时，这种照明方式是较经济的，也是目前工业建筑和照度要求较高的民用建筑（如图书馆）中大量采用的照明方式。

3.3.3　光源和灯具的选择

1）光源的选择

不同光源在光谱特性、发光效率、使用条件和价格上都有各自的特点，选择光源时，应首先明确照明设施的目的和用途。其次，还应考虑环境的影响，不同的环境条件往往限制一些光源的使用，例如低温场所不宜选用配有电感镇流器的预热式荧光灯管，以免启动困难；空调房间不宜选用发热量大的白炽灯和卤钨灯等，以减少空调用电量。另外，投资和运行费用也是选择光源时应该考虑的因素。所以光源的选择是对显色性、启动时间、光源效率、寿命和价格等因素进行综合分析的结果。具体考虑因素见 3.1.4 小节。

在进行照明设计时，可遵循以下基本原则：

（1）高度较低房间，如办公室、教室、会议室及仪表、电子等生产车间宜采用细管径直管形荧光灯；

（2）商店营业厅宜采用细管径直管形荧光灯、紧凑型荧光灯或小功率的金属卤化物灯；

（3）高度较高的工业厂房，应按照生产使用要求，采用金属卤化物灯或高压钠灯，亦可采用大功率细管径荧光灯；

（4）一般照明场所不宜采用荧光高压汞灯，不应采用自镇流荧光高压汞灯；

（5）一般情况下，室内外照明不应采用普通照明白炽灯；在特殊情况下需采用时，其额定功率不应超过 100W。

2）灯具的选择

由于现代建筑的多样性、功能的复杂性和环境的差异性，很难给出选择灯具的统一要求。这就要求设计人员要掌握各类灯具的光学特征和电器特征，熟悉各类建筑物的功能及其对照明的要求，加强与建筑专业设计人员的沟通和配合，综合考虑照明设计要求、使用空间和环境、灯具安装与维护、灯具的效率和运行费用等因素，以期获得良好的效果。

不同灯具的光通量空间分布不同，在工作面上形成的照度值也不同，而且形成不同的亮度分布，产生完全不同的主观感觉。图 3-40 给出三种不同类型灯具：直接型灯具（暗灯），均匀扩散型（乳白玻璃球灯）和格片发光天棚（直接均匀配光）在不同大小的房间，不同的地面反射，当地面照度为 100 英尺烛光（约 1076lx）时，室内各表面的亮度比。

从图中可看出：

（1）房间大小影响室内亮度分布，特别是在直接型窄配光灯具时；

（2）在使用直接型灯具时，地面光反射比对顶棚亮度起很大作用，而对其他两种则作用很小；

（3）室内墙面亮度绝对值，以（a）时最暗，（b）时最亮，这对评价室内空间光的丰满度起很大作用；

（4）从室内亮度均匀度来看也是以（b）为最佳。

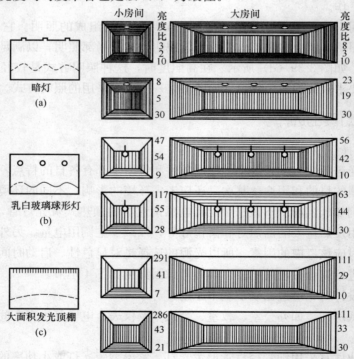

图 3-40　不同类型灯具对室内亮度分布的影响

光反射比：墙 0.50，顶棚 0.80，地面 0.30 和 0.10；室内地面照度均为 1076lx。

（来源：文献［3］）

再从室内工作面上直射光和反射光比来看，不同灯具会得出不同结果。表 3-12 给出不同灯具在不同条件下的直射光与反射光的比例。从表中可看出，他们之间有很大区别。这对于亮度分布、阴影浓淡、眩光的评价都有很大关系。这里室内表面光反射比的大小起很大作用，特别是在房间内采用直接型灯具照明时。

在选择灯具时为了达到照明节能目的，在满足眩光限制和配光要求条件下，应选用效率高的灯具。荧光灯灯具的效率不应低于表 3-13 中数值，高强度气体放电灯具的效率不应低于表 3-14 中的数值。

表 3-12　不同灯具类型在工作面上获得的直射光、反射光比例

灯具类型	直射光、反射光（来自顶棚、墙面）			
	小的房间		大的房间	
	浅色	深色	浅色	深色
直接	2.0：1	15：1	20：1	150：1
半直接	1.5：1	5：1	4：1	12：1
均匀扩散	0.5：1	2：1	1：1	4：1
	浅色	中等	浅色	中等
半直接	0.2：1	0.35：1	0.45：1	0.65：1
直接	无直射光	无直射光	无直射光	无直射光

表 3-13　荧光灯灯具的效率

灯具出光口形式	开敞式	保护罩（玻璃或塑料）		格　栅
		透明	磨砂、棱镜	
灯具效率	70%	65%	55%	60%

表 3-14　高强气体放电灯灯具的效率

灯具出光口形式	开敞式	格栅或透光罩
灯具效率	75%	60%

3.3.4　灯具的布置

灯具的布置主要包括灯具的悬挂高度和平面的布置两个内容。灯具的布置需要考虑建筑及结构形式、工艺设备、管道布置、安装维护、使用安全、整齐美观等方面的因素。一般应满足以下要求：

（1）灯具布置是否满足生产工作、活动方式的需要；

（2）一般照明的被照面，其照度分布是否均匀；

（3）灯具引起眩光的程度；

（4）灯具布置的艺术效果是否与建筑物协调；

（5）灯具布置产生的心理效果及造成的环境气氛；

（6）灯具是否便于安装、检修和维护；

（7）灯具安装是否符合电气安全的要求。

布置过程中，距高比是主要控制指标。所谓距高比是指灯具的间距（l）和灯具的计算高度 h_{rc} 的比值。矩高比 l/h_{rc} 越小，均匀度越好。距高比随灯具的配光不同而异，具体值见有关灯具手册。

3.3.5 照明计算

明确了设计对象的视看特点，选择了合适的照明方式，确定了需要的照度和各种质量指标，以及相应的光源和灯具之后，就可以进行照明计算，求出需要的光源功率，或按预定功率核算照度是否达到要求。

如果以整个被照平面为对象，按被照面所得到的光通量（直射分量和反射分量）除以被照面面积来就得到了该平面的平均照度。在室内一般照明系统中，由于大多数情况下都要求被照面上具有较为均匀的照度，因而照明设计标准中多以被照面上的平均照度值为指标来评价照明的数量和质量。

被照面的平均照度可以采用利用系数法来计算。利用系数 C_u 就等于光源实际投射到工作面上的有效光通量（Φ_u）和全部灯的额定光通量（$N\Phi$）之比，这里 N 为灯的个数，它反映了光源光通量被利用的程度。

$$C_u = \frac{\Phi_u}{N\Phi} \tag{3-5}$$

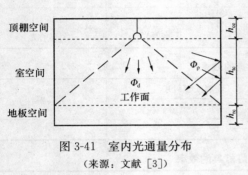

图 3-41　室内光通量分布
（来源：文献 [3]）

利用系数法的基本原理如图 3-41 所示。图中表示光源光通量分布情况。从某一个光源发出的光通量中，在灯罩内损失了一部分，当射入室内空间时，一部分直达工作面（Φ_d），形成直射光照度；另一部分射到室内其他表面上，经过一次或多次反射才射到工作面上（Φ_p），形式反射光照度。光源实际投射到工作面上的有效光通量（Φ_u）为：

$$\Phi_u = \Phi_d + \Phi_p$$

很明显，Φ_u 愈大，表示光源发出的光通量被利用得愈多，利用系数 C_u 值越大。根据上面分析可见，C_u 值的大小与下列因素有关：

（1）灯具类型和照明方式。射到工作面上的光通量中，Φ_d 是无损耗地到达，故 Φ_d 愈大，C_u 值愈高。单纯从光的利用率讲，直接型灯具较其他型灯具有利。

（2）灯具效率 η。光源发出的光通量，只有一部分射出灯具，灯具效率愈高，工作面上获得的光通量越多。

（3）房间尺寸。工作面与房间其他表面相比的比值越大，接受直接光通量的机会就愈多，利用系数就越大，这里用室空间比（RCR）来表征这一特性：

$$RCR = \frac{5h_{rc}(l+b)}{lb} \tag{3-6}$$

式中，h_{rc}——灯具至工作面的高度（m）；

l、b——房间的长和宽（m）。

从图 3-42 可看出：同一灯具，放在不同尺度的房间内，Φ_d 就不同。在宽而矮的房间中，Φ_d 就大。

（4）室内顶棚、墙、地板、设备的光反射比。光反射比愈高，反射光照度增加得愈多。

只要知道灯具的利用系数和光源发出的光通量，我们就可以通过下式算出房间内工作面

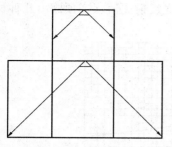

图 3-42　房间尺度与 Φ_d 的关系
（来源：文献 [3]）

上的平均照度：

$$E = \frac{\Phi_u}{lb} = \frac{NC_u\Phi}{lb} = \frac{NC_u\Phi}{A}$$

换言之，如需要知道达到某一照度要求安装多大功率的灯泡（即发出光通量）时，则可将上式改写为：

$$\Phi = \frac{AE}{NC_u}$$

照明设施在使用过程中要遭受污染，光源要衰减等，因此照度下降，故在照明设计时，应将初始照度提高，即将照度标准值除以表 3-15 所列维护系数 K。

因此利用系数法的照明计算式为：

$$\Phi = \frac{AE}{NC_uK} \tag{3-7}$$

式中，Φ——一个灯具内灯的总额定光通量，lm；

　　E——照明标准规定的平均照度值，lx；

　　A——工作面面积，m^2；

　　N——灯具个数；

　　C_u——利用系数（查表）；

　　K——维护系数（参见表 3-15）

表 3-15　维护系数

环境污染特征		房间或场所举例	灯具最少擦拭次数（次/年）	维护系数值
室内	清洁	卧室、办公室、餐厅、阅览室、教室、病房、客房、仪器仪表装配件、电子元器件装配间、检验室等	2	0.80
	一般	商店营业厅、候车室、影剧院、机械加工车间、机械装配车间、体育馆等	2	0.70
	污染严重	厨房、锻工车间、铸工车间、水泥车间等	3	0.60
室外		雨篷、站台	2	0.65

灯具的利用系数值参见附录 6，利用系数表中的 ρ_w，指室空间内的墙表面平均光反射比。计算方法与采光计算中求平均光反射比的加权平均法相同，只是这里不考虑顶棚和地面。

ρ_{cc} 系指灯具开口以上空间（即顶棚空间）的总反射能力，它与顶棚空间的几何尺寸（用顶棚空间比 CCR 来表示）以及顶棚空间中的墙、顶棚光反射比有关，CCR 按下式计算：

$$CCR = \frac{5h_{cc}(l+b)}{lb} \tag{3-8}$$

式中，h_{cc}——灯具开口至顶棚的高度（m）。

根据算出的 CCR 值和顶棚空间内顶棚和墙面光反射比（分别为 ρ_c，ρ_w），可从图 3-43 中查出顶棚的有效光反射比（ρ_{cc}）。如果采用吸顶灯，由于灯具的发光面几乎与顶棚表面平齐，故有效顶棚光反射比值就等于顶棚的光反射比值或顶棚的平均光反射比值（当顶棚由几种材料组成时）。

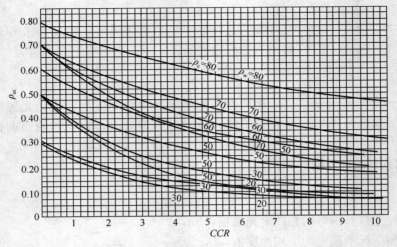

图 3-43　顶棚有效光反射比曲线
（来源：文献［3］）

3.4　环境照明设计

上面两节讲到照明设计如何满足生产、生活要求，主要是介绍功能方面的问题。但是，在建筑物内外的灯具不仅是一种技术装备，它还起一定的装饰作用。这种作用不仅通过灯具本身的造型和装饰表现出来，而且在一些艺术要求高的建筑物内外，还需要与建筑物的装修和构造处理有机地结合起来，利用不同的光分布和构图，形成特有的艺术气氛，以满足建筑物的艺术要求。这种与建筑本身有密切联系并突出艺术效果的照明设计，称为"环境照明设计"。这一节主要讲述室内环境照明设计，对于室外环境照明仅作简要介绍。

3.4.1　室内环境照明设计手法

一般来说，室内环境照明可以通过借助以下手段来实现：

1）灯具的艺术装饰处理

这种方法是将灯具进行艺术处理，使之具有各种形式以满足人们对美的要求。

（1）吊灯。吊灯是一种非常常见的灯具艺术处理方式，如图 3-44 所示。多数吊灯是由几个单灯组合而成，又在灯架上加以艺术处理，故其尺度较大，适用于层高较高的厅堂。若放在较矮的房间里，则显得太大，不适合。在层高较低的房间里，常采用其他灯具，如暗灯。

（2）暗灯和吸顶灯。它是将灯具放在顶棚里，称为暗灯，如图 3-45 左图所示；或紧贴在顶棚上，称吸顶灯，如图 3-45 右图所示。因此不占用室内空间，受层高限制小。顶棚上作一些线脚和装饰处理，与灯具相互合作，构成各种图案，可形成装饰性很强的照明环境。

图 3-44　吊灯的常见形式
（来源：文献［13］）

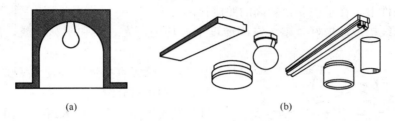

(a)　　　　　　　　　　　　　　(b)

图 3-45　暗灯和吸顶灯的常见形式
（a）暗灯（b）吸顶灯
（来源：文献［13］）

　　由于暗灯的开口处于顶棚平面，直射光无法射到顶棚，故顶棚较暗。而吸顶灯由于突出于顶棚，部分光通量直接射向它，增加了顶棚亮度，减弱了灯和顶棚间的亮度差，有利于协调整个房间的亮度对比。图 3-46 为暗灯和吊灯结合使用的情况，暗灯是主要的光源，吊灯主要作为装饰使用。

　　（3）壁灯。它是安装在墙上的灯，如图 3-47 所示，用来提高部分墙面亮度，主要以本身的亮度和灯具附近表面的亮度，在墙上形成亮度，以打破一大片墙的单调气氛，对室内照度的增加不起什么作用，故常用在一大片平坦的墙面上。也用于镜子的两侧或上面，既照亮人又防止反射眩光。

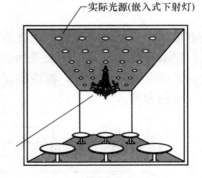

图 3-46　暗灯和吊灯结合使用的效果
（来源：文献［13］）

　　2）利用灯具的规律排布

　　在功能单一、面积较小的室内空间中，所使用的灯具类型和数量相对较少，而对于功能复杂的大空间，除了考虑灯具类型以外，还需要对数量颇多的灯具进行布局安排。例如，阵列式的布置方式具有稳定、平静之美；流线型布置具有韵律美；而分组错落布置则具有秩序美。在灯具的布置方面，应注意灯具之间的对比与协调、灯光扬与抑、虚与实、流动与静止以及灯光的层次感等方面的控制。

　　3）建筑化的大面积照明艺术处理

　　这是一种将光源隐蔽在建筑构件之中，并和建筑构件（顶棚、墙、梁、柱等）或者家具合成一体的照明形式。它可分为两大类：一类是透光的发光顶棚、光梁、光带等；另一类是反光的光檐、光龛、反光假梁等。他们的共同特点是：

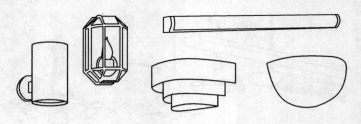

图 3-47　壁灯的常见形式
（来源：文献 [13]）

第一，发光体不再是分散的点光源，而扩大为发光带或发光面，因此能在保持发光表面亮度较低的条件下，在室内获得较高的照度；

第二，光线扩散性极好，整个空间照度十分均匀，光线柔和阴影浅淡，甚至完全没有阴影；

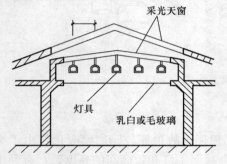

图 3-48　发光顶棚与采光天窗合用
（来源：文献 [3]）

第三，消除了直接眩光，大大减弱了反射眩光。下面分别进行介绍：

（1）发光顶棚。它是由天窗发展而来。为了保持稳定的照明条件，模仿天然采光的效果，在玻璃吊顶至天窗间的夹层里装灯，便构成发光顶棚。图 3-48 为常见的一种与采光窗合用的发光顶棚。

发光顶棚的构造方法有两种，一种是把灯直接安装在平整的楼板下表面，然后用钢框架做成吊顶棚的骨架，再铺上某种扩散透光材料，如图 3-49（a）所示。为了提高光效率，也可以使用反光罩，使光线更集中地投到发光顶棚的透光面上，如图 3-49（b）所示。也可把顶棚上面分为若干小空间，它本身既是反光罩，又兼作空调设备的送风或回风口。这样做有利于有效地利用反射光。无论上述何种方案，都应满足三个基本要求，即效率要高，发光表面亮度要均匀且维修、清扫方便。

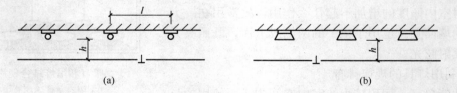

图 3-49　发光顶棚的做法
（a）无灯罩（b）有灯罩
（来源：文献 [3]）

发光顶棚效率的高低，取决于透光材料的光透射比和灯具结构。可采取下列措施来提高效率：加反光罩，使光通量全部投射到透光面上；设备层内表面（包括设备表面）保持高的光反射比，同时还要避免设备管道挡光；降低设备层层高，使灯靠近透光面。发光顶棚的效率，一般为 0.5，高的可达 0.8（图 3-50）。

发光表面的亮度应均匀，亮度不均匀的发光表面严重影响美观。标准人眼能觉察出不均

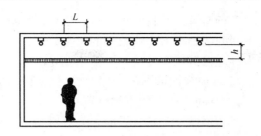

图 3-50 灯的间距 L 与它至发光顶棚表面的距离之比

（来源：文献 [13]）

匀的亮度比大于 $1:1.4$。为了不超过此界限，应使灯的间距 l 和它至顶棚表面的距离 h 之比 (l/h) 保持在一定范围内。适宜的 l/h 比值见表 3-16。

表 3-16 各种情况下适宜的 l/h 比

灯具类型	$\frac{L_{max}}{L_{min}} = 1.4$	$\frac{L_{max}}{L_{min}} \approx 1.0$
窄配光的镜面灯	0.9	0.7
点光源余弦配光灯具	1.5	1.0
点光源均匀配光和线光源余弦配光灯具	1.8	1.2
线光源均匀配光灯具（荧光灯管）	2.4	1.4

从表 3-18 中可看出，为了使发光表面亮度均匀，就需要把灯装得很密或者离透光面远些。当室内对照度要求不高时，需要的光源数量减少，灯的间距必然加大，为了照顾透光面亮度均匀，采取抬高灯的位置，或选用小功率灯泡等措施，都会降低效率，在经济上是不合理的。因此这种照明方式，只适用于照度较高的情况。如每平方米只装一支 40W 白炽灯，室内照度就可达到 120lx 以上。由此可见在低照度时，使用它是不合理的，这时可采用光梁或光带。

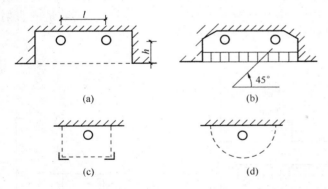

图 3-51 光梁和光带的构造简图
（a）和（b）光带 （c）和（d）光梁

（来源：文献 [3]）

（2）光梁和光带。将发光顶棚的宽度缩小为带状发光面，就成为光梁和光带。光带的发光表面与顶棚表面平齐，见图 3-51（a）（b），光梁则凸出于顶棚表面，见图 3-51（c）（d），他们的光学特性与发光顶棚相似。发光效率见表 3-17。

表 3-17 光带、光梁的光效率

序号（见图 3-51）	光效率
a	54
b	63
c	50
d	62

光带的轴线最好与外墙平行布置，并且使第一排光带尽量靠近窗子，这样人工光和天然光线方向一致，减少出现不利的阴影和不舒适眩光的机会。光带之间的间距应不超过发光表面到工作面距离的 1.3 倍为宜，以保持照度均匀。至于发光面的亮度均匀度，同发光顶棚一样，是由灯的间距（l）和灯至玻璃表面的高度（h）之比值来确定的。白炽灯泡的 l/h 值约为 2.5，荧光灯管为 2.0。由于空间小，一般不加灯罩。

光带的缺点：由于发光面和顶棚处于同一平面，无直射光射到顶棚上，使二者的亮度相差较大。为了改善这种状况，把发光面降低，使之突出于顶棚，这就形成光梁。光梁有部分直射光射到顶棚上，降低了顶棚和灯具间的亮度对比。

发光带由于面积小、灯密，因此表面亮度容易达到均匀。从提高效率的观点来看，采取缩小光带断面高度，并将断面做成平滑曲线，反射面保持高的光反射比，以及透光面有高的光透射比等措施是有利的。

（3）格片式发光顶棚。前面介绍的发光顶棚、光带，光梁，都存在表面亮度较大的问题。随着室内照度值的提高，就要求按比例地增加发光面的亮度。虽然在同等照度时与点光源比较，以上几种做法的发光面亮度，相对来说还是比较低的，如图 3-52 所示；但是如要达到几百勒克斯以上的照度，发光面仍然有相当高的亮度，易引起眩光。

为了解决这一矛盾，采用了许多办法，其中最常用的便是格片式发光顶棚。这种发光顶棚的构造见图 3-53，格片是用金属薄板或塑料板组成的网状结构。它的遮光角 γ 由格片的高（h'）和宽（b）形成，这不仅影响格片式发光顶棚的透光效率（γ 愈小，透光愈多），而且影响它的配光。随着遮光角的增大，配光也由宽变窄，格片的遮光角常做成 30°～45°。格片上方的光源，把一部分光直射到工作面上，另一部分则经过格片反射（不透光材料）或反射兼透射（扩散透光材料）后进入室内。因此格片顶棚除了反射光外，还有一定数量的直射光。它的光效率取决于遮光角 γ 和格片所用材料的光学性能。

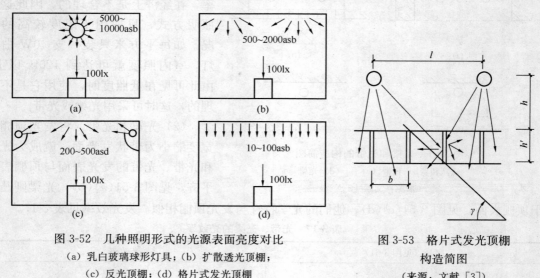

图 3-52　几种照明形式的光源表面亮度对比
（a）乳白玻璃球形灯具；（b）扩散透光顶棚；
（c）反光顶棚；（d）格片式发光顶棚
（来源：文献［3］）

图 3-53　格片式发光顶棚
构造简图
（来源：文献［3］）

格片顶棚除了亮度较低，并可根据不同材料和剖面形式来控制表面亮度的优点外，它还具有另外一些优点，如很容易通过调节格片与水平面的倾角，得到指向性的照度分布；直立格片比平放的发光顶棚积尘机会少；外观比透光材料做成的发光顶棚生动；亮度对比小。由于有以上的优点，格片顶棚照明形式，在现代建筑中极为流行。

格片多采用工厂预制、现场拼装的办法，所以使用方便。格片多以塑料、铝板为原材料，制成不同高、宽，不同孔形的组件，形成不同的遮光角和不同的表面亮度及不同的艺术效果，还可以用不同的表面加工处理，获得不同的颜色效果。图 3-54 表示几种不同孔洞的方案。

格片顶棚表面亮度的均匀性，也是由它上表面照度的均匀性来决定的，它随灯泡的间距（l）和它离格片的高度（h）而变。

（4）多功能发光综合顶棚。随着生产的发展、生活水平的提高，对室内照度的要求也日益提高，照明系统散发的大量热量，给房间的空调、防火等带来了新的问题。此外对声学方面的要求，也应予以充分注意，这些都要求建筑师对这些问题作综合的考虑。这就提出将顶棚做成一个具有多种功能的构件，把

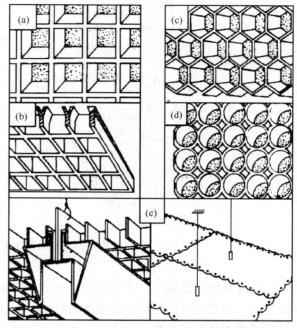

图 3-54 格片顶棚的几种形式和安装方法
(a) 风格状；(b) 抛物面剖面；(c) 蜂窝状；(d) 圆柱状；
(e) 安装方式
（来源：文献［3］）

建筑装修、照明、通风、声学、防火等功能都综合在统一的顶棚结构中。这样的体系不仅满足环境舒适、美观的需要，而且节省空间，减少构件数量，缩短建造时间，降低造价和运转费用，故已被广泛地应用于实际。

图 3-55 是多功能发光综合顶棚的处理实例，这里主要是将回风管与灯具联系起来，回风经灯具进入回风管，带走光源发出的热量，大大有利于室温控制，还可以利用回收的照明热量作其他用途。顶棚内还贴有吸声材料作吸声减噪用，并设置防火的探测系统和喷水器。

（5）反光照明设施。这是将光源隐藏在灯槽内，利用顶棚或别的表面（如墙面）做成反光表面的一种照明方式。它具有间接型灯具的特点，又是大面积光源，所以光的扩散性极好，可以使室内完全消除阴影和眩光，如图 3-56 所示。由于光源的面积大，只要布置方法正确，就可以取得预期的效果。光效率比单个间接型灯具高一

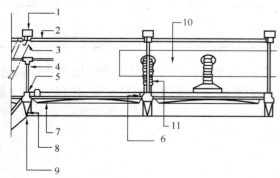

图 3-55 综合顶棚处理实例
1—各种线路综合管道；2—荧光灯管；3—灯座；4—喷水水管；5—支承管槽；6—铰链；7—刚性弧形扩散器；8—装有吸声材料的隔板；9—喷水头；10—供热通风管道；11—软管
（来源：文献［3］）

些。图 3-57 为几种反光顶棚的实例。

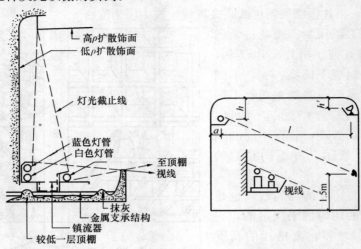

图 3-56　反光顶棚的构造及位置
（来源：文献 ［3］）

设计反光照明设施时，必须注意灯槽的位置及其断面的选择，反光面应具有很高的光反射比。以上因素不仅影响反光顶棚的光效率，而且还影响它的外观。影响外观的一个主要因素是反光面的亮度均匀性，因为同一个物体表面亮度不同，给人们的感觉也就不同。而亮度均匀性是由照度均匀性决定的，后者又与光源的配光情况和光源与反光面的距离有关，它是由灯槽和反光面的相对位置所决定。因此灯槽至反光面的高度（h）不能太小，应与反光面的宽（l）成一定比例。合适的比例见表 3-18。

表 3-18　反光顶棚的 l/h 值

光檐形式	灯具类型		
	无反光罩	扩散反光罩	投光灯
单边光檐	1.7～2.5	2.5～4.0	4.0～6.0
双边光檐	4.0～6.0	6.0～9.0	9.0～15.0
四边光檐	6.0～9.0	9.0～12.0	15.0～20.0

从上述得知，为了保持反光面亮度均匀，在房间面积较大时，就要求灯槽距顶棚较远，这就增加了房间层高。对于层高较低的房间，就很难保证必要的遮光角和均匀的亮度，一般是中间部分照度不足。为了弥补这个缺点，可以在中间加吊灯，也可以将顶棚划分为若干小格，这样 l 变小，因而 h 就可小一些，达到降低层高的目的，如图 3-57 （d）所示。

3.4.2　室内环境照明设计要点

使用者对空间体形的视觉感知，不仅来自物体本身的外形，而且也出自被光线"修饰"过的外形，突出的例子是人们利用光线使人或物出现或消失在舞台上。在建筑中，设计者可通过照明设施的布置，使某些表面被照明，突出它的存在；而将另一些处于暗处，使之后退，处于次要位置，用以达到预期的空间艺术效果。下面举一些例子来说明如何处理空间各

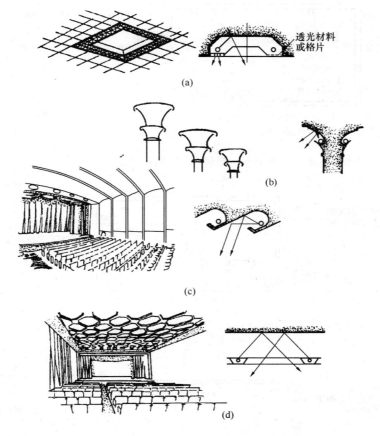

图 3-57 反光照明设施实例

（来源：文献 [3]）

部分的照明。

1）分区设计空间亮度

一般将室内空间划分为若干区，按其使用要求给予不同的亮度处理。

（1）视觉注视中心。人们习惯于将目光转向较亮的表面，我们也就利用这种习性，将房间中需要突出的物体与其他表面在亮度上区别开来。根据其重要程度，可将其亮度超过相邻表面亮度的 5 ~ 10 倍，如图 3-58 所示。

（2）工作、活动区。这是人们工作、学习的区域。它的照度应符合照明标准的规定值，亮度不应变化太大，以免引起视觉疲劳。这一区域一般有单独设置的光源以弥补环境照明的不足，满足工作要求，如图 3-59 所示。

（3）周围区域。这些区域一般不做过多的装饰，以免影响重点突出。但当室内周围表面亮度低于 34cd/m² 时，而在亮度上又无变化，就会使人产生昏暗感。人们长期活动在这种条件下是不舒服的，故宜采用一般照明提高整个环境或局部的亮度，如图 3-60 所示。

2）强调照明技术

在室内某些局部需要加以强调，突出它的造型、轮廓、艺术性等，就需要有局部强调照明。可采用如下的方法：

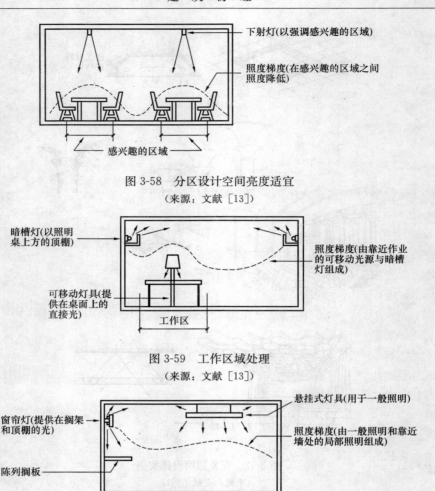

图 3-58　分区设计空间亮度适宜

（来源：文献［13］）

图 3-59　工作区域处理

（来源：文献［13］）

图 3-60　周围区域的照明处理方式

（来源：文献［13］）

（1）扩散照明。采用大面积光源照射物体和它的周围环境，能产生大面积柔和的均匀照明。特别适用于起伏不大，但颜色丰富的场合，如壁画。它一般是利用宽光束灯具，并且灯具离被照面较远时就可获得这种效果。但这种做法不能突出物体的起伏，而且易产生平淡的感觉，使人感到单调乏味，故不宜滥用。

（2）直射光照明。它是由窄光束的投光灯或反射型灯泡将光束投到被照物体上，能确切地显示被照表面的质感和颜色细部。如只用单一光源照射，容易形成浓暗的阴影，使物体的起伏显得很生硬。为了获得最佳效果，宜将被照物体和其邻近表面的亮度控制在 2∶1 到 6∶1 之间。如果相差太大，可能出现光幕反射；太小就会使之平淡，如图 3-61 所示。

（3）背光照明。将光源放在物体背后或上面，照亮物体背后的表面，使它成为物体的明亮背景。物体本身处于暗处，在明亮的背景衬托下，可将物体的轮廓清楚地表现出来。但由于物体处于暗处，它的颜色、细部和表面特征都隐藏在黑暗中，无法显示出来。故这种照明方式宜用来显示轮廓丰富、颜色单调、表面平淡的物品，如古陶、铜雕或植物等。背景常用

独立式物体　　　　　　水平表面　　　　　　竖直物体

图 3-61　直射光照明示意
（来源：文献［13］）

普通灯泡或反射型灯泡放在物体的后面，既可以照亮背景，而且不会形成直接眩光。背景照明效果见图 3-62。

（4）墙泛光。用光线将墙面照亮，形成一个明亮的表面，使人感到空间扩大，强调出质感，使人们把注意力集中于墙上的美术品。由于照射的方法不同，可以获得不同的效果。

在简单背影上的阴影

物体前的光源

阴影

图 3-62　背光照明示意图
（来源：文献［13］）

① 柔和均匀的墙泛光。将灯具放在离墙较远的顶棚上，一般离墙约 1～1.2m（宽光束灯具取大值，其他灯具取小值）。为了获得均匀的照度，灯与灯间的距离约为灯至墙距离的 0.5～1.0 倍。这样在墙上形成柔和均匀的明亮表面，扩大了房间的空间感。应注意，这时墙面不应做成镜面，而应是高光反射比的扩散表面。另外还要注意避免用这种方法照射门窗或其上的表面，以免对门窗外面的人形成眩光，如图 3-63 所示。

② 显示墙质感的墙泛光。对一些粗糙的墙面（砖石砌体），为了突出它粗糙的特点，常使光线以大入射角（掠射）投到墙面上，这样夸大了阴影，以突出墙面的不平。这种照射方法应将灯具靠墙布置，但不能离墙太近，因这样形成的阴影过长，使墙面失去坚固的感觉。离墙太远，阴影又过短，不能突出墙的质感，灯具一般布置在顶棚上，离墙约 0.3m，如图 3-64 所示。灯间距一般不超过灯具与墙的距离。灯具光束的宽窄，视墙的高低而定。高墙用窄光束灯具，低墙用宽光束的灯具。可用 R 或 PAR 灯（为了美观，可使用挡板将灯遮挡，

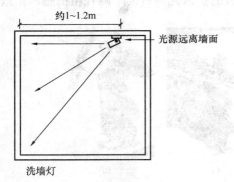

约1~1.2m

光源远离墙面

洗墙灯

图 3-63　柔和均匀的墙泛光
（来源：文献［13］）

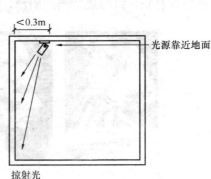

<0.3m

光源靠近地面

掠射光

图 3-64　显示墙面质感的墙泛光
（来源：文献［13］）

同时，它还可以防止讨厌的眩光），也可以使用导轨灯和暗灯。需要注意的是，如果在平墙上使用这种方法，会使墙面上稍微的不平就显得很突出。同时，为了避免在顶棚上出现不希望的阴影，灯具不能放置在地上。

③扇贝形光斑。当一个圆锥形的光束遇上房间的表面，就可以看到一个扇贝形的光斑。这种扇贝形光斑为平墙添加了变化和趣味，使一个平坦乏味的墙面呈现出新的面貌，使高顶棚显得低些，吸引人们的注意。明亮的扇贝形光斑，一般是用放在顶棚上的暗灯形成。光斑外貌取决于灯具光束角的宽窄、灯具与墙的距离、灯具间的距离。为了获得明显的扇贝形光斑，常将灯具离墙0.3m布置，灯间距依所希望的效果而定，如图3-65所示。

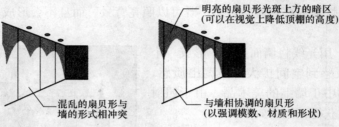

图 3-65 扇贝型光斑的效果

（来源：文献［13］）

3）突出照明艺术

当人们看一个物体，为了完整地、充分地表现其形象，还应考虑以下因素：

（1）光线的扩散和集中。在大多数工作区内为了防止讨厌的阴影，一般都愿意采用扩散光。但对于立体形象，单纯的扩散光冲淡了立体感。如图3-66中几个立体雕塑，采用不同的方法照明，获得了不同的效果。图3-66（a）为单一的集中直射光源从左边射到雕塑上，使左边边沿很亮，而其余部分光线很弱，看不清起伏，失去其原有的艺术效果。图3-66（b）是从上面投下的扩散光照明，形成一些阴影，增强了立体感，但起伏仍不明显，故立体造型未能充分表现出来。图3-66（c）是采用一低强度的扩散光照明，外加一强烈的集中直射光来补充，立体感进一步改善，但阴影浓重，起伏欠圆滑，不细致。图3-66（d）从右上方投以集中直射光，加上强烈的顶上扩散光，突出了雕像的立体感，并细致地表现其各种起伏和细部，获得很好的观赏效果。因此对于立体物件来说，光线应以扩散光为主，加上一定量的直射光，以形成适当的阴影，加强立体感。充分的扩散光则有助于减轻粗糙感。扩散

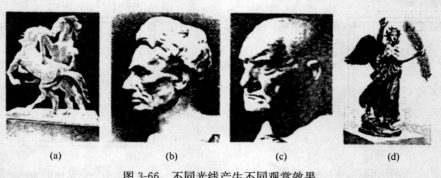

(a) (b) (c) (d)

图 3-66 不同光线产生不同观赏效果

（来源：文献［3］）

光与直射光所形成的亮度比保持在 6～1 限度之内可获得优良效果。

从人们习惯的自然环境来看，太阳（直射光源）和天空（扩散光源）都在上面。故直射光的角度不宜太低，以处于前上方为宜。

根据有关试验得出，人的头部最佳效果的照度分布见表 3-19。

表 3-19　最佳立体效果的照度分布

	对 a 面的照度比				
	测量面				
	a	b	c	d	e
最小比	1	1.8	0.3	0.8	0.3
最大比		2.5	0.6	1.6	1.1

（2）闪烁处理。当人们处于亮度均匀又无变化的场合，往往易引起单调孤独的感觉。如在它上面适当地加上一些较亮的光斑，就能在亮度上打破这种无变化的状况，而使空间产生活跃的气氛。

在灯具处理上也常采用这一手法。在灯具上用一些镀金零件或晶体玻璃，利用其规则反射特性将光源的高亮度的微小亮点反射出来，像点点星光，使灯具显得富丽堂皇，光耀夺目，取得很好效果。

（3）颜色。在很多照明设计中，必须处理好照明光源的光色与物体色的关系，还应特别注意在天然光和人工光同时使用的房间中，应使电光源的光色与天然光相接近，并且晚上单独使用时也能为人们所接受。当然灯的选择还受到房间内部功能和类型的影响，并且在一定程度上与房间的使用时间（即在白天使用或晚上使用，或白天晚上都使用）有关。

4）照明空间模式

虽然照明的主要目的是使物件能清晰可见，但他们的影响范围远远超过这一点。不同照明的空间给人以不同的感觉。它可使一个空间显得宽敞或狭小，可以使人感到轻松愉快，也可以使人感到压抑，甚至可以影响人们的情绪和行为。在进行照明设计时，应充分考虑这方面的作用。

利用照明可以形成诸如私密型、休闲型、视觉清晰型和开阔型的空间模式，如图 3-67 所示。设计师可以利用图 3-67 所示创造出与预期用途相宜的空间。

（1）私密类：私密有点意味着处于阴影笼罩之下。总体低照度，不均匀以及使用区域比周围环境暗的照明模式，将增强私密的感觉。应当照亮垂直表面，而不是水平表面。

（2）休闲类：休闲同样也意味着非均匀的照明，对墙面的不均匀照明将会有助于产生这种印象。暖色光源会产生休闲的感觉。休闲模式的方方面面可以与视觉清晰模式有效地结合起来，以产生一个高效而舒适的工作环境。

（3）视觉清晰类：视觉清晰意指视觉环境的清爽明晰，而不是某个视觉作业可以看得有多清楚。视觉清晰可以通过阴影、突出强调工作平面和顶棚这样的表面，以及通过使房间中央具有更高的亮度来进行增强。

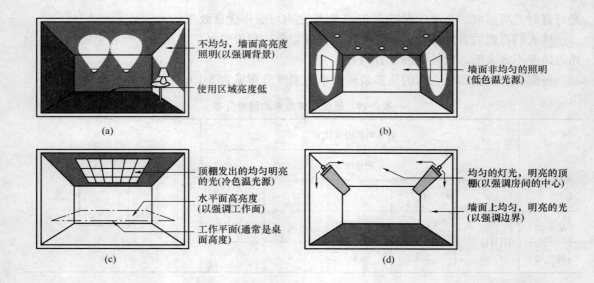

图 3-67　照明形成的空间模式
(a) 私密型；(b) 休闲型；(c) 视觉清晰型；(d) 开阔型
(来源：文献 [13])

（4）开阔类：相对明亮的顶棚以及墙面对于加强开阔的感觉而言特别重要。均匀的照明有助于使房间感觉开阔。

光环境对视觉与心理的作用在很大程度上还涉及个人的感受、爱好和性格，因此可能没有一个的模式可以解决所有问题，因而需要在实践中不断地摸索总结经验，才能使光环境的设计更趋于完善。

3.4.3　室外夜景照明设计

室外照明包含城市功能照明和夜间景观照明。有关城市功能照明的相关内容可参阅相关文献，本节将主要介绍室外夜景照明设计。夜景照明泛指除体育场场地、建筑工地、道路照明和室外安全照明以外，所有室外活动空间或景物的夜间景观的照明，即在夜间利用灯光重塑城市人文和自然景观的照明，在夜晚对建筑物、广场及街道等的照明，使城市构成与白天完全不同的景象。夜景照明在美化城市、丰富和促进城市生活中占有很重要的地位，因此，在城市规划和一些重要的建筑物单体设计中，建筑师应能配合电气专业人员处理好夜景照明设计。

在晴朗的白昼，建筑物、广场、街道的光照主要来自强烈直射的太阳光。太阳光直射光能产生浓重的阴影，使照射对象的细节、质感产生变化，并随着光线轨迹不同而呈现出动态的画面。在夜间，天空是漆黑一片，是一暗背景，建筑物立面只要稍微亮一些，就和漆黑的夜空形成明显对比，使之显现出来。夜景照明并不是在夜间再现白天的面貌，而是利用照明艺术所特有的手段，对建筑物进行二度的灯光创作，使得建筑物的立体感呈现出与白天迥异的形象。

对于建筑物的立面照明，通常采取以下几种照明方式：轮廓照明、泛光照明、透光照明。在一幢建筑物上可同时采用其中一一二种，甚至几种方式同时采用。

（1）轮廓照明

轮廓照明是以黑暗夜空为背景，利用灯光直接勾画建筑物或构筑物轮廓的照明方式。这种照明方式往往采用白炽灯或紧凑型荧光灯、串灯、霓虹灯、镭射管和线性光纤等光源。总体而言，白炽灯光效低、寿命短，但技术简单，投资少。霓虹灯亮度高、色彩丰富、可产生动态的照明效果，多用在商业建筑上。镭射管的闪光轮廓是最大的亮点，它亮度高、动感强、安装方便，但需要考虑对安静环境的影响。

维修不便的高大建筑不宜采用轮廓照明，对于轮廓丰富的古典建筑或民族形式的建筑，可以采用轮廓照明的方式，勾勒出屋顶曲翘的线条，如图3-68所示。

图3-68 古建筑夜间照明——轮廓照明

（2）泛光照明

泛光照明通常用投光灯来照亮一个面积较大的景物或场地，使其被照面照度比其周围环境照度明显高的照明方式。对于一些体形较大，轮廓不突出的建筑物可用灯光将整个建筑物或构筑物某些突出部分均匀照亮，以它的不同亮度层次、各种阴影或不同光色变化，在黑暗中获得非常动人的效果。

泛光照明的光源一般为卤钨灯、金卤灯、高压钠灯，采用的灯具为专用的大型投光灯具。如需局部泛光照明，也可以将小型的投光灯安装在建筑物上，照射建筑物的某个部分。

良好的泛光照明，一是要确定好被照建筑立面各部位表面的照度或亮度，使照明层次感强，不用把整个建筑物均匀地照亮，但是也不能在同一照射区内出现明显的光斑、暗区或扭曲建筑形象的情况；二是合理选择投光方向和角度，一般不要垂直投光，以至降低照明的立体感；三是投光设备的安装应尽量做到隐蔽，见光而不见灯；四是灯光的颜色要淡雅、简洁、明快、防止色光使用不当而破坏建筑风格；五是投光不能对人产生眩光和产生光的干扰。如图3-69所示，为某建筑泛光照明实例。

泛光照明的灯具一般可以布置在建筑物本身内，如阳台、雨篷、立面挑出部分；放在建筑物附近的地面上；放在路边的灯杆上；放在邻近或对面建筑物上。

（3）内透光照明

内透光照明方式就是利用室内光线向外透射所形成的建筑照明效果。做法有两种，一种是利用室内的灯光照明，在晚上不熄灯，光线向外透射；二是在室内近窗处或需要重点表现其夜景效果的部位，如玻璃幕墙、柱廊、透空结构或阳台灯部位专门设置内透光照明设施，形成透光面或发光体来表现建筑物的夜景。

如果结合一些特殊材料，如釉面印刷的玻璃幕墙，则可以达到更好的照明效果，如图3-70所示，上海大剧院釉面玻璃幕墙的内透光照明设计。

在建筑立面照明实践中，常常在一栋建筑物上，利用上述方法的两种或多种方式。需要注意的是，夜景照明美化环境的同时也会因为干扰光或过量的光辐射形成光污染。光污染不但干扰人们的工作和生活，而且也会造成电能的巨大浪费，不利于环境保护。

为了限制室外照明的光污染，应对室外照明进行合理规划，并采用先进的设计理念和方法，合理选择灯具和光源，妥善布置灯具等方法，把从灯具射出的光方向和范围加以有效控制。

图 3-69　某建筑泛光照明实例

图 3-70　上海大剧院的内透光照明设计

3.5 绿色照明

无论是何种光源都只能将电能部分的转化为光，而剩余部分的能量则以热量的形式散发到照明空间中。例如，白炽灯只能把 2%～3% 的电能转化成光线，而其余的能量则直接转化成了热量。尽管荧光灯有很大的改进，但也只转化了大约 23% 的电能。这导致了照明系统特别是白炽灯照明消耗了大量宝贵的电能，还给建筑的空调系统增加了大量负担。图 3-71 显示的是达到同样的照明水平，各种光源所形成的照明负荷情况。从图中可以看出，光能转化效率越低，形成的照明负荷越大。对于照明水平较高的商业建筑，照明消耗的电力可能达到整个建筑电力消耗的 40% 甚至一半以上。

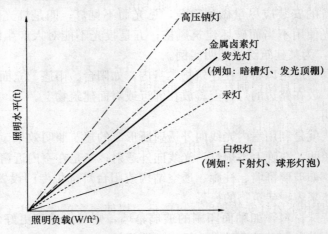

图 3-71　不同光源达到同样的照度水平时的照明负荷

（来源：文献［13］）

所谓绿色照明就是从节能资源和保护环境的角度出发，通过科学的照明设计，采用效率高、寿命长、安全和性能稳定的照明电器产品（电光源、灯用电器附件、灯具、配线器材以及调光控制和控光器件），改善人们工作、学习、生活的条件和质量，从而创造一个高效、舒适、安全、经济和有益的环境，充分体现现代文明的照明方式。

绿色照明的具体内容包括照明节能、采光节能、管理节能、污染防止和安全舒适照明等多个方面，下面对照明节能和管理节能作简要介绍。

3.5.1　照明节能

1）照明节能评价指标

照明功率密度值（LPD）是照明节能的评价指标。在进行建筑照明设计时应使照明功率密度值不大于规定值，具体见建筑照明设计标准。

当工业、居住和公共建筑室内的房间或场所的照度值高于或低于建筑照明设计标准中的对应照度值时，其照明功率密度值应按比例提高或折减。

2）照明节能措施

照明节能主要是通过采用节能高效的照明产品、提高质量、优化照明设计等手段，达到节约照明能耗的目的。国际照明委员会（CIE）为此专门提出九项节能原则。实际上，照明节能是一项系统工程，应从提高整个照明系统的效率来考虑。以下是一些照明节能的具体措施：

（1）采用高光效长寿命光源；

（2）选用高效灯具，对于气体放电灯还要选用配套的高质量电子镇流器或节能电感镇流器；

（3）选用配光合理的灯具；

（4）根据视觉作业要求，确定合理的照度标准值，并选用合适的照明方式；

（5）室内顶棚、墙面、地面宜采用浅色装饰；

（6）工业企业的车间，宿舍和住宅等场所的照明用电均应单独计量；

（7）大面积使用普通镇流器的气体放电灯的场所，宜在灯具附近单独装设补偿电容器，使功率因数提高至 0.85 以上，并减少非线性电路元件——气体放电灯产生的高次谐波对电网的污染，改善电网波形；

（8）室内照明线路宜分细、多设开关，位置适当，便于分区开关灯；

（9）室外照明宜采用自动控制方式或智能照明控制方式等节电措施；

（10）近窗的灯具应单设开关，充分利用天然光；

（11）避免过高的均匀照明，将照明要求类似的视觉作业分在一组；

（12）对于要求恒定照度的场合，使用满足要求功率的单一功率光源，而非多个光源的组合；

（13）谨慎采用白炽灯，可能时采用紧凑型荧光灯代替白炽灯；

（14）半直接灯具和下射灯安装高度尽可能低，以使更多的光到达工作面而不被墙体表面吸收；

（15）使用光—热系统，使用水或回风带走灯和镇流器散发的热量；

（16）使用悬挂式或敞口式灯具，尽量不用封闭型灯具。后者灯具内部过高的热量会减小灯具的光；

（17）使用易于清洗和维护的灯具。

在白昼时，应大力提倡室内充分利用安全的清洁光源——天然光，这是一项十分重要的节能措施。为此，在进行采光设计时应充分考虑当地的光气候情况，充分利用天然光；还应利用采光新技术，在充分利用天空漫射光的同时，尽可能进行日光采光，以改善室内光环境，进一步提高采光节能效果。

3.5.2　管理节能

在照明管理方面同样需要采用绿色照明技术，应研制智能化照明管理系统，例如使用人员流动传感装置对灯具的开启与关闭进行控制，图 3-72 说明了这种控制方式的节能潜力，创造出安全舒适的光环境，提高工作效率，节约电能；同时还要制订有效的管理措施和相应的法规、政策，达到管理节能的目的。

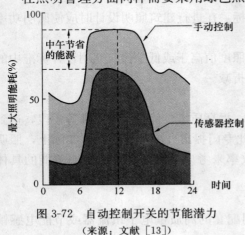

图 3-72　自动控制开关的节能潜力
（来源：文献［13］）

总之在采光、照明设计过程中，还要解决好防止电网污染、防止过热、防止眩光、防止紫外线和防止光污染等五个污染防止的主要问题，提高光环境质量，节约资源。目前，在大力开展绿色照明工程的同时，还应该强调发展生产和经济，兼顾经济效益、环境效益和社会效益，实现经济可持续发展。

本 章 小 结

本章对建筑照明设计的相关内容进行了系统的介绍。首先，了解和熟悉各类照明光源的特性对于设计过程中的合理选用是非常重要的，本章首先对这部分内容进行了阐述并给出了各类光源的选择建议。灯具能在很大程度上对光源发出的光线重新进行分配，本章对灯具的性能也进行了分析和总结。以此为基础，本章详细介绍了室内工作照明设计和环境照明设计的设计手法、设计流程以及计算方法。这些内容能够为建筑设计人员以直接的指导和参考。本章最后对照明节能的概念、方法和具体措施进行了阐述。

思 考 题

1. 扁圆形吸顶灯与工作点的布置见图 3-73，但灯至工作面的距离为 2.0m，灯具内光源为 60W 的白炽灯，求 P_1、P_2 点照度。

2. 条件同上，但工作面为倾斜面，即以每个计算点为准，均向左倾斜，且与水平面成 30°倾角，求 P_1、P_2 点照度。

3. 什么是绿色照明工程？如何加大实施绿色照明工程的力度？

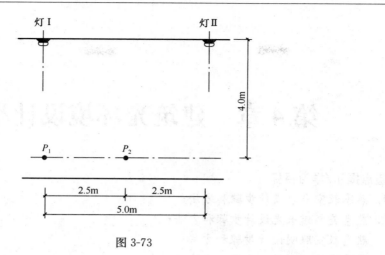

图 3-73

第4章　建筑光环境设计举例

重点提示/学习目标

1. 熟悉教室采光设计步骤和方法；

2. 熟悉美术馆采光设计步骤和方法；

3. 熟悉教室照明设计步骤和方法；

4. 熟悉商店照明设计步骤和方法。

在前面几章里，对建筑光学的基本知识、自然采光和建筑照明的设计方法、设计步骤等内容进行了介绍，在本章中将以教室、美术馆和商店为例分别说明这几种建筑采光和照明设计的具体过程。

4.1　教学楼采光设计举例

4.1.1　教室光环境要求

学生在学校的大部分时间都在教室里进行学习，因此要求教室里的光环境应保证学生们能看得清楚、迅速、舒适，而且能在较长时间阅读情况下，不易产生疲劳，这就需要满足以下条件：

（1）在整个教室内应保持足够的照度，而且在照度分布上要求比较均匀，使坐在各个位置上的学生都具有相近的光照条件。同时，由于学生随时需要集中注意力于黑板，因此要求在黑板上也有较高的照度。

（2）合理地安排教室环境的亮度分布，消除眩光，使能保证正常的可见度，减少疲劳，提高学习效率。虽然过大的亮度差别在视觉上会形成眩光，影响视觉功效，但在教室内各处保持亮度完全一致，不仅在实践上很难办到，而且也无此必要。在某些情况下，适当的不均匀亮度分布还有助于集中注意力，如在教师讲课的讲台和黑板附近适当提高照度，可使学生注意力自然地集中在那里。

（3）较少的投资和较低的经常性维持费用。我国是一个发展中国家，经济还不发达，教育经费有限。因此，我们应本着节约的精神，使设计符合国民经济发展水平，做到少花钱，多办事。

4.1.2　教室采光设计

1）设计条件

（1）满足采光标准要求，保证必要的采光系数。根据《建筑采光设计标准》规定（参见表 4-1）。教室内的采光系数平均值不得低于 3%。以往砖混结构的教室，外墙承重，窗间墙不能太窄，采光窗的尺寸受到较大的限制；目前多层的教室一般采用框架结构，窗户尺寸受限较小，要进一步提高采光系数，还可以抬高窗的高度与顶棚齐；尽量采用断面小的窗框材料，如钢窗，使玻璃净面积与地板面积比不小于 1：5，才有可能达到要求的采光系数规定值。

表 4-1　学校建筑的采光系数标准值

采光等级	场所名称	侧面采光	
		采光系数标准值（%）	室内天然光照度标准值（lx）
Ⅲ	专用教室、实验室、阶梯教室、教师办公室	3.0	450
Ⅳ	走道、楼梯间、卫生间	1.0	150

（2）均匀的照度分布。由于学生是分散在整个教室内，要求保证照度分布均匀，希望在工作区域内照度差别限制在 1：3 之内，在整个房间内不超过 1：10。这样可避免眼睛移动时为了适应不同亮度而引起视觉疲劳。由于目前学校建筑多采用单侧采光，很难把照度分布限制在上述范围之内。为此可把窗台提高到 1.2m，将窗上沿提到顶棚处，这样可稍降低近窗处照度，提高靠近内墙处照度，减少照度不均匀性，而且还使靠窗坐着的学生看不见室外（中学生坐着时，视线平均高度约为 113～116cm），以减少学生分散注意力的可能性。在条件允许时，可采用双侧采光来控制照度分布。

（3）对光线方向和阴影的要求。光线方向最好从左侧上方射来。这在单侧采光时，只要黑板位置正确，是不会有问题的。如是双侧采光，则应分主次，将主要采光窗放在左边，以免在书写时手挡光线，产生阴影，影响书写作业。开窗分清主次，还可避免在立体物件上产生两个相近浓度的阴影，歪曲立体形象，导致视觉误差。

（4）避免眩光。教室内最易产生的眩光是窗口。当我们通过窗口观看室外时，较暗的窗间墙衬上明亮的天空，感到很刺眼，视力迅速下降。特别当看到的天空是靠近天顶附近区域（靠近窗的人看到的天空往往是这一区域），这里亮度更大，更刺眼。故在有条件时应加以遮挡，使不能直视天空。以上是指阴天而言，如在晴天，明亮的太阳光直接射入室内，在照射处产生极高的亮度。当它处于视野内时，就形成眩光。如果阳光直接射在黑板和课桌上，则情况更严重，应尽量设法避免。因此，学校教室应设窗帘以防止直射阳光射入教室内，还可从建筑朝向的选择和设置遮阳等来解决。后者花钱较多，在阴天遮挡光线严重，故只能作为补救措施和结合隔热降温来考虑。

从采光稳定和避免直射阳光的角度来看，窗口最好朝北，这样在上课时间内可保证无直射阳光进入教室，光线稳定。但在寒冷地区，却与采暖要求有矛盾。为了与采暖协调，在北方可将窗口向南。这朝向的窗口射入室内的太阳高度角较大，因而日光射入进深较小，日照面积局限在较小范围内，如果要做遮阳亦较易实现。其他朝向如东、西向，阳光能照射全室，对采光影响大，尽可能不采用。

2）教室采光设计中的几个重要问题

（1）室内装修。室内装修对采光有很大影响，特别是侧窗采光，这时室内深处的光主要来自顶棚和内墙的反射光，因而他们的光反射比对室内采光影响很大，应选择最高值。另外，从创造一个舒适的光环境来看，室内表面亮度应尽可能接近，特别是邻近的表面亮度相差不能太悬殊。这可从照度均匀分布和各表面的反射比来考虑。外墙上侧窗的亮度较大，为了使窗间墙的亮度与之较为接近，其表面装修应采用光反射比高的材料。由于黑板的光反射比低，装有黑板的端墙的光反射比亦应稍低。现在的课桌常采用暗色油漆，这与白纸和书形成强烈的亮度对比，不利于视觉工作，应尽可能选用浅色的表面处理。

此外，表面装修宜采用扩散性无光泽材料，它可以在室内反射出没有眩光的柔和光线。

（2）黑板。它是教室内眼睛经常注视的地方。上课时，学生的眼睛经常在黑板与笔记本之间移动，所以在二者之间不应有过大的亮度差别。目前，教室中广泛采用的黑色油漆黑板，它的光反射比很低，与白色粉笔形成明显的黑白对比，有利于提高可见度，但它的亮度太低，不利于整个环境亮度分布。同时，黑色油漆形成的光滑表面，极易产生规则反射，在视野内可能出现窗口的明亮反射形象，降低了可见度。采用毛玻璃背面涂刷黑色或暗绿色油漆的做法，提高了光反射比，同时避免了反射眩光，是一种较好的解决办法。但各种无光泽表面在光线入射角大于 70° 时，也可能产生混合反射，在入射角对称方向上，就会出现明显的规则反射。故应注意避免光线以大角度入射。在采用侧窗时，最易产生反射眩光的地方是离黑板端墙 $d = 1.0 \sim 1.5\text{m}$ 范围内的一段窗（图 4-1）。在这范围内最好不开窗，或采取措施（用窗帘、百叶等）降低窗的亮度，使之不出现或只出现轻微的反射形象。也可将黑板做成微曲面或折面，使入射角改变，因而反射光不致射入学生眼中。但这种办法使黑板制作困难。据有关单位经验，如将黑板倾斜放置，与墙面呈 10°～20° 夹角，不仅可将反射眩光减少到最低程度，而且使书写黑板方便，制作比曲折面黑板方便，不失为一种较为可行的办法。也可用增加黑板照度（利用天窗或电光源照明），减轻明亮窗口在黑板上的反射影像的明显程度。

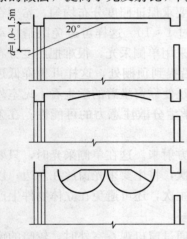

图 4-1　可能出现镜面反射的区域
及防治措施
（来源：文献［3］）

（3）梁和柱的影响。在侧窗采光时，梁的布置方向对采光相当有影响。当梁的方向与外墙垂直，则问题不大。如梁的方向与外墙平行，则在梁的背窗侧形成较黑的阴影，在顶棚上造成明显的亮度对比，而且减弱了整个房间的反射光，对靠近内墙光线微弱处影响很大，故不宜采用。如因结构关系必须这样布置，最好做吊顶，使顶棚平整。

（4）窗间墙。窗间墙和窗之间存在着较大的亮度对比，在靠墙区域形成暗区，如图 2-15（c）所示，特别是窗间墙很宽时影响很大。在学校教室中，窗间墙的宽度宜尽量缩小。

3）教室剖面形式

（1）侧窗采光及其改善措施。从前面介绍的侧窗采光来看。它具有造价低，建造、使用维护方便等优点，但采光不均匀是其严重缺点。为了弥补这一缺点，除前面提到的措施外，可采取下列办法：

①将窗的横挡加宽，将它放在窗的中间偏低处。这样的措施可将靠窗处的照度高的区域加以适当遮挡，使照度下降，有利于增加整个房间的照度均匀性，如图 4-2（a）所示。

②在横挡以上使用扩散光玻璃，如压花玻璃、磨砂玻璃等，这样使射向顶棚的光线增加，可提高房间深处的照度，如图 4-2（b）所示。

③在横挡以上安设指向性玻璃（如折光玻璃、玻璃砖），使光线折向顶棚，对提高房间深处的照度，效果更好，如图 4-2（c）所示。

④在另一侧开窗，左边为主要采光窗，右边增开设一排高窗，最好采用指向性玻璃或扩散光玻璃，以求最大限度地提高窗下的照度，如图 4-2（d）所示。

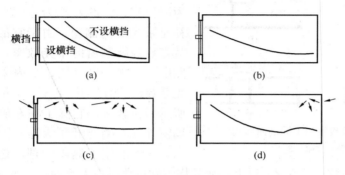

图 4-2　改善侧窗采光效果的措施
（来源：文献［3］）

（2）天窗采光。单独使用侧窗，虽然可采取措施改善其采光效果，但仍受其采光特性的限制，不能做到很均匀，采光系数不易达到 3%，故有的地方采用天窗采光。

最简单的天窗是将部分屋面做成透光的，它的效率最高，但有强烈眩光。夏季，由于太阳光直接射入，室内热环境恶化，影响学习，还应在透光屋面下面做扩散光顶棚，如图 4-3（a）所示，以防止阳光直接射入，并使室内光线均匀，采光系数可以达到很高。

为了彻底解决直射阳光问题，可做成北向的单侧天窗，如图 4-3（b）所示。

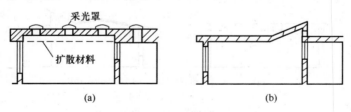

图 4-3　教室中利用天窗采光
（来源：文献［3］）

如图 4-4 所示是 CIE 推荐的学校教室采光方案。如图 4-4（a）所示是将开窗一侧的层高加大，使侧窗的窗高增大，保证室内深处有充足的采光，但应注意朝向，一般以北向为宜，以防阳光直射入教室深处。

如图 4-4（b）所示是将主要采光窗（左侧）直接对外，走廊一侧增开补充窗，以弥补这一侧采光不足。但应注意此处窗的隔声性能，以防嘈杂的走廊噪声影响教学秩序，而且宜采用压花玻璃或乳白玻璃，使走廊活动不致分散学生的注意力。

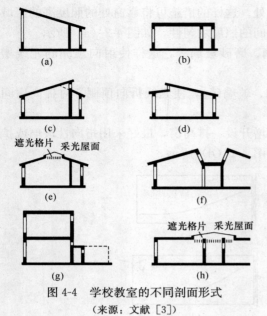

图 4-4 学校教室的不同剖面形式
（来源：文献［3］）

如图 4-4（c）（e）（h）所示为天窗，都考虑用遮光格片来防止阳光直接射入教室。值得注意的是，（h）方案是用一个采光天窗同时解决两个教室补充采光。这时应注意遮光格片与采光天窗之间空间的处理，还要避免它成为传播噪声的通道。

（3）不同剖面形式的采光效果比较。图 4-5 给出了两种采光设计方案。如图 4-5（a）所示为旧教室，它的左侧为连续玻璃窗，右侧有一补充采光的高侧窗，由于它的外面有挑檐，这就影响到高侧窗的采光效率，减弱了近墙处的照度，实测结果表明，室内采光不足，左侧采光系数最低值仅 0.4% ～0.6%。如图 4-5（b）所示为新教室，它除了在左侧保持连续带状玻璃窗外，右侧还开了天窗。为防止阳光直接射入，天窗下作了遮阳处理。这样，使室内工作

区域内各点采光系数一般在 2% 以上，而且均匀性也获得很大改善。

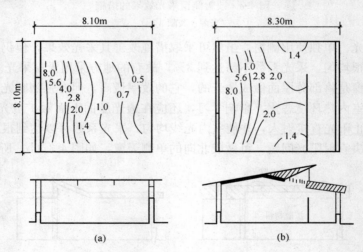

图 4-5 两种采光设计效果比较
（来源：文献［3］）

4.2 美术馆采光设计举例

4.2.1 采光要求

为了获得满意的展出效果，在采光方面要解决以下几个问题：

（1）适宜的照度。在展品表面上具有适当的照度是保证观众正确地识别展品颜色和辨别

它的细部的基本条件。但美术展品中不乏光敏物质，如水彩、彩色印刷品、纸张等在光的长期照射下，特别是在含有紫外线成分的光线作用下，很易褪色、变脆。故为了长期保存展品，照度还需适当控制。

（2）合理的照度分布。在美术馆里，除了要保证悬挂美术品的墙面上有足够的垂直照度外，还要求在一幅画上不出现明显的明暗差别，一般认为全幅画上的照度最大值和最小值之比应保持在 3∶1 之内。还希望在整个展出墙面上照度分布均匀，照度最大值和最小值之比应保持在 10∶1 之内。

就整幢美术馆的布局而言，应按展览路线来控制各房间的照度水平，使观众的眼睛得以适应。例如观众从室外进入陈列室之前，最好先经过一些照度逐渐降低的过厅，使眼睛从室外明亮环境逐渐适应室内照度较低的环境。这样，观众进入陈列室就会感到明亮、舒适，而不致和室外明亮环境相比，产生昏暗的感觉。

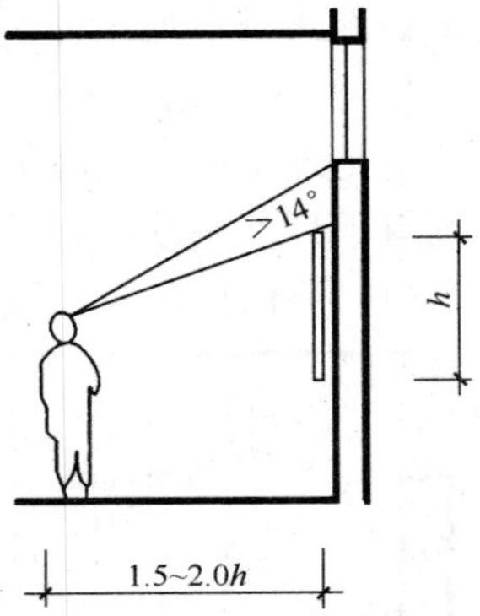

（3）避免在观看展品时明亮的窗口处于视看范围内。明亮的窗口和较暗的展品间亮度差别很大，易形成眩光，影响观赏展品。从本篇第一章知道，当眩光源处于视线 30°以外时，眩光影响就迅速减弱到可以忍受的程度。一般是当眼睛和窗口、画面边沿所形成的角度超过 14°，就能满足这一要求，见图 4-6。

图 4-6　避免直接眩光办法
（来源：文献［3］）

（4）避免一、二次反射眩光。这是一般展览馆中普遍存在而又较难解决的问题。由于画面本身或它的保护装置具有规则反射特性，光源（灯或明亮的窗口）经过他们反射到观众眼中，这时，在较暗的展品上出现一个明亮的窗口（或灯）的反射形象，称它为一次反射，它的出现很影响观看展品。

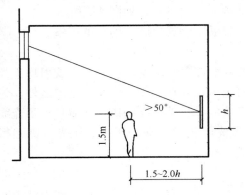

图 4-7　避免第一次反射的窗口位置
（来源：文献［3］）

按照规则反射法则，只要光源处于观众视线与画面法线夹角对称位置以外，观众就不会看到窗口的反射形象，将窗口提高或将画面稍加倾斜，就可避免出现一次反射，如图 4-7 所示。

二次反射是当观众本身或室内其他物件的亮度高于展品表面亮度，而他们的反射形象又刚好进入观众视线内，这时观众就会在画面上看到本人或物件的反射形象，干扰看清展品。这可从控制反射形象进入视线（如像防止一次反射那样，调整人或物件与画面的相互位置），或减弱二次反射形象的亮度，使他们的反射形象不至影响到观赏展品。后一措施就要求将展品表面亮度（照度）高于室内一般照度。

（5）环境亮度和色彩。陈列室内的墙壁是展品的背景，如果它的彩度和亮度都高，不仅会喧宾夺主，而且它的反射光还会歪曲展品的本来色彩。因此，墙的色调宜选用中性，其亮度应略低于展品本身，光反射比一般取 0.3 左右为宜。

（6）避免阳光直射展品，导致展品变质。阳光直接进入室内，不仅会形成强烈的亮度对比，而且阳光中的紫外线和红外线对展品的保存非常不利。有色展品在阳光下会产生严重褪色，故应尽可能防止阳光直接射入室内。

（7）窗洞口不占或少占供展出用的墙面，因为展品一般都是悬挂在墙面上供观众欣赏，故窗洞口应尽量避开展出墙面。

4.2.2　采光形式

为了保证上述要求的实现，在很大程度上取决于建筑剖面选型和采光形式的选择。常用的采光形式有下列几种：

1）侧窗采光

它是最常用、最简单的采光形式，能获得充足的光线，光线具有方向性，但用于展览馆中则有下列严重缺点：

（1）室内照度分布很不均匀，特别是沿房间进深方向照度下降严重；

图 4-8　侧窗展室的一、二次反射
（来源：文献［3］）

（2）展出墙面被窗口占据一部分，限制了展品布置的灵活性；

（3）一、二次反射很难避免，由于室内照度分布不均，在内墙处照度很低，明亮的窗口极易形成一次反射。而且展室的窗口面积一般都较大，因而要避开它很困难。其次，观众所处位置的照度常较墙面照度高，这样就有可能产生二次反射，如图 4-8 所示。

为了增加展出面积，往往在房间中设横墙。根据经验，以窗中心为顶点，与外墙轴线呈 30°～60°引线的横墙范围是采光效果较好的区域。为了增加横墙上的照度及其均匀性，可将横墙稍向内倾斜，如图 4-9 所示。

侧窗由于上述缺点，仅适用于房间进深不大的小型展室和展出雕塑为主的展室。

2）高侧窗

这种侧窗下面的墙可供展出用，增加了展出面积。照度分布的均匀性和一次反射现象都较低侧窗有所改善。从避免一次反射的要求来看，希望窗口开在如图 4-7 所示范围之外。为此，就要求跨度小于高度，因而在空间利用上是不经济的。另外，高侧窗仍然避免不了光线分布不均的缺点，特别是在单侧高窗时，窗下展出区光线很暗，观众所占区域光线则强得多，如图 4-8 左侧所示，导致十分明显的二次反射。

3）顶部采光

即在顶棚上开设窗洞口，它具有一下优点：采光效率高；室内照度均匀；房间内整个墙面都可布置展品，不受窗口限制；光线从斜上方射入室内，对立体展品特别合适；易于防止直接眩光。故广泛地被采用于各种展览馆中。

根据表 4-2，美术馆展厅采用顶部采光，其照度不应高于 300lx；对光不敏感的展品其照度宜为 225lx 或 300lx。在确定天窗位置时，要注意避免形成反射眩光，并使整个展出墙面的照度均匀，这可从控制窗口到墙面各点的立体角大致相等来达到，如图 4-10 所示的 Ω 角。作图时，可将展室的宽度定位基数，顶窗宽为室宽的 1/3，室高为室宽的 5/7，就可满足照度均匀的要求。通常将室宽取 11m 较为合适。

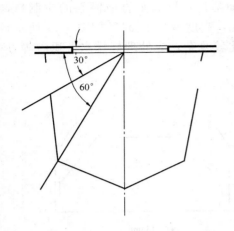

图 4-9　设置横墙的良好范围

（来源：文献［3］）

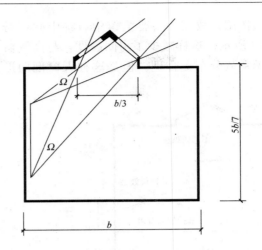

图 4-10　顶部采光展室的适宜尺寸

（来源：文献［3］）

表 4-2　展览建筑的采光标准值

采光等级	场所名称	侧面采光		顶部采光	
		采光系数标准值（％）	室内天然光照度标准值（lx）	采光系数标准值（％）	室内天然光照度标准值（lx）
Ⅲ	展厅（单层及顶层）	3.0	450	2.0	300
Ⅳ	登录厅、连接通道	2.0	300	1.0	150
Ⅴ	库房、楼梯间、卫生间	1.0	150	0.5	75

在满足防止一次反射的要求下，顶部采光比高侧窗可降低层高。由图 4-11 所示可看出，顶部采光比高侧窗采光降低房间高度达 30％，这有利于降低建筑造价。

由前面所述，顶部采光的照度分布是水平面比墙面照度高。水平面照度在房间中间（天窗下）比两旁要高。这样，在观众区（一般在展室的中间部分）的照度高，因而在画面上可能出现二次反射现象。

从以上介绍的各种采光形式来看，用到展览馆中都有各自的缺点。故在实践中都是将上述形式的窗洞口加以改造，使他们的照度分布按人们的愿望，达到最好的展出效果。

4）天窗采光的改善措施

主要是采取措施使展室中央部分的照度降低，并增加墙面照度。一般在天窗下设一顶棚，它可以是不透明的或半透明的，这样使观众区的照度下降。如图 4-12 所示，是将图 4-10 所示剖面的天窗下加一挡板，可使展室中部的观众区照度下降很多。

上面谈到的改善措施中，天窗与挡板间的空

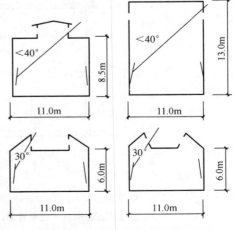

图 4-11　不同采光方案对层高的影响

（来源：文献［3］）

间没有起作用，故在一些展览馆中，将中间部分屋面降低，形成垂直或倾斜的窗洞口，如图 4-13 所示。这样减少了房间高度，与高侧窗相比，高度减少了 54％如图 4-11 所示，它的采光系数分布更合理。但是这种天窗剖面形式比较复杂，应处理好排水、积雪等方面问题。

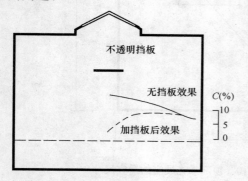

图 4-12　顶部采光改善措施
(来源：文献［3］)

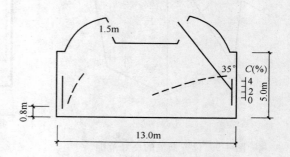

图 4-13　适合于美术馆的顶部采光形式
(来源：文献［3］)

在国外，顶部采光的展览馆中，常采用活动百叶来控制天然光。如图 4-14 所示，是英国泰特美术馆新馆剖面，它在顶窗上面布置了相互垂直的两层铝制百叶窗，如图 4-14 中 1，

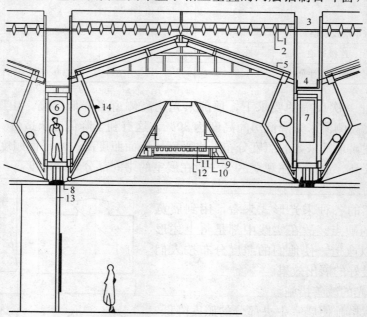

图 4-14　英国泰特展览馆新馆采光方案
(来源：文献［3］)

1—上层百叶；2—下层百叶；3—人行通道；4—检修通道；5—有紫外滤波器的双层玻璃；6—送风管道；7—排风管道；8—送风和排风；9—重点照明导轨灯具；10—展品（绘画）照明灯具导轨；11—建筑照明；12—扩敞透光板；13—可拆装的隔断；14—感光元件

2 所示。这两层百叶的倾斜角是由安置在室
内的感光元件（14）控制，它可根据室外照
度大小，使百叶从垂直调到水平位置，以保
证室内照度稳定在一定水平上。在夜间或闭
馆期间，则将百叶调到关闭（水平）状态，
不但使展室处于黑暗，有利于展品的保存，
而且减少热量的逸出，有利于减少冬季热耗
和降低使用中的花费。

如图 4-15 所示是国外某画廊的采光方
案，它采用顶窗，为了降低房间中部的照
度，在房间中间部分顶棚采用扩散透光塑
料，靠墙的顶棚作成倾斜格片，从而提高了
墙面照度，满足展出要求。

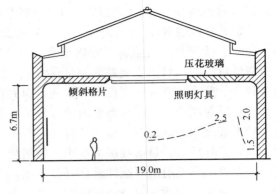

图 4-15 画廊顶部采光方案
（来源：文献［3］）

4.3 学校教室照明设计举例

学生在学校里的大部分学习时间是在白天，但在阴雨天或冬季的部分上课时间内室外照
度低于临界照度，这时仅靠天然光不能满足学习要求，应采用电光源照明补充。另外，夜间
也可能有学习活动，因此设计学校教室照明时，不仅要注意天然采光，还应进行电光源照明
设计。

4.3.1 照明数量

为了保证在工作面上形成可见度所需的亮度和亮度对比，学校建筑照明标准规定（参见
表 4-3）：教室课桌面上的平均照度值不应低于 300lx，照度均匀度（照度最低值/照度平均
值）不应低于 0.7。教室黑板应设局部照明灯，其平均垂直面照度不应低于 500lx，照度均
匀度应当高于 0.7。

表 4-3　学校建筑照明标准值

建筑类型	房间或场所	参考平面及其高度	照度标准值（lx）	UGR	R_a
学校建筑	教室	课桌面	300	19	80
	实验室	实验桌面	300	19	80
	美术教室	桌面	500	19	90
	多媒体教室	0.75m 水平面	300	19	80
	教室黑板	黑板面	500		80

4.3.2 照明质量

它决定视觉舒适程度，并在很大程度上影响可见度。应当考虑下列因素：
（1）亮度分布。为了视觉舒适和减少视疲劳，要求大面积表面之间的亮度比不超过下列

263

值：视看对象和其邻近表面之间 3：1（如书本和课桌表面）；视看对象和远处较暗表面之间
3：1（如书本和地面）；视看对象和远处较亮表面之间 1：5（如书本和窗口之间）。

（2）直接眩光。当学生视野内出现高亮度（明亮的窗、裸灯泡），就会产生不舒适感，
甚至降低可见度。目前主要眩光源是裸灯泡，这不但使光通量利用率不高，而且产生严重的
直接眩光。荧光灯管表面亮度虽不太高，但面积大，故都应装上灯罩。

（3）反射眩光。主要来自黑漆黑板和某些深色油漆课桌表面，这可从改变饰面材料来解
决。如黑板改用磨砂玻璃，也可从灯和窗口位置来解决。

（4）光幕反射。目前我国书本用纸较粗糙，出现光幕反射的机会少。但随着书籍纸张的
改善，出现光幕反射的可能性就会日益增加，应引起重视。

（5）照度均匀度。主要对课桌面和黑板面照度均匀度提出要求，要求均匀度不低
于 0.7。

（6）阴影。视看对象如处于阴影中，它的亮度下降，势必影响可见度。即使阴影不在视
看对象上，而在它的旁边，也是令人不快的。如能采用多个光源，以不同方向照射物体或增
加扩散光在总照度中的比例，使阴影浓度减弱，则将有利于视觉工作。

4.3.3 照明设计

1）光源

目前常使用的光源为荧光灯。荧光灯具有发光效率高、寿命长、表面亮度低、光色好等
优点，虽然安装时附件较多，一次投资费用较高，但考虑到荧光灯用电量少，换灯次数少，
因而在使用过程中，可用低的运行费来补偿一部分投资费。在不长的时间内，就可收回一
次投资费，因此应采用这种灯取代白炽灯。随着小功率新光源的普及，也可将其引入教室照
明中。

2）灯具

从使用的灯具来看，白炽灯灯具大部分采用搪瓷铁伞罩、平盘式或碗式乳白玻璃罩，有
的甚至就用裸灯泡。这样做就会产生严重眩光，对视觉影响很大，不能满足统一眩光值要
求，应加以处理，可采用如图 4-16（a）所示的环形漫射罩。这不仅有足够的遮光角，而且
灯具表面亮度低，完全能满足防止直接眩光的要求。

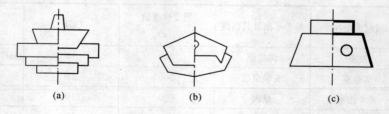

图 4-16 几何简易可行的灯具
（a）环形漫射罩；（b）格栅漫射罩；（c）筒式荧光灯具（YG2-2）
（来源：文献 [3]）

目前教室内多采用裸荧光灯管，40W 简式木底板荧光灯（YG1-1）或简式荧光灯
（YG2-2）。虽然荧光灯的表面亮度低，但仍存在着一定程度的眩光。为进一步消除眩光和控
光，应采用有一定遮光角的灯具。例如，现采用适合于教室用的灯具，它的最大发光强度位

于与垂线成 30°的方向上，并具有相当大的遮光角，如 BYGG4-1 蝙蝠翼配光灯具，就能大大降低阅读时出现的光幕反射现象。表 4-4 列出一教室照明改造前（8 支 YG1-1 型灯具，挂高 2.0m）、后（6 支 BYGG4-1 型蝙蝠翼配光灯具，挂高 1.8m；在黑板前挂有 BYGG4-1 型黑板照明灯具）的各项实测指标变化情况。从表 4-4 中所列数字可看出：使用 BYGG4-1 型灯具显著提高了课桌面照度和照度均匀度。但由于安装灯具数不足，故课桌面平均照度值未达到标准要求。如果增加到 8 支，将使均匀度得到进一步改善，如图 4-17 所示。

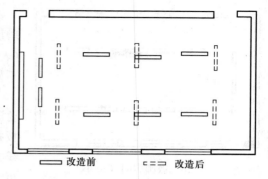

图 4-17 教师照明改造前、后的灯具布置
（来源：文献 [3]）

表 4-4 教师改造前后各项指标比较

照明状况	课桌面照度（lx）			照度均匀度 （E_{min}/E_{av}）	照明功率密度 （W/m²）
	最高	最低	平均		
改造前	105	54	83	0.65	4.9
改造后	160	51	119	0.68	6.5

3）灯具布置对室内照度的影响

灯具的间距、悬挂高度应按采用的灯具类型而定，它影响到室内照度、均匀度、眩光程度。表 4-5 所示为教室（9.0m×6.0m×3.6m）在不同照明方案下的照度现场实测结果。

表 4-5 照明现场实测结果

光源种类与 安装功率（W）	灯具 类型	布置 方式	课桌面照度（lx）				黑板照度（lx）				挂高 （m）
			最高	最低	平均	均匀度	最高	最低	平均	均匀度	
荧光灯 40×6	盒式	纵	205	120	161	0.75	135	100	119	0.84	1.7
荧光灯 40×6	控照	纵	242	125	176	0.71	140	102	120	0.85	1.7
荧光灯 40×6	盒式	横	205	120	162	0.74	210	140	166	0.84	1.9
荧光灯 40×6	控照	横	238	125	173	0.72	160	115	139	0.82	1.9
荧光灯 40×6	控照	纵	225	125	173	0.72	140	110	121	0.91	1.9
白炽灯 150×4	磨砂		180	105	140	0.75	172	119	136	0.88	1.7

从表 4-5 中可看出：

（1）当荧光灯灯管光通量衰减到初始光通量的 70% 时（表中所列数值的 70% 以上），6×40W 荧光灯在课桌面形成的照度平均值将低于 150lx，故 9.0m×6.0m 的常规教师应设 13 支 40W 荧光灯（光源为冷白色只管荧光灯），在课桌面上形成的维持平均照度可达 300 lx，如图 4-18 所示；

（2）采用白炽灯耗电太高（为荧光灯的 4 倍多），故不应采用白炽灯照明；

（3）不同灯具对室内照度和均匀度均有影响，特别对照明质量影响更大；

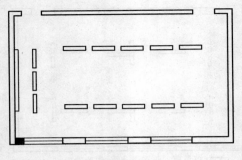

图 4-18　教师照明（300lx）

（来源：文献［3］）

（4）悬挂高度的增加可使照度更均匀，主要是增加了墙角处的低照度，降低了灯下的高照度（表 4-5 中由于灯的挂高变化小，故所列数值变化不显著）；

（5）灯具方向对照度和均匀度的影响较小，主要影响照明质量。标准建议将灯管长轴垂直于黑板布置。这样布置引起的直接眩光较小，而且光线方向与窗口一致，避免产生手的阴影。但这样布灯，有较多的光通置射向玻璃窗，光损失较多，故从降低眩光、控制配光的要求来看，荧光灯也以装上灯罩为宜。

如条件不允许纵向布灯，则可采用横向布置的不对称配光灯具，如图 4-19 所示。这样，光线从学生背后射向工作面，可完全防止直接眩光。但要注意学生身体对光线的遮挡和灯具对教师引起的眩光。

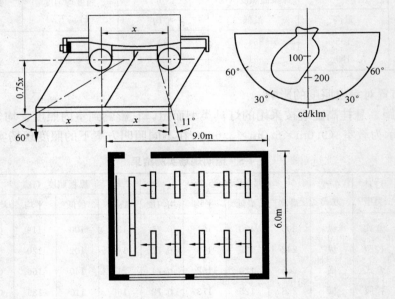

图 4-19　不对称配光灯具

（来源：文献［3］）

4）黑板照明

要求黑板有充足的垂直照度，照度分布均匀，灯具反射形象不出现或不射入学生眼中，灯具不对教师形成直接眩光。标准规定教室黑板应设专用的局部照明灯具，这是由于放在顶棚上的一般照明灯具，对黑板产生的照度不能满足要求。黑板照明灯具的位置可参考图 4-20 所列尺寸。这时灯具最大发光强度应对准黑板的中间部分。

对市场上的 BYGG5-1 型黑板照明灯具的现场实测表明：在磨砂玻璃黑板前 1m，离黑板上沿 0.5m 处安装三只 40W 的 BYGG5-1 型灯具，光源为冷白色（RL）直管荧光灯，黑板上维持平均照度可达 500lx，消除了反射眩光，没有直接眩光，效果是明显的。

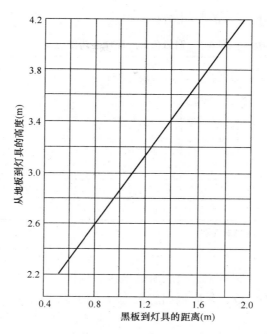

图 4-20 黑板照明灯具位置

（来源：文献 [3]）

4.4 商店照明设计举例

商店是人们物色、挑选、购买自己所需物品的场所。这就要求照明不仅使顾客能看清商品，还应使商品以至整个商店更加光彩夺口、富于魅力，显出商店特色，吸引顾客，使之乐于进入，激起其购买欲望，达到销售商品的目的。这说明商店照明设计是一个技术和艺术综合性很强的工作。

进行商店照明设计时要注意：

第一，顾客对象，周围环境；

第二，空间构成，商品构成，陈列布局；

第三，商店性质，内部装修；

第四，商店形象，整体气氛；

第五，照明与建筑、内装修、家具等相呼应；

第六，照明方式和所选用的灯具；

第七，降低运行费用，维护简便，易于操作。

4.4.1 商店照明设计需要考虑的几个问题

1）照明效果

从店前经过的行人都是可能的顾客，应设法使他们停下来，并吸引他们进入商店，直至购买商品。这就要求从铺面到店内，从单个商品直至整个商店，都具有各自的表现力。照明在显示商品的效果上占主导地位，它应按商店不同部位，给以恰当的照明，产生需要的效果。表4-6列出商店各部位要求的照明效果。

表 4-6　商店各部分照明要求的效果

部　位 ＼ 效果	引人注目	展品鲜明	看得清楚	整体效果
外立面、外观	◎			◎
铺面	○	◎	○	○
橱窗	○	◎		○
店内核心部位		◎	○	
店内一般部位		○	◎	○
综合		○		◎

注：◎—主要效果；○—需要考虑的效果。

2）照度

它是根据商品特性、顾客对象、商店所处地区、规模、经营方针等条件的不同而定，并同时考虑投资和节电效果。设计是应根据建筑等级、功能要求和使用条件，从中选取适当的标准值。

目前，我国有些商店营业厅内照度偏低，特别是货架上照度低，商品展示不突出，缺乏生气，影响正常的营业活动。

3）店内照度分布

目前大多数商店都采用一般照明，平均分布照度，使店内显得单调。实际上店内照度不应该一样，应有一定变化，加强对商品的照明，突出展示效果。

根据商店类型，照度分布可分为三种形式：a. 单向型，展柜特别亮，适用于钟表店、首饰店；b. 双向型，店内深处及其正面特别亮，适于服装店；c. 中央型，店侧特别明亮，适于食品店。另外为了提高商品的展示效果，应特别注意陈列柜、货架等垂直面照度应高于水平面照度。

4）照明方式

商店照明方式大致有三种，将他们有机地组合起来，能发挥很好的效果。

（1）基本照明。它是使店内整体或各部位获得基本亮度的照明。一般是将灯具均匀地分布在整个顶棚上，使营业厅获得均匀照度。

（2）重点照明。是把主要商品或主要部位作为重点，加以效果性照明，以加强感染力。它应与基本照明相配合，根据商品特点，选择适当的光源和灯具，以完美地显示商品的立体感、颜色和质地。现常用导轨式小型投光灯，根据商品布置情况，选择适当位置将光线投射到重点展品上。

（3）装饰照明。是为创造气氛而设置。它是以灯具自身的造型，富丽堂皇的光泽，或以灯具的整体布置来达到装饰效果。如采用丰富多彩的吊灯或组合成一定图案的吸顶灯。

5）顾客与照明

可以说商店是为顾客而存在的。因此，必须采用与顾客生活感觉相适应的照明手法。商店一般是把明亮的整体照明、点光源作重点照明和局部设装饰照明结合起来考虑。但由于顾客的年龄和性别的不同，对照明的喜爱也有所不同。妇女一般喜欢柔和的间接照明和适当的闪烁光相结合，可用荧光灯和华丽的吊灯，创造出柔和、华丽、优雅的环境。男士多喜欢方向性强的投光灯作重点照明。老年人则要求更高的照度、更明亮的环境，这就要求更高的整体照明。年轻人偏爱较大的明暗对比。总之，要视商店的主要服务对象来考虑照明设计。

6）照明的表现效果

利用灯光效果可使商品更具有魅力，同时又能使顾客对商店产生相应的好印象。这些效果可从以下几方面来考虑：

（1）光色。因为照度标准值均小于或等于500lx，所以采用低色温光源，会产生安静的气氛；采用中等色温光源可获得明朗开阔的气氛；采用高色温光源则形成凉爽活泼的气氛。也可采用不同光源的混光达到很好的效果。

（2）显色性。由于光源发射的光谱组成不同，使商品颜色产生不同效果。可如实地表现商品原有颜色，如采用高显色指数的光源，也可利用光源强烈发出某一波长的光，鲜明地强调商品特定颜色，产生特殊效果，如肉类、鲜鱼、苹果等，用红色成分多的光源照射，就显得更加新鲜；但不能用单色光源，那样会过分强调某一色调，效果也不好。

（3）立体感。商店内不少商品都具有三维性质，照明应以一定的投射角和适当的阴影分布，使之轮廓清晰，立体感强。如商品表面照度均匀，光线从接近垂直的角度投射到商品上，这时商品将显得平淡无味，减弱了吸引力。故适当的明暗变化是必要的。

另一个影响立体感的因素是光的投射方向。因为人们习惯于天然光的照射形象，所以光线从斜上方射来就可获得较满意的效果。

另外，不同方向的光投射到玻璃和陶瓷用品上会产生不同效果。从上面照射可得完整的自然感觉；从下面照射，则有轻、漂浮的感觉，用这种特异的气氛也可获得引人注目的效果；横向照射，则强调立体感和表面光泽；从背面照射，强调透明度和轮廓美，但表面颜色和底部显得不够明亮。

4.4.2 商店各部分的照明方法

1）橱窗照明

它是吸引过路行人注意力的重要部位，是店内商品和过路行人间的联系纽带。要给顾客留下美好、持久、整洁的印象，使他们停下来，再用明亮、愉快的室内环境把他们吸引到店里来。为达到此目的，橱窗照明首先应保证足够的亮度，一般是店内照度的2～4倍。这里要特别注意垂直面照度，使人们能正确地鉴赏陈列品。加上强烈的对比、立体感、强光等以提高展出效果。另外需注意良好的照明色调，保证正确的辨色。

橱窗内展品是变化的，故照明应适应这一情况。一般是把照明功能分由四部分完成：基本照明、投光照明、辅助照明、彩色照明等。将他们有机地组合起来，达到既有很好的展出效果，又能节电的目的。

（1）基本照明：常采用荧光灯格栅顶棚作橱窗的整体均匀照明。每平方米放置2.5～3支40W荧光灯，大致可形成1000～1500lx的基本照明。

（2）投光照明：用投光灯的强光束提高商品的亮度，强调它的存在，能有效地表现商品的光泽感和立体感，突出其地位。

当橱窗中陈列许多单个的不同展品时，也可只使用投光灯，分别照亮各个展品；而利用投光灯的外泄光来形成一般照明，也可获得动人的效果。

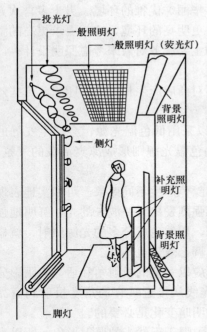

图 4-21 橱窗灯具布置
（来源：文献 [3]）

（3）辅助照明：是为了创造更富于戏剧性的展出效果，增加橱窗的吸引力。利用灯的位置（靠近展品或靠近背景），就会产生突出展品质感、或使之消失的不同效果。利用背景照明，将暗色商品轮廓在亮背景上清晰地突出来，往往比直接照射它的效果更好。紧凑型荧光灯能很方便地隐藏在展品中起辅助照明用。

（4）彩色照明：它是用来达到特定的展出效果。例如利用适当的颜色照射背景，可使展品得到更显眼的色对比。

对那些经常更换陈列品的橱窗（如大型百货公司的橱窗）最好能同时装设几种照明形式，根据陈列品的特点，开启不同的灯，以达到要求的效果。如图 4-21 所示为一具有多种照明形式的橱窗灯具布置。

由于橱窗内要求达到相当高的照度，就可能产生大量热量，所以应注意加强通风，设置排风扇。

白天，橱窗仍具有很大的宣传价值。但橱窗外的物件，如行人、车辆因处于开敞的露天，常常具有相当高的亮度，常在橱窗玻璃上形成二次反射，遮盖了展出的商品，影响效果。据实测，在阳光照射下，这些物件在橱窗玻璃上的反射亮度可达 $350cd/m^2$。为了抵消它，就要求展品具有更高的亮度。所以白天往往需要比晚上更高的照度。在条件许可时，可将橱窗玻璃做成如图 4-22 所示那样倾斜或弯曲，它有助于消除橱窗玻璃上的反射眩光。

有的人认为可以利用橱窗玻璃的这种反射形象来丰富展出效果，而且随着太阳和天空光的变化，橱窗玻璃上的反射形象也在不断变化，使静止不动的展品获得动感。这些效果的获得与否，关键在正确处理橱窗内展品亮度和反射形象，以及展品设计和反射形象间的协调，否则很难达到预期效果。

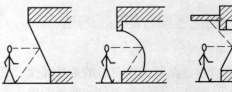

图 4-22 消除白天橱窗玻璃上出现反射眩光的办法
（来源：文献 [3]）

2）铺面照明

它和橱窗一样是路过行人（潜在的顾客）首先看到的部位，是引导顾客进入店内的关键部位。它应表现整个商店的特征，创造出一种明快的气氛。

铺面一般采用荧光灯作光源。在层高较高的铺面，可根据具体情况选用高强气体放电灯，以其独特的光色来创造与其他商店完全不同的印象，也是一种有趣的手法。白天有天然光，铺面可不用电光源照明，但商店招牌或其他广告设施必须不分昼夜地处于显眼状况。

3）店内整体照明

为了确保吸引顾客，便于物色、挑选、购买商品，都需要良好的店内照明。一般来说，接待顾客部位要暗些，销售商品部位要亮些，适当的明暗组合，形成起伏的效果，使店内显得生气蓬勃。

店内基本照明灯一般是安置在顶棚上。在商店内，四周一般有货架，故顶棚面特别引人注目，必须注意灯具的美观效果。顶棚宜做成浅色，并使灯具发出的光线有一部分射到顶棚上，使顶棚明亮，使整个店堂显得明亮。枝形吊灯以本身的美丽装饰、光彩夺目，美化室内空间。乳白色球状灯具组合起来，也可获得装饰效果，而且明亮的暴露部分也能加强明亮感，但必须控制其亮度（限制灯泡功率），避免形成眩光。吸顶灯和暗灯要注意效率和配光，不要使顶棚显得过于暗，这时地面光反射比大小对增加顶棚亮度起很大作用。

4）陈列架照明

它应比店内基本照明更明亮些，才能起到向顾客介绍商品的作用。它的位置应让货架上下都得到充足而均匀的照度。由于地面上1.2m处是最容易拿到商品的位置，也是眼睛最容易注视的高度，故应是照射中心。图4-23所示是陈列架灯具布置示例，这里以陈列架上端的荧光灯作为陈列架的一般照明，投光灯作重点部位照明。

灯具配光的选择应与使用目的相适应。当灯具作陈列架基本照明时，应选用宽配光投光灯具，灯具中轴处于陈列架离地1.2m处，并与陈列架成35°角，这样易获得高照度和适当的均匀度。作重点部位照明时，选用窄配光灯具，且光轴应对准照射对象。

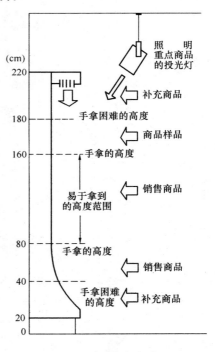

图4-23　陈列架灯具布置
（来源：文献〔3〕）

展出鞋、提包、陶瓷等光反射比较小的商品的陈列架宜采用荧光灯作背光或侧光照明，加上投光灯照射商品的主要部位，这样既能强调其立体感，又能增强其质感和光泽，以提高其吸引力；同时，还比单纯用投光灯时节省电能。

对于整个陈列架而言，并不是所有部位都陈列重要商品，一般只有局部作重点陈列，多数作流动库存空间。这时可用荧光灯作均匀照明，以求得商品的充实感；而以点式投光灯强调重要陈列品，切忌成排使用投光灯形成重点过多，反而失去突出的作用。

5）柜台照明

钟表、宝石、照相机等高档商品是以柜台销售为主。原则上灯具应设在柜内，但不能让顾客看到灯具。柜内照度应比店内一般照明的照度高，才能吸引顾客的注意力。

为了加强商品的光泽感，也可利用顶棚上的投光灯和吊灯，但应注意灯具位置，不使灯具的反射光正好射向顾客眼睛。一般将它放在柜台上方靠外侧，这样，不但可防止在顾客处形成反射眩光，而且易于在商品上得到较高照度。

本 章 小 结

在前面几章内容的基础上，本章以教室、美术馆、商店为例，具体说明了采光设计和照明设计的方法和过程。在实际工程项目中，本章的设计案例可以作为建筑采光和照明设计的参考，有关其他建筑类型的采光及照明设计，可进一步参阅其他相关文献。

思 考 题

1. 设有一大宴会厅尺寸为 $50m \times 30m \times 6m$，室内表面光反射比：顶棚 0.7，墙 0.5，地面 0.2，求出需要的光源数量和功率，并绘出灯具布置的平、剖面图。

2. 展览馆展厅尺寸为 $30m \times 12m \times 4.2m$，室内表面光反射比：顶棚 0.7，墙 0.5，地面 0.2，两侧设有侧窗（所需面积自行确定）。确定所需光源数量和功率，并绘出灯具布置的平、剖面图。

第三篇 建筑声学

声音是人类相互交流、获取信息的重要载体，它的本质是在具有弹性媒质中传播的机械波。建筑是人类最主要的活动场所，是我们生活、学习、工作和运动的人造空间，在这个空间中我们需要交流，需要获取信息，因此需要声音在室内空间的存在。建筑师们一直关心在建筑物中对声音的处理、改造技术，古罗马的会议场所、古希腊的剧场都反映了建筑师力图获得良好音效的努力。

声音如何在建筑中传播，如何设计出优美音质的建筑，这些关于建筑中声学问题研究的科学称之为建筑声环境，它是专门研究建筑中声音传播的学科，是物理学、建筑工程、电声学以及环境保护与建筑学的有机融合。

建筑声环境以创造室内良好音质为研究目标，以物理声学为基础，通过研究室内声场的传播规律，提出了室内声场分析的基本理论。在此理论基础上，应用声线分析法，给出了室内音质设计的方法和评判依据，用于指导建筑室内音质设计。此外，噪声是城市四大污染之一，同时也是影响室内物理环境的重要因素，防止噪声是建筑声环境研究的另外一个主要问题。本篇介绍了噪声的评价方法和相关标准，给出了多种噪声防止方法与措施。

第1章 建筑声环境基础

重点提示/学习目标

1. 了解建筑声环境对于建筑使用的意义和作用；
2. 掌握声计量的概念和方法，理解声级的概念；
3. 掌握响度级和等响曲线，了解声音的测量；
4. 理解声音的哈斯、掩蔽效应。

本章是建筑声环境的开篇之章，首先介绍了学习建筑声环境的意义和作用，使读者明确学习该课程的目的。然后简述了建筑声学的发展历程，明确建筑声学的本源。接着讲述了建筑声学作为物理声学分支的基础知识：声音的产生、传播规律以及声音的计量。还讲述了与人体声感觉相关的响度概念以及人的主观听觉效应。

1.1 建筑声环境概述

声音是人类相互交流、获取信息的最主要载体之一。人们可以听到的声音都属于声环境范畴，人们可以听到谈话、美妙的音乐、迷人的歌声、百灵鸟的鸣叫、叮咚的泉水等；但也能听到嘈杂的吵闹、车辆的轰鸣、单调的打桩机声等噪声。这些悦耳的或者刺耳的声音，都在向我们传递着各种信息，是我们获取知识、了解世界、表达自己、感知世界的最主要方式之一。建筑是人类最主要的活动场所，是我们生活、学习、工作和运动的人造空间，在这个人造空间中我们需要声音的存在。声音如何在建筑中传播，我们如何设计出优美音质的建筑，这些关于建筑中声学问题研究的科学称之为建筑声环境，它是建筑中研究声音的专门学科，是声学与建筑学的融合。

1.1.1 建筑中的声学现象

建筑是一个人造空间，在这个空间中始终存在着有关声音的问题，智慧的劳动人民很早就懂得如何在建筑中产生理想的音质效果。北京天坛回音壁和三音石、山西永济莺莺塔（普救蟾声）、河南三门峡宝轮寺三圣舍利塔（河南蛤蟆塔）和四川潼南大佛寺石阶（四川石琴）回音壁是我国著名的四大回音建筑，它们在世界上也享有极高的声誉。

（1）北京天坛三音石

北京天坛建于 16 世纪，它以宏伟庄严的建筑风格著称于世，更以其奇特的声学现象享誉世界。三音石是甬道上从皇穹宇的台阶向南数的第三块石头，站在这块石头上击一下掌，

可以听到三次甚至更多次击掌回音声；这是由于击掌声
被圆形围墙多次反射回来的回声而产生的。图 1-1 是对
三音石的解释图示，三音石到回音壁的距离是 32.5 米、
声音发出到回音壁墙壁面反射周的回声，每次走过的都
是 65 米，因此，回声的时间特点应是三声回声时间间隔
相等的；回声的声强特点，应遵守球面波的衰减规律，
三声回声应一声比一声弱。但是近年来俞文光教授和他
的同事们用仪器测得的结果却不是这样的，采用新的仪
器测试表明三声回声时间间隔是不等的，而回声强度也
不是从开始就递减的，而是强、更强、弱。这是为什
么呢？

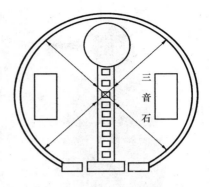

图 1-1　北京天坛三音石
（来源：文献 [19]）

表 1-1　三音石击掌回波数据

回波标号	时间（ms）	声波走过的路程	反向物与声源的距离（m）
1	103.70	34.88	17.44
2	191.00	64.25	32.13
3	382.80	128.77	32.20
4	578.50	194.61	32.43

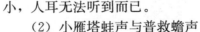

　　研究发现：第一个回波是由皇穹宇的东西两个配殿的墙和墙基反射回来声音形成的，第
二个回波才是由回音壁墙面第一次反射声音汇聚而成的，由于声音的汇聚这个回声强度最
强；由记录数据知道：它是击掌后 191 毫秒记录到的回波，此波走的路程应是 64.5 米，反
射物离发声中心距离应为 32.13 米，而回音壁的半径为 32.5 米，所以认定回声由回音壁墙
面第一次反射声音，反射面很大，反射强度就最强。3 号的回波是由回音壁墙面第二次反射
的声音汇聚而成的。4 号回波是由回音壁墙面第三次反射声音汇聚而成。只是因为声强太
小，人耳无法听到而已。

图 1-2　西安小雁塔
（来源：自摄）

　　（2）小雁塔蛙声与普救蟾声

　　小雁塔位于西安市南门外友谊西路南侧，建于唐中
宗景龙年间（公元 707—710 年），是唐代长安城著名佛
教寺院荐福寺内的佛塔。小雁塔（图 1-2）是唐代早期
最有代表性的叠涩密檐式方形砖塔，由基座、塔身和塔
顶三部分组成。塔身自下而上逐层递减内收，整体轮廓
呈自然圆和卷杀曲线，与大雁塔风格迥异。小雁塔塔身
内为空筒式结构，设木构楼层，有木梯盘旋而上直至顶
层。小雁塔初为 15 级，现存 13 级，14、15 两级塔身残
缺，塔顶已毁，现高 43.4 米。塔檐系典型的内凹叠涩
密檐结构。每层密檐均采用叠涩方法挑出，下面为菱角
牙子，菱角牙子上叠着 8～16 层不等的挑砖，它们层层
加大。小雁塔的造型与结构成为我国早期密檐式砖塔的
代表作，对后来全国各地密檐式砖石塔的建造都有影

图 1-3　永济市普救寺莺莺塔
（来源：自摄）

响，如山西永济普救寺的莺莺塔（1564 年），河南三门峡市宝轮寺的三圣舍利塔（1176 年），甚至远在云南大理的千寻塔（公元 825 年）、弘圣寺塔（公元 738—937 年）都受到了小雁塔的影响[20]（上标表示引用参考文献序号）。

位于小雁塔的四周，在垂直于塔身，距塔在 15～30 余米的范围内，大声击掌或击石，可以听到类似蛙鸣的回声。但是以塔东侧距离塔身墙基在 15 米到 20 余米距离击石或击掌时，在距塔 20 余米处听到的蛙声回声的效果最好。

普救寺位于山西省永济市，寺中的莺莺塔（图 1-3）是我国四大回音建筑之一。唐元稹的传奇小说《会真记》，后改编为元杂剧《西厢记》中张生与崔莺莺的爱情故事就发生在这里。莺莺塔始建于隋，1564 年重建，全塔高 39.5 米，十三层，平面呈方形，叠涩密檐式砖塔。在塔正前方 10～44 米的大范围内，击掌、击石能听到蛙鸣回声，故称"普救蟾声"。

小雁塔产生的蛙声原理与莺莺塔基本相同，这些叠涩密檐式砖塔产生蛙声回声的最重要因素是因为其具有呈内凹曲面的塔檐，这些塔本身排列有序，而且形状特异的内凹曲面塔檐对声音有反射汇聚作用。这种塔檐不仅对声音有反射汇聚作用，而且使击石声波脉冲经高度不同的各层塔檐反射汇聚后，形成与自然蛙声的时间特性和频率特性相似的一个间隔在 10 毫秒左右、持续时间大于 80 毫秒的声脉冲串。人耳无法区分这十几个脉冲声音，只能听到一个拉长的类似蛙鸣的回声。蛙声回声形成的关键在于这一个个回波声脉冲串的时间特性和频率特性都与自然蛙声的时间特性和频率特性相似[20]。

1.1.2　建筑声环境发展历程

有关建筑声学的记载最早见于公元前一世纪，罗马建筑师维特鲁威所写的《建筑十书》。书中记述了古希腊剧场中的音响调节方法，如利用共鸣缸和反射面以增加演出的音量等。

自从罗马帝国被推翻后，中世纪建造的唯一厅堂就是教堂。在中世纪，欧洲教堂采用大的内部空间和吸声系数低的墙面，以产生长混响声，造成神秘的宗教气氛。当时也曾使用吸收低频声的共振器，用以改善剧场的声音效果。中世纪的室内声学知识主要来源于经验，科学的成分很少。教堂的声学环境的特点是：音质特别丰满，混响时间很长，可懂度很差。

15 世纪开始欧洲建了很多剧场，有些剧场的观众容量很大。如意大利维琴察市（维琴察古城于 1994 年成为联合国教科文组织世界文化遗产）。由帕拉迪奥设计的奥林匹克剧院，建于 1579—1584，有 3000 个座位。又如 1618 年由亚历迪奥设计的意大利帕尔马市的法内斯剧场，可容纳观众 2500 人。欧洲修建的这些剧院（图 1-4），大多有环形包厢和排列至接近顶棚的台阶式座位，同时由于听众和衣着对声能的吸收，以及建筑物内部繁复的凹凸装饰对声音的散射作用，使混响时间适中，声场分布也比较均匀。剧场或其他建筑物的这种设计，当初可能只求解决视线问题，但无意中却取得了较好的听闻效果。虽然这个时代的建筑师几乎没有任何室内声学知识，但这个时代建造的多数剧院和其他厅堂没有发现任何显著的音质缺陷。

16 世纪，中国建成著名的北京天坛皇穹宇，建有直径 65 米的回音壁，可使微弱的声音沿壁传播一二百米。在皇穹宇的台阶前，还有可以听到几次回声的三音石。

17 世纪，出现了马蹄形歌剧院（图 1-5）。这种歌剧院有较大的舞台和舞台建筑，以及环形包厢或台阶式座位，排列至接近顶棚。这种剧院的特点是利用观众坐席大面积吸收声音，使混响时

图 1-4 15 世纪欧洲的剧场
（来源：文献 [21]）

间比较短，这种声学环境适合于轻松愉快的意大利歌剧演出。在 17 世纪开始有人研究室内声学。17 世纪的阿·柯切尔所著的《声响》最早介绍了室内声学现象，并论述了早期的声学经验和实践。音乐厅早期发展阶段是在 17 世纪中后到 19 世纪，包括：早期音乐演奏室、娱乐花园和大尺度的音乐厅，古典"鞋盒型"音乐厅就是在这一时期逐渐发展起来的。19 世纪前作曲家所创作的音乐作品是与其表演空间相适应的，这一时期的演奏空间基本是矩形空间。

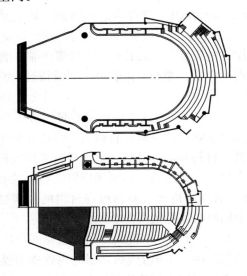

图 1-5 17 世纪的马蹄形剧场
（来源：文献 [21]）

18—19 世纪，自然科学的发展推动了理论声学的发展。室内音质设计的改进一直主要靠经验，直到 19 世纪当 Lord Rayleigh 编著完成《声学原理》和 Helmholtz 对近代发展的科学做出了巨大贡献后，室内设计才不单凭经验。19 世纪初，德国人 E. F. 弗里德利科察拉迪所著的《声学》一书中，致力于解释有关混响的现象。音乐厅声学设计理论的出现从 19 世纪开始，在维也纳、莱比锡、格拉斯哥和巴塞尔等城市，都建造了一些供演出的音乐厅，这些 19 世纪建造的音乐厅已反映出声学上的丰硕成果，直到今天仍然有参考价值。19 世纪以后，随着浪漫主义音乐及现代音乐的产生，演出空间变得丰富多彩，出现了扇形、多边形、马蹄形、椭圆形、圆形等多种形状，其混响时间及室内装饰风格也各不相同。

20 世纪，赛宾（Wallace Clement Sabine，1868—1919）（哈佛大学物理学家）在 1898 年第一个提出对厅堂物理性质作定量化计算的公式——混响时间公式，实现了奠定建筑声学基础的工作，这也是现代建筑声学的理论基础，并确立了近代厅堂声学，从此，厅堂音质设计的经验主义时代结束了。赛宾在 28 岁时被指派改善哈佛福格艺术博物馆（Fogg Art Museum）内半圆形报告厅的不佳音响效果，通过大量艰苦的测量和与附近音质较好的塞德斯剧场（Sander Theater）的比较分析，他发现，当声源停止发声后，声能的衰减率有重要的意义。他曾对厅内管风琴停止发声后，声音衰减到

刚刚听不到的水平时的时间进行了测定，并定义此过程为"混响时间"，这一时间是房间容积和室内吸声量的函数。1898 年，赛宾受邀出任新波士顿交响音乐厅声学顾问，为此，他分析了大量实测资料，终于得出了混响曲线的数学表达式，即著名的混响时间公式。这一公式被首次应用于波士顿交响音乐厅的设计，获得了巨大成功。至今，混响时间仍然是厅堂设计中最主要的声学指标之一。从 20 世纪 20 年代开始，由于电子管的出现和放大器的应用，使非常微小的声学量的测量得以实现，这就为现代建筑声学的进一步发展开辟了道路。

1.1.3 建筑声环境的主要研究内容

建筑声环境是建筑物理环境控制学的一门分支，用于研究建筑环境中声音的传播规律，声音的评价和控制。建筑声环境是一门综合性应用学科，它是物理声学在建筑设计中的应用，其理论基础是物理声学和建筑设计理论相结合的建筑声学。进行声环境设计的目的是为建筑使用者创造一个优美而适当的声音环境。取得良好的声学效果和建筑艺术的高度统一是科学家和建筑师进行合作的共同目标，也是建筑声环境设计所追求的目标。

建筑声环境的基本任务是研究室内声波传输的物理条件和声学处理方法，以保证室内具有良好听闻条件；研究控制建筑物内部和外部一定空间内的噪声干扰和危害。建筑声环境主要研究的内容是室内厅堂音质、噪声控制和隔声隔振。建筑声环境解决建筑中如下几个方面的声环境问题：

（1）剧院、演讲厅、音乐厅、电影院、多功能厅和大容积厅堂等声学场所的室内音质设计

主要是音乐厅、剧院、礼堂、报告厅、多功能厅、电影院等。设计得好：音质丰满、浑厚、有感染力、为演出和集会创造良好效果。设计得不合适：嘈杂、声音或干瘪或浑浊，听不清、听不好、听不见。

（2）材料的声学性能

室内声环境控制的重要途径之一是采用具有特殊声学效应的材料，材料的声学性能对于实现既定的设计目标意义重大，这些材料主要分为吸声材料和隔声材料。对吸声材料研究材料的吸声机理、如何测定材料的吸声系数、不同吸声材料的应用等。如剧场座椅吸声量的测试，天花板吸声性能的设计等。对隔声材料研究材料的隔声机理，如何提高材料的隔声性能，如何评定材料的隔声性能，材料隔振的机理，不同材料隔振效果等。

（3）室内、外环境噪声控制

现代生活，存在各种各样的人为噪声，道路上的汽车声、工地的施工噪声、室外或者附近的喧闹声，这些都会影响人们正常的生活和工作。现代建筑由于功能的增加，建筑中存在着各种各样的机械、电器等设备和装置，这些机器在工作的时候，会发生震耳的噪声和剧烈的震动，例如空调机组、发电机组等。环境噪声控制讲述了噪声的标准、规划阶段如何避免噪声、出现噪声如何解决以及交通噪声治理等。

（4）采用轻型材料的建筑的隔声、隔振问题

随着人们生活品质的提高，对于室内安静的程度要求越来越高，如录音室、演播室、旅馆客房、居民住宅卧室等。对于录音室、演播室等声学建筑对隔声隔振要求非常高，需要专门的声学设计。对于旅馆、公用建筑、民用住宅，人们对安静的要求也越来越重视。当前，为了节约空间和建筑造价，越来越多地使用薄而轻的隔墙材料，施工时常带有缝隙，造成隔

声问题越来越多。

1.2 声音的基本知识

1.2.1 声音的产生与基本特性

声音产生于振动，是在弹性媒介中传播的机械波，如人的讲话由声带振动引起，扬声器发声是由扬声器膜片的振动产生的。振动的物体被称为声源，可以是固体、液体或者气体。声源在空气中振动时，使邻近的空气随之产生振动并以波动的方式向四周传播开来，当传到人耳时，引起耳膜产生振动，最后通过听觉神经产生声音感觉。"声"由声源发出，"音"在传播介质中向外传播。在空气中，声源的振动引起空气质点间压力的变化，密集（正压）稀疏（负压）交替变化传播开去，形成波动即声波。

声音在物理上是种波动，通常使用频率和波长来描述声音。频率是在 1 秒内振动的次数，用 f 表示，单位是赫兹（Hz）；波长（图 1-6）是在波动传播途径中两相邻同相位质点之间的距离，用 λ 表示，单位是米（m）。频率和波长存在反比关系，如下式所示。

$$f = \frac{c}{\lambda} \tag{1-1}$$

式中　f——频率（Hz）；

　　　λ——波长（m）；

　　　c——声速（m/s）

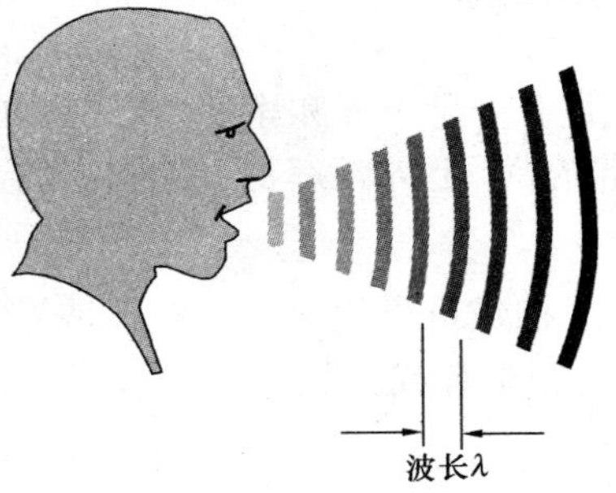

图 1-6　声音的波长

（来源：文献［21］）

声速是声波在弹性介质中的传播速度，用 c 表示，单位是米每秒（m/s）。声速不是波动中质点的振动速度，而是振动传播的速度，也就是说在波动中质点没有前移与后退，只是在平衡位置中心作往复振动。声速的大小与振动的特性无关，与传播介质的弹性、密度及温度有关。在空气中，声速与气温满足以下关系：

$$c = 331.4\sqrt{1 + \frac{t}{273}} \quad \text{(m/s)} \tag{1-2}$$

式中　t——空气温度（℃）

在一定的介质中声速是确定的。在室温 $t = 15$℃时空气中的声速为 340m/s；在 0℃时，c（钢）$= 5000$m/s，c（松木）$= 3320$m/s，c（水）$= 1450$m/s，c（软木）$= 500$m/s。

1.2.2 声音的频带

人耳可听到声音的频率范围为 20Hz～20000Hz，其中，人耳感觉最重要的部分约在 100Hz～4000Hz，相应的波长约 0.085m～3.4m。低于 20Hz 的声音称为次声，高于 20000Hz 称为超声，次声与超声不能被人的听觉器官所感知。声音频率不同听起来有不同的感觉，图 1-7 为不同乐器发出的各个频率乐声。

声音的频率范围很广，从 20Hz 到 20000Hz，这其中存在无数个频率。为了便于区分不同频率的声音，在对声音的研究中，将声音的频率划分为若干个区段，称为"频带"。每个

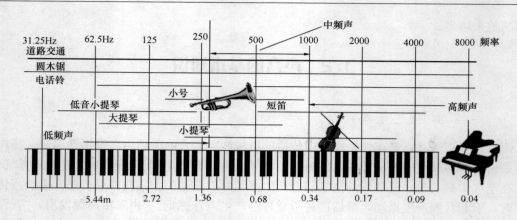

图 1-7　各种频率的声音

（来源：文献［21］）

频带有一个下界频率 f_1 和上界频率 f_2，上界频率与下界频率之差称为"频带宽度"，简称"带宽"。上界频率与下界频率的几何平均称为频带中心频率 f_c。

$$f_c = \sqrt{f_1 \cdot f_2} \tag{1-3}$$

在建筑声学中，频带不是等间距的划分频带，而是以各频带中相等的频程数 n 来划分，n 为正整数或分数。

$$n = 10 \log_2 \left(\frac{f_2}{f_1} \right) \tag{1-4}$$

即：

$$\frac{f_2}{f_1} = 2^n \tag{1-5}$$

也就是说，频带的划分是根据上下界频率与 2 的倍数关系来决定的。$n=1$，称为一个倍频程；$n=1/2$，称为 1/2 倍频程；$n=1/3$，称为 1/3 倍频程。一个倍频程相当于音乐上一个"八度音"。琴键的低音Ⓐ频率为 220Hz，中音Ⓐ频率为 440Hz，高音Ⓐ频率为 880Hz，则从低音Ⓐ到高音Ⓐ是两个"八度音"。其频率比为：

$$\frac{880}{220} = 2^2，即 n = 2$$

则我们称低音 A 到高音 A 这两个频率相差两个倍频程。

以倍频程将声音频率划分成的频带称为"倍频带"，各个频带通常用中心频率 f_c 来表示。国际标准化组织 ISO 和我国国家标准在声频范围内对倍频带的划分做出了标准化的规定，见表 1-2。

表 1-2　倍频带的划分

中心频率（Hz）	上、下界频率（Hz）	中心频率（Hz）	上、下界频率（Hz）	中心频率（Hz）	上、下界频率（Hz）
16	11.2～22.4	31.5	22.4～45	63	45～90
125	90～180	250	180～355	500	355～710
1000	710～1400	2000	1400～2800	4000	2800～5600
8000	5600～11200	16000	11200～22400		

1.2.3　声音的传播特性

声音是以波动形式传播的，声波在传播过程中，在没有遇到障碍物时，以直线路径传播，当遇到障碍物会发生反射、衍射、散射、透射以及吸收现象。判断声波遇到障碍物到底出现何种现象，关键在于对比障碍物（建筑界面）的尺寸 l 与波长 λ 的大小。

当 $L \gg \lambda$ 时，障碍物尺寸远大于声音的波长，可以将障碍物看做一个大型反射板，入射到反射板上的声音遵循反射定律发生反射。反射定律如下所示：

（1）入射线、反射线、法线在同平面内；

（2）入射线和反射线分别在法线两侧；

（3）入射角等于反射角。

此时声音在传播中，可以使用几何声线法研究它的传播路径，即声音遵循反射定律，以直线路径传播。在建筑声环境中，很多场合，例如厅堂混响设计，都以声线法来研究声音的传播。

当 $l > \lambda$ 时，障碍物尺寸稍大于声音的波长，在沿声音入射方向，在障碍物正前方的中央区域发生反射，在中央区两侧区域发生向各个方向的散射，在边缘区出现明显的衍射，即绕过障碍物的传播，此时声波改变了原来的直线传播。

当 $l \approx \lambda$ 时，有规则的反射消失，障碍物的前部只表现为散射，在其背部发生衍射，此时在其背部没有声影区。

当 $l < \lambda$ 时，障碍物对声波产生均匀的散射。

当 $l \ll \lambda$ 时，障碍物尺寸远小于声音的波长，声波可以按照原来的方向继续传播，此时障碍物对于声音几乎没有阻挡。

当声波入射到大尺寸物体，如墙体、顶棚时，一部分声音被反射，一部分透过物体，还有一部分由于声音在物体内部传播时引起介质的摩擦而消失，最后这一部分被称为材料的声吸收，如图 1-8 所示。根据能量守恒定律，若入射到墙体的总声能为 E_0，反射的声能为 E_γ，吸收的声能为 E_α，透过的声能为 E_τ，则它们之间的关系如下式所示。

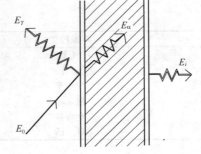

图 1-8　声音的反射、吸收和透射
（来源：自绘）

$$E_0 = E_\gamma + E_\alpha + E_\tau \tag{1-6}$$

反射声能与入射声能之比称为"反射系数"，记做 γ；透射声能与入射声能之比称为"透射系数"，记做 τ。

$$\gamma = \frac{E_\gamma}{E_0} \tag{1-7}$$

$$\tau = \frac{E_\tau}{E} \tag{1-8}$$

通常把反射系数小的材料称为"吸声材料"，把透射系数小的材料称为"隔声材料"。实际上物体吸收的声能只是 E_α，但从入射波与反射波所在的空间考虑问题，常用下式来定义材料的吸声系数 α。

$$\alpha = 1 - \gamma = 1 - \frac{E_\gamma}{E_0} = \frac{E_\alpha + E_\tau}{E_0} \tag{1-9}$$

材料的声学性能对于室内音质设计、噪声防治具有重要作用,在进行建筑声环境设计时,必须掌握各种材料的隔声、吸声特性,根据具体需求合理选用材料。

1.3 声音的计量

声音是能量传播的一种形式,声能大小的衡量就是声音强弱的计量。

1.3.1 声功率、声强和声压

(1) 声功率

声源辐射声波时对外做功。声功率是指声源在单位时间内向外辐射的声能,记为 W,单位为瓦(W)或微瓦(μW,10^{-6}W)。声源声功率有时是指在某个有限频率范围所辐射的声功率(通常称为频带声功率),此时需注明所指的频率范围。

声功率不应与声源的其他功率相混淆。例如扩声系统中所用的放大器的电功率通常是几百瓦以至上千瓦,但扬声器的效率很低,它辐射的声功率可能只有零点几瓦。电功率是声源的输入功率,而声功率是声源的输出功率。

在声环境设计中,声源辐射的声功率大都认为不因环境条件的不同而改变,把它看做是属于声源本身的一种特性。表1-3中列出了几种声源的声功率。一般人讲话的声功率是很小的,稍微提高嗓音时约 50μW;即100万人同时讲话,也只是相当于一个50W电灯泡的功率。歌唱演员的声功率一般约为 300μW,但水平高的艺术家则达(5000~10000)μW。由于声功率的限制,在面积较大的厅堂内,往往需要用扩声系统来放大声音。如何合理地充分利用有限的声功率,这是室内声学的主要内容,将在第四章中进行深入讨论。

表 1-3　不同声源的声功率

声源种类	声功率
喷气飞机	10000W
气　锤	1W
汽　车	0.1W
钢　琴	2000μW
女高音	(1000—7200)μW
对　话	20μW

(2) 声压

声压是指介质中有声波传播时,介质中的压强相对于无声波时介质静压强的改变量,所以声压的单位是压强的单位,即牛/米²(N/m²),或帕(Pa)。任一点的声压都是随时间不断变化的,每一瞬间的声压称为"瞬时声压",某段时间内瞬时声压的均方根值称为"有效声压"。

$$P_e = \sqrt{\frac{1}{N}\sum_{i=1}^{n} P_i^2} \tag{1-10}$$

式中,P_e——有效声压,(N/m²);

　　　P_i——瞬时声压,(N/m²);

　　　N——某段时间内瞬时声压的个数。

几个不同声源同时作用时，它们形成的总声压（有效声压）是各个声压的均方根。

（3）声强

声强是衡量声波在传播过程中声音强弱的物理量。声场中某一点的声强，是指在单位时间内，该点处垂直于声波传播方向的单位面积上所通过的声能；记为 I，单位是 W/m^2。

$$I = \frac{dW}{dS} \tag{1-11}$$

式中，dS——声能所通过的面积，（m^2）；

dW——单位时间内通过 dS 的声能，（W）；

几个不同声源同时作用时，它们形成的总声强是各个声强的代数和，即：

$$I = \sum_{i=1}^{n} I_i \tag{1-12}$$

（4）声强与声功率

在无障碍空间中，即自由声场中，一个能够向周围各个方向均匀发射声音的声源称为"点声源"。对于点声源，距声源中心为 r 的球面范围上的声强为：

$$I = \frac{W}{4\pi r^2} \tag{1-13}$$

因此，对于点声源，声强与点声源的声功率成正比，而与到声源的距离的平方成反比，见图 1-9（a）。如果声源以线状形式平行传播，如图 1-9（b）所示，同一束声能通过与声源距离不同的表面时，声能没有聚集或离散，即与距离无关，所以声强不变，某些大型扬声器就是利用这一原理进行设计的，其声音可传播十几公里远。

以上现象均指声音在无损耗、无衰减的介质中传播的。实际上，声波在一般介质中传播时，声能总是有损耗的。声音的频率越高，损耗也越大。

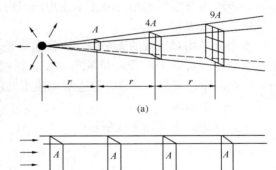

图 1-9　声能通过的面积与距离的关系
（a）球面波；（b）平面波
（来源：文献［3］）

（5）声强与声压

在实际工作中，特定方向的声强难以测量，通常是测出声压，通过计算求出声功率和声强。声压与声强有着密切的关系。在无障碍声场中，某处的声强与该处声压的平方成正比而与介质密度与声速的乘积成反比，即：

$$I = \frac{P^2}{\rho_0 c} \tag{1-14}$$

式中，P——有效声压，（N/m^2）；

ρ_0——空气密度，（kg/m^3）；

c——空气中的声速，（m/s）；

$\rho_0 c$——空气的介质特性阻抗，在 20℃时，其值为 415（N·s）/m^3。

在自由声场中，根据式（1-14），已知声压就能够计算出声强。在厅堂设计中如何充分利用有限的声功率是很重要的问题。下面为生活中常见声音的声功率大小。

人正常讲话——50μW，100万人同时讲话 50W，相当于一个灯泡；

训练有素的歌手——$5000\sim10000\mu$W；

汽车喇叭——0.1W；

喷气飞机——10KW。

1.3.2 声压级、声强级、声功率级

（1）"级"的概念

能引起正常人耳听觉的频率范围约为 20Hz～20000Hz。对频率 1000 Hz 的声音，人耳刚能听见的下限声强、下限声压，以及使人感到疼痛的上限声强、上限声压分别如下所示。

下限声强：10^{-12}W/m²，下限声压：2×10^{-5}N/m²

上限声强：1W/m²，上限声压：20 N/m²

可以看出，人耳的容许声强范围为 1 万亿倍，声压相差也达 100 万倍。同时，声强与声压的变化范围与人耳感觉的变化也不是成正比的，而是近似地与它们的对数值成正比，两个同样的声源放在一起，感觉并不是比一个声音强一倍。因此，在实际应用中，由于上述两个原因，表示声音强弱的单位并不采用声压或声功率，而采用新的度量单位——"级"（类似于风级、地震级）。

所谓级是相对比较的无量纲，声级通常是对一个需要表征强度的度量值与一个基准量的比值取对数，对应于声音度量的声功率、声强和声压，有相应的声功率级、声强级和声压级。声级的单位贝尔（BL），但通常都使用贝尔的十分之一"分贝"（dB）作单位。

（2）声功率级

声功率级的定义如下式所示。

$$L_{\mathrm{W}} = 10\lg\frac{W}{W_0} \quad \text{(dB)} \qquad (1\text{-}15)$$

式中，L_{W}——声功率级，（dB）；

$\quad$ W——某个需要度量的声功率，（W）；

$\quad$ W_0——基准声功率，取 10^{-12}W。

（3）声压级

声压级的定义如下式所示。

$$L_{\mathrm{p}} = 20\lg\frac{p}{p_0} \quad \text{(dB)} \qquad (1\text{-}16)$$

式中，L_{p}——声压级，（dB）；

$\quad$ p——某个需要度量的声压，（N/m²）；

$\quad$ p_0——声压，取 2×10^{-5}N/m²。

（4）声强级

声强级的定义如下式所示。

$$L_I = 10\lg\frac{I}{I_0} \quad \text{(dB)} \qquad (1\text{-}17)$$

式中，L_1——声强级，（dB）；

$\quad$ I——某个需要度量的声强，（N/m²）；

I_0——声强，取 $10^{-12}\,\mathrm{W/m^2}$。

在自由声场中，当空气的介质特性阻抗等于 400（N·s）/m³ 时，声强级与声压级在数值上相等。在常温下，空气的介质特性阻抗近似于 400，通常认为二者在数值相等。

表 1-4 列举了声强、声压和它们对应的声强级、声压级，还有各自对应的声学环境。

表 1-4　声压、声强与对应的级和相应的环境

声强（W/m²）	声压（N/m²）	声强级或声压级（dB）	相应的环境
10^2	200	140	离喷气机口 3m 处
1	20	120	疼痛阀
10^{-1}	$2 \times \sqrt{10}$	110	风动铆钉机旁
10^{-2}	2	100	织布机旁
10^{-4}	2×10^{-1}	80	距离高速公路 20m
10^{-6}	2×10^{-2}	60	相距 1m 处交谈
10^{-8}	2×10^{-3}	40	安静的室内
10^{-10}	2×10^{-4}	20	极为安静的乡村夜晚
10^{-12}	2×10^{-5}	0	人耳最低可闻阀

（5）声级的叠加

声级叠加时，不能进行简单的算术相加，而要求按对数运算规律进行。以声压为例，两个不同的声压级 L_{p1} 和 L_{p2}（设 $L_{p1} \geqslant L_{p2}$）进行叠加，其总声压级为：

$$L_p = L_{p1} + 10\lg\left(1 + 10^{-\frac{L_{p1}-L_{p2}}{10}}\right) \quad \text{(dB)} \tag{1-18}$$

根据对数运算特性，如果两个声压级差超过 10dB，增加值将不会超过较大声压级的 1dB，因此当强度相差较大的两个声音叠加时，小的声压级基本可以忽略。

当 n 个相同的声压共同作用时，其总声压计算如下所示。

$$L_p = 20\lg\frac{\sqrt{n}p}{p_0} = 20\lg\frac{p}{p_0} + 10\lg n \quad \text{(dB)} \tag{1-19}$$

从上式可以看出，两个数值相等的声压级叠加时，只比原来增加 3dB，而不是增加 1 倍，如 100dB 加 100dB 只是 103dB，而不是 200dB。

当 n 个不同的声压共同作用时，其总声压计算如下所示。

$$L_p = 10\lg\left(10^{\frac{L_{p1}}{10}} + 10^{\frac{L_{p2}}{10}} + \cdots 10^{\frac{L_{pn}}{10}}\right) = 10\lg\left(\sum_{i=1}^{n} 10^{\frac{L_{pi}}{10}}\right) \quad \text{(dB)} \tag{1-20}$$

上述结论同样适用于声功率级与声强级的叠加。

1.4　人的主观听觉特性

声环境设计的目的是满足人们对声音的主观要求，即想听的声音能听清并且音质优美，而不需要的声音则应降低到最低的干扰程度。

人对声音的主观要求是十分复杂的，不同的人有不同的要求，它与人们的文化水平、生活条件以及当时的心理状态等因素有着密切的关系，甚至还涉及人们的爱好等。但最低的要求则是比较一致的，即对要听的声音希望能听清、听得够响与声音优美动听，而不好的声音起码是不使其干扰自己的学习、工作与休息。

要了解人们听觉上的主观要求，首先要了解听觉机构与声音影响听觉的一些主观因素。

1.4.1 人的听觉器官

人耳是声音的最终接收者。人耳可以分成三个主要部分：外耳、中耳与内耳。声波通过人耳转化成听觉神经纤维中的神经脉冲信号，传到人脑中的听觉中枢，引起听觉。图1-10是人耳结构图。

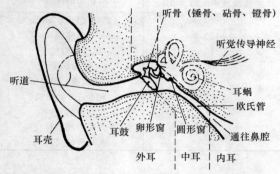

图 1-10 人耳结构
（来源：文献［3］）

（1）外耳

由耳壳与耳道构成，到耳鼓为止。耳壳的作用是使听道和声音之间阻抗匹配，从而让更多的声能进入耳道，这种匹配作用在800Hz左右最佳，在高频也有效，在低于400Hz时匹配作用就差了。耳道大约25～30 mm，直径5～7mm，共振频率约为2000～3000Hz。声波通过耳道作用于耳鼓，耳鼓在声波激发下振动。

（2）中耳

耳鼓的振动推动中耳室内的三块小骨头，这三块小骨头分别叫锤骨、砧骨、镫骨。中耳室内充满空气，体积约2cm^3。中耳室通过欧氏管和鼻腔相连，平常欧氏管封闭。当欧氏管打开时，可以形成一个沟通耳腔和口鼻腔的大气通道，用以宣泄耳腔中压强的剧增。中耳室内侧壁上有内耳的两个开口：卵形窗和圆形窗，圆形窗有膜封闭。卵形窗被镫骨的底板和联系韧带封闭。两个窗口内侧就是充满液体的内耳耳蜗。

中耳的作用就是通过听骨的运动把外耳的空气振动和内耳中的液体运动有效地耦合起来。此外，听骨一方面起了传递声能的作用，另一方面又能限制传至卵形窗过大的运动，起一定的保护作用。

（3）内耳

内耳的主要组成部分是耳蜗。耳蜗的外形有点像蜗牛壳，它围绕着一骨质中轴盘旋了2.75转，展开长度约35mm。中轴是中空的，是神经纤维的通道。耳蜗中间有骨质层和基底膜把它隔成两半：前庭阶和耳鼓阶。

前庭阶和耳鼓阶内充满淋巴液，听骨的振动通过卵形窗，使淋巴液运动，引起基底膜振动。沿着基底膜附着有柯氏螺旋器管，这个器官上有大量的神经末梢元——毛细胞，它们在液体作用下变形，形成神经脉冲信号，通过听觉传导神经传到大脑听觉中枢。在较强声压的作用下，毛细胞会因为拉伸应力而疲劳以至损坏，这种损坏是不能恢复的。

1.4.2 响度级、等响曲线

人耳对声音的响应并不是在所有频率上都是一样的。人耳对2000～4000Hz的声音最敏感；在低于1000Hz时，人耳的灵敏度随频率降低而降低；而在4000Hz以上，人耳的灵敏度也逐渐下降。这也就是说，相同声压级的不同频率声音，人耳听起来的大小程度是不一样的；反之，不同频率的声音要使其听起来一样响，则应具有不同的声压级。可见，人的主观感受与客观物理量的关系并非简单地呈线性关系。为了定量地确定某一声音使人产生的听觉感受，可以把它与另一个标准声音进行对比测量。如果某一声音与已选定的 1000Hz 的纯音听起来强弱同样，这个 1000Hz 纯音的声压级的值就被定义为待测声音的"响度级"。响度级的单位是 phon（方）。

对一系列的纯音都用标准音来作上述比较，可得到如图 1-11 所示的纯音等响曲线。这是对大量健康人在自由场中测试的统计结果，由 ISO（国际标准化组织）于 1964 年确定。某一频率的某个声压级的纯音，落在多少

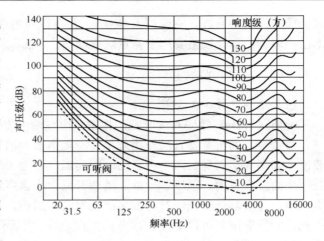

图 1-11　等响曲线
（来源：文献［3］）

方的等响曲线上，就可以知道它的响度级是多少。从图中不仅可以看出人耳对不同频率的响应是不同的，而且可以看出人耳的频率响应还和声音的强度有关；等响曲线在声压级低时变化快，斜率大，而在高声压级时就比较平坦，这种情况在低频尤为明显。

1.4.3　声音的测量

由于声音的客观强弱与人听觉的主观感受之间不一致，即人听觉的频率特性，因此对于生活中混合音的测量，可以通过在测试设备中安装模拟人听觉反应的电路——计权网络来实现。计权网络对声音不同频率成分作不同的计权衰减，使测得的声学量——声级能和人的主观感觉比较一致。

在声级计中设有 A、B、C、D 四个计权网络，这四个计权网络大致是参考几条等响曲线而设计的，它们的频率特性如图 1-12 所示。可以看出，它们与相应的曲线是倒置的关系：A 计权网络是参考 40 方等响曲线，对 500Hz 以下的声音有较大的衰减，以模拟人耳对低频不敏感的特性。C 计权网络具有接近线性的较平坦的特性，在整个可听范围内几乎不衰减，以模拟人耳对 85 方以上的听觉响应，因此它可以代表总声压级。B 计权网络介于两者之间，

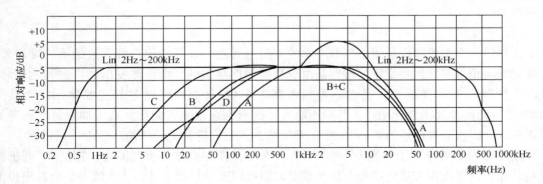

图 1-12　A、B、C、D 计权网络
（来源：文献［3］）

对低频有一定的衰减，它模拟人耳对70方纯音的响应，因为B计权很少使用，在一些仪器上已经取消。D计权主要用于测量航空噪声。

1.4.4 人的听觉特性

（1）哈斯（Hass）效应

哈斯（Hass）效应对人听觉的作用反应在两个方面，一是听觉暂留，一是声像定位。

声音对人的听觉器官的作用效果并不随声音的消失而立即消失，而会暂留短促时间。一般说来如果到达人耳的两个声音的时间间隔（称为"时差"）小于50ms，那么就不觉得它们是断续的。在室内，顶棚、地面、墙壁都反射来自声源发出一个脉冲声，人们首先听到的是直达声，然后陆续听到经过界面多次反射的反射声。一般认为，在直达声到达后约50ms之内到达的反射声，可以加强直达声；而在50ms以后到达的反射声，不会加强直达声。如果有的延时较长的反射声的强度比较突出，还会形成"回声"。回声的出现不仅与时差有有关，还与声音的强度有关。

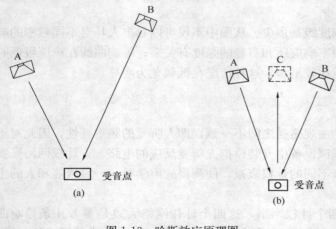

图1-13　哈斯效应原理图
（来源：文献［22］）

人耳对于声源的方向判断，主要是根据哈斯效应。如图1-13所示，A、B两个声音内容相同的声源同时发声时，A声源到受声点距离较近，因此人耳判断声源的方向来自A方向。若A、B两个声源同时发声，且距离受声点相同时，人耳判断音源的方向则为C。原因是根据哈斯效应，此时人耳听到的这两个声源为同一个声源，则认为声源方向来自A、B两个声源的中间方向。剧场演出时，多扬声器方式需考虑"声像定位"问题。通常，主扬声器位于台口上方，用于提供主要声能，辅助扬声器位于台口两侧偏下的位置，因辅助扬声器距离观众更近，主要用于"拉声像"作用，使观众感觉声源来自舞台上。

（2）听觉定位

人耳的一个重要特性是能够判断声源的方向与远近。人耳确定声源远近的准确度较差，而确定方向相当准确。听觉定位特性是由双耳听闻而得到的、由声源发出的声波到达两耳，可以产生时间差和强度差。通常，当频率高于1400Hz时，强度差起主要作用；而低于1400Hz则时间差起主要作用。人耳对声源方位的辨别在水平方向比竖直方向要好。声源处于正前方（即水平方位角为0°），一个正常听觉的人在安静和无回声的环境中，可辨别1°～30°的方位变化；在水平方位角0°～60°围内，人耳有良好的方位辨别能力；超过60°则迅速变差。在竖直平面内人耳定向能力相对较差，但可以通过摆动头部而大大改善。双耳定位能力有助于人们在存在背景噪声的情况下倾听所需注意的声音。

（3）掩蔽效应

人们在安静环境中听一个声音（仅声压级可以变化）可以听得很清楚，即使这个声音的声压级很低时也可以听到，即人耳对这个声音的听阈很低。但是，如果在倾听一个声音的同时，存在另一个声音（称"掩蔽声"），就会影响到人耳对所听声音的听闻效果，这时所听声音的听阈就要提高。人耳对一个声音的听觉灵敏度因为另一个声音的存在而降低的现象叫"掩蔽效应"，听阈提高的分贝值被称为"掩蔽量"，提高后的听阈被称为"掩蔽阈"。因此，一个声音能被听到的条件是这个声音的声压级不仅要超过听者的听阈，而且要超过其所在背景噪声环境中的掩蔽阈。一个声音被另一个声音所掩蔽的程度，即掩蔽量，取决于这两个声音的频谱，两者的声压级差和两者达到听者耳朵的时间和相位关系。

通常，被掩蔽纯音的频率接近掩蔽音时，掩蔽量大，即频率近的纯音掩蔽效果显著；掩蔽音的声压级越高，掩蔽量越大，掩蔽的频率范围越宽；掩蔽音对比其频率低的纯音掩蔽作用小，而对比其频率高的纯音掩蔽作用大。也就是说，低频音对高频音掩蔽作用显著，而高频音对低频音的掩蔽作用弱。

掩蔽效应说明背景噪声会干扰被关注声音的接收，减弱接收效果；但是有时掩蔽效应可以去除噪声。因此掩蔽效应是一把双刃剑。

本 章 小 结

本章是建筑声环境的基础篇章，主要讲述了建筑声环境的主要研究内容，建筑声环境的发展历程，以及声音的基本特性与计量方法，在本章的最后介绍了人的主观听觉特性以及声音的测量。

思 考 题

1. 简述建筑声学的发展历程，建筑声学从什么开始进入科学的研究时代？
2. 什么是频带，为什么要使用频带？目前有几种主要的频带类型，请简述各自的特点？
3. 用锤敲击钢轨，假使环境是非常安静的，在沿线上距此 1km 处耳朵贴近钢轨可听到两个声音。试求这两个声音到达的时间间隔。
4. 如果要求影院最后一排观众听到来自银幕的声音和画面的时间差不大于 100ms，那么观众厅的最大长度不超过多少米？
5. 声音的物理计量中"级"的概念是指什么，为什么要使用"级"来度量声音？
6. 下列纯音相当于多少方？

| 频率： | 1000Hz | 2000Hz | 5000Hz | 100Hz | 50Hz |
| 声压级： | 40dB | 30dB | 60dB | 80dB | 80dB |

第 2 章　建筑声环境设计原理

重点提示/学习目标

1. 掌握室内声场特征以及室内声音传播、衰减规律；
2. 掌握混响时间计算公式，了解混响时间计算公式的适用性；

室内声学原理是建筑声环境的理论基础，是建筑声环境的核心章节。建筑声环境理论基础的核心是混响时间，混响时间计算方法就是建筑声环境的理论基础。掌握混响时间概念的基础是室内声场特征。因为混响时间计算结果与现场实测存在一定的误差，因此需要正确理解与应用混响时间计算公式，这是混响时间计算公式的适用性问题。

建筑声环境设计主要是指建筑室内的音质设计，其基本原理是声音在室内的传播规律，最重要的是室内混响原理，它是厅堂音质设计的关键理论。

2.1　室　内　声　场

2.1.1　室内声场的特征

室内声场是建筑声环境的主要研究对象，它与室外声场存在显著区别。在室外无障碍情况下，一个点声源发出的声波向四面八方均匀传播，随着接收点与声源距离的增加，声能迅速衰减。此时，接收点的声能与声源距离的平方成反比，距离每增加 1 倍声音衰减 6dB，性质极为单纯。

在建筑声学中，主要研究声波在一个封闭空间，即室内的传播，如剧院的观众厅、播音室等，声波在室内传播时将受到封闭空间各个界面（墙壁、天花、地面等）的反射与吸收，这时所形成的室内声场要比室外声场复杂得多，具有一系列特有的室内声学特性。

室内声场的显著特点是：

（1）距声源有一定距离的接收点上，声能比在自由声场中要大，并不随距离的平方衰减。

（2）声源在停止发声以后，声音并不立刻消失，而是在一定的时间里，声场中还存在着来自各个界面的反射声。

此外，由于与房间的共振，引起室内声音某些频率的加强或减弱；由于室的形状和内装修材料的布置，形成回声、颤动回声及其他各种特异现象，产生一系列复杂问题。如何控制室的形状，及确定吸声、反射材料的分布，使室内具有良好的声环境，是室内声学设计的主要目的。

2.1.2 室内声场的分析方法——几何声线法

根据上一章中的知识，当声波在传播途中遇到比波长大得多的障碍物时会发生明显的反射现象，此时可以使用反射原理来研究声音的传播。忽略声音的波动性质，以几何学的方法分析声音的传播规律叫"几何声学"，或者称为"几何声线法"。几何声线法是室内声场的主要分析方法。

几何声学的方法就是把与声波的传播面相垂直的直线作为声音的传播方向和路径，称为"声线"。声音与反射面相遇，产生反射声。反射声的方向遵循入射角等于反射角的原理。用这种方法可以简单和形象地分析出许多室内声学现象，如直达声与反射声的传播路径、反射声的延迟以及声波的聚焦、发散等。

图 2-1 是以声线法绘制的声音在室内传播规律。从图中可以看到，对于一个听众，接收到的不仅有直达声，而且还有陆续到达的来自天花、地面以及墙面的反射声，其中有一次反射声，有二次以及多次

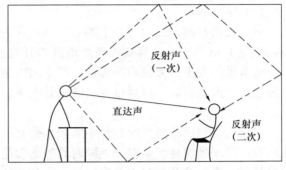

图 2-1 室内声音传播规律
(来源：文献［3］)

反射声，通常把一次、二次反射声（应在距声源发声 50ms 内）称为"近次反射声"，是室内声场研究的重点。图 2-2 为室内经常会出现的三类声音反射的典型例子，分别是平面反射、凸面发散、凹面聚焦，这三类反射都是用基于反射原理的声线法分析的。室内墙体、屋面、地面的几何形状对于产生何种声音反射起着决定作用，平面对声音产生镜面反射，凸曲面产生声音的扩散，凹曲面产生声音的聚焦。在室内空间，通常要避免出现声音聚焦，会导

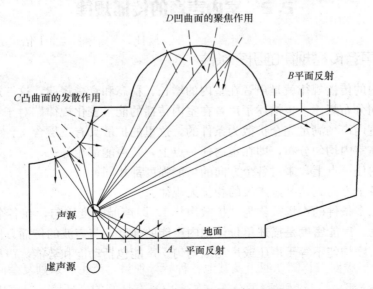

图 2-2 室内声音的反射

(来源：文献［3］)

致室内声场分布不均匀，因此在屋面要慎重考虑凹曲面的应用。

对于室内声场，直达声以及反射声的分布，即反射声在空间的分布与时间上的分布，对音质有着极大的影响。

2.1.3 室内声场的缺点

室内具有封闭特性，如果设计不合理，会导致室内声场出现一些缺点或不足，对室内的音质产生损害。

（1）室内回声

回声是由声源的反射声产生的，当直达声与反射声到达接收点的时间相差 50ms 以上，距离相差 17m 以上，人耳就能清楚地区别开直达声和反射声，这时就会产生回声。房间后墙是最常见的发生严重回声的部位，严重回声是长延时而又响亮的回声，会对语音在室内正常传播产生严重影响。可通过在后墙安装吸声装置来减轻回声。

（2）房间共振

当房间受到声源激发时，对不同频率会有不同的响应，当声源的频率与房间的固有频率相同时，房间最容易发生振动，同时其振动程度也最剧烈，这个房间的固有频率就是房间的共振频率。房间的共振频率与房间的大小及几何比例相关，小容积、正方形、矩形的房间最容易发生共振，特别是在这些房间的平行墙面之间。如果房间共振频率分布不均，会使得某些声频明显加强而形成失真，即所谓的"声染色现象"。

（3）声影或声聚焦

在多列声波之间存在相消干扰与相长干扰及其反射波时就会产生声影和声集中。这些相消、相长及其反射波合成起来就会使室内某些点的声波相互抵消，而另一些点声音又得到加强，导致室内声场非常不均匀，使得部分听众听到严重的色调失真声。

2.2 室内声音的传播规律

2.2.1 室内声音传播规律的研究条件

声音在室内的传播规律就是声音在室内的增长、稳态和衰减规律，这一规律既描述了声音在室内的空间分布规律，也描述了声音在室内传播的能量变化规律。对于室内声音传播规律的研究是以室内声场满足完全扩散为条件的，这里的扩散具有三层含义：

（1）声能在室内均匀分布，即在室内任一点上，其声能都相等；

（2）在室内任一点上，来自各个方向的声能强度都相同；

（3）来自各个方向到达某点声波的相位无规律。

满足上述三个条件的声场被称为"扩散声场"，即声能密度均匀，在各个传播方向作无规则分布的声场。声能密度是描述单位体积内声能的强度，与声波的传播方向无关。需要指出的是，声能密度均匀不等于声压或声压级均匀。声能包括动能和势能，声压只代表声音中的势能。

在扩散声场中，室内内表面上不论吸声材料位于何处，效果都相同，不会发生改变；同样，声源与接收点不论在室内的什么位置，室内各点的声能都不会改变。

2.2.2 室内声音的增长、稳态和衰减

当室内声源保持一定声功率发声时，随着时间的增加，室内声能密度逐渐增加。声源持续发声，在一段时间之后，室内声能密度达到最大值，此时声场被称作"稳态声场"，即在单位时间内声源辐射的声能与室内表面吸收的声能相等，室内声能密度不再增加。声能密度是指单位体积内声能的强度。

在很多厅堂中，声源开始发声后，大约经过 1～2 秒，声能密度即可达到最大值——稳态声能密度。一个室内吸声量大、容积大的房间，在达到稳态前某一时刻的声能密度比一个吸声量（容积）小的房间的声能密度要小。在室内声场达到稳态后，当声源停止发声后，室内的声音并不会立刻消失，虽然直达声消失了，但是由于室内反射声的存在，因为声音会逐渐消失，室内声音的这个衰减过程被称为"混响过程"。混响过程的时间长短对室内音质具有重大影响。

室内声音的增长、稳态和衰减过程可以用图 2-3 形象地表示出来。图中实线表示室内表面反射很强的情况。此时，在声源发声后，很快就达到较高的声能密度并进入稳定状态；当声源停止发声，声音将比较慢地衰

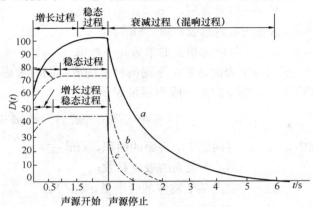

图 2-3 室内声音的增长、稳态和衰减
（来源：文献［3］）

a—吸收较少；*b*—吸收中等；*c*—吸收较强

减下去。虚线与点虚线则表示室内表面的吸声量增加到不同程度时的情况。室内总吸声量越大，衰减就越快；室容积越大，衰减越缓慢。

2.3 混 响 时 间

由声音在室内的传播规律可知，当室内声场达到稳态声源停止发声后，声音的混响过程是室内声场的一个非常重要的特性，混响过程中的"混响"和"混响时间"是室内声学中最为重要和最基本的概念。所谓混响，是指声源停止发声后，在声场中还存在着来自各个界面的迟到的反射声形成的声音"残留"现象。这种残留现象的长短以"混响时间"来表征，混响时间是指当室内声场达到稳态，声源停止发声后，声能密度衰减 60dB 所需的时间。

2.3.1 赛宾的混响时间计算公式

1898 年赛宾（Wallace Clement Sabine，1868—1919）（哈佛大学物理学家）首次提出混响概念，并提出厅堂混响时间的计算公式——赛宾公式，为近代厅堂声学的研究奠定了基础，从此，厅堂音质设计进入了科学的量化设计时代。

赛宾在 28 岁时被指派改善哈佛福格艺术博物馆（Fogg Art Museum）内半圆形报告厅的不佳音响效果，通过大量艰苦的测量和与附近音质较好的塞德斯剧场（Sander Theater）

的比较分析，他发现，当声源停止发声后，声能的衰减率有重要的意义。他曾对厅内一声源（管风琴）停止发声后，声音衰减到刚刚听不到的水平时的时间进行了测定，并定义此过程为"混响时间"，这一时间是房间容积和室内吸声量的函数。1898年，赛宾受邀出任新波士顿交响音乐厅声学顾问，为此，他分析了大量实测资料，终于得出了混响曲线的数学表达式，即著名的赛宾混响时间公式，简称"赛宾公式"，如下式所示。

$$T = K \cdot \frac{V}{A} \quad \text{(s)} \tag{2-1}$$

式中，T——室内混响时间，（s）；

　　　V——房间容积，（m³）；

　　　A——室内总吸声量，（m²）；

　　　K——与声速相关的常数，一般取 0.161。

　　室内各个表面通常由不同的材料构成，同时考虑室内家具、设备和人等都会产生一定的吸声作用，则室内的总吸声量可表示为：

$$A = \sum S_i \alpha_i + \sum A_i = S\bar{a} + \sum A_i \quad \text{(m²)} \tag{2-2}$$

式中，S_i——室内第 i 个表面的面积，（m²）；

　　　α_i——第 i 个表面的吸声系数；

　　　A_i——室内某个物体的吸声量，（m²）；

　　　S——室内表面的总面积，（m²）；

　　　$\bar{a}$——室内表面平均吸声系数。

$$\bar{a} = \frac{\sum S_i \alpha_i}{\sum S_i} = \frac{\sum S_i \alpha_i}{S} \tag{2-3}$$

　　赛宾公式首次被应用于波士顿交响音乐厅的设计，获得了巨大成功。至今，赛宾混响时间计算公式仍然是厅堂设计中的主要计算方法。

2.3.2　依林混响时间计算公式

　　在室内总吸声量较小、混响时间较长的情况下，根据赛宾公式计算出的混响时间与实测值误差很小。而在室内总吸声量较大、混响时间较短的情况下，赛宾公式计算值比实测值要长。在声能几乎被全部吸收的情况下，混响时间应当趋近于 0，而根据赛宾公式，此时混响时间并不趋近于 0，这显然与实际不符。据此，依林（Eyring）提出自己的混响理论。

　　依林混响理论认为，反射声能并不像赛宾公式所假定的那样，是连续衰减的，而是声波与界面每碰撞一次就衰减一次。这是依林混响理论与赛宾混响理论的根本区别，依林对反射声衰减理解的改进，出现了计算混响时间的"依林公式"，如下式所示。

$$T = \frac{KV}{-S\ln(1-\bar{a})} \quad \text{(s)} \tag{2-4}$$

式中，T——室内混响时间，（s）；

　　　V——房间容积，（m³）；

　　　S——室内表面的总面积，（m²）；

　　　K——与声速相关的常数，一般取 0.161；

$\overline{a}$ ——室内表面平均吸声系数。

与赛宾公式相比，依林公式计算结果更接近于实测值，特别是在室内吸声量较大的情况下，即平均吸声系数趋近于 1，计算混响时间趋近于 0。而在室内吸声量小的情况下，即平均吸声系数小于 0.20，平均吸声系数满足公式 2-5 所示的数值关系，此时，赛宾公式与依林公式计算结果相近。而随着平均吸声系数的增大，即平均吸声系数大于 0.20，两公式计算结果差值将增大，这时使用依林公式计算结果更为接近实测值。

$$\overline{\alpha} \approx - \ln (1 - \overline{\alpha}) \tag{2-5}$$

计算室内混响时间时，室内不同材料对不同频率的纯音会有不同的吸声能力，因此不同频率的纯音在混响时间计算时会有不同的平均吸声系数。为了综合考察室内声音的整体混响效果，需要计算多个频率纯音的混响时间，通常取 125、250、500、1000、2000 和 4000Hz 六个频带进行混响时间计算。

需指出，在观众厅内，观众和座椅的吸声量有两种计算方法：一种是按照观众或座椅的个数乘其单个的吸声量；另一种是按观众或座椅所占的面积乘以单位面积的相应吸声量。

2.3.3 依林—努特生的混响时间计算公式

赛宾公式和依林公式只考虑了室内表面的吸收作用，对于频率较高的声音（一般为 2000Hz 以上），当房间较大时，在传播过程中，空气也将产生很大的吸收。这种吸收主要决定于空气的相对湿度，其次是温度的影响。表 2-1 为室温 20℃，相对湿度不同时测得的空气吸收系数。当计算中考虑空气吸收时，应将相应的吸收系数乘以房间容积，得到空气吸收量，对依林公式进行修正，最后得到：

$$T = \frac{KV}{- S\ln (1 - \overline{\alpha}) + 4mV} \quad (s) \tag{2-6}$$

式中，T——室内混响时间，（s）；

$\quad V$——房间容积，（m^3）；

$\quad K$——与声速相关的常数，一般取 0.161；

$\quad S$——室内总表面积，（m^2）；

$\quad \overline{a}$——室内平均吸声系数；

$\quad 4m$——空气吸收系数。

通常，将上述考虑空气吸收的混响时间计算公式称作"依林—努特生（Eyring—Knudsen）公式"。

表 2-1 空气吸声系数 4m 值（室内干球温度 20℃）

频率（Hz）	室内相对湿度			
	30%	40%	50%	60%
2000	0.012	0.010	0.010	0.009
4000	0.038	0.029	0.024	0.022
6300	0.084	0.062	0.050	0.043

2.3.4 混响时间计算公式的适用性

上述混响理论以及混响时间计算公式，是在如下两个条件下得到的，这两个条件是：①

声场是一个完整的空间；②声场是完全扩散的。但在实际的室内声场中，上述条件经常不能完全满足，特别是完全扩散声场，实际室内的屋顶、侧墙和地面，以及室内设备和家具对于声音具有不同的吸收率和反射率，声场很难达到完全扩散。在剧场、礼堂的观众厅中，观众席上的吸收一般要比墙面、天花板大得多，有时为了消除回声，常常在后墙上做强吸声处理，使得室内吸声分布很不均匀，所以声场常常不是充分扩散声场。这是混响时间的计算值与实际值产生偏差的原因之一。

另外，代入混响时间计算公式的各种材料的吸声系数，一般选自各种资料或是自己测试所得到的结果，由于实验室与现场条件不同，吸声系数也有误差。最突出的是观众厅的吊顶，在实验室中是无法测定的，因为它的面积很大，后面空腔一般为 3~5m，甚至更大，实际是一种大面积、大空腔的共振吸声结构，即使在现场也很难测出它的吸声系数。观众厅中观看演出的人数不定，也会影响观众厅的吸声量，因此观众厅的吸声量是个不可预知的变数，这也是导致混响时间计算不准确的一个原因。

综上所述，混响时间的计算与实际测量结果有一定的误差，但并不能以此否定其存在的价值，因为混响理论和混响时间计算公式是我们分析声场最为简便也较为可靠的唯一方法。引用参数的不准确性可以使计算产生一定误差，这些可以在施工中进行调整，最终以设计目标值和观众是否满意为标准。因此，混响时间计算对"控制性"地指导材料的选择布置、预测将来的效果和分析现有建筑的音质缺陷等，均有实际意义。

本 章 小 结

本章主要讲述了建筑声环境的理论基础——室内声学原理。首先介绍室内声学的基础：室内声场特征。然后介绍混响过程以及混响时间概念。接着讲述三个混响时间计算公式：赛宾公式、依琳公式以及依林—努特生公式。最后因为混响时间计算结果与现场实测存在一定的误差，介绍了混响时间计算公式的适用性问题。

思 考 题

1. 在运用几何声学方法时应注意哪些条件？
2. 混响声与回声有何区别？它们和反射声的关系怎样？
3. 混响时间计算公式应用存在哪些局限性，产生的原因是什么？
4. 一间长 15m、宽 8m、高 4m 的教室，关窗时的混响时间是 1.2s。侧墙上有 8 个 1.5m×2.0 的窗，全部打开时，混响时间变成多少秒？

第3章 建筑的吸声和隔声

重点提示/学习目标

1. 理解吸声系数和吸声量的概念，掌握其计算方法及作用；
2. 掌握吸声材料的吸声原理及材料吸声性能的影响因素；
3. 掌握吸声结构体的吸声原理，了解其固有频率对吸声性能的影响；
4. 理解隔声量的概念，掌握不同类型墙体隔声量的计算方法；
5. 掌握质量定律和吻合效应。

材料是进行建筑声环境设计的重要元素。吸声和隔声是室内音质设计、噪声治理的重要措施。吸声材料和吸声结构主要用于混响设计，它们的性能由吸声系数和吸声量来决定。隔声材料主要用于噪声治理，隔声量是衡量隔声性能的主要指标。吸声和隔声是建筑中控制声环境质量的两项重要措施。为了精确控制室内声环境就必须了解室内各部分材料的吸声和隔声特性。室内墙面、屋顶、地面等部位所用材料和结构（专门的声学装置）的声学性能是进行室内吸声和隔声设计的重要内容。

3.1 材料（结构）吸声性能的度量

3.1.1 吸声系数

不同的材料（结构）对于声音具有不同的吸收效果，在前面章节 1.2.3 中讲述了表征材料吸声能力的物理量——吸声系数，它的定义如下所示。

$$\alpha = \frac{E_0 - E_\gamma}{E_0} = \frac{E_\alpha + E_\tau}{E_0} \tag{3-1}$$

式中，α——吸声系数；

E_0——总入射声能；

E_γ——反射声能；

E_α——吸收声能；

E_τ——透过声能。

在工程实践中，我们把反射声能之外的入射声能都当做被吸收的声能。理论上讲吸声系数的值是在 0 到 1 之间，α 越大，则材料（结构）的吸声能力越大。

材料（结构）的吸声特性和声波入射角度有关。声波垂直入射到材料和结构表面的吸声系数，称为"垂直入射（或正入射）吸声系数"，以 α_0 表示。当声波斜向入射时，入射角为 θ，这时的吸声系数称为"斜入射吸声系数"，以 α_θ 表示。在建筑声环境中，出现上述两种声入射条件是较少的，普遍的情形是声波从各个方向同时入射到材料和结构表面。如果入射声波在半空间中均匀分布，即入射角在 0° 到 90° 之间均匀分布，同时入射声波的相位是无规的，则称这种入射状况为"无规入射"或"扩散入射"。这时材料的吸声系数称为"无规入射吸声系数"或"扩散入射吸声系数"，以 α_T 表示。这种入射条件是一种理想的假设条件，但在专用声学实验场所"混响室"中可以较好地接近这种条件。混响室是一间容积至少为 100m³ 的房间，最好是大于 200m³。

在建筑环境中，材料（结构）的实际使用情况和理想条件是有一定差别的，但以 α_0 和 α_T 相比，实际情况与 α_T 所表述的情况较为接近。一般来说，α_0 和 α_T 之间没有普遍适用的对应关系。材料的 α_0 和 α_T 与频率相关，工程上通常采用 125、250、500、1000、2000、4000Hz 六个频率的吸声系数来表示某一种材料的吸声频率特性。有时也把 250、500、1000、2000Hz 四个频率吸声系数的算术平均值（取为 0.05 的整数倍）称为"降噪系数"（NRC），用在吸声降噪时粗略地比较和选择吸声材料。

3.1.2 吸声量

吸声系数反映了吸收声能所占入射声能的百分比，它可以用来比较在相同尺寸下不同材料和不同结构的吸声能力，却不能反映不同尺寸的材料和构件的实际吸声效果。用以表征某个具体吸声构件的实际吸声效果的量是"吸声量"，用 A 表示，单位是平方米（m²），它和构件的尺寸大小有关。对于建筑空间的围蔽结构，吸声量可用下式计算。

$$A = \alpha S \quad (\text{m}^2) \tag{3-2}$$

式中，S——围蔽总表面积，m²。

如果一个房间有 n 面墙（包括顶棚和地面），各自面积为 $S_1, S_2, \cdots\cdots, S_n$；各自的吸声系数分别是 $\alpha_1, \alpha_2, \cdots\cdots, \alpha_n$，则房间的总吸声量为：

$$A = \alpha_1 S_1 + \alpha_2 S_2 + \cdots + \alpha_n S_n = \sum_{i=1}^{n} \alpha_i S_i \quad (\text{m}^2) \tag{3-3}$$

对于在声场中的人（如观众）和物（如座椅）或空间吸声体，其面积很准确定，表征此时的吸声特性，有时不用吸声系数，而直接用单个人或物的吸声量。当房间中有若干个人或物时，他（它）们的吸声量是用数量乘个体吸声量。然后，再把所得结果纳入房间总吸声量中。把房间总吸声量 A 除以房间界面总面积 S，得到平均吸声系数计算公式为：

$$\bar{\alpha} = \frac{A}{S} = \frac{\sum\limits_{i=1}^{n} \alpha_i S_i}{\sum\limits_{i=1}^{n} S_i} \tag{3-4}$$

3.2 吸声材料

在室内声环境设计中，无论是在混响时间控制、降噪和隔声还有结构减震中都需要通过吸声材料来完成对声音的吸收。在一定程度上，声环境设计就是对材料的选择与使用，吸声材料是一种重要的声学材料。多孔吸声材料是目前产量最大、应用最广的吸声材料。

3.2.1　多孔吸声材料及吸声原理

多孔吸声材料包括各种纤维材料：玻璃棉、超细玻璃棉、岩棉、矿棉等无机纤维，棉、毛、麻、棕丝、草质或木质纤维等有机纤维。纤维材料很少直接以松散状使用，通常用黏着剂制成毡片或板材，如玻璃棉毡（板）、岩棉板、矿棉板、草纸板、木丝板、软质纤维板等等。微孔吸声砖也属于多孔吸声材料。如果泡沫塑料中的孔隙相互连通并通向外表，泡沫塑料可作为多孔吸声材料。

多孔吸声材料具有大量内外连通的微小间隙和连续气泡，因而具有较好的透气性。当声波入射到材料表面时，很快顺着微孔进入材料内部，引起材料空隙中的空气振动。由于摩擦、空气粘滞阻力和传热作用等，使相当一部分声能转化为热能而被吸收。多孔材料作为吸声材料的前提是声波能够很容易进入材料的微孔中，因此不仅要求材料的内部、而且要求材料的表面也应当多孔。如果多孔材料的微孔被灰尘或者其他物体封闭时，会对材料的吸声性能产生不利的影响。值得注意的是，多孔材料不同于表面粗糙的材料，表面粗糙的材料不一定内部的空隙是连通的，只要材料空隙保证较好的连通性，同时空隙深入材料内部，这样的多孔材料才能具有较好的吸声特性。

图 3-1 是多孔材料空隙连通性示意图。图中 A、C 两种情况虽然材料中有大量的空隙，但是空隙之间缺乏较好的连通，而 B 和 D 两种则是较为理想的空隙连通，能够保证材料具有较好的吸声特性。吸声材料对空隙的要求与某些隔热保温材料的要求不同，如聚苯和部分聚氯乙烯泡沫塑料以及加气混凝土等材料，内部也有大量气孔，但大部分单个闭合，互不联通，它们可以作为隔热保温材料，但吸声效果却不好。

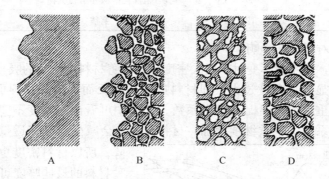

图 3-1　多孔材料的空隙连通性
（来源：文献 [3]）

3.2.2　多孔吸声材料的影响因素

多孔材料对中高频声波具有良好的吸声效果，它的吸声性能主要与材料的厚度、密度、材料后部空腔以及材料表面处理相关。

（1）材料厚度对吸声的影响

任何一种多孔材料的吸声系数，会随着材料厚度的增加而提高其低频的吸声效果，而对高频影响较弱。但材料厚度增加到一定程度后，吸声效果的提高就不明显，如图 3-2（a）所示，因此多孔吸声材料有一个最佳厚度，而不同材料的最佳厚度有所不同，表 3-1 为常用多

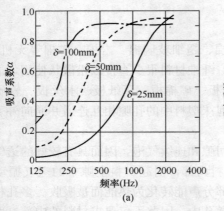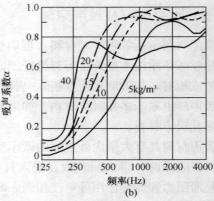

图 3-2 不同厚度与密度的超细玻璃棉的吸声系数
（来源：文献［3］）
（a）密度为 27kg/m³ 超细玻璃棉厚度变化对吸声系数的影响；
（b）5cm 超细玻璃棉密度变化对吸声系数的影响

孔材料的适宜厚度。

表 3-1　常用多孔材料的适宜厚度

材料类别	适宜厚度（mm）	材料类别	适宜厚度（mm）
玻璃棉、矿棉和岩棉	50～100	纤维板	13～20
吸声阻燃泡沫塑料	20～50	阻燃化纤毯和阻燃织物	3～10
矿棉吸声板	12～25	毛毡	4～8

（2）材料密度对吸声的影响

在一定条件下，当厚度不变时，增大密度可以改善材料中低频的吸声性能。但其效果没有增加材料厚度明显，且密度过大，即材料过于密实反而会减弱材料的吸声能力。图 3-2（b）表示了不同容重超细玻璃棉的吸声系数。从图中可看出，厚度不变，增加容重，也可以提高中低频吸声系数。容重继续增加，材料密实，会减少空气穿透量，引起吸声系数下降。所以材料密度也有一个最佳值。各种材料的最佳厚度可通过实验获得，超细玻璃棉的最佳密度为 $15～25kg/m^3$。

（3）材料后部空腔对吸声的影响

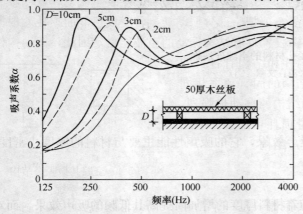

图 3-3 材料后部空腔厚度对吸声性能的影响
（来源：文献［3］）

多孔材料在使用中，如果在其后部设置一定厚度的空气间层（空腔），其作用相当于加大了材料的有效厚度，可以提高对低频的吸声能力。其吸声系数随空气层厚度的增加而增加，但增加到一定值后就效果不明显了，如图 3-3 所示。设置空腔比增加材料厚度实现的吸声改善更加经济。一般当空腔深度为入射声波的 1/4 波长时,吸声系数达到最大值;空腔深度为 1/2 波长或整倍数时,吸声系数为最小。

(4) 材料表面处理对吸声的影响

由于多孔材料本身的强度、与室内环境的协调性,同时为了改善材料吸声性能,在维护、建筑装修过程中,通常要对多孔材料进行表面装饰处理。饰面处理有表面钻孔、开槽、粉刷、油漆,利用其他材料护面等措施。经过处理后,其吸声性能会有所变化。因此在设计和施工中,要选择适当的表面处理方法,并预计对吸声的影响。

在多孔板材表面钻孔(非穿透性)、开槽的处理中,因增加了材料暴露在声场中的面积,不仅不影响材料的吸声,反而会提高其吸声性能;在多孔性材料表面油漆、喷浆等处理方法会严重阻碍材料空隙间的联通性,这些涂料使得材料表面有相当大的空气流阻,削弱了材料的吸声性能。

在多孔材料表面布设金属网、塑料窗纱、玻璃丝和阻燃织物作护面材料时,通常不会影响材料的吸声特性。但当使用金属网时,必须在构造上避免由网的共振可能引起的高频金属声。

(5) 其他影响材料吸声的因素

高温高湿不仅会引起材料变质,而且会影响到吸声性能。材料一旦吸湿吸水,材料中孔隙就要减少,首先使高频吸声系数降低,然后随着含湿量增加,其影响的频率范围将进一步扩大。在一般建筑中,温度引起的吸声特性变化很少,可以忽略。

多孔材料用在有气流的场合,如通风管道和消声器内,要防止材料的飞散。对于棉状材料,如超细玻璃棉,当气流速度在每秒几米时,可用玻璃丝布、尼龙丝布等作护面层;当气流速度大于每秒 20m 时,则还要外加金属穿孔板面层。

3.3 吸声结构

单纯依靠吸声材料还不能满足建筑对于吸声的需求,因为吸声材料主要对高频音具有较好的吸声效果。在工程实践中,通常采用把吸声材料经过构造设计,形成吸声结构的方法来实现对于中、低频的吸声。建筑空间的构件和结构,在声波激发下会发生振动,振动着的构件和结构由于自身内摩擦和与空气的摩擦,要把一部分振动能量转变成热能而损耗。根据能量守恒定律,这些损耗的能量都是来自激发构件和结构振动的声波能量,因此,振动构件和结构都要消耗声能,产生吸声效果。构件和结构有各自的固有振动频率,当声波频率与构件和结构的固有频率相同时,就会发生共振现象。这时,构件和结构的振动最强烈,振幅和振速达到极大值,从而引起能量损耗也最多。应用于吸声设计中的构件和结构都应成为吸声结构。

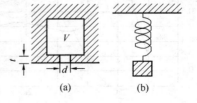

图 3-4 空腔共振吸声结构
类比系统

(a) 空腔共振吸声结构示意图;
(b) 机械类比系统示意图
(来源:文献 [3])

3.3.1 空腔共振吸声结构

空腔共振吸声结构又称亥姆霍兹共振器,是一个由刚性外壁包裹而成的封闭空腔,腔内表面坚硬,并通过有一定深度的小孔和声场空间连通。图 3-4 (a) 为空腔共振器示意图。当孔的深度 t 和孔颈 d 比声波波长小得多时，孔颈中的空气柱的弹性变形很小，可以看做是质量块来处理。封闭空腔 V 的体积比孔颈大得多，起着空气弹簧的作用，整个系统类似图 3-4（b）所示的弹簧振子。其吸声机理是：一个特定的共振器，当它的空腔体积、孔径、孔颈长度一定时，这个构造体具有自振频率，即共振频率。当声波进入孔颈时，由于孔颈的摩擦阻尼使声波衰减。当声波由孔颈进入空腔，入射声波的频率如果和共振器的自振频率相接近时，则共振器孔颈内的空气柱产生强烈的振动，在振动过程中，声能克服摩擦阻力而被消耗，从而起到减弱声能的吸声效果。

空腔共振吸声结构的共振频率 f_0 可用下式计算。

$$f_0 = \frac{c}{2\pi} \times \sqrt{\frac{S}{V(t+\delta)}} \quad \text{（Hz）} \tag{3-5}$$

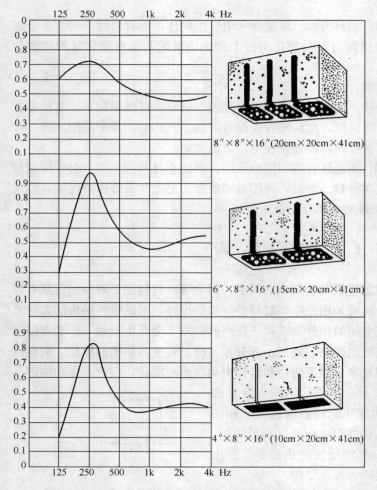

式中，f_0——空腔共振吸声结构的共振频率，（Hz）；

c—— 声速，常温取 34000cm/s；

S—— 空颈口截面积，（cm^2）；

V—— 空腔容积，（cm^3）；

t——孔颈深度，（cm）；

δ——开口末端修正量。对于直径为 d 的圆孔，$\delta = 0.8d$；

d——孔径，（cm）。

空腔共振吸声结构在共振频率附近吸声系数较大，而共振频率以外的频段，吸声系数下降很快。吸收频带窄和共振频率较低，是这种吸声结构的特点，图 3-5 是几种空腔吸声砌块图例。在某些噪声环境中，噪声频谱在低频有十分明显的峰值时，可采用空腔共振吸声结构组成吸声结构，使其共振频率和噪声峰值频率相同，在此频率产生较大吸收。空腔共

图 3-5　几种不同规格的空腔吸声砌块及其吸声频率曲线

（来源：文献［3］）

振吸声结构可用石膏浇注，也可采用专门制作的带孔颈的空心砖或空心砌块。不同的砌块或一种砌块不同砌筑方式，可组合成多种共振器，达到较宽频带的吸收。如果在孔口处放上一

些多孔材料（如超细玻璃棉、矿棉），或附上一层薄的纺织品，则可提高吸声性能，并使吸收频率范围适当变宽。

3.3.2 穿孔板吸声结构

穿孔板吸声结构是目前常用的吸声结构之一，它是指厚度为毫米级的非金属板制品，如胶合板、硬质纤维板、石膏板和石棉水泥板等，在其表面开一定数量的孔，其后具有一定厚度的封闭空气层所组成的吸声结构。它的吸声性能与板厚、孔径、孔距、空气层厚度以及板后填充吸声材料的性质和位置等因素相关。图 3-6 为几种穿孔板吸声结构构造做法。穿孔板吸声结构相当于许多并列的亥姆霍兹共振器，每个开孔和背后的空腔对应。

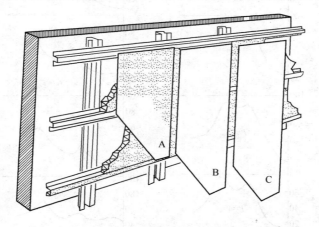

图 3-6 几种穿孔板吸声结构构造
A—穿孔板；B—带细条槽的硬纸板；C—穿孔金属板
（来源：文献 [21]）

穿孔板吸声结构的吸声原理是：孔及板后空气层的厚度和入射声波相比是很小的，孔内空气可看做是一个质量，而板后空气层是密闭的，成为一个弹簧，它们组成了一个共振系统。其吸声原理和空腔共振器相似，这里不再重复。穿孔板吸声结构的共振频率按如下公式计算。

$$f_0 = \frac{c}{2\pi} \times \sqrt{\frac{p}{(l+\delta)h}} \quad \text{（Hz）} \tag{3-6}$$

式中 f_0——空腔共振吸声结构的共振频率，（Hz）；

c——声速，常温取 34000cm/s；

p——穿孔率，穿孔面积与板面积之比；

l——板厚，（cm）；

h——空腔厚度，（cm）；

δ——开口末端修正量。对于直径为 d 的圆孔，$\delta = 0.8d$；

d——孔径，（cm）。

穿孔板吸声结构主要吸收中、低频声能，在空腔中填充多孔吸声材料可以扩展它的吸声频率范围。穿孔板的吸声系数是通过测量得到的。一般来讲，当板后不设多孔吸声材料时，最大吸声系数约为 0.3~0.5；当填充多孔吸声材料时，在板子共振频率为中心的相当宽的频率范围内吸声系数会增大，并且会向低频方向移动。

穿孔板吸声结构的吸声特性受下列两个因素的影响：

（1）穿孔率对穿孔板吸声系数的影响。当穿孔率增加后，共振频率向高的方向移动，相应地吸声系数增加，并且频率范围增宽，如图 3-7 所示。

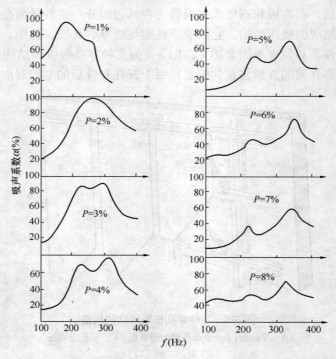

图 3-7　穿孔率与吸声系数关系曲线
（来源：文献［23］）

（2）穿孔板的空腔中吸声材料的不同位置对吸声系数的影响。吸声材料的位置变化对穿孔板共振频率没有影响，但是对吸声系数具有较大影响，如图 3-8，图 3-9 所示。

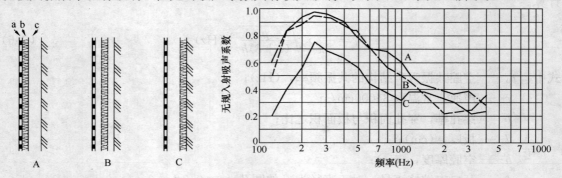

图 3-8　穿孔板背衬材料的位置
（来源：文献［23］）

图 3-9　穿孔板结构中由于背衬材料的位置引起吸声特性的变化
A、B、C 背衬材料的位置参见图 3-8
（来源：文献［23］）

3.3.3　薄膜、薄板吸声结构

皮革、人造革、塑料薄膜等材料具有不透气、柔软、受张拉时有弹性等特性。这些薄膜材料可与其背后封闭的空气层形成共振系统，称为薄膜吸声结构。把胶合板、硬质纤维板、石膏板、石棉水泥板、金属板等板材周边固定在框架上，连同板后的封闭空气层，也构成振动系统，称为薄板吸声结构。

当声波入射到薄膜或薄板上时，如果入射声波的频率和吸声结构的共振频率相近时，吸声结构就产生共振，也就是使声能转化为机械振动，最后转化为热能而减弱声能。薄膜和薄板吸声结构的共振频率可按下式计算：

$$f_0 = \frac{600}{\sqrt{M_0 h}} \quad (\text{Hz}) \tag{3-7}$$

式中，M_0——膜（板）的密度，（kg/m²）；

h——空气层厚度，（cm）。

上述公式是在考虑空气层中填充多孔吸声材料，并且入射声波波长远远大于空气层厚度时成立。在工程实践中，空气层厚度一般设计得较小，约为 5～20cm。

薄膜吸声结构的共振频率通常在 200～1000Hz 范围，最大吸声系数约为 0.3～0.4，一般把它作为中频范围的吸声材料。当薄膜作为多孔材料的面层时，结构的吸声特性取决于膜和多孔材料的种类以及安装方法。一般说来，在整个频率范围内的吸声系数比没有多孔材料只用薄膜时普遍提高。

建筑中薄板吸声结构共振频率多在 80～300Hz 之间，其吸声系数约为 0.2～0.5。在同一材料中，板材越厚，共振频率越低；其后空气层越厚，共振也频率越低。因而薄板吸声结构可以作为低频吸声结构。如果在板内侧填充多孔材料或徐刷阻尼材料，可增加板振动的阻尼损耗，提高吸声效果。大面积的抹灰吊顶天花、架空木地板、玻璃窗、薄金属板灯罩等也相当于薄板共振吸声结构，对低频有较大的吸收。常用薄板吸声结构的吸声系数见表 3-2。

表 3-2　常用薄板吸声结构的吸声系数

材料和构造 （cm）	空腔距离 （cm）	各频率下的吸声系数（α_T）					
		125Hz	250Hz	500Hz	1000Hz	2000Hz	4000Hz
木丝板厚 3cm，龙骨间距 45cm×45cm	5	0.05	0.30	0.81	0.63	0.70	0.91
	10	0.09	0.36	0.61	0.53	0.71	0.89
草纸板厚 2cm，龙骨间距 45cm×45cm	5	0.15	0.49	0.41	0.38	0.51	0.54
	10	0.50	0.48	0.34	0.32	0.49	0.60
刨花压轧板厚 1.5cm，龙骨间距 45cm×45cm	5	0.35	0.27	0.20	0.15	0.25	0.39
三合板，龙骨间距 45cm×45cm	5	0.21	0.73	0.21	0.19	0.08	0.12
	10	0.59	0.38	0.18	0.05	0.04	0.08
三合板同上，但龙骨间填矿棉	5	0.37	0.57	0.28	0.12	0.09	0.12
三合板同上，但龙骨四周用矿棉条填满	10	0.75	0.34	0.25	0.14	0.08	0.09

续表

材料和构造 （cm）	空腔距离 （cm）	各频率下的吸声系数（α_T）					
		125Hz	250Hz	500Hz	1000Hz	2000Hz	4000Hz
五合板，龙骨间距 50cm×45cm	5	0.11	0.26	0.15	0.04	0.05	0.10
	10	0.36	0.24	0.10	0.05	0.06	0.16
	20	0.60	0.13	0.12	0.04	0.06	0.17
七合板，龙骨间距 50cm×45cm	16	0.58	0.14	0.09	0.04	0.04	0.07
	25	0.37	0.13	0.13	0.05	0.05	0.10

3.3.4 特殊吸声结构

（1）吸声尖劈

在吸声室等特殊场合，需要房间尽可能接近自由声场，室内界面对于在相当低的频率以上的声波都具有极高的吸声系数，有时达 0.99 以上。这时必须使用吸声尖劈等强吸声结构。

吸声尖劈是常用的强吸声结构，如图 3-10 所示。用棉状或毡状多孔吸声材料，如超细玻璃棉、玻璃棉等填充在框架中，并蒙以玻璃丝布或塑料窗纱等罩面材料制成。对吸声尖劈的吸声系数要求在 0.99 以上，这在中高频容易达到，而低频时则较困难，达到此要求的最低频率称为"截止频率"，并以此表示尖劈的吸声。

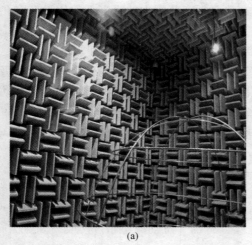
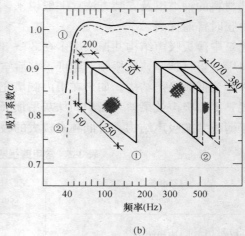

图 3-10 吸声尖劈

（a）消声室（来源：自摄）；（b）吸声尖劈结构（来源：文献 [3]）

吸声尖劈的截止频率与多孔材料的品种、尖劈的形状尺寸和劈后有没有空腔及空腔的尺寸有关。如果填充尖劈的多孔材料的表观密度能从外向里逐步从小增大，尖劈长度可以有所减小。此外，工程实际中，有时把尖端截去约尖劈全长的 10%～20%，这对吸声性能影响不大，但却增大了消声室的有效空间。

除了吸声尖劈以外，还有在界面平铺多孔材料，只要厚度足够大，也可做到在宽频带中有强吸收。这时，若从外表面到材料内部其容重从小逐渐增大，则可以获得类似尖劈的吸声性能。

（2）空间吸声体

室内的吸声处理，除了把吸声材料和结构安装在室内各界面上，还可以用前面所述的吸声材料和结构做成放置在建筑空间内的吸声体。空间吸声体有两个或两个以上的面与声波接触，有效的吸声面积比投影面积大得多，有时按投影面积计算，其吸声系数可大于 1。

空间吸声体与室内表面上的吸声材料相比，在同样投影面积下，空间吸声体具有较高的吸声效率。这是由于空间吸声体具有更大的有效吸声面积（包括空间吸声体的上顶面、下底面和侧面）；另外，由于声波在吸声体的上顶面和建筑物顶面之间多次反射，从而被多次吸收，使吸声量增加，提高了吸声效率。通常以中、高频段吸声效率的提高最为显著。

空间吸声体的吸声性能常用不同频率的单个吸声体的有效吸声量来表示。空间吸声体吸声降噪的效果主要取决于空间吸声体的数量、悬挂间距以及材料和结构，还与建筑空间内的声场条件有关。如原室内表面吸声量很少，反射声较多，则悬挂空间吸声体后的降噪效果常为 5～8dB，最高时可达 10～12 dB。

空间吸声体可以根据使用场合的具体条件，把吸声特性的要求与外观艺术处理结合起来考虑，设计成各种形状（如乎板形、锥形、球形或不规则形状），可收到良好的声学效果和建筑效果。图 3-11 是几种空间吸声体的示例。

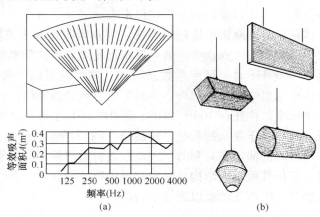

图 3-11　空间吸声体
（来源：文献 ［3］）

（3）纺织物帘幕吸声

纺织物帘幕吸声是多孔材料中的一种特殊吸声结构。它是既古老又现代的吸声措施。早在 30 年代有声电影处于萌芽阶段时，录音棚内就开始采用多层纺织物帘幕作为棚内的吸声材料。在近代厅堂建筑和录音、播音建筑中，同样广泛采用纺织物帘幕进行吸声处理。

纺织物帘幕由于它的厚度一般较薄，吸声效果比厚的多孔材料差。如果幕布、窗帘等离开墙面、窗玻璃有一定距离，恰如多孔材料背后设置了空气层，尽管没有完全封闭，对中高频甚至低频的声波仍具有一定的吸声作用。纺织物帘幕的吸声性能与帘幕的材质、密度、帘幕离刚性壁面的距离（即空气层厚度）以及打褶程度有关。据实验测定，除低频外，纺织物帘幕的吸声系数随打褶程度的增加而提高。

很多纺织物帘幕通过背后留空腔和打褶后的平均吸声系数可高达 0.7~0.9，起到了强吸声的效果。因此它不仅可用于厅堂音质调节，而且可用于降噪，尤其是阻燃防潮纺织物产品，使得帘幕在声学上应用更加广泛。

（4）洞口吸声

向室外自由声场敞开的洞口，从室内来看，入射到洞口的声波完全穿透过去，反射为零，即吸声系数为 1。如果孔洞的尺度比声波波长小，其吸声系数将小于 1，洞口如不是朝向自由场，而是朝向一个体积不大、界面吸收较小的房间，则透射过洞口的声能会有一部分反射回来，此时洞口的吸声系数小于 1。

在剧院中，舞台台口相当于一个大洞口，台口之后的天幕、侧幕、布景等有吸声作用。根据实测，台口的吸声系数约为 0.3~0.5。

（5）人和家具的吸声

处于声场中的人和家具都要吸收声能。因为人和家具很难计算吸声的有效面积，所以吸声特性一般不采用吸声系数表示，而采用个体吸声量表示，其总吸声量为个体吸声量乘以人和家具的数量。

人的吸收主要是人们穿的衣服的吸收。衣服属于多孔材料，但衣服常常不是很厚，所以对中高频声波的吸收显著，而对低频则吸收较小。人们的衣服各不相同，并随时间季节而变化，所以个体吸声特性有差异，只能用统计平均值来表示。

在剧院、会堂、体育馆等观众密集排列的场合，观众吸收还和座位的排列方式、密度、暴露在声场中的情况等因素有关。观众吸声的一般特点是随着声波频率的增加，吸声系数先是增加，但当频率高于 2000Hz 时，吸声系数又下降。这可能是由于吸声面相互遮掩引起的，在高频时这种遮掩作用影响较大。此外，等间距的有规则的座位排列，会因为座位间空隙的空气共振，在某个频率，往往在 100~200Hz 范围内，引起较大的吸收。空场时，纺织品面料的软座椅可较好地相当于观众的吸收，使观众厅的空场吸声情况和商场时相差不大，这对排练和观众到场不多时的演出是有利的。人造革面料的座椅，面层不透气，对高频吸收不大；硬板座椅相当于薄板共振吸声结构。对于密集排列的观众席，有时也用吸声系数表示吸声特性，这时吸声量等于吸声系数乘以观众席面积。

（6）空气吸声

声音在空气中传播，能量会因为空气的吸收而衰减。空气吸收主要由以下三个方面引起的：一是空气的热传导性；二是空气的黏滞性；三是分子弛豫现象。正常状态下，前两种因素引起的吸收比第三种因素引起的吸收小得多，可以忽略。在空气中，是氧分子振动能量的弛豫引起了声频范围内的声能大部分被吸收。在给定频率情况下，弛豫吸收和空气中所含水分密切有关，即依赖于相对湿度和温度。空气吸收，高频时较大，在混响时间计算时要加以考虑。在模型试验时，应用的声波频率很高，空气吸收会较大地影响试验结果，通常用干燥空气或氮气来充填模型空间，以减少弛豫吸收。

3.4　建筑隔声量

对于一个建筑空间，它的围护结构受到外部声场的作用或直接受到物体撞击而发生振动，就会向建筑空间辐射声能。传进来的声能总是或多或少地小于外部的声音或撞击的能量，所以说围护结构隔绝了一部分作用于它的声能，这叫做"隔声"。围护结构隔绝的若是外部空间声场的声能，称为"空气声隔绝"；若是使撞击的能量辐射到建筑空间中的声能有所减少，称为"固体声或撞击声隔绝"。这和隔振的概念不同，前者是到达接受者的空气声，后者是接受者感受到的固体振动。但采取隔振措施，减少振动或撞击对围护结构（如楼板）的冲击，可以降低撞击声本身。

3.4.1　单层匀质墙体的隔声量

当声波在空气中传播到建筑围护结构时，一部分声能被反射，一部分声能透过围护结构传入室内。根据能量守恒定律，本书在章节 1.2.3 中讲述了表征透声能力的物理量——透射系数 τ，它的定义如下所示。

$$\tau = \frac{E_\tau}{E_0} \tag{3-8}$$

式中，τ——透射系数；

E_0——总入射声能；

E_τ——透过声能。

透射系数 τ 是个小于 1 的数。对于一般建筑中常用的门、窗或者隔墙，τ 值数量级约在 $10^{-1} \sim 10^{-5}$ 范围内。τ 值越小，表明透过墙体的声能越少，墙体隔声性能就越好；反之，则隔声性能越差。由于 τ 值很小，使用不便。在工程上常用隔声量（R）来表示对空气声的隔绝能力，它与透射系数 τ 的关系如下式所示。

$$R = 10\lg \frac{1}{\tau} \quad (\text{dB}) \tag{3-9}$$

例如透过某墙的声能为入射声能的百万分之一，则代入上式得：

$$R = 10\lg \frac{1}{1000000} = 10\lg \frac{1}{10^{-6}} = 60(\text{dB})$$

上述计算说明，隔声量为 60dB 的墙体，只允许入射到它上面的声能百万分之一透过。从能量衰减角度来看，这是相当大的衰减，即使隔声量仅为 30dB 的墙体，也只允许入射声能的千分之一透过。

3.4.2　组合墙体的综合隔声量

单个隔声构件的隔声原理、计算方法以及构造方案等，已在前面讲过。但如一个隔声构件上包含有门或墙等形成组合墙体或构件时，其隔声量则应按照综合隔声量计算。

设一个组合隔声构件由几个分构件组成，各个分构件自身的隔声量为 R_i，面积是 S_i，则组合构件的综合隔声量 R 的计算公式是：

$$R = 10\lg \frac{1}{\bar{\tau}} = 10\lg \frac{\sum S_i}{\sum S_i \tau_i} = 10\lg \frac{\sum S_i}{\sum S_i \times 10^{-\frac{R_i}{10}}} \quad (\text{dB}) \tag{3-10}$$

式中，$\bar{\tau}$——平均透射系数；

τ_i ——第 i 个分构件的透射系数；

$S_i\tau_i$ ——第 i 个分构件的透射量。

一堵隔声量为 50dB 的墙，若上面开了一个面积为墙面积百分之一的洞，则墙的综合隔声量降低到仅仅 20dB；开一个千分之一的洞，综合隔声量为 30dB。因此，隔声设计中，防止隔声构件上的孔洞和缝隙透声是十分重要的。

图 3-12 是开有不同类型门的组合墙的综合隔声量估计。组合隔声构件中一个薄弱环节可能大大降低综合隔声量，因此要提高组合构件的综合隔声量，首先要提高隔声差的分构件的隔声量。例如墙上有门窗，首先要提高门窗的隔声量，才能保证墙总体的隔声性能。如果组合构件中某个分构件的隔声量因为技术经济原因难以提高，则提高其他分构件的隔声量是于事无补的。因此，组合隔声构件的设计通常采用"等透射量"原理，即：使每个分构件的透射量大致相等。例如，由墙和门组合成一隔墙，已知门的隔声量为 R_d，门的面积为 S_d，墙体面积为 S_w，则对墙体的隔声量只 R_w 可按"等透射量"原理计算。

$$S_w\tau_w = S_d\tau_d$$

因此
$$\tau_w = \frac{S_d}{S_w}\tau_d \qquad (3\text{-}11)$$

即 $R_w = 10\lg\frac{1}{\tau_w} = 10\lg\left(\frac{1}{\frac{S_d}{S_w}\tau_d}\right) = 10\lg\frac{1}{\tau_d} + 10\lg\frac{S_w}{S_d} = R_d + 10\lg\frac{S_w}{S_d} \quad \text{(dB)} \quad (3\text{-}12)$

通常，门的面积大致为墙面积 1/5～1/10，墙的隔声量只要比门或窗高出 10dB 即可。

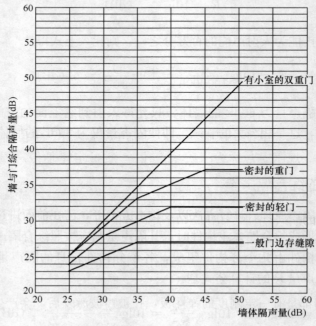

图 3-12　具有不同类型门的组合墙的隔声量

（来源：文献［3］）

3.5　墙体的隔声

3.5.1　单层匀质墙空气声隔绝

（1）质量定律

单层匀质密实墙的隔声性能和入射声波的频率有关，其频率特性取决于墙本身的单位面积质量、刚度、材料的内阻尼以及墙的边界条件等因素。严格地从理论上研究单层匀质密实墙的隔声是相当复杂和困难的。这里只作简单的介绍。单层匀质密实墙典型的隔声频率特性曲线如图 3-12 所示。频率从低端开始，板的隔声受刚度控制，隔声量随频率增加而降低；随着频率的增加，质量效应增大，在某些频率，刚度和质量效应相抵消而产生共振现象，图中 f_0 为共振基频，这时板振动幅度很大，隔声量出现极小值，大小主要取决于构件的阻尼，称为"阻尼控制"；当频率继续增高，则质量起主要控制作用，这时隔声量随频率增加而增加，而在吻合临界频率 f_c 处，隔声量有一个较大的降低，形成一个隔声量低谷，通常称为"吻合谷"，关于这一点将在后面作进一步的讨论。在一般建筑构件中，共振基频 f_0 很低，常在 5～30Hz 左右。因而在主要声频范围内，隔声受质量控制，这时劲度和阻尼的影响较小，可以忽略，从而把墙看成是无刚度无阻尼的柔顺质量。

若将墙体看成是无刚度无阻尼的柔顺质量，且忽略墙体的边界条件，假定墙为无限大，并且墙体把室内空间纷争两个半无限空间，墙体的两侧均为通常状态下的空气，墙体上各点均以相同的速度振动，则在声波垂直入射时，可从理论上得到墙体的隔声量 R 的计算公式如下。

$$R = 20\lg m + 20\lg f - 43 \quad (\text{dB}) \tag{3-13}$$

式中，m——墙体的面密度，（kg/m²）；

f——入射声的频率，（Hz）。

如果声波是无规入射，则墙的隔声量 R 大致比垂直入射时的隔声量低 5dB，即：

$$R = 20\lg m + 20\lg f - 48 \quad (\text{dB}) \tag{3-14}$$

上述两个式子说明墙的单位面积质量越大，隔声效果越好，单位面积质量每增加一倍，隔声量增加 6dB，这一规律通常称为"质量定律"。质量定律是传声损失与频率和质量的关系。

上述公式是在一系列假设条件下导出的理论公式。一般来说，实测值达不到 m 每增加一倍则 R 增加 6dB 和频率每增加一倍则 R 增加 6dB 的结果，实测值都要比 6dB 小，前者约为 4～5dB，后者约为 3～5dB。有些作者提出了一些经验公式，但各自都有一定的适用条件和范围。因此，通常都以标准实验室测定数据作为设计依据。

（2）吻合效应

单层匀质密实墙都是有一定刚度的弹性板，在被声波激发后，会产生受迫弯曲振动。在不考虑边界条件，即假设板无限大的情况下，声波以入射角 $\theta\left(0 < \theta \leqslant \dfrac{\pi}{2}\right)$ 斜入射到板上，板在声波作用下产生沿板面传播的弯曲波，其频率为 f，传播速度为：

$$c_f = \frac{c}{\sin\theta} \quad \text{(m/s)} \tag{3-15}$$

式中，c——空气中声速，m/s。

但板本身存在着固有的自由弯曲波传播速度 c_b，和空气中声波不同的是它和频率有关。

$$c_b = \sqrt[4]{\frac{B(2\pi f)^2}{m}} \quad \text{(m/s)} \tag{3-16}$$

式中，B——板的刚度（$B = \frac{Eh^3}{12(1-\sigma)^2}$，$E$ 为板的动态弹性模量（N/m²）；h 为板的厚度

（m）；σ 为板的泊松常数）；

m——板材料的密度，（kg/m²）；

f——自由弯曲波的频率，（Hz）。

如果板在斜入射声波激发下产生的受追弯曲波的传播速度 C_f 等于板固有的自由弯曲波传播速度 C_b，则称为发生了"吻合"，见图 3-13。这时板就非常"顺从"地跟随入射声波弯曲，使入射声能大量透射到另一侧去。

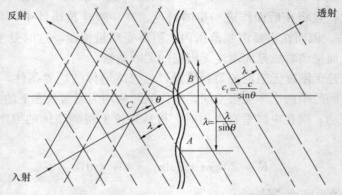

图 3-13　吻合效应原理图
（来源：文献 [3]）

当 $\theta = \frac{\pi}{2}$，声波掠入射时，可以得到发生吻合效应的最低频率——"吻合临界频率 f_0"。

$$f_0 = \frac{c^2}{2\pi}\sqrt{\frac{m}{B}} \quad \text{(Hz)} \tag{3-17}$$

在 $f > f_0$ 时，某个入射声频率 f 总和某一个入射角 $\theta\left(0 < \theta \leqslant \frac{\pi}{2}\right)$ 对应，产生"吻合效应"。但在正入射时，$\theta = 0$，板面上各点的振动状态相同（同相位），板不发生弯曲振动，只有和声波传播方向一致的纵振动。

入射声波如果是扩散入射，在 $f = f_0$ 时，板的隔声量下降得很多，隔声频率曲线在 f_0 附近形成低谷。谷的深度和材料的内损耗因素有关，内损耗因素越小（如钢、铝等材料），吻合谷越深。对钢板、铝板等可以涂刷阻尼材料（如沥青）来增加阻尼损耗，使吻合谷变浅。吻合谷如果落在主要声频范围（100～2500Hz）之内，特使墙的隔声性能大大降低，应

该设法避免。由式（3-14）可以看出：薄、轻、柔的墙 f_0 高；厚、重、刚的墙 f_0 低，见图 3-14。

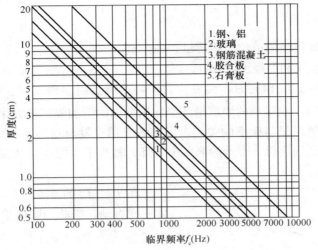

图 3-14　几种材料的厚度与临界频率的关系

（来源：文献 [3]）

3.5.2　双层墙的空气声隔绝

从质量定律可知，单层墙的单位面积质量增加一倍，即材料不变，厚度增加一倍，从而重量增一倍，隔声量只增加 6dB。实际上还不到 6dB。显然，靠增加墙的厚度来提高隔声量是不经济的；增加了结构的自重，也是不合理的。如果把单层墙一分为二，做成双层墙，中间留有空气间层，则墙的总重量没有变，而隔声量却比单层墙有了提高。换句话说，两边等厚的双层墙虽然比其中一叶单层墙用料多了一倍，重量加了一倍，但隔声量的增加要超过 6dB。

双层墙可以提高隔声能力的主要原因是空气间层的作用。空气间层可以看做是与两层墙板相连的"弹簧"，声波入射到第一层墙板时，使墙板发生振动，此振动通过空气间层传至第二层墙板，再由第二层墙板向邻室辐射声能。由于空气间层的弹性变形具有减振作用，传递给第二层墙体的振动大为减弱，从而提高了墙体总的隔声量。双层墙的隔声量等于单层墙隔声量加上空气间层的附加隔声量，此时，单层墙面密度等于双层墙两侧墙的面密度之和。空气间层附加隔声量与空气间层的厚度有关。根据大量实验结果的综合，两者的关系如图 3-15 所示。图中实线是双层墙的两侧墙完全分开时的附加隔声量。但是实际工程中，两层墙之间常有刚性连接，它们能较多地传递声音能量，使附加隔声量降低，这些连接称为"声桥"。"声桥"过多，将使空气间层完全失去作用。在刚性连接不多的情况下，其附加隔声量如图 3-15 中虚线所示。

因为空气间层的弹性，双层墙及其空气间层组

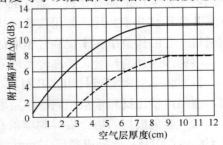

图 3-15　空气层的附加隔声量

（来源：文献 [3]）

成了一个振动系统，其固有频率 f_0 可由下式得出式中：

$$f_0 = \frac{600}{\sqrt{h}}\sqrt{\frac{1}{m_1}+\frac{1}{m_2}} \quad (\text{Hz}) \tag{3-18}$$

式中，m_1，m_2——每层墙的单位面积质量，（kg/m²）；

h——空气间层厚度，（m）。

当入射声波频率与 f_0 相同时，会发生共振，声能透射显著增加，隔声量有很大下降；只有当 $f > \sqrt{2}f_0$ 以后，双层墙的隔声量才能使用前面的附加隔声量方法，隔声量才会提高。图 3-16 为双层墙的隔声量与频率的关系。虚直线表示重量与双层墙总重量相等的单层墙的隔声（按质量定律）。用字母 c 表示的第一个下降，相当于双层墙在基频 f_0 的共振，这时隔声量很小。

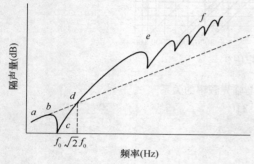

图 3-16　双层墙的隔声量与频率的关系
（来源：文献 ［3］）

在 $f < f_0$ 的 a、b 段上，双层墙如同一个整体一样振动，因此与同样重量的单层墙差不多。当 $f > \sqrt{2}f_0$ 的 d、e、f 段，隔声量高于同样重量的单层墙，并在 f_0 的一些谐频上发生谐波共振，形成一系列下凹，为了使 f_0 不落在主要声频范围内，在设计时应使 $f_0 < 100/\sqrt{2} = 70\text{Hz}$。另外，在双层墙空气间层中填充多孔材料（如岩棉、玻璃棉等），既可使共振时的隔声量下降减少，又可在全频带上提高隔声量。双层墙的每一层墙都会产生吻合现象，如果两侧墙是同样的，则两者的吻合临界频率 f_0 是相同的，在 f_0 处，双层墙的隔声量会下降，出现吻合谷。如果两侧的墙不一样厚，或不同材料，则两者的吻合临界频率不一样，可使两者的吻合谷错开。这样，双层墙隔声曲线上不至出现太深的低谷。

3.5.3　轻型墙的空气声隔绝

随着大量住宅建设和高层建筑的发展，要求建筑的工业化程度越来越高，同时要求减轻建筑的自重，保护耕地，墙体逐步摆脱传统的黏土砖墙，转而采用轻型结构与成型板材。目前国内主要采用纸面石膏板、加气混凝土板、膨胀珍珠岩墙板等。这些板材自重轻，从每平方米几公斤到几十公斤，如果按普通构造作法，根据质量定律，它们的隔声性能就很差，必须通过一定的构造措施来提高轻型墙的隔声效果。几种墙体隔声量的比较见图 3-17。

根据国内外的经验，提高轻型墙隔声的主要措施有下述几种：

（1）将多层密实板材用多孔材料（如玻璃棉、岩棉、泡沫塑料等）分隔，做成夹层结构，则隔声量比材料重量相同的单层墙可以提高很多。

（2）避免板材的吻合临界频率落在 100～2500Hz 范围内。例如 25mm 厚纸面石膏板的 f_0 约为 1250Hz，若分成两层 12mm 厚的板叠合起来，f_0 约为 2600Hz。60mm 厚的轻型圆孔板，吻合临界频率在 600Hz，正在主要声频区，加之中心圆孔的共振传声，使得隔声性能变差，还不如重量相同的厚度减小了的实心板。

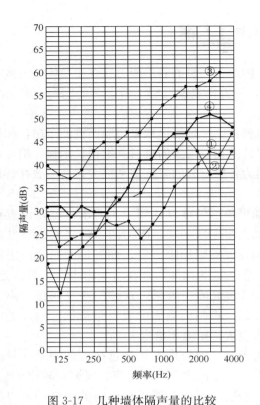

图 3-17　几种墙体隔声量的比较

①—60mm 圆孔石膏板，$R_w = 31$；

②—12＋75＋12 纸面石膏板，$R_w = 36$；

③—240mm 砖墙勾缝，$R_w = 49$；

④—150mm 加气混凝土板，$R_w = 40$

（来源：文献［3］）

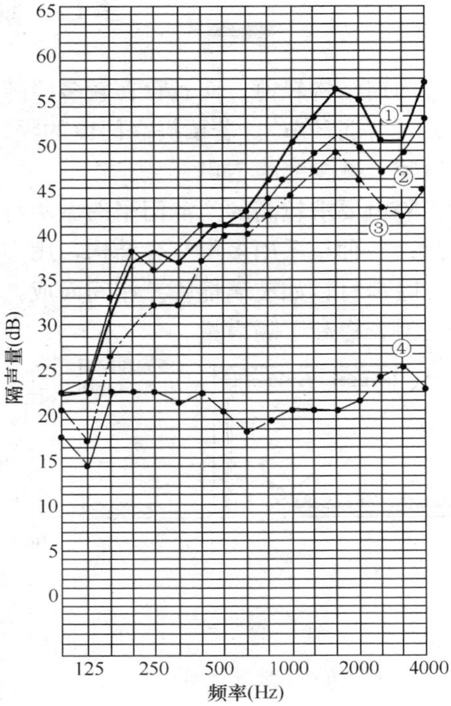

图 3-18　纸面石膏板轻墙的隔声量与板缝处理的关系

①—四层纸面石膏板，内外层错缝，勾缝；

②—四层纸面石膏板，只外层勾缝；

③—两层纸面石膏板，勾缝；

④—两层纸面石膏板，未沟缝；

（来源：文献［3］）

（3）轻型板材的墙若做成分离式双层墙，因为材料刚度小，周边刚性连接的声桥作用影响较小，因此，附加隔声量比同样构造的双层墙要高。如果空气间层中再填充多孔材料，可使隔声性能进一步改善。双层墙两侧的墙板若采用不同厚度，可使各自的吻合谷错开。

（4）轻型板材常常是固定在龙骨上的，如果板材和龙骨间垫有弹性垫层（如弹性金属片、弹性材料垫），比板材直接钉在龙骨上有较大的隔声量。

（5）采用双层或多层薄板叠合和采用同等重量的单层厚板相比，一方面可使吻合临界频率上移到主要声频范围之外，另一方面多层板错缝叠置可避免板缝隙处理不好的漏声，还因为叠合层间摩擦也可使隔声比单层板有所提高。纸面石膏板轻墙的隔声量与板缝处理的关系见图 3-18。

总之，对轻型墙提高隔声的措施，不外是多层复合、双墙分立、薄板叠合、弹性连接、加填吸声材料、增加结构阻尼等。通过适当的构造措施，可以使一些轻型墙的隔声量达到 24cm 砖墙水平，具有较好的隔声效果。每边双层 12mm 纸面石膏板、轻钢龙骨、内填超细玻璃棉毡的轻型墙，隔声量与 24cm 砖墙相当，而重量仅为后者的十分之一。

3.6 隔声门窗

一般门窗结构轻薄，而且存在较多缝隙，因此，门窗的隔声能力往往比墙体低得多，形成隔声的"薄弱环节"。若要提高门窗的隔声，一方面要改变轻、薄、单的门扇，另一方面要密封缝隙，减少缝隙透声。

对于隔声要求较高的门，门扇的做法有两种：一种是简单地采用厚而重的门扇，如钢筋混凝土门；一种是采用多层复合结构，用多层性质相差很大的材料（钢板、木板，阻尼材料如沥青，吸声材料如玻璃棉等）相间而成，因为各层材料的阻抗差别很大，使声波在各层边界上被反射，提高了隔声量。

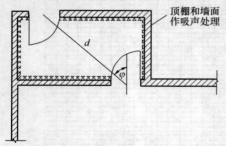

图 3-19 声闸示意图
（来源：文献 [3]）

如果单道门难以达到隔声要求，可以设置双道门。如同双层墙一样，因为两道门之间的空气间层而得到较大的附加隔声量。如果加大两道门之间的空间，扩大成为门斗，并在门斗内表面作吸声处理，能进一步提高隔声效果。这种门斗又叫做"声闸"，见图 3-19。声闸内表面的吸声量愈大，两门的距离与夹角愈大，则隔声量愈大。

对于窗，因为采光和透过视线的要求，只能采用玻璃。对于隔声要求高的窗，可采用较厚的玻璃，或采用双层或多层玻璃，玻璃间的空气层可以提高附加隔声量。在采用双层或多层玻璃时，若有可能，各层玻璃不要平行，以免发生共振；各层玻璃厚度不要相同使得各层玻璃吻合临界频率不一样，可使它们的吻合谷错开。隔声窗如图 3-20 所示。

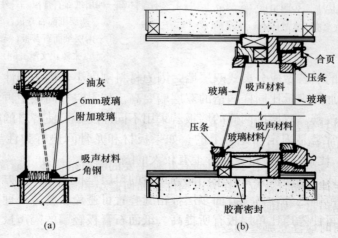

图 3-20 隔声窗
（a）普通隔声窗；（b）演播室隔声窗

要减少门窗缝隙的透声，首先要有严格的设计和加工精度的要求。要摆脱门窗加工不以机械加工精度要求（如公差配合、光洁度、平直度要求等）的落后工艺，结构和材料要有足够的强度和耐久性，以防止变形。其次是采用构造做法来减少或密封缝隙。对于不可避免的门窗缠在构造设计上要避免有通缝，要有所曲折和遮挡；缝间可设置柔软弹性材料（如橡胶条、泡沫乳胶条、工业毛毡条等）密封。另外还要注意门窗框和墙壁之间缝隙的密封。图3-21 是几种隔声门窗的构造处理和做法。

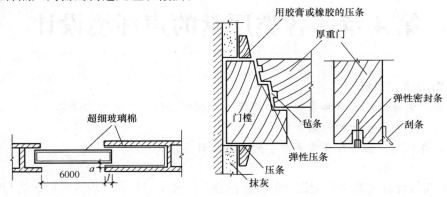

图 3-21　隔声门构造示意图

（来源：文献［3］）

本 章 小 结

本章主要讲述了建筑声环境设计的基础：材料的声学性能。讲述了吸声和隔声两种主要的建筑声环境设计措施；讲述了吸声度量的吸声系数和吸声量，以及吸声材料和吸声结构体；还讲述了隔声量的概念和计算方法，同时介绍墙体隔声两个重要的定理：质量定律和吻合效应；最后介绍了一些常见的隔声设施。

思 考 题

1. 多孔吸声材料具有怎样的吸声特性？随着材料容重、厚度的增加其吸声特性有何变化？试以超细玻璃棉为例予以说明。

2. 吸声结构体的吸声原理是什么？目前有几种主要的吸声结构体，请简述各自的特点。

3. 什么是质量定律和吻合效应？在隔声构件中如何避免和减小吻合效应对隔声的影响？

4. 什么是计权隔声量？如何获得计权隔声量？

5. 设计隔声门窗时应注意哪些问题？

6. 简述吸声和隔声的差别。

第4章 各类厅堂的声环境设计

重点提示/学习目标
1. 掌握厅堂音质的客观和主观评价指标，并理解它们之间的对应关系；
2. 掌握厅堂音质设计的原则和方法；
3. 掌握音乐厅、报告厅等常见厅堂的音质设计方法。

厅堂音质设计是建筑声环境设计的关键内容，体现了对建筑室内音质的改造与完善。厅堂音质设计以混响时间为评价标准，其设计原则与设计方法都围绕如何改变室内混响时间而开展。不同功能的厅堂其音质要求有所差别，本章针对常见的音乐厅、报告厅等专业场馆分别进行讲述。

各类厅堂建筑，特别是在以听闻作为重要功能的建筑，如剧场、音乐厅、电影院、礼堂、教室以及录音室、电视演播室、电影摄影棚等，声环境设计是决定厅堂音质的重要环节，声环境设计的实质是室内音质设计。声环境设计需要根据建筑的类别和要求，与建筑各专业协同进行室内音质设计，使用各种建筑声学、电声学技术达到预计的音质设计指标，消除各种噪声，并通过相应的声学测量进行质量鉴定。声环境设计的最终目标是满足人们的听闻要求，这使得声环境设计具有主观特性。此外，声环境设计还与民族特点、文化传统、艺术风格等有密切关系，因素较为复杂。因此建筑声环境设计，特别以听闻为主要功能的厅堂建筑的声环境设计是值得研究者和工程实践者深入研究的问题。

声环境设计应当在建筑物的设计阶段就开始，并贯穿整个设计过程。在施工过程中还必须作必要的测试、修改、调整，直到达到预期的目标。

4.1 厅堂音质设计指标

厅堂声环境设计的优劣由厅堂音质所决定，厅堂音质不仅由客观指标，例如声压级、混响时间等决定，同时还由人类主观听觉感受所判断，例如清晰度、丰满度等。描述声音的主观感受不能由客观指标所取代，但它们受到客观指标的支配，两者呈现复杂的关系，因此厅堂音质需要满足主观和客观指标。

4.1.1 音质的主观设计指标

（1）合适的响度

响度就是人们感受到的声音的大小，足够的响度是室内具有良好音质的基本条件。对于语言，要求有 60～70 方；对于音乐，响度要求有一个较大的变化范围，例如 50～85 方，或者更高。

（2）高的清晰度和明晰度

对于室内的语言信号，可通过"清晰度"来衡量。语言的清晰度常用"音节清晰度"表示，它是听者能够正确听到的音节数占发音人发出的全部音节数的百分比。实践表明，不同音节清晰度与听者感觉上的关系如表 4-1 所示。

表 4-1　音节清晰度与听音感觉的关系

音节清晰度（％）	<65	65～75	75～85	>85
听音感觉	不满意	勉强可以	良好	优良

音乐通过"明晰度"来衡量，其具有两层含义，一是指能够清楚地辨别出每一种声源的音色；二是指能够听清每一个音符，对于演奏较快的音乐能够分别其旋律。

（3）足够的丰满度

人们在室内听闻感到声音有"余音"，声音一出，整个房间都在响应，声音比在室外丰满，坚实饱满，音色浑厚，这就是"丰满度"的涵义。丰满度主要是对音乐演奏的要求，对于语言是次要的。

（4）无声缺陷和噪声

声缺陷是指一些干扰正常听闻使原声音失真的现象，如回声、颤动回声、声聚焦等。回声会影响听众的注意力，降低语言听闻的清晰度和音乐的明晰度。颤动回声更使人感到讨厌，严重影响听音效果。在伸出式舞台剧场内，由于声源在厅内，颤动回声的影响更容易暴露。

室外侵入的噪声和建筑物内的设备噪声，特别是空调设备的噪声，都对听闻有不良影响。因此要尽量消除噪声，将其控制在允许范围内。

4.1.2　音质的客观设计指标

（1）声压级

各个频率的声压级与该频率声音的响度是相对应的。一般的语言、音乐都有较宽的频带，它的响度大体上与经过 A 特性计权的噪声级 dB（A）相对应。

（2）混响时间

与丰满度相对应的客观指标主要是混响时间，所以丰满度又称"混响感"。较长的混响时间有较长的混响感，较高的丰满度。最佳混响时间是判断厅堂音质的重要指标，各类厅堂都有适合自身的最佳混响时间。为保持声源的音色不致失真，各个频率的混响时间应当尽量接近。

（3）声扩散值

厅堂内声场扩散的程度也是音质的客观指标，这对以音乐演奏为主的多功能剧场来说是一个极为重要的指标。厅堂的扩散值是以厅堂内某一位置上传声器的方向特性来表征。考虑到人耳在水平方向听闻的灵敏度远比垂直方向大这一特点，传声器的方向特征可以水平方向来表示。扩散系数 d 定义如下：

$$d = 1 - \frac{m}{m_0} \tag{4-1}$$

式中，m——厅堂内实测的扩散值，$m = \overline{m}$（声强的平均差值）$/M$（各角度的平均声强）；

$\qquad$ m_0——自由声场中实测的扩散值，计算方法同 m。

（4）声场不均匀度

声场的均匀分布，无论在观众大厅内或是在录音、播音室内，都是重要的指标。一般在观众厅内，各座位间测得的声压级的最大值与最小值的差值（即声场不均匀度）不大于 6dB。

（5）允许噪声级和噪声评价曲线

为了防止噪声对听闻的影响，对于不同类型和要求的厅堂都有各自的允许噪声标准。目前最常用的 NR 评价曲线和 PNC 噪声评价曲线，以及相应的单一允许值 dB（A），用以确保语言或音乐不受噪声干扰。

4.2 厅堂音质设计

厅堂的用途不同，音质的要求也不同，音质设计的重点问题也不同。这里给出各类厅堂音质设计的共同问题及解决方法。

4.2.1 厅堂有效容积的确定

厅堂声环境设计的首要任务是根据厅堂的用途和规模确定其有效容积。在建筑设计任务书中通常只提供厅堂规模（容量）、建筑面积等。有效容积不一定等于厅堂的实际容积，它是在厅堂中声音实际的传播空间，能够用于混响时间计算。确定厅堂有效容积应使之保证厅堂内有足够的响度和适当的混响时间。

（1）保证厅内有足够的响度

自然声（人声、乐器声等）的声功率是有限的。厅的容积越大，声源随着与接收点距离的增大，直达声会有较大的衰减，声能密度越低，声压级越低，也就是响度越低。因此，用自然声的大厅，为保证有足够的响度，容积有一定的限度。

对于自然声为主并以会议为主的多功能厅堂，为保证有足够的响度，一般要求其有效容积不大于 2000～3000m³，当采用电扩声设备，则不受此限制。对于歌剧院和音乐厅，以及以歌剧和音乐演出为主的厅堂，由于演唱和乐器演奏时的声功率较人正常讲话时大，因此允许有较大的有效容积。

表 4-2 给出了用自然声的大厅的最大容许容积的参考数值，超过这个数就应当考虑设置电声扩声系统。

表 4-2 用自然声的厅堂的最大有效容积

用　途	最大容许容积（m³）	用　途	最大容许容积（m³）
讲演	2000～3000	独唱、独奏	10000
话剧	6000	大型交响乐	20000

（2）保证厅内有适当的混响时间

由混响时间的计算公式可知，房间的混响时间与容积成正比，与室内的吸声量成反比。在室内的总吸声量中，观众的吸声量所占比率最大，一般都在一半左右。因此，控制了厅堂容积和听众人数之间的比例，在相当程度上控制了混响时间。在实际工程中，常用"每座容积"这一指标，即折合每个观众所占的室容积，来表征混响时间和观众吸声量之间的关系。为了获得适当的混响时间，不同用途的大厅有不同的适当的每座容积。在厅的规模（观众席数）确定之后，即可用适当的每座容积估算出为获得适当的混响时间所需的厅的容积。表4-3 给出了各类厅堂每座容积的建议值。

表 4-3　各类厅堂每座容积的建议值

用途	V/n（m³）	用途	V/n（m³）
音乐厅	8～10	讲演厅、大教室	3～5
歌剧院	6～8	电影院	4
多用途剧场、礼堂	5～6		

4.2.2　厅堂音质设计方法

声音的本质是波动，但是用波动理论分析一个具体的大厅的声场问题，由于边界条件复杂几乎是不可能。考虑到音频范围内的声波比大厅的尺寸要小得多，可以近似地用几何光学的方法描述大厅中声的传播、反射等现象。这种方法叫做"几何声学方法"或"声线法"。它以垂直于声的波阵面的直线（声线）代表声传播的方向，在遇到反射物体时，遵守入射角等于反射角的定律。厅内的声波是在同一种媒质中传播的，因此不考虑由此造成的折射与衍射。两个声音相加时，不考虑干涉，只作能量相加。这种方法大大简化了分析工作，而且在相当大的程度上符合实际，是大厅体型设计中常用的方法。

图 4-1 给出了一个用声线法设计观众厅顶棚反声板的例子。声源 S 的位置一般定在舞台大幕线后 2～3m，高 1.5m。我们要求从台口外的 A' 点开始的第一段顶棚向 A 到 B 点的一段观众度提供第一次反射声

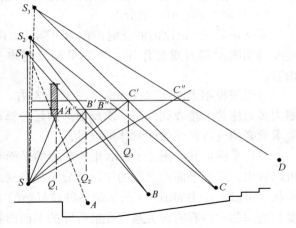

图 4-1　用声线法设计观众厅断面
（来源：文献［3］）

（A，B 等接收点的高度取地面上 1.1m）。连 SA' 与 $A'A$，作角 $SA'A$ 的角平分线 $A'Q_1$，过 A' 作 $A'Q_1$ 的垂线 $A'A''$。以 $A'A''$ 为轴，求出声源 S 的对称点 S_1。连 S_1B，它与 $A'A''$ 相交于 A''。线段 $A'A''$ 被 S_1A 和 S_1B 所截部分就是第一段反声板。第二段顶棚的第一次反射声要求提供给从 B 到 C 点的一段观众席，则在 SA'' 的延长线上的适当位置 B'，以后用与第一段同样的方法求出第二段顶棚的反声板。S_1，S_2 等叫做"虚声源"，此种方法又叫"虚声源法"，它也可用于设计侧墙平面。应注意的是，观众厅的顶棚、侧墙等还要满足灯光、出入口等以及建筑造型上的要求，设计时要综合考虑。

4.2.3　厅堂的体形设计原则

1）充分利用直达声

直达声对响度和清晰度均有重要影响。应尽可能从体型设计中充分考虑利用直达声。直达声的强度随传播距离而衰减,因此不要把听众席设置过长。当厅堂一层平面的听众席延伸

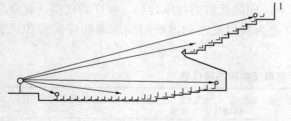

图 4-2　观众厅地面的升起
（来源：文献 [3]）

得过长时,可将部分听众席设置在二层或者三层楼座。直达声被厅堂的柱子、栏杆、前排听众等所遮挡,高中频声能会损失很多。在小型讲演厅,可设讲台抬高声源。在较大的观众厅中,地面应从前到后逐渐升高,如图 4-2 所示,但如果听众席地面起坡太小,直达声从声源掠过听众头顶到达后部听众,声能将被大量吸收。前

后排座位升起应不小于 100mm,条件允许,应再适当提高。地面的升起一般是根据视线要求计算得到的,但并不是只要不遮挡视线就不遮挡直达声,因为声波比光波长得多,它的传播要求波阵面有足够的宽度,因此地面升高的标准以比视线要求的更高为好。声源发出高频声的指向性很强,为了保证清晰度和音色的完美,厅堂的平面形状应当适应声源的指向性,使听众席不超出声源前方 140 度夹角的范围。因此长的平面比扁平的平面更为有利。

2）控制早期反射声的分布

直达声后 50ms 以内的反射声称为早期反射声,它对增加直达声的响度和提高声音的清晰度和明晰度都有重要作用。争取早期反射声并使其均匀分布,是厅堂体型设计的重要内容。

对于规模不大的厅（例如高度在 10m 左右,宽度在 20m 左右）,体形不作特殊处理,在绝大多数座位上接收到的第一次反射声的延时都在 50ms 以内。但在尺寸更大的厅,为满足要求就必须进行科学的厅堂体形设计。

（1）平面形状：图 4-3 表示几种基本的平面形状的大厅中,第一次侧向反射声的分布。可以看出,扇形平面的大厅的中间部分不易得到来自侧墙的第一次反射声。从以上几种基本形状,可以发展出如图 4-4 所示的各种较复杂的平面形状,其中,反射声分布情况与厅的宽度和进深的比例有密切关系,在进行厅的平面形状设计时必须首先注意选择。

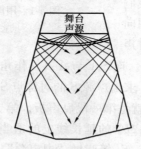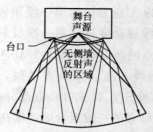

图 4-3　几种基本平面形状大厅的第一次反射声分布
（来源：文献 [3]）

与进深相比厅的宽度较大的厅,有相当大的区域不能得到侧墙的第一次反射声,而来自宽大后墙的延时较长的第一次反射声增多,不易得到适于听闻、特别是适于听取音乐演出的声场条件。但此种形状由于多数座位距舞台较近而常被剧场等采用。在这种情况下应将顶棚

设计成能使多数座位得到第一次反射声的形状；同时，后墙应设计成扩散的。如需布置吸声材料，也可间隔布置，以利扩散，避免回声。规模较大的厅，在缺乏早期反射声的区域应考虑用电声加以补充。见图4-4（a）。

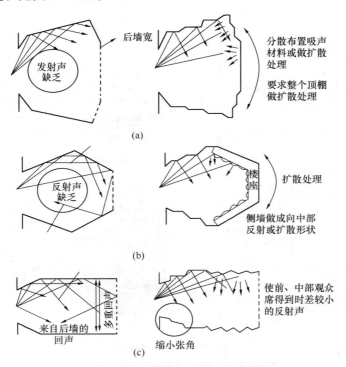

图 4-4　较复杂的平面形状大厅的第一次反射声分布
（a）宽度比进深大的厅的平面；（b）宽度与进深尺寸
相近的厅的平面；（c）宽度比进深小的窄长厅的平面
（来源：文献［3］）

厅的宽度与进深尺寸相近的多边形或近似圆形平面的厅。第一次反射声容易沿墙反射，而厅的中部没有第一次反射声。为改变这种状况，靠近舞台的两侧墙面应考虑作成折线形状，后墙应作成有起伏的扩散体，也可考虑设浅的挑台，以利反射声的均匀分布。同时，应使靠近舞台的顶棚能够将声音反射到大厅中部区域。见图4-4（b）。

与进深相比宽度较窄的大厅。这种大厅的平面形状一般都接近矩形，由于两侧墙距离较近，厅内容易得到侧向的第一次反射声，是听取音乐演出的较理想的声场。如果在两个平行的侧墙上作适当的起伏，还可使听众得到来自更宽的墙面的第一次反射。在规模较大的厅，靠近舞台的侧墙可做成折线形，以减小开角，使第一次反射声能够到达厅的中前部。还应注意，由于进深较大，从后墙反射到厅的前部的反射声可能形成回声，必须采取措施加以避免。如图4-4（c）。

（2）断面形状：断面设计的主要对象是厅堂的顶棚，由于来自顶棚的反射声不像侧墙反射那样易被观众席的掠射吸收所减弱，因此对厅内音质的影响最为有效，必须充分加以利用。顶棚设计的原则是，首先使厅的前部（靠近舞台部分）顶棚产生的第一次反射声均匀分布于观众席，如图4-5（a）。为此可将顶棚设计成从台口上缘逐渐升高的折面或曲面。中部以后的顶棚，可设计成向整个观众席及侧墙反射的扩散面。

呈凹曲面的顶棚，容易发生声聚焦现象，使反射声分布不均匀，应当避免采用。如必须采用时，应在内表面作有效的吸声处理，或在其下面设置"浮云"式的反射板。见图4-5（b）。

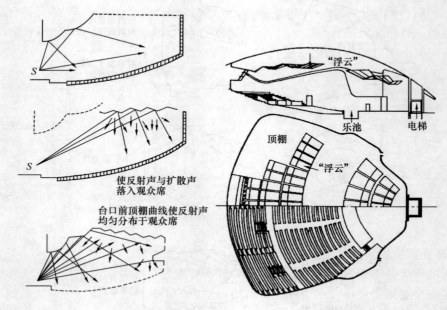

图 4-5 厅堂顶棚设计

（a）顶棚断面设计；（b）凹曲面顶棚悬挂"浮云"式反射板

（来源：文献［3］）

侧墙在一般大厅中都是垂直的，这使它能够提供给观众席第一次反射声的面积很小。如果使侧墙略朝向内倾，则可以有更大面积提供第一次反射声，如图4-6（a）。有条件时可以考虑采用这种形状。为此目的，也可以在垂直的侧墙上布置纵向为楔形的起伏。在横向很宽的大厅，为向中间坐席提供侧向的第一次反射声，可将靠近侧墙的座位抬高，利用这些座位下面的较低的墙向厅堂中部提供第一次反射声，如图4-6（b）。

观众席较多的大厅，一般要设挑台，以改善大厅后部坐席的视觉条件，但挑台下部坐

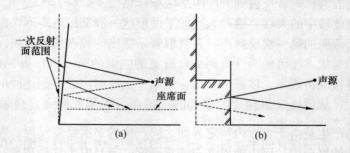

图 4-6 厅堂侧墙设计

（a）垂直侧墙与倾斜侧墙第一次反射面比较；（b）抬高边座利用边墙向厅中部反射

（来源：文献［3］）

席的声学条件往往不利。首先，如挑台下空间过深，则除了掠射过前部观众到达的直达声和部分侧墙反射声以外，顶棚的反射声难以到达。同时，这部分空间的混响时间会比大厅的其他部分为短。为了避免产生这种现象，挑台下空间的进深不能过大，一般剧场及多功能大厅，不应大于挑台下空间开口的 2 倍；对于音乐厅，进深不应大于挑台下空间的开口（图 4-7）。同时，挑台下顶棚应尽可能作成向后倾斜的，使反射声落到挑台下坐席上。挑台前沿的栏板，有可能将声音反射回厅的前部形成回声，为此应将其形状作成扩散反射的或使其反射方向朝向附近的观众席。

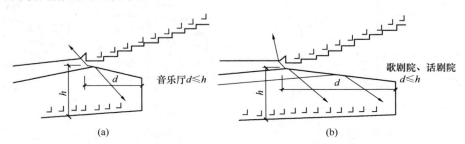

图 4-7　挑台进深与开口的关系

（来源：文献［3］）

3）防止产生回声及其他声学缺陷

回声的产生是个复杂的问题，在设计阶段不可能完全准确地预测，但在实际的设计工作中，为了安全必须对所设计的大厅是否有出现回声的可能性进行检查。方法是利用声线法检查反射声与直达声的声程差是否超过 17m，即延时是否超过 50ms。检查时，设定的声源位置应包括各种可能的部位（如舞台上的若干典型位置以及乐池等）。如有电声系统，还应检查扬声器作为声源时的情况。接收点除观众席外，还应包括舞台上。

观众厅中最容易产生回声的部位是后墙（包括挑台上后墙）、与后墙相接的顶棚以及挑台栏杆的前沿等（图 4-8）。如果后墙为凹曲面，更会由于反射声的聚集加强回声的强度。在有可能产生回声的部位，应适当改变其倾斜角度，使反射声落入近处的观众席，或者作吸声处理（图 4-9）。吸声处理最好能与扩散处理并用。用吸声处理时，应当与大厅的混响设计一起考虑。

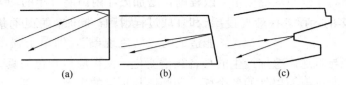

图 4-8　回声的产生情况

（来源：文献［3］）

（a）反射性后墙垂直；（b）反射性后墙内倾；（c）挑台前沿成为反射面

多重回声的产生是由于大厅内特定界面之间产生的多次反复反射。在一般观众厅里，由于声源在吸声性的舞台内，厅内地面又布满观众席，不易发生这种现象。但在体育馆等大厅中，场地地面与顶棚可能产生反复反射，形成多重回声。即使在较小的厅中，由于形状或吸声处理不当，也有可能产生多重回声，在设计时必须注意（图 4-10）。

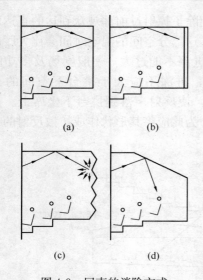

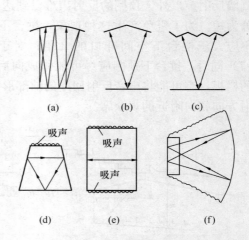

图 4-9　回声的消除方式

（来源：文献［3］）

（a）后墙形成回声；（b）用吸声性后墙消除回声；
（c）用扩散性后墙消除回声；（d）后墙部分
倾斜以消除回声

图 4-10　产生多重回声的例子

（来源：文献［3］）

（a）、（b）、（c）平整光滑地面与顶棚形成多重反射的例子；
（d）反射，张开的两反射性侧墙形成回声的例子；（e）前后
墙吸声，侧墙之间形成回声的例子；（f）后墙为凹曲面时，
反射声聚焦形成回声的例子

除回声与多重回声之外，大厅中常见的声学缺陷还有声聚焦和声影。声聚焦是由凹曲面的反射性顶棚或墙面造成的，反射声集中于形成焦点的位置附近，其他位置的反射声声音很小。由于遮挡使近次反射声不能到达的区域叫做声影区（图 4-11）。二者都使大厅内声场分布极不均匀，必须注意防止，具体办法前面已有叙述。

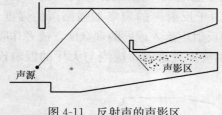

图 4-11　反射声的声影区

（来源：文献［3］）

4）采用适当的扩散处理

扩散处理就是用起伏的表面或吸声与反射材料的交错布置等方法，使反射声波发生散乱。它不仅用于消除回声和声聚焦，而且可以提高整个大厅的声场扩散程度，增加大厅内声能分布的均匀性，使声音的成长和衰减过程滑顺；同时，它还有助于避免强反射可能造成的"染色现象"，即单个强反射声或间隔相近的一系列强反射声与直达声叠加产生的声音频谱变化，使得原声音色失真。扩散处理一般布置在第一次反射声的反射面以外的各个面，如侧墙与顶棚的中部、后部、后墙等。

起伏状扩散体的扩散效果取决于它的尺寸和声波的波长。只有当扩散体的尺寸与要扩散的声波波长相当，才有扩散效果；如果扩散体的尺寸比波长小很多，就不会产生乱反射；如扩散体的尺寸比波长大很多，就会根据扩散体起伏的角度产生定向反射，二者都没有扩散的效果。为了在更宽的频带上取得更好的扩散效果，可以设计几种不同尺寸（包括不同形状）的扩散体，把它们不规则地组合排列。

扩散体是大厅建筑造型的重要部分，结合建筑的艺术处理可以做成各种形式。

5）舞台反射板

有镜框式台口的剧场或礼堂，舞台上演员的声音有相当大的部分进入了舞台内部，不能被观众接收。在举行音乐会等不需吊下布景的演出时，如将舞台的上部、两侧和后部用反射板封闭起来，使上述声能反射到观众厅，就能显著提高观众席上的声能密度。不仅如此，舞台反射板还有加强演员的自我听闻，加强演员与乐队以及乐队各部分之间的互相听闻的作用。这是音乐演出特别是交响乐演出的一个重要条件。

舞台反射板在全频带上应当都是反射性的。特别要注意，不要产生过度的低频吸收。材料一般选用厚木板或木夹板（厚度1cm以上）并衬以阻尼材料。其形状应使反射声有一定的扩散。舞台反射板的背后结构一般是型钢骨架。它的安装、拆卸宜采用机械化的方法。

舞台反射板所围绕的空间的大小取决于乐队的布置和规模，同时还应使反射声的延时有利于台上演员的听闻（17～35ms）。表4-4是推荐的与不同演出规模相适应的舞台反射板的内空间尺寸。图4-12是舞台反射板的一个实例，北京音乐学院附中音乐厅。

表4-4　不同演出规模的舞台反射板内空间尺寸

演出规模	宽（m）	深（m）	高（m）
大型管弦乐队（70～120人，可有合唱队）	15	10	7
室内乐队（25人）重奏、独奏、重唱、独唱	8	6	7

图4-12　北京音乐学院附中音乐厅的舞台反射板

（来源：文献［21］）

4.2.4　厅堂的最佳混响时间的确定

对于使用要求不同、有效容积不同的厅堂，都有各自的最佳混响时间。以语音清晰度为主的厅堂应选用较短的混响时间，并采用接近平直的混响时间频率特性曲线；用于歌剧和音乐演奏的厅堂，混响时间应取较长，混响时间频率特性应使中、高频平直，而低频则应适当提升，这样可使演唱和音乐富有低音感，起到美化音色的作用。对于电影院，特别是多声道立体声影院，则应取很短的混响时间和完全平直的特性曲线，才能使电影录音还原真实和具有立体声感。

厅堂的最佳混响时间，通常是指500Hz（中频）所确定的最佳混响时间。它是根据对大量厅堂进行主观评价，结合声学测定结果，经统计分析确定的经验值。因此国外各种有关文献推荐的最佳值有较大的差别，而国内各种建筑声环境研究机构提出的混响时间建议值也各不相同。通常只能提供具有一定变化幅度的最佳混响时间范围，然后根据具体条件和要求，由设计人员确定。图4-13是在综合考虑多种情况以及工程实践经验而提出的各类厅堂最佳混响时间的建议值。

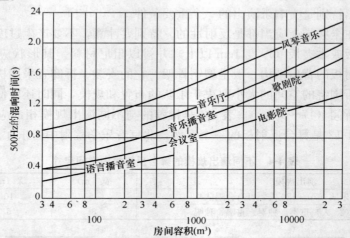

图4-13　各类厅堂最佳混响时间建议值

(来源：文献[3])

对于多功能厅堂混响时间的最佳值，可按厅堂的主要用途在图4-13内确定。当采用可调混响方式时，应按多种剧目所要求的混响时间上、下限值，确定其可变幅度。

4.2.5　声源空间的处理

在厅堂建筑中，声源空间有剧场的舞台、影院银幕后部空间、音乐厅的演奏台和报告厅(会议厅)的讲台等。为使厅内获得良好的音质效果，仅对接收空间(听众席)进行声环境设计是不够的，必须同时对声源空间作相应声环境设计。

(1) 舞台

在话剧院、地方戏剧院内都有舞台和侧台，歌剧院通常还设有后舞台。由于舞台容积大，同时它与侧台和后舞台相互连通，构成耦合空间。通常都有混响时间长和声场不均匀等问题，使演员难以恰当地控制发声的平衡和力度，自我感觉差，影响演出的效果。改善的措施有：适当增加舞台的声吸收；在侧台和后舞台与舞台连接处设活动隔断或帘幕；布景的设计尽可能有利于声反射的要求。

(2) 影院银幕后部空间

影院的放声系统通常都设置在银幕后方，专业的立体声影院的银幕后面要配置3～5个扬声器组，为了防止相互之间的声干扰，必须分别作强吸声处理。在多功能剧场内放映电影用的扬声器组都采用活动底座，放映时推向台口，在这种情况下，扬声器应在后部加设强吸声罩，以免后墙反射回来的声音与朝着听众席方向传播的声音，因相位不同而引起声干扰，同时也可减免舞台混响过长对扬声器的影响。

(3) 报告厅、会议厅的讲台

报告厅、会议厅通常都采用扩声系统，扬声器组配置在台口上部或两侧，传声器也在讲台口，因此在台口附近宜作吸声处理，以减少台口反射声进入传声器而引起声反馈。少数小型的自然声讲演的报告厅，舞台应有利于加强对听众席的声反射。因此台口前侧墙和顶部都应用声线法确定反射面的倾角，使一次反射声能起到加强直达声的作用。

（4）音乐厅的演奏台

音乐厅的演奏台应达到使整个乐队声音融洽，演员彼此间能及时听到对方的演奏，演奏声能均匀地覆盖整个听众席等要求。因此，演奏台的围墙和顶部应有利于声扩散，并有不同倾角的定向反射面，使大厅的任何一个坐席都能获得足够的直达声和一次反射声。对于环绕式演奏台的音乐厅，应借助于挑台栏板和顶部悬吊的反射面，使听众席获得一次反射声。

4.3　音乐厅的声环境设计

4.3.1　音乐厅的体形设计

当拟建的音乐厅规模确定后，建筑师首先遇到的问题是如何选择厅堂的体形（平、剖面）才能既满足声环境需要，又能适应现代音乐厅的规模、视线、舒适性和安全性等的要求。传统的或者欧洲的矩形"鞋盒式"音乐厅是著名而古老的音乐厅所采用的体形。当建筑声学的先驱赛宾协助设计被高度评价的波士顿交响乐大厅的时候，他的设计也是基于已有的鞋盒式大厅。那些成功的欧洲大厅，如维也纳金色音乐大厅，如图 4-14 所示，也采用的是鞋盒式大厅。

鞋盒式音乐厅在声学上的特殊优势在于声反射的方向。每个听众都能接收到占主导地位的早期侧向反射声，而不是来自头顶的反射声，声音是在墙与顶棚的交界处、侧墙和楼座底层被反射。通过双耳听闻，比较侧向信号到达的时间、响度和音调；对每个到达的声音"单元"，都能通过双耳听觉相干性为听众提供方向；对于多方向声音，它使听众产生一种三维空间感。这种声音感觉理论与音乐厅的关系直到 20 世纪 60 年代末才被发现，对于音乐厅的声学设计具有极大的意义。

图 4-14　维也纳的"鞋盒式"金色音乐大厅
（来源：文献 [24]）

鞋盒式音乐厅在音质上的另一个优势在于它们比典型的 20 世纪音乐厅规模小。在小型音乐厅内声音的作用很强，短程的声反射加强了直达声。又由于人体具有较强的吸声能力，在大型音乐厅中，当声能被吸收而使强度减弱。

古老的鞋盒式音乐厅又窄又小，显然不能适应现代大型、舒适性音乐厅的要求。简单地按古老音乐厅的比例增大现代音乐厅尺寸去实现鞋盒式音乐厅的演奏效果是不可能的。扇形平面虽然可以使大容量音乐厅能够压缩后排至演奏台的距离，但随着两侧墙的展开，侧墙将不再能够向听众席的中部提供早期反射声。

在大容量的现代音乐厅中，为加强大厅中部的早期侧向反射声，可采用倒扇形的平面形式和追加侧向反射板的方式解决。例如，在不等边三角形或椭圆状平面的一端配置演奏台，实际上构成倒扇形平面。再例如，运用错层配置的美国加州奥兰治理县大厅，都是解决大容量音乐厅获得早期反射声的有效例证。

为了使观众能够靠近舞台，广角扇形平面式大厅被进一步扩展为接近圆形的大厅，而舞台几乎位于中心。这种类型最初的重要代表是柏林爱乐大厅，在大厅的两侧悬吊了大片反射板来加强侧向发射，同时在大厅中使用面板阵列做成不规则的墙壁和顶棚表面，加强了声能的分配。研究表明，这种四周围坐式的"梯田式大厅"可能并不是基础设计的最佳选择，除非使用复杂的电声系统来补偿大厅的自然音效。观众席的主要部分，面对交响乐团的部分，能得到好的声效，而要使得在乐团后面的大片区域也获得同样的音效的确很难。这种梯田式大厅中两侧的声效是很吸引观众的。"梯田式大厅"典型的代表是1963年建成的柏林交响乐大厅。如图4-15所示。

图4-15　柏林交响乐的"梯田式"大厅
（来源：文献［24］）

之后，有一些音乐厅采用了古典的"鞋盒式"和"梯田式"相结合的方式，我国国家大剧院的音乐厅就是一个两种方式结合的案例，如图4-16所示。

图4-16　中国国家大剧院音乐厅的"鞋盒式"＋"梯田式"大厅
（来源：文献［24］）

4.3.2 音乐厅的混响时间设计

音乐厅的混响时间与音乐的类别具有密切的关系。原则上交响乐音乐厅要求混响时间较长，室内音乐厅、合唱厅次之，重奏和独奏厅较短。

交响乐大厅的混响时间长较为合适，一些世界著名的音乐厅的混响时间都在 1.7～2.0s 之间。被誉为演奏圣地的奥地利维也纳音乐厅、荷兰的阿姆斯特丹音乐厅的最佳混响时间均为 2.05s（500Hz）。但是音乐厅的混响时间也不能过长，如超过 2.2s，那样将丧失旋律的清晰度，混合了不协和的和弦，造成过分的响度。为了使不同音乐能在同一音乐厅演奏，都能处于最佳状态，就需要设置可调混响时间结构。混响时间的调节幅度应在 1.5～2.1s。这一可调幅度同时还能扩展音乐厅的使用范围。因此，音乐厅可采用可调混响，可变容积的结构。

对于室内音乐厅，合唱厅和重奏、独奏厅，除了考虑到音乐的丰满度外，还必须兼顾到弦乐、唱词的清晰度和弦上的细腻变化和技巧。因此，混响时间不宜太长，通常控制在 1.5～2.1s 范围内可以获得满意的效果。

供管风琴演奏的音乐厅，其最佳混响时间为 4.0～5.0s，因此在大型交响乐大厅内配置的管风琴常常不能使演奏达到最佳效果。日本大阪艺术大学音乐系建造了一个专供管风琴演奏的大厅，混响时间为 4.4s，深受欧美演奏家的赏识，每年都有一批音乐家到该校演奏和创作。

音乐厅内混响时间的控制，主要依靠听众本身的声吸收，很少采用吸声材料。只有在大容积的交响乐大厅内，为防止低频 250Hz 以下的混响时间过长，要设置共振吸声结构。如柏林"爱乐"音乐厅，英国皇家节日音乐厅和丹麦哥本哈根广播电台音乐厅等采用了共振吸声器。

为了减少厅内空间不满场和满场时混响时间的差异，较有效的措施是设置木板椅，仅在坐垫和靠背上配置一个相当于听众吸声量的材料。这样可以使座椅有无人坐时，听众席的吸声量都较接近。

4.3.3 音乐厅的噪声控制

音乐厅的噪声控制包括围护结构和空调系统的消声、减震两方面。音乐厅允许噪声标准比较高，单值为 A 声级 25dB，噪声评价曲线 PNC-20。为达到这一标准，必须对音乐厅的围护结构作隔声处理，特别注意对空调系统的消声处理。

音乐厅围护结构的隔声量要根据户外（即用地）噪声的状况和厅内允许噪声标准加以确定。原则上音乐厅的墙体应为钢筋混凝土或者砖砌体等重质结构，必要时刻设置双层墙体，中间留有空气层，以提高其对空气声的隔声量。为使音乐厅的屋顶具有与墙体同样的空气声隔声量，通常是困难的，对此，一般采用双层结构，即一层为承重结构，另一层为吊顶板或夹层。这样做还可以有效地提高屋顶撞击隔声的要求。这主要是针对大雨时，雨点冲击引起室内噪声高于标准要求。这一点在厅堂设计中通常容易被忽视，希望引起设计者的重视。

进入演奏厅的门，也是隔声的重点环节。需要设置消声通道或者带有"声锁"的双层隔声门。开向演奏厅的声控、光控玻璃窗也应是可开启的双层玻璃窗，防止工作人员活动的噪声进入厅堂。

空调系统的消声包括减低风机噪声沿管道传至大厅内和防止气流噪声干扰两方面：前者需经消声设计，在通道内配置消声器；后者应按噪声评价曲线的要求限制主风道、支风道和出风口的气流速度。当空调机房与厅堂毗邻或者距离较近时，则所有的空调、制冷设备必须作隔振处理，防止设备振动沿建筑结构传递而引起辐射噪声。

4.4　多功能剧场的声环境设计

剧场按照用途可分为专业剧场和多功能剧场。专业剧场只将一种特定剧目的演出作为设计目标，如话剧院、歌剧院和地方戏剧院；多功能剧场则是以一种剧目的演出为主要设计目标，兼顾其他剧目的演出。为了充分发挥剧场的使用效率，无论是在国外还是国内，多功能剧场都是剧场建筑的发展方向。

4.4.1　多功能剧场观众厅的体形设计

1）以自然声演出为主的剧场

剧场观众厅体形设计特别重要，其平、剖面形式应有利于声扩散；台口附近的反射面应保证池座的前坐、中坐有足够的早期反射声，提高后坐的声强；尽可能缩短大厅最后一排听众与演员的距离，提高地面起坡高度，防止听众对直达声的吸收；大厅内的各个细部设计均应防止不利的声反射可能引起的声学缺陷等。

通常，多功能剧场要使各种剧目都能处于最佳声学状况是较为困难的，音质效果通常不如专业剧场。即使采用可调结构来改变容积、声反射板和混响时间，也难达到专业剧场的音质。因而在体形设计的要求方面不能过于苛刻，但要综合考虑各种剧目演出对于空间的要求，适应多功能演出的需要。

2）以电声演出为主的剧场

当厅堂采用电声并以语言清晰度为主时，如会议、报告、法庭审判、电影等的设计中，对于体形的要求不高。建筑师可以根据其他方面的功能和艺术上的要求选择适合的体型，在此过程中仅需解决如下问题：

（1）要求短混响和接近平直的混响频率特性，可以提高传声增益，保证厅堂内任何位置有足够的响度；

（2）当选用的平、剖面形式容易产生声聚焦、回声和颤动回声等音质缺陷时，应在引起这些不利声反射的部位设置声扩散结构或强吸声结构；

（3）在可能的条件下压缩有效容积，降低用于控制混响所需的投资；

（4）选用优质的扩声系统，合理地确定扬声器组的配装方式，要进行要求混响较长的剧目演出时，可用人工混响进行补救。

4.4.2　多功能剧场观众厅的混响时间设计

多功能剧场观众厅的最佳混响时间的确定通常有三种方法；取音乐丰满度、语言清晰度的两个最佳值的折中，以此兼顾音乐的丰满度和语言的清晰度，这种选择实际上不是混响时间的最优值；还可以用某种功能的演出为主进行最佳混响时间的选择；另外理想情况是在观众厅内建立可调混响、可变容积的结构，根据剧目的需要进行调节。

剧场的多功能使用，内容非常广泛，从声学角度划分，可分为以音乐为主和以语言为主两类。地方戏既有音乐，又有对白，因此，一般取音乐、语言为主的厅堂的中值。多功能剧场观众厅最佳混响时间的选择，原则上要遵循以下规则。

（1）以音乐类（歌剧、音乐剧）演出为主的多功能剧场，应取较长的混响时间，并使低频混响有较大的提升（相对于中频混响）。对此，观众厅内一般不做专门的吸声结构，即使如此，通常也不易达到期望的混响时间。原因是听众和座椅本身的声吸收已经相当大，因此不再需要吸声材料（结构）。

（2）以语言清晰为主的多功能剧场，如以会议、电影为主的厅堂，则在经济条件允许的情况下，尽可能采用较短的混响时间，并使低频保持平直特性或取最低的提升值，这样可确保语言清晰，电影还原真实。

（3）以地方戏为主的多功能剧场，由于它既有音乐、又有对白和唱词，过长的混响时间会妨碍戏剧的语言清晰度，过短的混响时间会影响伴奏和演唱的丰满度。因此，地方戏剧场观众厅的混响时间可取介于音乐和语言之间的折中值。

通过对国内 50 余个多功能剧场的调查，统计得到了我国这类厅堂混响时间和频率特性的建议值，见表 4-5。值得说明的是，建议的混响时间值是在观众厅空场情况下测量的值，这样做是为了减少季节对满场数据的影响，特别是在北方地区，冬季穿棉衣与夏季的单衣所测得的混响时间差别很大。

表 4-5　多功能剧场观众厅混响时间和频率特性的建议值

以某种用途为主的多功能剧场		中频（500Hz）混响时间（s）	对 500Hz 混响时间的倍数	
主要用途	音质要求		125Hz	2000Hz
歌舞	音乐丰满	1.4～1.6	1.3	0.9～1.0
歌剧	音乐丰满、唱词清晰	1.3～1.5	1.2	1.0
会议、话剧	语音清晰	0.9～1.1	1.2	1.0
电影	还原真实	0.9～1.1	1.0	1.0
地方戏	伴奏、演唱丰满，对白清晰	1.1～1.2	1.2	1.0

4.4.3　多功能剧场观众厅可变声学条件的设计

根据主要用途确定混响时间，对多数音质要求不太高而功能较多的观众厅来讲是可取的，也比较经济和容易实施，但会使得厅堂的使用受到较大的限制。例如一个以音乐演奏为主的多功能厅堂，混响时间定为 1.5s，对于音乐是适用的；它对歌剧、歌舞剧和时装表演等类型的演出也是适应的；而对话剧、会议和电影来讲，就显得混响时间过长，会影响语音的清晰度和电影还原的真实感。

此外，观众厅的音质不仅与混响时间有关，还与厅堂的规模和演出方式有关，作为音乐、歌剧、歌舞剧、自然声演出的允许规模就很大；而话剧和地方戏很难在超过 1200 座的厅堂内实施自然声演出。

因此，近年来，国内外越来越多的多功能剧场在扩展功能的同时，采用可调混响和容积以及多种辅助设施来改变厅堂内的音质。多功能剧场观众厅可变声学条件的内容、方式和技术手段很多，可归纳为以下三类。

（1）调节混响时间

在厅堂内设置可变吸声结构调节厅内混响时间，变动方式有人工、机械和自控三种方式。

（2）改变容积、压缩容量

用活动隔断、升降吊顶、可调帘幕等方式达到隔离空间、压缩容量的目的。

（3）反射面倾角的调节

用调节反射面的倾角达到改变反射声投射的方向。通过声环境设计条件的改变，使多功能厅堂的音质尽可能接近最近状态。

4.5　会议厅的声环境设计

随着我国经济的繁荣，国际地位的提高，国家召开、举办了各种国内外会议，因此对于会议厅建筑的需求逐年增长。

4.5.1　会议厅的声环境设计特点

会议厅建筑声环境设计的特点是要确保语言的清晰度，采用强吸声获得短的混响时间，使用扩声系统使听众获得足够的响度和均匀的声场分布。

会议厅规模差异很大，小至十几人、容积 $100m^3$ 左右，大的可容纳上万名听众，容积为 $100000m^3$ 左右，其差距可达千倍。因而相应的混响时间差别也很大，必须根据容积确定混响时间值，其范围为 0.5～1.8s。会议厅的等级、用途和标准的差异很大，所用设备、内装修和声学处理显然有很大差别。如一个单位内部十几个人的小型会议厅和容纳上万人的国际会议厅相比，国际会议厅功能复杂，需要设置同声传译、电声设计等环节，而小型会议室则在自然声条件下就能满足要求。

由于会议厅均采用强吸声、短混响的声环境设计，因此，厅堂体形在声环境设计中作用不大，其选择较为自由。会议厅根据容积和用途可采用扩声系统，也可采用自然声，这在建筑声环境设计上需要区别对待。

4.5.2　会议厅最佳混响时间的选择

根据语言清晰度的要求和扩声系统设计的需要，应尽可能采用短的混响时间。但在大容积的会议厅内选用短的混响时间，特别是控制低频混响，就会增加投资，同时实施较难。因此，确定既能满足语言的良好听闻，又要节约投资的合理混响时间，应根据容积大小而定。

会议厅的最佳混响时间，在国内外不同的文献中的介绍差距较大，特别是在大容积的会议厅。北京建筑设计研究院的项端祈通过对国内 42 个大小会议厅的声学调查，提出了容积变化的混响时间建议值，如图 4-17 所示。

建议值允许有 $\pm0.1s$ 的变动范围。此外，当容积小于 $30m^3$ 时，最佳混响时间不要低于 0.4s；当容积大于 $40000m^3$ 时，最佳混响时间不应大于 1.9s。根据调查，当大容积会议厅最佳混响时间大于 1.9s 时，语音清晰度较差。必须通过分散式扩声系统，即每个座位的椅

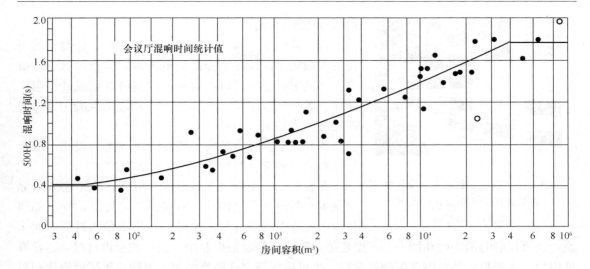

图 4-17　会议厅随容积变化的混响时间建议值

(来源：文献 [25])

背上配置小功率扬声器，满足其听闻效果，这时还须设置声延迟系统。

4.5.3　会议厅吸声结构的选择和音质缺陷的控制

在会议厅内吸声材料和结构具有控制混响时间和造成音质缺陷的双重功能。由于会议厅采用短的混响时间，因此，必须选用强吸声的结构。采用强吸声处理，建筑师经常采用各种容易引起声学缺陷的体形，如圆形、椭圆形、卵形平面、穹形屋顶等。而控制音质缺陷的措施，除了配置扩散结构外，通常用强吸声方法，因为它同时起到控制混响时间的作用。

会议厅吸声结构的配置和选择要根据它的容积和标准（即装修要求）而定：在 $100m^3$ 左右的特小型会议室内（一般的圆桌会议），如果室内陈设有地毯、窗帘盒沙发座，通常不需另作吸声处理，即可达到预计的混响时间值。在 $200m^3$ 以上的会议厅，一般都应配置吸声材料或结构。

吸声材料的类别很多，形式也多种多样。但从内装修的形式上适合于会议厅用的可归纳为下列三种：

（1）暴露型：即吸声材料直接配置在会议室内表面。如在墙体或吊顶的龙骨下设置矿棉吸声板、织物毯和玻璃棉板（有薄膜贴面）等。

（2）装饰型：即在吸声材料的表面做各种满足装修要求的饰面材料或结构，如在吸声泡沫塑料外包裹阻燃织物、锦缎、喇叭布或设置木条、金属管等。

（3）隐蔽型：在透声的屏障后配置各种吸声材料。

在大中型会议厅内控制混响时间的难点是低频。由于会议厅内的观众、座椅、地毯、门窗帘幕和多数建筑材料，都在中高频范围内具有较好的吸声性能。因此，如不对低频作有效的吸声处理，势必造成低频混响时间过长而影响语音清晰度。

适合于会议厅用的低频吸声结构有如下三类。

（1）薄板共振吸声结构，用胶合板（5～7mm）作木护墙，离刚性墙面 100～200mm 的结构是控制低频混响的有效措施，同时，也有很多好的装饰效果，最适合于会议厅内使用。

图 4-18 加拿大魁北克高校礼堂
侧墙使用的共振吸声砌块墙
（来源：文献［25］）

但需作防火处理。

（2）共振吸声器，即亥姆霍兹共振器，这类结构可将其共振频率设计在欲控制的范围内，会获得显著的效果。它的表面形式可以是穿孔板，也可以做成共振吸声砌体。图 4-18 为加拿大魁北克会堂侧墙的混凝土共振吸声砌块的内场景。

（3）大空腔吸声结构，即在厚度较大的多孔性吸声材料后面设置符合控制低频所需的空腔。

在会议厅内控制中、高频混响时间，除了主要依靠听众本身和座椅的吸声外，应根据混响计算，确定如何在墙面配置强吸声材料，这对平行侧墙和凹弧形墙面来说，还可以同时消除颤动回声和声聚焦等缺陷。作为墙面控制中、高频的吸声材料，通常有玻璃棉、矿棉板，外设阻燃织物或壁毯，也可以配置多孔吸声结构或织物包裹阻燃泡沫塑料等构造。

会议厅静态的后墙，也应适当作吸声处理，以免产生后部反射声，引起讲台上传声器的声反馈；在放映电影时，则由于后墙反射声与扬声系统直接声的相位差，引起不利的声干扰。会议厅的顶部，当厅内的声吸收是以控制混响时间来达到设计值时，通常不作吸声处理，而设置反射面。

本 章 小 结

厅堂音质设计是建筑声环境设计环节的关键内容，是决定室内音质的核心。本章主要讲述了各类厅堂的室内音质评价体系，并以音乐厅、报告厅等常见厅堂为例阐述了各类厅堂的音质设计方法。

思 考 题

1. 简述音质的主观评价与室内声场物理指标的关系。
2. 为什么混响时间相同的两个大厅音质可能不同？
3. 在音质设计中，大厅的容积应如何确定？
4. 大厅的体型设计要注意什么问题？
5. 简述厅堂的混响时间计算方法。
6. 简述音乐厅、多功能大厅的声学特点和声学设计的具体要求。

第 5 章　噪声控制技术

重点提示/学习目标

1. 掌握噪声评价方法体系，了解我国的噪声评价标准；
2. 掌握噪声控制的原则和工作步骤；
3. 掌握如何使用吸声进行降噪设计；
4. 掌握如何使用隔声进行降噪设计。

噪声已经和水污染、空气污染、垃圾并列为现代城市的四大公害，而室内的安静环境是人们对室内物理环境的重要诉求。建筑噪声控制主要分为吸声降噪和隔声降噪两种措施。噪声控制的首要问题是解决噪声评价和噪声标准的问题，然后根据降噪量选择不同的噪声控制方法。

随着人类改造自然、生产能力的不断提高，工业文明使得人类生存空间出现了越来越多的各类声音。这些声音中有悦耳的、动听的，也有刺耳的、厌恶的，甚至还有能给人体听觉器官造成损伤的。在人类不断提高生存环境质量的今天，凡是人们不愿听的各种声音都是噪声。噪声的危害是多方面的，它可以使人听力衰退，引起多种疾病，同时还影响人们正常的工作与生活，降低劳动生产率，特别强烈的噪声还能损坏建筑物，影响仪器设备的正常运行。噪声已经和水污染、空气污染、垃圾并列为现代世界的四大公害。

建筑是人类为躲避自然环境而创造出来的人造空间，是我们现在生存的主要空间。随着人类社会的进步，建筑不仅要满足遮风挡雨的需要，还要提供生存环境的舒适性，这其中就包括实现良好的声环境舒适性。那么在建筑中防治噪声，开展对噪声的控制就变得越来越重要。

任何一个噪声污染事件都是由三个要素构成的，即噪声源、传声途径和接收者。接收者是指在某种生活和工作活动状态下的人和场所。建筑设计中的噪声控制问题，首先要考虑接收者的情况，由建筑功能要求，确定噪声允许水平；然后调查了解可能产生干扰的噪声源的空间与时间分布和噪声特性；进而分析噪声通过什么传声途径传到接收者处，在接收者处造成多大的影响。如果在接收者处产生了噪声干扰，则考虑采取管理上的和技术上的噪声控制措施来降低接收点处的噪声，以满足允许的要求。

5.1　噪声评价方法

噪声评价是对各种环境条件下的噪声作出其对接收者影响的评价，并用可测量计算的评价指标来表示影响的程度。噪声评价涉及的因素很多，它与噪声的强度、频谱、持续时间、随时间的起伏变化和出现时间等特性有关；也与人们的生活和工作的性质内容和环境条件有关；同时与人的听觉特性和人对噪声的生理和心理反应有关；还与测量条件和方法、标准化和通用性的考虑等因素有关。早在 20 世纪 30 年代，人们就开始了噪声评价的研究。自那时起，先后提出上百种评价方法，被国际上广泛采用的就有二十几种。现在的研究趋势是如何合并和简化。下面介绍常用的几种噪声评价方法及其评价指标体系。

5.1.1　A 声级 L_A（或 L_{pA}）

A 声级是目前全世界使用最广泛的评价方法，几乎所有的环境噪声标准均用 A 声级作为基本评价量，它是由声级计上的 A 计权网络直接读出，用 L_A（或 L_{pA}）表示，单位是 dB(A)，A 声级反映了人耳对不同频率声音响度的计权。

长期实践和广泛调查证明，不论噪声强度的高低，A 声级皆能较好地反映人的主观感觉，即 A 声级越高，觉得越吵。此外 A 声级同噪声对入耳听力的损害程度也能对应得很好。对于稳态噪声，可以直接测量 L_A 来评价。用下列公式可以将一个噪声的倍频带（或 1/3 倍频带）谱转换成 A 声级。

$$L_A = 10 \lg \sum_{i=1}^{n} \frac{10(L_i + A_i)}{10} \, \mathrm{dB(A)} \tag{5-1}$$

式中，L_i——倍频带（或 1/3 倍频带）声压级，dB；

A_i——各频带声压级的修正值，dB，其值可由表 5-1 查出。

表 5-1　倍频带中心颜率对应的 A 响应特性（修正值）

倍频带 中心频率（Hz）	A 响应（对应于 1000Hz）(dB)	倍频带中心频率（Hz）	A 响应（对应于 1000Hz）(dB)
31.5	−39.4	1000	0
63	−26.2	2000	+1.2
125	−16.1	4000	+1.0
250	−8.6	8000	−1.1
500	−3.2	—	—

5.1.2　等效连续 A 声级（简称"等效声级" L_{eq}）

对于声级随时间变化的起伏噪声，其 L_A 是变化的，不能直接用一个数值来表示。因此，人们提出了等效声级的评价方法，也就是在一段时间内能量平均的方法：

$$L_{eq} = 10 \lg \frac{1}{t_2 - t_1} \int_{t_2}^{t_2} 10^{\frac{L_{A(t)}}{10}} \, \mathrm{d}t \, \mathrm{dB(A)} \tag{5-2}$$

式中 $L_{A(t)}$ 是随时间变化的 A 声级。等效声级的概念相当于用一个稳定 A 声级值为 L_{eq} 的连续噪声，其 A 声级在实际测量时，多半是间隔读数，即离散采样的，因此，上式可改写为：

$$L_{eq} = 10 \lg \left[\frac{1}{\sum_{i=1}^{N} T_i} \sum_{i=1}^{N} T_i \cdot 10^{\frac{L_{Ai}}{10}} \right] \mathrm{dB(A)} \tag{5-3}$$

式中，L_{Ai}——第 i 个 A 声级的斜测量值，相应的时间间隔为 T_i；

N——测试样本量。

建立在能量平均概念上的等效连续 A 声级，被广泛地应用于各种噪声环境的评价。但它对偶发的短时高声级噪声的出现不敏感。例如，在寂静的夜间有为数不多的高速卡车行驶过，尽管在卡车驶过时短时间内声级很高，并对路旁住宅内居民的睡眠造成了很大的干扰，但对整个夜间噪声能量平均得出的 L_{eq} 值却影响不大。

5.1.3　昼夜等效声级 L_{dn}

一般噪声在晚上比白天更容易引起人们的烦恼。根据研究结果表明，夜间噪声对人的干扰约比白天大 10dB 左右。因此，计算一天 24 小时的等效声级时，夜间的噪声要加上 10dB 的计权，这样得到的等效声级称为昼夜等效声级。其数学表达式为

$$L_{dn} = 10\lg\left[\frac{1}{24}\left(15 \times 10^{\frac{L_d}{10}} + 9 \times 10^{\frac{L_n + 10}{10}}\right)\right] dB(A) \tag{5-4}$$

式中，L_d——为白天（07：00～22：00）的等效声级，dB（A）；

L_n——为夜间（22：00～07：00）的等效声级，dB（A）。

5.1.4　累积分布声级 L_N

实际的环境噪声并不都是稳态的，比如城市交通噪声，是一种随时间起伏的随机噪声。对这类噪声的评价，除了用 L_{eq} 外，常常用统计方法。累计分布声级就是用声级出现的累积概率来表示这类噪声的大小。累积分布声级 L_N 表示测量时间的百分之 N 的噪声所超过的声级。例如 $L_{10}=70$dB，表示测量时间内有 10％ 的时间超过 70dB，而其他 90％ 时间的噪声级低于 70dB。换句话说，就是高于 70dB 的噪声级占 10％，低于 70dB 的声级占 90％。通常在噪声评价中多用 L_{10}、L_{50} 和 L_{90}，L_{10} 表示起伏噪声的峰值，L_{50} 表示中值，L_{90} 表示背景噪声。作为交通噪声的评价指标，英、美等国用 L_{10}，而日本用 L_{50}，我国目前用 L_{eq}。

当随机噪声的声级满足正态分布条件，等效声级 L_{eq} 和累积分布声级 L_{10}、L_{50} 和 L_{90} 有以下关系：

$$L_{eq} = L_{50} + \frac{(L_{10} + L_{90})^2}{60} dB(A) \tag{5-5}$$

5.1.5　噪声评价曲线 NR

噪声评价曲线（NR 曲线）是国际标准化组织 ISO 规定的一组评价曲线，见图 5-1。它能表示不同噪声声级和不同频率的噪声对人造成的听力损失、语言干扰和烦恼的程度。

图中每一条曲线用一个 N（或 NR 值）表示，确定了 31.5～8000Hz 9 个倍频带声压级值 L_p。用 NR 曲线作为噪声允许标准的评价指标，确定了某条曲线作为限值曲线，就要求现场实测的噪声的各个倍频带声压级值不得超过由该曲线所规定的声压级值。例如剧场的噪声限值定为 NR25，则在空场条件下测量背景噪声（空

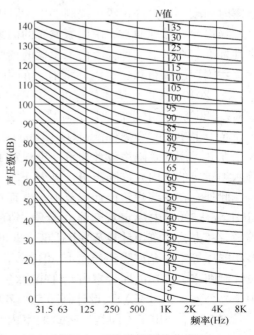

图 5-1　NR 噪声评价曲线

（来源：文献 [3]）

调噪声、设备噪声、室外噪声的传入等），"63""125""250""500""1K""2K""4K"和"8K"Hz 等 8 个倍频带声压级分别不得超过"55""43""35""29""25""21""19"和"18"dB。

和 NR 曲线相似的有 NC 曲线，其评价方法相同，但曲线走向略有不同。NC 曲线以及后来对其作了修改的 PNC 曲线适用于评价室内噪声对语言的干扰和噪声引起的烦恼。NR 曲线是在 NC 曲线基础上综合考虑听力损失、语言干扰和烦恼三个方面的噪声影响而提出的。

除了上面介绍的较为普遍使用的评价方法和评价指标外，常用的还有交通噪声指数 TNI，噪声污染级 NPL，语言干扰级 SIL，用于评价职业性噪声暴露的噪声暴露指数 D 等。飞机噪声和航空噪声评价是建立在感觉噪声级 PNL 基础上的一套较为复杂的体系。

5.2　噪声的允许标准

在学习了对于噪声的评价方法后，就需要明确何种程度的噪声是可以允许的，哪种程度的噪声是必须治理的，这就是噪声标准需要解决的问题。标准的制定，应根据不同场合的使用要求、经济与技术上的可能性，进行全面、综合的考虑。

大量的调查研究和统计分析得到：40 年工龄的工人作业在噪声强度为 80dB 的环境下，噪声性耳聋（只考虑受噪声影响引起的听力损害，排除年龄等其他因素）的发生率为零；当噪声强度为 85dB 时，发生率约为 10%，90dB 时约为 20%，95dB 时约为 30%。如果单纯从保护工人健康出发，工业企业噪声卫生标准的限值应定在 80dB。但就现在的工业企业状况、技术条件和经济条件都不可能达到这个水平，世界上大多数国家都把限值定在 90dB。如果暴露时间减半，允许声级可提高 3dB，但任何情况下均不得超过 115dB。

噪声允许标准通常有由国家颁布的国家标准（GB）和由主管部门颁布的部颁标准及地方性标准。在以上三种标准尚未覆盖的场所，可以参考国内外有关的专业性资料。

我国现已颁布和建筑声环境有关的主要噪声标准有：《民用建筑隔声设计规范》（GB 50118—2010），《声环境质量标准》（GB 3096—2008），《社会生活环境噪声排放标准》（GB 22337—2008），《工业企业厂界环境噪声排放标准》（GB 12348—2008），《以噪声污染为主的工业企业卫生防护距离标准》（GB 18083—2000）。

在《民用建筑隔声设计规范》中规定了住宅、学校、医院、旅馆、办公建筑和商业建筑等六类建筑的室内允许噪声级，见表 5-2。

此外，在一些建筑设计规范中，也有若干噪声限值相关的条文。在《剧场建筑设计规范》（JGJ 57—2000）中规定观众席背景噪声宜≤NR25（甲等）、≤NR30（乙等）和≤NR35（丙等）。在《办公建筑设计规范》（JGJ 67—2006）中规定一类办公建筑中，办公室、设计制图室、多功能厅等室内允许噪声级≤45 dB(A)，会议室≤40 dB(A)；二类办公建筑中，办公室、设计制图室、多功能厅等室内允许噪声级≤50 dB(A)，会议室≤45 dB(A)；三类办公建筑中，办公室≤55 dB(A)，设计制图室、多功能厅、会议室等≤50dB(A)。

表 5-3 中列出了不同类型建筑的室内允许噪声值，这些数值是不同的学者提出的建议值，不是法定的标准，可供噪声控制评价和设计时参考。

国家标准《声环境质量标准》GB 3096—2008 规定了不同城市区域室外环境噪声的最高

限值，见表 5-4。标准条文中还规定，位于城郊和乡村的区域按严于表中规定值 5dB 执行；并规定夜间突发的噪声，其最大值不准超过标准值 15dB。

城市区域环境噪声的测量点选在居住或工作建筑物窗外 1 m。对于住宅，大量的测量统计表明，室外环境噪声通过打开的窗户传入室内，室内噪声级大致比室外低 10dB。比较表 5-2 和表 5-4 就会发现，在 3 类区域（工业区）和 4 类区域（交通干线两侧），即使环境噪声达到了标准要求，白天分别不大于 65 和 70dB，夜间不大于 55dB，建在这两类区域中的住宅、学校、医院和旅馆都有可能满足不了室内噪声限值；白天低于 40～50dB，夜间低于 30～40dB。这说明，不能将住宅、学校、医院和旅馆建在工业区和交通干线两侧，除非不开窗，这对一些全空调的旅馆有可能，而住宅、学校和医院不开窗是不妥当的。事实上凡是建在交通干线两侧的住宅，居民普遍抱怨交通噪声的干扰。

在住宅、学校、医院、旅馆等民用建筑中，居住者在日常活动中会产生相互间的干扰噪声。这类噪声不能通过制定噪声标准以限制居住者的行为来防止，可通过制定建筑隔声标准来保证相邻住户和房间之间有足够的隔声，以防止相互间的干扰。国家标准《民用建筑隔声设计规范》（GB 50118—2010）中规定了住宅分户墙和楼板的空气声隔声标准和楼板撞击声隔声标准，以及学校、医院和旅馆客房的隔墙和楼板的隔声标准，见表 5-5 和表 5-6。

表 5-2 民用建筑室内允许噪声级 dB（A）

建筑类别	房间名称	时间	较高标准	低限标准	
住宅	卧室	白天 夜间	≤40 ≤30	≤45 ≤37	
	起居室（厅）	白天 夜间	≤45 ≤40	≤50 ≤45	
学校	语言教室、阅览室	—		≤40	
	普通教室、实验室	—		≤45	
	音乐教室	—		≤45	
	教师办公室、会议室	—		≤45	
	舞蹈教室、健身房	—		≤50	
	教学楼中封闭的走廊、楼梯间	—		≤50	
医院	病房、医护人员休息室、各类重症监护室	白天 夜间	≤40 ≤35	≤45 ≤40	
	门诊室	—	≤40	≤45	
	手术室	—	≤40	≤45	
	洁净手术室	—	—	≤50	
	人工生殖中心	—	≤35	≤40	
	听力测试室	—		≤25	
	化验室、分析实验室	—		≤40	
	入口大厅、候诊室	—	≤50	≤55	

建筑类别	房间名称	时间	较高标准	低限标准
办公建筑	单人办公室、电视电话会议室	—	≤35	≤40
	多人办公室、普通会议室	—	≤40	≤45
商业建筑	商场、商店、会展中心	—	≤50	≤55
	餐厅	—	≤45	≤55
	员工休息室	—	≤40	≤45
	走廊	—	≤50	≤60

建筑类别	房间名称	时间	特级	一级	二级
旅馆	客房	白天	≤35	≤40	≤45
		夜间	≤30	≤35	≤35
	办公室、会议室	—	≤40	≤45	≤45
	多用途大厅	—	≤40	≤45	≤50
	餐厅、宴会厅	—	≤45	≤50	≤55

表 5-3　其他类建筑室内允许噪声级

房间名称	允许的噪声评价数 N	允许的 A 声级 dB（A）
广播录音室	10～20	20～30
音乐厅、剧院的观众厅	15～25	25～35
电视演播室	20～25	30～35
电影院观众厅	25～30	35～40
体育馆	35～45	45～55
个人办公室	30～35	40～45
开场式办公室	40～45	50～55
会议室	30～40	40～50
图书馆阅览室	30～35	40～45

表 5-4　城市区域环境噪声标准 dB（A）

类别	适用区域	昼间	夜间
0	疗养区、高级宾馆和别墅区等需要特别安静的区域	50	40
1	居住、文教机关为主的区域	55	45
2	居住、商业、工业混杂区	60	50
3	工业区	65	55
4	交通干线两侧区域	70	55

表 5-5 民用建筑构件各部位的空气声隔声标准

建筑类别	隔墙和楼板部位	空气声隔声单值评价量＋频谱修正量（dB）	
		高要求标准	低限标准
住宅	分户墙、分户楼板	$R_w+C>50$	$R_w+C>45$
	分隔住宅和非居住用途空间的楼板	—	$R_w+C_{tr}>51$
	卧室、起居室（厅）与邻户房间之间	$D_{nT,w}+C\geqslant50$	$D_{nT,w}+C\geqslant45$
	住宅和非居住用途空间分隔楼板上下的房间之间	—	$D_{nT,w}+C_{tr}\geqslant51$
	相邻两户的卫生间之间	$D_{nT,w}+C\geqslant45$	—
	外墙	$R_w+C_{tr}\geqslant45$	
	户（套）门	$R_w+C\geqslant25$	
	户内卧室墙	$R_w+C\geqslant35$	
	户内其他分室墙	$R_w+C\geqslant30$	
	临交通干道的卧室、起居室（厅）的窗	$R_w+C_{tr}\geqslant30$	
	其他窗	$R_w+C_{tr}\geqslant25$	
学校	语言教室、阅览室的隔墙与楼板	$R_w+C>50$	
	普通教室与各种产生噪声的房间之间的隔墙、楼板	$R_w+C>50$	
	普通教室之间的隔墙与楼板	$R_w+C>45$	
	音乐教室、琴房之间的隔墙与楼板	$R_w+C>45$	
	临街外窗	$R_w+C_{tr}\geqslant30$	
	其他外窗	$R_w+C_{tr}\geqslant25$	
	产生噪声的房间门	$R_w+C_{tr}\geqslant25$	
	其他门	$R_w+C\geqslant20$	
	语言教室、阅览室与相邻房间之间	$D_{nT,w}+C\geqslant50$	
	普通教室与各种产生噪声的房间之间	$D_{nT,w}+C\geqslant50$	
	普通教室之间	$D_{nT,w}+C\geqslant45$	
	音乐教室、琴房之间	$D_{nT,w}+C\geqslant45$	
医院	病房与产生噪声的房间之间的隔墙、楼板	$R_w+C_{tr}>55$	$R_w+C_{tr}>50$
	手术室与产生噪声的房间之间的隔墙、楼板	$R_w+C_{tr}>50$	$R_w+C_{tr}>45$
	病房、手术室与普通房间之间的隔墙、楼板	$R_w+C>50$	$R_w+C>45$
	听力测听室的隔墙、楼板	—	$R_w+C>50$
	体外震波碎石室、核磁共振室的隔墙、楼板	—	$R_w+C_{tr}>50$

建筑类别	隔墙和楼板部位	空气声隔声单值评价量＋频谱修正量（dB）	
		高要求标准	低限标准
医院	外墙	$R_w+C_{tr}\geqslant45$	
	外窗	$R_w+C_{tr}\geqslant30$（临街一侧病房）	
		$R_w+C_{tr}\geqslant25$（其他）	
	门	$R_w+C_{tr}\geqslant30$（听力测听室）	
		$R_w+C\geqslant20$（其他）	
	病房与产生噪声的房间之间	$D_{nT,w}+C_{tr}\geqslant55$	$D_{nT,w}+C_{tr}\geqslant50$
	手术室与产生噪声的房间之间	$D_{nT,w}+C_{tr}\geqslant50$	$D_{nT,w}+C_{tr}\geqslant45$
	病房、手术室与普通房间之间	$D_{nT,w}+C\geqslant50$	$D_{nT,w}+C\geqslant45$
	听力测听室与毗邻房间之间	—	$D_{nT,w}+C\geqslant50$
	体外震波碎石室、核磁共振室与毗邻房间之间	—	$D_{nT,w}+C_{tr}\geqslant50$
办公建筑	办公室、会议室与产生噪声的房间之间的隔墙、楼板	$R_w+C_{tr}>55$	$R_w+C_{tr}>50$
	办公室、会议室与普通房间之间的隔墙、楼板	$R_w+C>50$	$R_w+C>45$
	外墙	$R_w+C_{tr}\geqslant45$	
	临交通干道的办公室、会议室窗	$R_w+C_{tr}\geqslant30$	
	其他窗	$R_w+C_{tr}\geqslant25$	
	门	$R_w+C\geqslant20$	
	办公室、会议室与产生噪声的房间之间	$D_{nT,w}+C_{tr}\geqslant55$	$D_{nT,w}+C_{tr}\geqslant50$
	办公室、会议室与普通房间之间	$D_{nT,w}+C\geqslant50$	$D_{nT,w}+C\geqslant45$
商业建筑	健身中心、娱乐场所等与噪声敏感房间之间的隔墙、楼板	$R_w+C_{tr}>60$	$R_w+C_{tr}>55$
	购物中心、餐厅、会展中心等与噪声敏感房间之间的隔墙、楼板	$R_w+C_{tr}>50$	$R_w+C_{tr}>45$
	健身中心、娱乐场所等与噪声敏感房间之间	$D_{nT,w}+C_{tr}\geqslant60$	$D_{nT,w}+C_{tr}\geqslant55$
	购物中心、餐厅、会展中心等与噪声敏感房间之间	$D_{nT,w}+C_{tr}\geqslant50$	$D_{nT,w}+C_{tr}\geqslant45$

建筑类别	隔墙和楼板部位	特级	一级	二级
旅馆	客房之间的隔墙、楼板	$R_w+C>50$	$R_w+C>45$	$R_w+C>40$
	客房与走廊之间的隔墙	$R_w+C>45$	$R_w+C>45$	$R_w+C>40$
	客房外墙	$R_w+C_{tr}>50$	$R_w+C_{tr}>45$	$R_w+C_{tr}>40$

续表

建筑类别	隔墙和楼板部位	空气声隔声单值评价量＋频谱修正量（dB）		
		高要求标准	低限标准	
		特级	一级	二级
旅馆	客房外窗	$R_w+C_{tr}\geqslant35$	$R_w+C_{tr}\geqslant30$	$R_w+C_{tr}\geqslant25$
	客房门	$R_w+C\geqslant30$	$R_w+C\geqslant25$	$R_w+C\geqslant20$
	客房之间	$D_{nT,w}+C\geqslant50$	$D_{nT,w}+C\geqslant45$	$D_{nT,w}+C\geqslant40$
	走廊与客房之间	$D_{nT,w}+C\geqslant40$	$D_{nT,w}+C\geqslant40$	$D_{nT,w}+C\geqslant35$
	客房外墙（含窗）	$D_{nT,w}+C_{tr}\geqslant40$	$D_{nT,w}+C_{tr}\geqslant35$	$D_{nT,w}+C_{tr}\geqslant30$

注：R_w—空气声计权隔声量；$D_{nT,w}$—计权标准化声压级；C—粉红噪声频谱修正量；C_{tr}—交通噪声频谱修正量。

表 5-6　民用建筑楼板撞击声隔声标准

建筑类别	隔墙和楼板部位	撞击声隔声单值评价量（dB）		
		高要求标准	低限标准	
住宅	卧室、起居室（厅）的分户楼板	$L_{n,w}<65$ $L'_{nT,w}\leqslant65$	$L_{n,w}<75$ $L'_{nT,w}\leqslant75$	
学校	语言教室、阅览室顶部的楼板	$L_{n,w}<65$，$L'_{nT,w}\leqslant655$		
	普通教室、实验室、计算机房与上层产生噪声的房间之间的楼板	$L_{n,w}<65$，$L'_{nT,w}\leqslant65$		
	琴房、音乐教室之间	$L_{n,w}<65$，$L'_{nT,w}\leqslant65$		
	普通教室之间的楼板	$L_{n,w}<75$，$L'_{nT,w}\leqslant75$		
医院	上层为产生噪声房间的病房、手术室顶部的楼板	$L_{n,w}<60$ $L'_{nT,w}\leqslant60$	$L_{n,w}<65$ $L'_{nT,w}\leqslant65$	
	上层为普通房间的病房、手术室顶部的楼板	$L_{n,w}<65$ $L'_{nT,w}\leqslant65$	$L_{n,w}<75$ $L'_{nT,w}\leqslant75$	
	听力测听室顶部的楼板	$L'_{nT,w}\leqslant60$		
办公建筑	办公室、会议室顶部的楼板	$L_{n,w}<65$ $L'_{nT,w}\leqslant65$	$L_{n,w}<75$ $L'_{nT,w}\leqslant75$	
商业建筑	健身中心、娱乐场所等与噪声敏感房间之间的楼板	$L_{n,w}<45$ $L'_{nT,w}\leqslant45$	$L_{n,w}<50$ $L'_{nT,w}\leqslant50$	
	购物中心、餐厅、会展中心等与噪声敏感房间之间的楼板	$L_{n,w}<50$ $L'_{nT,w}\leqslant50$	$L_{n,w}<55$ $L'_{nT,w}\leqslant55$	
旅馆		特级	一级	二级
	客房顶部的楼板	$L_{n,w}<55$ $L'_{nT,w}\leqslant55$	$L_{n,w}<65$ $L'_{nT,w}\leqslant65$	$L_{n,w}<75$ $L'_{nT,w}\leqslant75$

注：$L_{n,w}$—计权规范化撞击声压级（实验室测量）；
　　$L'_{nT,w}$—计权标准化撞击声压级（现场测量）。

5.3 噪声控制的方法

噪声污染是一种物理性的污染，它的特点是局部性和没有后遗症。噪声在环境中只是造成空气物理性质的暂时变化，噪声源的声输出停止以后，污染立即消失，不留下任何残余物质。噪声的防治主要是控制声源的输出和声的传播途径，以及对接收进行保护。显然，如条件允许，首先在声源处降低噪声是最根本的措施。例如，打桩机在施工时严重影响附近住户，若对每个住宅采取措施，势必花费较多，而将打桩机由气锤式改为水压式，就可以彻底解决噪声干扰。又如，降低汽车本身发出的噪声，则比沿街建筑的隔声处理较为简易。此外，在工厂中，改造有噪声的工艺，如以压延代替锻造，以焊接代替铆接等，都是从声源处降低噪声的积极措施。

5.3.1 对声源的减噪方法

一是改进结构，提高其中部件的加工质量与精度以及装配的质量，采用合理的操作方法等，以降低声源的噪声发射功率。二是利用声的吸收、反射、干涉等特性，采取吸声、隔声、减振等技术措施，以及安装消声器等，以控制声源的噪声辐射。

采用各种噪声控制方法，可以收到不同的降噪效果。如将机械传动部分的普通齿轮改为有弹性轴套的齿轮，可降低噪声15~20dB；把铆接改为焊接；把锻打改为摩擦压力加工等，一般可降低噪声30~40dB。采用吸声处理可降低6~10dB；采用隔声罩可降低15~30dB；采用消声器可降低噪声5~40dB。对几种常见的噪声源采取控制措施后，其降噪声效果见表5-7。

表 5-7　声源控制噪声效果 dB

声源	控制措施	降噪效果
敲击、撞击	加弹性垫等	10~20
机械振动部件动态不平衡	进行平衡调整	10~20
整机振动	加隔振机座（弹性耦合）	10~25
机械部件振动	使用阻尼材料	3~10
机壳振动	包裹、安装隔声罩	3~30
管道振动	包裹、使用阻尼材料	3~20
电机	安装隔声罩	10~20
烧嘴	安装消声器	10~20
进气、排气	安装消声器	10~30
炉膛、风道共振	用隔板	10~0
摩擦	用润滑剂、提高光洁度、采用弹性耦合	5~10
齿轮啮合	隔声罩	10~20

5.3.2　传声途径中的控制

（1）声在传播中的能量是随着距离的增加而衰减的，因此使噪声源远离安静的地方，可以达到一定的降噪的效果。

（2）声的辐射一般有指向性，处在与声源距离相等而方向不同的地方，接收到的声音强度也就不同。低频的噪声指向性很差，随着频率的增高，指向性就增强。因此，控制噪声的传播方向（包括改变声源的发射方向）是降低高频噪声的有效措施。

（3）在城市建设中，采用合理的城市防噪规划。

（4）应用吸声材料和吸声结构，将传播中的声能吸收消耗。

（5）对固体振动产生的噪声采取隔振措施，以减弱噪声的传播。

（6）建立隔声屏障或利用天然屏障（土坡、山丘或建筑物），以及利用其他隔声材料和隔声结构来阻挡噪声的传播。

5.3.3　在接收点的控制

为了防止噪声对人的危害，可采取以下防护措施：

（1）戴护耳器，如耳塞、耳罩、防噪头盔等。

（2）减少在噪声中暴露的时间。

（3）根据听力检测结果，适当地调整在噪声环境中的工作人员。人的听觉灵敏度是有差别的，如在 85dB 的噪声环境中工作，有人会耳聋，有人则不会。可以每年或几年进行一次听力检测，把听力显著降低的人员调离噪声环境。

合理地选择噪声控制措施是根据使用的费用、噪声允许标准、劳动生产效率等有关因素进行综合分析而确定的。在一个车间里，如噪声源是一台或少数几台机器，而车间内工人较多，一般可采用隔声罩。如车间工人少，则经济有效的办法是采用护耳器。在车间里噪声源多而分散，并且工人也多的情况下，则可采取吸声降噪措施；如工人不多，则可使用护耳器或设置供工人操作或值班的隔声间。

5.3.4　噪声控制的工作步骤

根据工程实际情况，一般应按以下步骤确定控制噪声的方案：

（1）调查噪声现状，确定噪声声级

为此，需使用有关的声学测量仪器，对所设计工程中的噪声源进行噪声测定，并了解噪声产生的原因与其周围环境的情况。

（2）确定噪声允许标准

参考有关噪声允许标准，根据使用要求与噪声现状，确定可能达到的标准与各个频带所需降低的声压级。

（3）选择控制措施

根据噪声现状与噪声允许标准的要求，同时考虑方案的合理性与经济性，通过必要的设计与计算（有时尚需进行实验）确定控制方案。作为依据的实际情况可包括：总图布置、平面布置、构件隔声、吸声降噪与消声器等方面。噪声控制设计的具体程序见图 5-2。

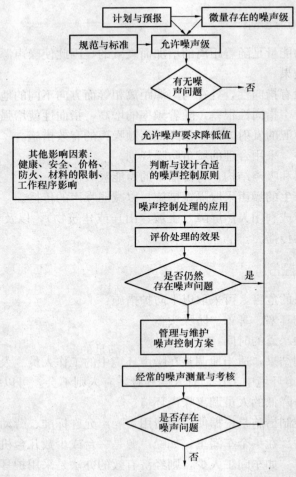

图 5-2 噪声治理工作流程
(来源：文献［25］)

5.4 建筑中的吸声降噪

通过提高室内的吸声量，减少反射声可以有效改变室内的混响时间，从而起到降低室内声压级的效果，实现降低室内噪音的目的，这就是吸声降噪的原理。研究表明，吸声降噪仅对混响声起作用，即经由室内各壁面一次以上的反射声，而不能降低来自声源的直达声。对于吸声较差的居住建筑，经过吸声处理可降噪 8～12dB；对于一般工业建筑，吸声可降噪 4～8dB。表 5-8 为室内平均吸声系数与室内声压级之间的对应关系。通常情况下，室内声压级能够降低 5dB 以上，人的主观上就会有明显的感觉。

表 5-8 室内平均吸声系数与室内声压级之间的对应关系

条件	平均吸声系数	声压级改变量（dB）
反射强的极端情况	0.01	20
未作吸声处理	0.03～0.05	13～15

续表

条件	平均吸声系数	声压级改变量（dB）
作过简单的吸声处理	0.20～0.30	5～7
作过特殊的吸声处理	＞0.5	＜3
全消失室	0.99	0

5.4.1　吸声降噪设计方法

对室内进行吸声降噪处理中，其核心问题是吸声材料、吸声结构的面积和吸声系数的选择问题。在室内空间中，不同频率的声源需要采取不同的吸声措施，通常情况下，多孔吸声材料对于高频音的吸收较为有效，吸声结构对于中、低频音的吸收效果较好。

在建筑中，需要降低混响时间和噪声的房间，一般室内壁面的声反射性强而吸收差，即室内平均吸声系数偏低，因而可采取提高吸声系数办法来解决。控制室内混响时间和噪声级的技术措施，主要是在建筑的常规壁面材料的基础上，采用吸声墙面、吸声顶棚和空间吸声体等设施，特殊要求情况下可采用吸声尖劈等强吸声结构。通过上述措施来提高室内平均吸声系数。

在吸声降噪设计中，无论是现有建筑还是设计建筑，都可以得到采用吸声措施前的室内总吸声量 A_1，同时在明确降噪目标后，也可得到需要满足的室内总吸声量 A_2，则房间需要增加的吸声量 ΔA 满足下式。

$$\Delta A = A_1 - A_2 \tag{5-6}$$

在得到需要增加的吸声量 ΔA 之后，根据吸声量的计算公式（3-2），通过分析室内噪声的主要频率，设计选用高吸声性能的材料或者结构，来确定选用材料的吸声系数。例如，若采用空间吸声体，其设计面积一般为房间顶部面积的 40%，则通过计算应增加吸声量，可以得到空间吸声体的需要满足的吸声系数。

最佳的吸声材料、吸声结构的设计布局应首先设置在距离声源较远的地方，或是容易接触声波和声波反射次数最多的壁面上，如顶棚、顶棚与墙面的交角、墙面与墙面交接的室内主要声源波长的 1/4 以内的空间。同时设置吸声材料和吸声结构时应使两相对墙面的吸声量尽量接近。吸声材料的布局要均匀，特别是多声源的房间更要分散设置均匀。

5.4.2　吸声降噪设计步骤

采用吸声降噪措施，可按如下步骤进行设计。

（1）分析建筑的声源情况

从吸声降噪技术来看，明确室内噪声源是必要的，特别是了解声源的频率特性，对设计中采用何种吸声措施具有指导意义。当室内声源较少时，在距离声源较远的范围内，采用吸声材料、吸声结构所得到的吸声效果，比靠近声源的近场范围有显著改善。当室内是多声源时，如果每个声源的"自由声场"都很小，声源之间仍会有混响声占主导地位的区域，则吸声处理对这些区域的降噪较为有利。

（2）确定降噪要求，计算建筑室内空间参数

在已知建筑使用功能及频谱噪声状况后，可计算室内容积 V。当室内有较大的设备、凸

出的构件，如断面大而高的钢筋混凝土柱等，房间容积 V 中应减去其所占容积；当房间内有较大的凹洞孔时，应加上这部分容积；然后计算室内各壁面的面积，相加得到室内总内表面积。在进行新建建筑的吸声降噪设计中，可从容积和面积两方面，通过对建筑平面、立面、体形等进行控制性计算，从开始就考虑降噪问题。

（3）确定混响时间指标

在建筑功能明确之后，并且房间的空间尺寸也确定之后，就要确定室内混响时间的控制指标。

由于我国当前只有一些针对音质较高厅堂提出的混响时间设计指标，而对一般的民用、工业建筑还没有明确的混响时间设计规范，所以一般建筑内的混响时间控制值，是由建设方提出要求，或者由建筑师根据使用情况以及经验提出的。

混响时间的控制指标，可以是 6 个倍频程中心频率 125、250、500、1000、2000、4000Hz 都要满足的频率曲线指标，也可以是用中频 500Hz 的混响时间单值来作为控制指标。选择频率曲线指标还是单值指标要根据室内声环境的要求而定。例如，以语言为主要使用功能的大会议室、大阶梯教室，可以用中频 500Hz 的混响时间 0.6～1.2s 作为控制指标。

（4）确定室内所需的平均吸声系数

通常情况下，工业建筑和民用建筑的简装条件下，室内壁面材料分别为：墙体是砌块墙或者钢筋混凝土墙抹灰、涂料；地面为水泥、水磨石，或瓷砖，或树脂面层；屋面为钢筋混凝土墙抹灰；窗户为钢窗、塑钢或者木窗；门为钢质门或塑钢门。在不采用任何吸声措施时，室内平均吸声系数为 0.01～0.06。因此一般建筑的室内吸声状况是较差的。

上述对于一般情况下建筑室内平均吸声系数的估计，对于开展吸声降噪具有较为重要的指导作用。使用混响时间计算公式，就可以估算出室内常规壁面材料下的混响时间，从而可以确定与混响时间控制指标之间的差距。然后根据室内空间的容积和表面积，可以计算出室内需要达到的平均吸声系数。

（5）设计室内壁面材料及吸声措施

在得到满足混响时间指标所必需的室内平均吸声系数后，可以根据建筑使用功能以及平均吸声系数的大小或者频率特性来进行室内壁面材料和吸声措施的选定。

当所需的平均吸声系数值不大的时候，可选用一般常规的吸声材料或者结构，如成品的矿棉吸声板、泡沫吸声板或者木质吸声板等均匀布置在顶棚或者墙面上。当所需的平均吸声系数较大时，吸声设计需采用吸声性能优越的吸声材料或者结构，如空间吸声体等。当所需的平均吸声系数对低频要求较高时，可以选用穿孔板吸声结构、薄膜、模板吸声结构，同时在其后的空气层中，还要添加多孔吸声材料，或者采用加厚吸声层厚度，采用容重大的吸声材料的方法来提高对于低频音的吸收。对于大空间建筑，如厂房或者大型公共建筑，采用空间吸声体降噪是较为适宜的，而且吸声措施的良好设计也会对室内装饰起到较好的作用。

根据吸声量的计算公式，吸声系数与有效吸声面积成反比，因此吸声装置的吸声系数小了，则其有效吸声面积就要大；反之，如果吸声装置的吸声系数大，则其吸声面积就可减小。

吸收装置的布置会受到室内空间的影响。侧墙是接触声波较短距离的壁面，是布置吸声装置的适当位置，但是侧墙同时也是进行自然采光的常用位置，侧墙通常都开有窗口，因此有时在侧墙上布置吸声装置会受到限制。而屋顶通常是布置吸声装置的最好的位置。在屋顶除了可以设置吸声材料或者吸声结构，还可以安装空间吸声体。吸声体的吸声系数都较高，为了保证总吸声量，可采用吸声系数高的吸声体，其吸声面积就可减少，这样有利于吸收体的布置安装。

(6) 验证吸声处理后的室内平均吸声系数和混响时间

在选定吸声材料、吸声结构并且确定各自的安装位置、面积之后，就需要确定各自的吸声系数。吸声系数的准确与否是决定混响时间计算结果准确性的关键要素。条件允许的话，对所选吸声材料或者吸声结构体采用混响室法测定其吸声系数；条件不允许则可通过查询产品的厂家技术资料得到其吸声系数。

确定了吸声装置的吸声系数之后，可以运用公式计算进行吸声处理后的室内平均吸声系数，其计算公式如下所示。

$$\bar{\alpha} = \frac{S_1\alpha_1 + S_2\alpha_2 + \cdots + S_n\alpha_n}{s} \tag{5-7}$$

式中，$\bar{\alpha}$——平均吸声系数；

α_1——各个材料（结构）的吸声系数；

S_i——各个材料（结构）的效吸声面积，m^2；

S——总有效吸声面积，m^2。

在计算实施吸声措施后的室内平均吸声系数之后，需要通过混响时间计算公式计算室内混响时间，考察选定的吸声材料或结构是否达到了设计指标的要求。如果计算混响时间不达标，重新进行吸声材料或者结构的选型，然后重新计算平均吸声系数及混响时间，直到达到要求为止。

在建筑完成吸声降噪处理之后，还要进行混响时间的现场测试，以检验设计是否满足要求。若测试未达到设计指标，或者主观感觉不满意，就要进行吸声处理的微调，这在工程实践中是经常遇到的，其原因是混响时间计算结果经常会和实际测试之间存在误差。

5.5 建筑隔声

用构件将噪声源与接收者分开，隔离空气对声的传播，从而降低噪声污染的程度，是噪声控制的一项基本措施，应用范围也较广。适当的隔声设施能降低噪声级 20~50dB。这些设施包括采用隔声的墙或楼板等构件、隔声罩、隔声间、隔声屏障与隔声幕等。

5.5.1 撞击声隔绝措施

撞击声的产生是由于振动源撞击楼板；楼板受撞击而振动，并通过房屋结构的刚性连接而传播，最后振动结构向接收空间辐射声能形成空气声传给接收者。因此，撞击声的隔绝措施主要有三条：一是使振动源撞击楼板引起的振动减弱，这可以通过振动源治理和采取隔振措施来达到，包括可以在楼板上面铺设弹性面层来达到。二是阻隔振动在楼层结构中的传播，这通常可在楼板面层和承重结构之间设置弹性垫层来达到，这种做法通常称为"浮筑楼面"。三是阻隔振动结构向接收空间辐射的空气声，这通常在楼板下做隔声吊顶来解决。

（1）面层处理

在楼板表面铺设弹性面层可使撞击能量减弱，常用的材料是地毯、橡胶板、地漆布、塑料地面、软木地面等，见图 5-3。铺设这些面层，通常对中高频的撞击声级有较大的改善，对低频要差些；但材料厚度大且柔顺性好（如厚地毯）的材料，对低频也会有较好的改善。

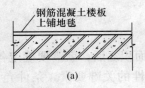

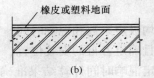

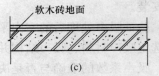

图 5-3　楼板面层的几种做法

（来源：文献［3］）

（2）浮筑楼板

浮筑楼板是在楼板面层和结构层之间设置弹性垫层的一种做法，它可减弱面层传向结构层的振动。隔振楼板和下面的支撑弹性垫层构成一个弹性系统，通常情况下，楼板越重、垫层弹性越好，静态下沉度越大，隔振效果就越好。弹性垫层有时先铺设在楼板结构层上面再做面层；也可做成条状、块状垫在面层支承框架（如木地面的龙骨）和结构层之间。图 5-4

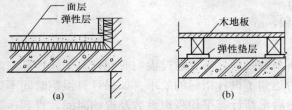

图 5-4　两种浮筑式楼板的构造方案

（来源：文献［3］）

是两种浮筑楼面的构造方案。常用的弹性垫层材料有岩棉板、玻璃棉板、橡胶板等。也可用锯末、甘蔗渣板、软质纤维板，但耐久性和防潮性差。压缩后的垫层必须处于弹性范围内。如果垫层被压迫而失去弹性，系统将不具有减振效果。

图 5-5 给出了几种弹性地面的撞击声改善值。图 5-6 给出了浮筑楼板不同浮筑垫层的隔声性能比较。图 5-7 给出了浮筑楼板刚性连接对隔声效果的影响。浮筑楼板的四周和墙交接处不能做成刚性连接，必须和墙断开，以弹性材料填充（图 5-7）。整体式刚性浮筑面层要

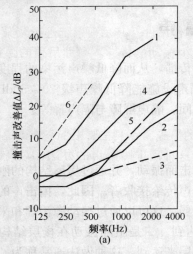

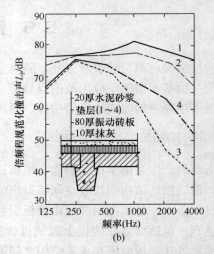

图 5-5　几种弹性地面的撞击声改善值

（来源：文献［3］）

1—6mm 甘蔗板加 1.7mmPVC 塑料面；

2—干铺 3mm 油地毡；

3—干铺 1.7mmPVC 塑料面；

4—30mm 细石混凝土面层加 17mm 木屑垫层；

5— 10mm 矿棉垫层；6—厚地毯。

图 5-6　浮筑楼板不同浮筑垫层隔声性能比较

（来源：文献［3］）

1—无垫层；

2—40mm 炉渣混凝土；

3—8mm 纤维板；

4—8mm 纤维板，地面与踢脚有刚性连接。

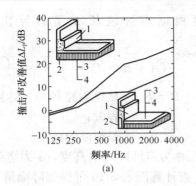
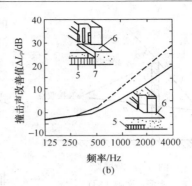

图 5-7 浮筑楼板刚性连接对隔声效果的影响

（a）浮筑面层与水泥踢脚板之间；（b）浮筑楼板与门槛之间

1—踢脚；2—130mm甘蔗板；3—面层；4—170mm木屑垫层；

5—10mm矿渣棉；6—门槛；7—凿开

（来源：文献[3]）

有足够的强度和必要的分缝，以防止面层裂缝。

（3）弹性隔声吊顶

在楼板下做隔声吊顶以减弱楼板向接收空间辐射的空气声。吊顶必须是封闭的。吊顶的隔声可按质量定律估算，单位面积质量大一些较好，如抹灰吊顶比软质纤维板吊顶要好。吊顶内若铺上多孔性吸声材料会使隔声性能有所提高。如果

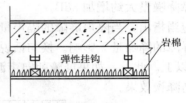

图 5-8 隔声吊顶的构造方案

（来源：文献[3]）

吊顶和楼板之间采用弹性连接，则隔声能力比刚性连接要提高。图 5-8 是一种隔声吊顶的方案。

设计隔声吊顶时，必须根据声源的频率特性对弹性吊件及其吊顶系统进行减振计算，使系统固有频率远小于声源振动频率的 1/倍，尽量减少振动的传递。弹性吊顶的弹簧的弹性应当合理选择，保证良好的减振效果。

5.5.2 隔声屏障

隔声屏障是用来遮挡声源和接收点之间直达声的措施。一般主要用于室外街道两侧以降低交通噪声的干扰，有时也用在车间或办公室内。这种用屏障隔声的办法，对高频声最有效；降低高频声，人的主观感觉最为明显。

隔声屏障的隔声原理，在于它将高频声反射回去，使屏障后面形成"声影区"，在声影区内感到噪声明显下降。对波长较长的低频声，由于容易绕射过去，因此隔声效果较差。降噪效果可用计算图表或公式估算。其效果主要取决于噪声的频率成分与传播的行程差，而传播行程差和屏障高度、声源与接收点相对于屏障的位置有关；此外，声屏障降噪效果也和屏障的形状构造、吸声和隔声性能有关。

有关估算声屏障降噪量的公式和图表为数不少，不同估算方法有其适用的条件和范围。最常用的也是最基本的是薄屏障的"菲涅耳数法"，见图 5-9。图中：d 是声源和接收点的直线距离，在声屏障不存在时，是声波直接传播的直达路程，$A+B$ 是声屏障存在时声波绕射

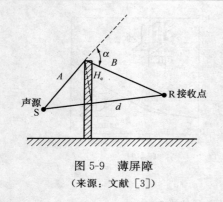

图 5-9 薄屏障
（来源：文献［3］）

的路程。再根据声波波长 λ 可以算出菲涅耳（Fresnel）数 N。

$$N = \frac{2}{\lambda}(A+B-d) = \frac{2\delta}{\lambda} = \frac{\delta \cdot f}{170} \qquad (5-8)$$

式中，$\delta = A+B-d$——是绕射路径与直达路径的声程差；

$\qquad\qquad f$——是声波的频率。

图中 H_e 称为声屏障有效高度，α 为绕射角。由菲涅耳数 N 查计算图表 5-10 可得到降噪量 NR。图表中 N 取负号是指声源点和接收点的连线在屏障顶部越过，不和屏障相交，即屏障对此连线无遮挡。但因为屏障的存在，仍会使传播的声波有所衰减。在 $N=1\sim10$ 范围内，可以用下式近似地估算声屏障降噪量：

$$NR \approx 13 + 10\lg N \text{ dB} \qquad (5-9)$$

因为菲涅尔数 N 和声波频率 f 成正比，所以声波频率增高一倍，即增加一个倍频程，声屏障降噪量大约增加 3dB。

应当指出，当隔声屏障的隔声量超过该频率的降噪量 10dB 以上时，则声屏障的透射声能对屏障的降噪量无影响。换句话说，设计声屏障时，屏障自身的隔声量应大于屏障降噪量 10dB 以上。此外，如果屏障朝向声源的一面加铺吸声材料，以及尽量使屏障靠近声源，则会提高降噪效果。

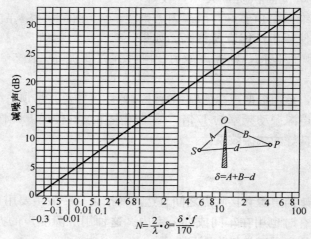

图 5-10 隔声屏障减噪量计算图
（来源：文献［3］）

任何设置在声源和接收点之间的能遮挡两者之间声波传播直达路径的物体都起到声屏障的作用，它们可以是土堤、围墙、建筑物、路堑的挡土墙等。而薄屏障的做法也多种多样，可以是砖石和砌块砌筑，也可以是混凝土预制板结构，在北美还采用木板墙；在市区的高架道路上，为了减轻重量，亦可采用钢板结构的隔声屏，有的还采用玻璃钢，这些做法造价较高。声屏障的设计要综合考虑降噪量的要求、结构的安全及耐久性、施工和维护的简便、造价和维护费用的经济性以及城市景观等诸多因素。图 5-11、图 5-12 是一些声屏障的做法。

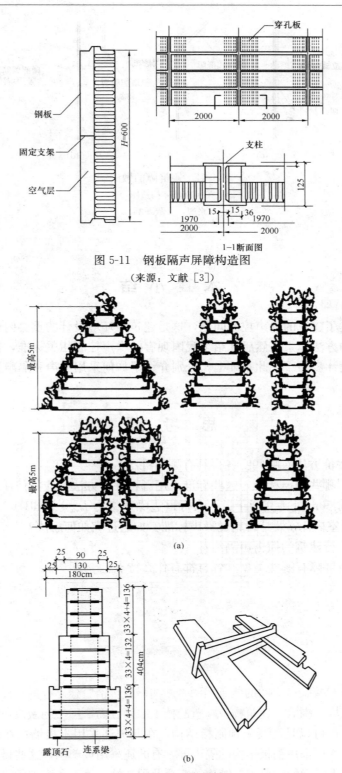

图 5-11　钢板隔声屏障构造图

（来源：文献［3］）

(a)

(b)

图 5-12　声屏障的做法

（a）声屏障构造图 ；（b）声屏障构造图

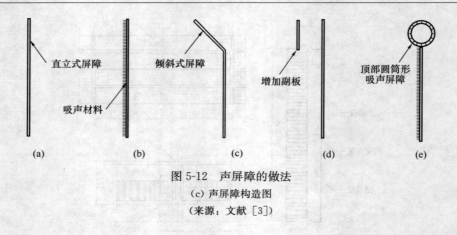

图 5-12　声屏障的做法

（c）声屏障构造图

（来源：文献［3］）

本 章 小 结

本章主要讲述了建筑的噪声控制问题，这是建筑声环境设计的重要内容之一。本章首先讲述了噪声评价的方法体系，然后介绍了我国现有的噪声控制相关标准，接着讲述了建筑噪声控制的原则和设计步骤。在此基础上，分别介绍了如何采用吸声和隔声进行降噪设计。

思 考 题

1. 常用噪声评价方法有哪些？各自具有哪些特点？

2. 居住区适用哪些噪声标准，这些标准采用哪种评价方法，应如何使用这些标准？

3. 一栋建筑前 50m 处为交通干道，人行道边噪声级为 $L_{eq}=85dB$（A），若该建筑为居住建筑，试问在居室内 1m 处是否超过噪声标准？如超过应如何解决？

4. 简述如何进行建筑的撞击声隔绝？

5. 建筑用隔声屏障有哪些类型？各自都有什么特点？

附　录

建筑热工学附录 1
常用建筑材料的热工指标

材 料 名 称	干密度 ρ (kg/m³)	导热系数 λ [W/(m·K)]	蓄热系数 S_{24} [W/(m²·K)]	比热容 c [kJ/(kg·K)]	蒸汽渗透系数 $\mu \times 10^{-4}$ [g/(m·h·Pa)]
一、混凝土					
钢筋混凝土	2500	1.74	17.20	0.92	0.158
碎石、卵石混凝土	2300	1.51	15.36	0.92	0.173
碎石、卵石混凝土	2100	1.28	13.50	0.92	0.173
膨胀矿渣珠混凝土	2000	0.77	10.54	0.96	—
膨胀矿渣珠混凝土	1800	0.63	9.05	0.96	0.975
膨胀矿渣珠混凝土	1600	0.53	7.87	0.96	1.05
自然煤矸石、炉渣混凝土	1700	1.00	11.68	1.05	0.548
自然煤矸石、炉渣混凝土	1500	0.76	9.54	1.05	0.900
自然煤矸石、炉渣混凝土	1300	0.56	7.63	1.05	1.05
粉煤灰陶粒混凝土	1700	0.95	11.40	1.05	0.188
粉煤灰陶粒混凝土	1500	0.70	9.16	1.05	0.975
粉煤灰陶粒混凝土	1300	0.57	7.78	1.05	1.05
粉煤灰陶粒混凝土	1100	0.44	6.30	1.05	1.35
黏土陶粒混凝土	1600	0.84	10.36	1.05	0.315
黏土陶粒混凝土	1400	0.70	8.93	1.05	0.390
黏土陶粒混凝土	1200	0.53	7.25	1.05	0.405
页岩陶粒混凝土	1500	0.77	9.70	1.05	0.315
页岩陶粒混凝土	1300	0.63	8.16	1.05	0.390
页岩陶粒混凝土	1100	0.50	6.70	1.05	0.435
浮石混凝土	1500	0.67	9.09	1.05	—
浮石混凝土	1300	0.53	7.54	1.05	0.188
浮石混凝土	1100	0.42	6.13	1.05	0.353
加气、泡沫混凝土	700	0.22	3.56	1.05	1.54
加气、泡沫混凝土	500	0.19	2.76	1.05	1.99
二、砂浆和砌体					
水泥砂浆	1800	0.93	11.26	1.05	0.900
石灰、水泥复合砂浆	1700	0.87	10.79	1.05	0.975
石灰砂浆	1600	0.81	10.12	1.05	1.20
石灰、石膏砂浆	1500	0.76	9.44	1.05	—
保温砂浆	800	0.29	4.44	1.05	

材 料 名 称	干密度 ρ (kg/m³)	导热系数 λ [W/(m·K)]	蓄热系数 S_{24} [W/(m²·K)]	比热容 c [kJ/(kg·K)]	蒸汽渗透系数 $\mu \times 10^{-4}$ [g/(m·h·Pa)]
重砂浆砌筑黏土砖砌体	1800	0.81	10.53	1.05	1.05
轻砂浆砌筑黏土砖砌体	1700	0.76	9.86	1.05	1.20
灰砂砖砌体	1900	1.10	12.72	1.05	1.05
重砂浆砌筑 26、33 及 36 孔黏土空心砖砌体	1400	0.58	7.52	1.05	1.58
三、绝热缘材料					
矿棉、岩棉、玻璃棉：					
板	<150	0.064	0.93	1.22	4.88
板	150—300	0.07—0.093	0.98—1.60	1.22	4.88
毡	≤150	0.058	0.94	1.34	4.88
松散	≤100	0.047	0.56	0.84	4.88
膨胀珍珠岩、蛭石制品：					
水泥膨胀珍珠岩	800	0.26	4.16	1.17	0.42
	600	0.21	3.26	1.17	0.9
	400	0.16	2.35	1.17	1.91
沥青、乳化沥青膨胀	400	0.12	2.28	1.55	0.293
珍珠岩	300	0.093	1.77	1.55	0.675
水泥膨胀蛭石	350	0.14	1.92	1.05	—
泡沫材料及多孔聚合物：					
聚乙烯泡沫塑料	100	0.047	0.69	1.38	—
	30	0.042	0.35	1.38	0.144
聚氨酯硬泡沫塑料	50	0.037	0.43	1.38	0.148
	40	0.033	0.36	1.38	0.112
四、建筑板材					
胶合板	600	0.17	4.36	2.51	0.225
软木板	300	0.093	1.95	1.89	0.225
	150	0.058	1.09	1.80	0.285
纤维板	600	0.23	5.04	2.51	1.13
石棉水泥板	1800	0.52	8.57	1.05	0.135
石棉水泥隔热板	500	0.16	2.48	1.05	3.9
石膏板	1050	0.33	5.08	1.05	0.79
水泥刨花板	1000	0.34	7.00	2.01	0.24
	700	0.19	4.35	2.01	1.05
稻草板	300	0.105	1.95	1.68	3.00
木屑板	200	0.065	1.41	2.10	2.63

材　料　名　称	干密度 ρ (kg/m³)	导热系数 λ [W/(m·K)]	蓄热系数 S_{24} [W/(m²·K)]	比热容 c [kJ/(kg·K)]	蒸汽渗透系数 $\mu \times 10^{-4}$ [g/(m·h·Pa)]
五、松散材料					
无机材料:					
锅炉渣	1000	0.29	4.40	0.92	1.93
高炉炉渣	900	0.26	3.92	0.92	2.03
浮石	600	0.23	3.05	0.92	2.63
膨胀珍珠岩	120	0.07	0.84	1.17	1.50
	80	0.058	0.63	1.17	1.50
有机材料:					
木屑	250	0.093	1.84	2.01	2.63
稻壳	120	0.06	1.02	2.01	—
六、其他材料					
沥青油毡、油毡纸	600	0.17	3.33	1465	—
地沥青混凝土	2100	1.05	16.31	1680	0.075
石油沥青	1400	0.27	6.73	1680	—
	1050	0.17	4.71	1680	0.075
平板玻璃	2500	0.76	10.69	840	0
玻璃钢	1800	0.52	9.25	1260	
建筑钢材	7850	58.2	126.1	480	0

建筑热工学附录 2
标准大气压时不同温度下的饱和水蒸气分压力 P_s 值(Pa)

a. 温度自 −0〜−20℃(与冰面接触)

t(℃)	0.0	0.1	0.2	0.3	0.4	0.5	0.6	0.7	0.8	0.9
−0	610.6	605.3	601.3	595.9	590.6	586.6	581.3	576.0	572.0	566.6
−1	562.6	557.3	553.3	548.0	544.0.	540.0	534.6	530.6	526.6	521.3
−2	517.3	513.3	509.3	504.0	500.0	496.0	492.0	488.0	484.0	480.0
−3	476.0	472.0	468.0	464.0	460.0	456.0	452.0	488.0	445.3	441.3
−4	437.3	433.3	429.3	426.6	422.6	418.6	416.0	412.0	408.0	405.3
−5	401.3	398.6	394.6	392.0	388.0	385.3	381.3	378.6	374.6	372.0
−6	368.0	365.3	362.6	358.6	356.0	353.3	349.3	346.6	344.0	341.3
−7	337.3	334.6	332.0	329.3	326.6	324.0	321.3	318.6	314.7	312.0
−8	309.3	306.6	304.0	301.3	298.6	296.0	293.3	292.0	289.1	286.6
−9	284.0	281.3	278.6	276.0	273.3	272.0	269.3	266.6	264.0	262.6
−10	260.0	257.3	254.6	253.3	250.6	248.0	246.6	244.0	241.3	240.0
−11	237.3	236.0	233.3	232.0	229.3	226.6	225.3	222.6	221.3	218.6
−12	217.3	216.0	213.3	212.0	209.3	208.0	205.3	204.0	202.6	200.0
−13	198.6	197.3	194.7	193.3	192.0	189.3	188.0	186.7	184.0	182.7
−14	181.3	180.0	177.3	176.0	174.7	173.3	172.0	169.3	168.0	166.7
−15	165.3	164.0	162.7	161.3	160.0	157.3	156.0	154.7	153.3	152.0
−16	150.7	149.3	148.0	146.7	145.3	144.0	142.7	141.3	140.0	138.7
−17	137.3	136.0	134.7	133.3	132.0	130.7	129.3	128.0	126.7	126.0
−18	125.3	124.0	122.7	121.3	120.0	118.7	117.3	116.6	116.0	114.7
−19	113.3	112.0	111.3	110.7	109.3	108.0	106.7	106.0	105.3	104.0
−20	102.7	102.0	101.3	100.0	99.3	98.7	97.3	96.0	95.3	94.7

b. 温度自 0〜25℃(与水面接触)

t(℃)	0.0	0.1	0.2	0.3	0.4	0.5	0.6	0.7	0.8	0.9
0	610.6	615.9	619.9	623.9	629.3	633.3	638.6	642.6	647.9	651.9
1	657.3	661.3	666.6	670.6	675.9	681.3	685.3	690.6	695.9	699.9
2	705.3	710.6	715.9	721.3	726.6	730.6	735.9	741.3	746.6	751.9
3	757.3	762.6	767.9	773.3	779.9	785.3	790.6	791.9	801.3	807.9
4	813.3	818.6	823.9	830.6	835.9	842.6	847.9	853.3	859.9	866.6
5	871.9	878.6	883.9	890.6	897.3	902.6	909.3	915.9	921.3	927.9

t（℃）	0.0	0.1	0.2	0.3	0.4	0.5	0.6	0.7	0.8	0.9
6	934.6	941.3	947.9	954.6	961.3	967.9	974.6	981.2	987.9	994.6
7	1001.2	1007.9	1014.6	1022.6	1029.2	1035.9	1043.9	1050.6	1057.2	1065.2
8	1071.9	1079.9	1086.6	1094.6	1101.2	1109.2	1117.2	1123.9	1131.9	1139.9
9	1147.9	1155.9	1162.6	1170.6	1178.6	1186.6	1194.6	1202.6	1210.6	1218.6
10	1227.9	1235.9	1243.9	1251.9	1259.9	1269.2	1277.2	1286.6	1294.6	1303.9
11	1311.9	1321.2	1329.2	1338.6	1347.9	1355.9	1365.2	1374.5	1383.9	1393.2
12	1401.2	1410.5	1419.9	1429.2	1438.5	1449.2	1458.5	1467.9	1477.2	1486.5
13	1497.2	1506.5	1517.2	1526.5	1537.2	1546.5	1557.2	1566.5	1577.2	1587.9
14	1597.2	1607.9	1618.5	1629.2	1639.9	1650.5	1661.2	1671.9	1682.5	1693.2
15	1703.9	1715.9	1726.5	1737.2	1749.2	1759.9	1771.8	1782.5	1794.5	1805.2
16	1817.2	1829.2	1841.2	1851.8	1863.8	1875.8	1887.8	1899.8	1911.8	1925.2
17	1937.2	1949.2	1961.2	1974.5	1986.5	1998.5	2011.8	2023.8	2037.2	2050.5
18	2062.5	2075.8	2089.2	2102.5	2115.8	2129.2	2142.5	2155.8	2169.1	2182.5
19	2095.8	2210.5	2223.8	2238.5	2251.8	2266.5	2279.8	2294.5	2309.1	2322.5
20	2337.1	2351.8	2366.5	2381.1	2395.8	2410.5	2425.1	2441.1	2455.8	2470.5
21	2486.5	2501.1	2517.1	2531.8	2547.8	2563.8	2579.8	2594.4	2610.4	2626.4
22	2642.4	2659.8	2675.8	2691.8	2707.8	2725.1	2741.1	2758.4	2774.4	2791.8
23	2809.1	2825.1	2842.4	2859.8	2877.1	2894.4	2911.8	2930.4	2947.7	2965.1
24	2983.7	3001.1	3019.7	3037.1	3055.7	3074.4	3091.7	3110.4	3129.1	3147.7
25	3167.7	3186.4	3205.1	3223.7	3243.7	3262.4	3282.4	3301.1	3321.1	3341.0

建筑光学附录 1
CIE1931 标准色度观察者光谱三刺激值

波长(nm)	$\bar{x}(\lambda)$	$\bar{y}(\lambda)$	$\bar{z}(\lambda)$	波长(nm)	$\bar{x}(\lambda)$	$\bar{y}(\lambda)$	$\bar{z}(\lambda)$
380	0.0014	0.0000	0.0065	580	0.9163	0.8700	0.0017
385	0.0022	0.0001	0.0105	585	0.9786	0.8163	0.0014
390	0.0042	0.0001	0.0201	590	1.0263	0.7570	0.0011
395	0.0076	0.0002	0.0362	595	1.0567	0.6949	0.0010
400	0.0143	0.0004	0.0679	600	1.0622	0.6310	0.0008
405	0.0232	0.0006	0.1102	605	1.0456	0.5668	0.0006
410	0.0435	0.0012	0.2074	610	1.0026	0.5030	0.0003
415	0.0776	0.0022	0.3713	615	0.9384	0.4412	0.0002
420	0.1344	0.0040	0.8456	620	0.8544	0.3810	0.0002
425	0.2148	0.0073	1.0391	625	0.7514	0.3210	0.0001
430	0.2839	0.0116	1.3856	630	0.6424	0.2650	0.0000
435	0.3285	0.0168	1.6230	635	0.5419	0.2170	0.0000
440	0.3483	0.0230	1.7471	640	0.4479	0.1750	0.0000
445	0.3481	0.0298	1.7826	645	0.3608	0.1382	0.0000
450	0.3362	0.0380	1.7721	650	0.2835	0.1070	0.0000
455	0.3187	0.0480	1.7441	655	0.2187	0.0816	0.0000
460	0.2908	0.0600	1.6692	660	0.1649	0.0610	0.0000
465	0.2511	0.00739	1.5281	665	0.1212	0.0446	0.0000
470	0.1954	0.0910	1.2876	670	0.0871	0.0320	0.0000
475	0.1421	0.1126	1.0419	675	0.0636	0.0232	0.0000
480	0.0956	0.1390	0.8130	680	0.0468	0.0170	0.0000
485	0.0580	0.1693	0.6162	685	0.0329	0.0119	0.0000
490	0.0320	0.2080	0.4652	690	0.0227	0.0082	0.0000
495	0.0147	0.2586	0.3533	695	0.0158	0.0057	0.0000
500	0.0049	0.3230	0.2720	700	0.0114	0.0041	0.0000
505	0.0024	0.4073	0.2123	705	0.0081	0.0029	0.0000
510	0.0093	0.5030	0.1582	710	0.0058	0.0021	0.0000
515	0.0291	0.6082	0.1117	715	0.0041	0.0015	0.0000
520	0.0633	0.7100	0.0782	720	0.0029	0.0010	0.0000
525	0.1096	0.7932	0.0573	725	0.0020	0.0007	0.0000
530	0.1655	0.8620	0.0422	730	0.0014	0.0005	0.0000
535	0.2257	0.9149	0.0298	735	0.0010	0.0004	0.0000
540	0.2904	0.9540	0.0203	740	0.0007	0.0002	0.0000
545	0.3597	0.9803	0.0134	745	0.0005	0.0002	0.0000
550	0.4334	0.9950	0.0087	750	0.0003	0.0001	0.0000
555	0.5121	1.0000	0.0057	755	0.0002	0.0001	0.0000
560	0.5945	0.9950	0.0039	760	0.0002	0.0001	0.0000
565	0.6784	0.9786	0.0027	765	0.0001	0.0000	0.0000
570	0.7621	0.9520	0.0021	770	0.0001	0.0000	0.0000
575	0.8425	0.9154	0.0018	775	0.0001	0.0000	0.0000
580	0.9163	0.8700	0.0017	780	0.0000	0.0000	0.0000
				总和	21.3714	21.3711	21.3715

建筑光学附录 2
各种材料的反射比

(a)饰面材料的反射比 ρ 值

材料名称		ρ 值	材料名称		ρ 值
石膏		0.91	铝板	白色抛光	0.83～0.87
大白粉刷		0.75		白色镜面	0.89～0.93
水泥砂浆抹面		0.32		金色	0.45
白水泥		0.75	浅色彩色涂料		0.75～0.82
白色乳胶漆		0.84	不锈钢板		0.72
调和漆	白色和米黄色	0.70	浅色木地板		0.58
	中黄色	0.57	深色木地板		0.10
红砖		0.33	棕色木地板		0.15
灰砖		0.23	混凝土面		0.20
瓷釉面砖	白色	0.80	水磨石	白色	0.70
	黄绿色	0.62		白色间灰黑色	0.52
	粉色	0.65		白色间绿色	0.66
	天蓝色	0.55		黑灰色	0.10
	黑色	0.08	塑料贴面板	浅黄色	0.36
大理石	白色	0.60		中黄色	0.30
	乳色间绿色	0.39		深棕色	0.12
	红色	0.32	塑料墙纸	黄白色	0.72
	黑色	0.08		蓝白色	0.61
无釉陶土地砖	土黄色	0.53		浅粉白色	0.65
	朱砂	0.19	沥青地面		0.10
马赛克地砖	白色	0.59	铸铁、钢板地面		0.15
	浅蓝色	0.42	普通玻璃		0.08
	浅咖啡色	0.31	镀膜玻璃	金色	0.23
	绿色	0.25		银色	0.30
	深咖啡色	0.20		宝石蓝	0.17
彩色钢板	红色	0.25		宝石绿	0.37
	深咖啡色	0.20		茶色	0.21

(b)常用反射膜材料的反射比 ρ 值

材料名称	反射比	漫反射比
聚合物反射膜	0.997	＜0.05
增强银反射膜	0.98	＜0.05
增强铝反射膜	0.95	＜0.05
阳极铝反射膜	0.84	0.64～0.84

建筑光学附录 3
各种材料的光热参数值

(a)建筑玻璃的光热参数值

材料类型	材料名称	规格	颜色	可见光		太阳光		遮阳系数	光热比
				透射比	反射比	直接透射比	总透射比		
单层玻璃	普通白玻	6mm	无色	0.89	0.08	0.80	0.84	0.97	1.06
		12mm	无色	0.86	0.08	0.72	0.78	0.90	1.10
	超白玻璃	6mm	无色	0.91	0.08	0.90	0.90	1.04	1.01
		12mm	无色	0.91	0.08	0.87	0.89	1.02	1.03
	浅蓝玻璃	6mm	蓝色	0.75	0.07	0.56	0.67	0.77	1.12
	水晶灰玻	6mm	灰色	0.64	0.06	0.56	0.67	0.77	0.96
夹层玻璃	夹层玻璃	6C/1.52PVB/6C	无色	0.88	0.08	0.72	0.77	0.89	1.14
		3C+0.38PVB+3C	无色	0.89	0.08	0.79	0.84	0.96	1.07
		3F绿+0.38PVB+3C	浅绿	0.81	0.07	0.55	0.67	0.77	1.21
		6C+0.76PVB+6C	无色	0.86	0.08	0.67	0.76	0.87	1.14
		6F绿+0.38PVB+6C	浅绿	0.72	0.07	0.38	0.57	0.65	1.27
Low-E 中空玻璃	高透 Low-E	6Low-E+12A+6C	无色	0.76	0.11	0.47	0.54	0.62	1.41
		6C+12A+6Low—E	无色	0.67	0.13	0.46	0.61	0.70	1.10
	遮阳 Low-E	6Low-E+12A+6C	灰色	0.65	0.11	0.44	0.51	0.59	1.27
		6Low-E+12A+6C	浅蓝灰	0.57	0.18	0.36	0.43	0.49	1.34

(b)透明(透光)材料的光热参数值

材料类型	材料名称	规格	颜色	可见光		太阳光		遮阳系数	光热比
				投射比	反射比	透射比	总透射比		
聚碳酸酯	乳白PC板	3mm	乳白	0.16	0.81	0.16	0.20	0.23	0.80
		3mm	无色	0.86	0.09	0.76	0.80	0.92	1.07
	颗粒PC板	3mm	无色	0.89	0.09	0.82	0.84	0.97	1.05
	透明PC板	4mm	无色	0.89	0.09	0.81	0.84	0.96	1.07
亚克力	透明亚克力	3mm	无色	0.92	0.08	0.85	0.87	1.00	1.06
		4mm	无色	0.92	0.08	0.85	0.87	1.00	1.06
	磨砂亚克力	4mm	乳白	0.77	0.07	0.71	0.77	0.88	1.01
		5mm	乳白	0.57	0.12	0.53	0.62	0.71	0.92

建筑光学附录 4
各种光源的光参数和寿命

(a)白炽灯光参数和寿命

灯泡型号	额 定 值			
	电压(V)	功率(W)	光通量(lm)	寿命(h)
PZ220-15	220	15	104	1000
PZ220-25		25	201	
PZ220-40		40	330	
PZ220-60		60	574	
PZ220-100	220	100	1179	
PZ220-150		150	1971	
PZ220-200		200	2819	

注：* 正常光通量白炽灯的参数(220V)。

(b)常用卤钨灯光参数和寿命

	额定功率(W)	额定电压(V)	额定光通量(lm)	额定寿命(h)
双玻壳单端卤钨灯	60	110~130 或 220 ~240	720	2000
	75		900	
	100		1300	
	150		2200	
	250		3800	
	300		4800	
	500		9000	
	1000		20000	
双插脚普通照明卤钨灯	5	6、12、24	60	
	10		120	
	20		300	
	35		600	
	75		1350	
	100		1800	

(c)荧光灯的管参数和寿命

工作类型	标称功率	初始光通量额定值（lm）			额定寿命（h）
	（W）	RR、RZ	RL、RB	RN、RD	
交流电源频率带启动器预热阴极荧光灯	4	110	130	130	5000
	6	210	240	260	
	8	310	350	380	
	13	650	740	800	
	15	560	610	630	7000
	18	960	1100	1150	
	19	960	1100	1150	
	20	960	1100	1150	
交流电源频率带启动器预热阴极荧光灯	30	1720	2025	2100	8000
	33	2000	2100	2150	
	36	2400	2650	2760	
	38	2400	2650	2760	
	40	2400	2650	2760	
	58	4080	4780	5000	
	65	4080	4780	5000	
	80	4620	5440	5650	
	85	5110	6300	6525	
	100	6010	7185	7380	
	125	7515	8700	8860	
快速启动荧光灯	20	760	885	920	3000
	40	2000	2120	2200	
瞬时启动荧光灯	20	760	885	920	
	40	2000	2120	2200	
高频预热阴极荧光灯	14	1045	1140	1140	8000
	16	1050	1200	1200	
	21	1660	1850	1830	
	24	1590	1635	1635	
	28	2350	2470	2470	10000
	32	2500	2700	2700	
	35	2890	3135	3135	
	39	2760	2925	2923	
	54	3930	4200	4200	
	80	5500	5850	5850	

注：RR 表示日光色（6500K）荧光灯，RZ 表示中性白色（5000K）荧光灯，RL 表示冷白色（4000K）荧光灯，RB 表示内色（3500K）荧光灯，RN 表示暖白色（3000K）荧光灯，RD 表示白炽灯色（2700K）荧光灯。

(d)紧凑型荧光灯光参数和寿命

规格	电压(V)	功率(W)	光通量(lm)	色温(K)	显色指数(Rm)	寿命(h)
YPZ220/3—4G		3	150			
YPZ220/5—4G		5	235	2700~6500		
YPZ220/7—4G		7	350			
YPZ220/7—6G	220	7	350		80	6000
YPZ220/9—6G		9	460			
YPZ220/11—6G		11	580	2700~6500		
YPZ220/13—6G		13	700			
YPZ220/15—6G		15	840			

(e)荧光高压汞灯光参数和寿命

型 号	功率(W)	光通量(lm)	寿命(h)
GGY50	50	1570	3500~5000
GGY80	80	2940	3500~8000
GGY125	125	4990	5000~8000
GGY175	175	7350	5000~8000
GGY250	250	11000	6000~12000
GGY400	400	21000	6000~12000
GGY1000	1000	52500	6000~12000

(f)部分金属卤化物灯的光参数和寿命

工作类型	额定电压(V)	功率(W)	光通最(lm)	色温(K)	显色指数(R)	寿命(h)
普通照明用 金属卤化物灯		70	5600			
		100	9000			10000
		150	10500	4000	65	
		175	14000			
		250	20500			
		400	36000			20000
		1000	110000			12000
双端小功率 卤化物灯	220	70	6000	3000	75	
		70	6000	3500	70	
		70	6000	4200	72	
		150	13000	3000	75	
		150	12000	3500	70	6000
		150	12000	4200	72	
		250	20000	3000	80	
		250	20000	4000	80	

(g)高压钠灯光参数和寿命

类型	型号	额定电压(V)	功率(W)	光通量(lm)	显色指数(R)	寿命(h)
普通型	NG50		50	3400	<60	18000
	NG70		70	5400		
	NG100		100	8300		
	NG150		150	14000		24000
	NG250		250	25000		
	NG400		400	44000		
	NG1000	220	1000	120000		18000
中显色型	NGZ150		150	10500	60~80	9000
	NGZ250		250	20000		12000
	NGZ400		400	30000		
高显色型	NGZ150		150	6600	≥80	8000
	NGZ250		250	13000		
	NGZ400		400	22000		

(h)高压短弧氙灯灯光参数和寿命

型号	功率(W)	光通量(lm)	寿命(h)
XHA75	75	950	400
XHA150	150	2900	1200
XHA450	450	13000	2000
XHA750	750	24000	1000
XHA1000	1000	35000	1500
XHA2000	2000	80000	
XHA3000	3000	130000	
XHA4000	4000	155000	800
XHA5000	5000	225000	

(i)冷阴极荧光灯光参数和寿命

灯管功率(W)	光通量(lm)	外形尺寸(mm)	寿命(h)
10~12	400	φ10×1000	>20000
12~15	480	φ12×1000	
15~20	600	φ15×1000	
25~30	750	φ20×1000	

建筑光学附录 5

位置指数

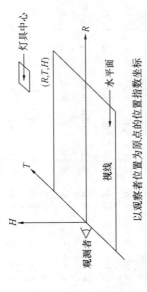

以观察者位置为原点的位置指数坐标

T/R \ H/R	0.00	0.10	0.20	0.30	0.40	0.50	0.60	0.70	0.80	0.90	1.00	1.10	1.20	1.30	1.40	1.50	1.60	1.70	1.80	1.90
0.00	1.00	1.26	1.53	1.90	2.35	2.86	3.50	4.20	5.00	6.00	7.00	8.10	9.25	10.35	11.70	13.15	14.70	16.20	—	—
0.10	1.05	1.22	1.45	1.80	2.20	2.75	3.40	4.10	4.80	5.80	6.80	8.00	9.10	10.30	11.60	13.00	14.60	16.10	—	—
0.20	1.12	1.30	1.50	1.80	2.20	2.66	3.18	3.88	4.60	5.50	6.50	7.60	8.75	9.85	11.20	12.70	14.00	15.70	—	—
0.30	1.22	1.38	1.60	1.87	2.25	2.70	3.25	3.90	4.60	5.45	6.45	7.40	8.40	9.50	10.85	12.10	13.70	15.00	—	—
0.40	1.32	1.47	1.70	1.96	2.35	2.80	3.30	3.90	4.60	5.40	6.40	7.30	8.30	9.40	10.60	11.90	13.20	14.60	16.00	—
0.50	1.43	1.60	1.82	2.10	2.48	2.91	3.40	3.98	4.70	5.50	6.40	7.30	8.30	9.40	10.50	11.75	13.00	14.40	15.70	—
0.60	1.55	1.72	1.98	2.30	2.65	3.10	3.60	4.10	4.80	5.50	6.40	7.35	8.40	9.40	10.50	11.70	13.00	14.10	15.40	—
0.70	1.70	1.88	2.12	2.48	2.87	3.30	3.78	4.30	4.88	5.60	6.50	7.40	8.50	9.50	10.50	11.70	12.85	14.00	15.20	—
0.80	1.82	2.00	2.32	2.70	3.08	3.50	3.92	4.50	5.10	5.75	6.60	7.50	8.60	9.50	10.60	11.75	12.80	14.00	15.10	—
0.90	1.95	2.20	2.54	2.90	3.30	3.70	4.20	4.75	5.30	6.00	6.75	7.70	8.70	9.65	10.75	11.80	12.90	14.00	15.00	16.00
1.00	2.11	2.40	2.75	3.10	3.50	3.91	4.40	5.00	5.60	6.20	7.00	7.90	8.80	9.75	10.80	11.90	12.95	14.00	15.00	16.00

H/R \ T/R	0.00	0.10	0.20	0.30	0.40	0.50	0.60	0.70	0.80	0.90	1.00	1.10	1.20	1.30	1.40	1.50	1.60	1.70	1.80	1.90
1.10	2.30	2.55	2.92	3.30	3.72	4.20	4.70	5.25	5.80	6.55	7.20	8.15	9.00	9.90	10.95	12.00	13.00	14.00	15.00	16.00
1.20	2.40	2.75	3.12	3.50	3.90	4.35	4.85	5.50	6.05	6.70	7.50	8.30	9.20	10.00	11.02	12.10	13.10	14.00	15.00	16.00
1.30	2.55	2.90	3.30	3.70	4.20	4.65	5.20	5.70	6.30	7.00	7.70	8.55	9.35	10.20	11.20	12.25	13.20	14.00	15.00	16.00
1.40	2.70	3.10	3.50	3.90	4.35	4.85	5.35	5.85	6.50	7.25	8.00	8.70	9.50	10.40	11.40	12.40	13.25	14.05	15.00	16.00
1.50	2.85	3.15	3.65	4.10	4.55	5.00	5.50	6.20	6.80	7.50	8.20	8.85	9.70	10.55	11.50	12.50	13.30	14.05	15.02	16.00
1.60	2.95	3.40	3.80	4.25	4.75	5.20	5.57	6.30	7.00	7.65	8.40	9.00	9.80	10.80	11.75	12.60	13.40	14.20	15.10	16.00
1.70	3.10	3.55	4.00	4.50	4.90	5.40	5.95	6.50	7.20	7.80	8.50	9.20	10.00	10.85	11.85	12.75	13.45	14.20	15.10	16.00
1.80	3.25	3.70	4.20	4.65	5.10	5.60	6.10	6.75	7.40	8.00	8.65	9.35	10.10	11.00	11.90	12.80	13.50	14.20	15.10	16.00
1.90	3.43	3.86	4.30	4.75	5.20	5.70	6.30	6.90	7.50	8.17	8.80	9.50	10.20	11.00	12.00	12.82	13.55	14.20	15.10	16.00
2.00	3.50	4.00	4.50	4.90	5.35	5.80	6.40	7.10	7.70	8.30	8.90	9.60	10.40	11.10	12.00	12.85	13.60	14.30	15.10	16.00
2.10	3.60	4.17	4.65	5.05	5.50	6.00	6.60	7.20	7.82	8.45	9.00	9.75	10.50	11.20	12.10	12.90	13.70	14.35	15.10	16.00
2.20	3.75	4.25	4.72	5.20	5.60	6.10	6.70	7.35	8.00	8.55	9.15	9.85	10.60	11.30	12.10	12.90	13.70	14.40	15.15	16.00
2.30	3.85	4.35	4.80	5.25	5.70	6.22	6.80	7.40	8.10	8.65	9.30	9.90	10.70	11.40	12.20	12.95	13.70	14.40	15.20	16.00
2.40	3.95	4.40	4.90	5.35	5.80	6.30	6.90	7.50	8.20	8.80	9.40	10.00	10.80	11.50	12.25	13.00	13.75	14.45	15.20	16.00
2.50	4.00	4.50	4.95	5.40	5.85	6.40	6.95	7.55	8.25	8.85	9.50	10.05	10.85	11.55	12.30	13.00	13.80	14.50	15.25	16.00
2.60	4.07	4.55	5.05	5.47	5.95	6.45	7.00	7.65	8.35	8.95	9.55	10.10	10.90	11.60	12.32	13.00	13.80	14.50	15.25	16.00
2.70	4.10	4.60	5.10	5.53	6.00	6.50	7.05	7.70	8.40	9.00	9.60	10.16	10.92	11.63	12.35	13.00	13.80	14.50	15.25	16.00
2.80	4.15	4.62	5.15	5.56	6.05	6.55	7.08	7.73	8.45	9.05	9.65	10.20	10.95	11.65	12.35	13.00	13.80	14.50	15.25	16.00
2.90	4.20	4.65	5.17	5.60	6.07	6.57	7.12	7.75	8.50	9.10	9.70	10.23	10.95	11.65	12.35	13.00	13.80	14.50	15.25	16.00
3.00	4.22	4.67	5.20	5.65	6.12	6.60	7.15	7.80	8.55	9.12	9.70	10.23	10.95	11.65	12.35	13.00	13.80	14.50	15.25	16.00

建筑光学附录 6
灯具光度数据示例

灯　具	型号		BYGC4-1	
	名称		玻璃钢教室照明灯	
灯具尺寸(mm)	l：1320	CIE 分类		直接
	B：170 H：160	上射光通比		0
光源	RL-40	下射光通比		75.80%
灯头型号		灯具效率		75.80%
灯具重量	2.7kg	最大允许距离比 (l/h_{rc})	A-A	1.2
遮光角	A-A：20°		B-B	1.6
	B-B：22°			

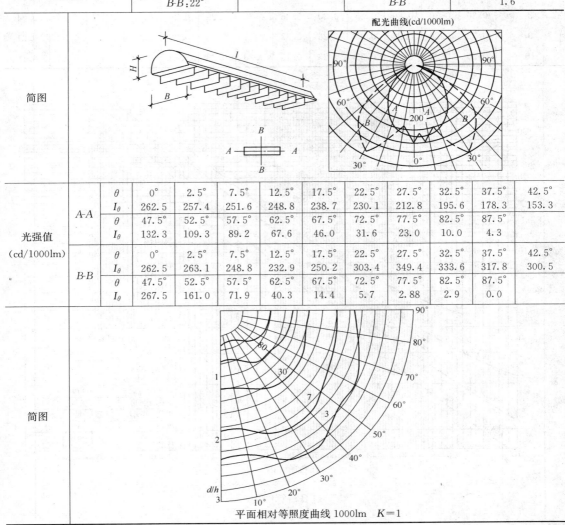

配光曲线(cd/1000lm)

光强值 (cd/1000lm)											
A-A	θ	0°	2.5°	7.5°	12.5°	17.5°	22.5°	27.5°	32.5°	37.5°	42.5°
	I_θ	262.5	257.4	251.6	248.8	238.7	230.1	212.8	195.6	178.3	153.3
	θ	47.5°	52.5°	57.5°	62.5°	67.5°	72.5°	77.5°	82.5°	87.5°	
	I_θ	132.3	109.3	89.2	67.6	46.0	31.6	23.0	10.0	4.3	
B-B	θ	0°	2.5°	7.5°	12.5°	17.5°	22.5°	27.5°	32.5°	37.5°	42.5°
	I_θ	262.5	263.1	248.8	232.9	250.2	303.4	349.4	333.6	317.8	300.5
	θ	47.5°	52.5°	57.5°	62.5°	67.5°	72.5°	77.5°	82.5°	87.5°	
	I_θ	267.5	161.0	71.9	40.3	14.4	5.7	2.88	2.9	0.0	

平面相对等照度曲线 1000lm　K＝1

ρ值	顶棚	ρ_{cc}0.7			0.5			0.3			0.1			0
	墙 ρ_w	0.5	0.3	0.1	0.5	0.3	0.1	0.5	0.3	0.1	0.5	0.3	0.1	0
	地面	0.2			0.2			0.2			0.2			0
室空间比		利 用 系 数												
1		0.79	0.77	0.75	0.76	0.74	0.72	0.73	0.71	0.70	0.70	0.69	0.68	0.66
2		0.71	0.67	0.63	0.68	0.65	0.62	0.66	0.63	0.61	0.64	0.61	0.60	0.58
3		0.63	0.59	0.55	0.62	0.57	0.54	0.59	0.56	0.53	0.58	0.54	0.53	0.50
4		0.57	0.51	0.47	0.55	0.50	0.46	0.52	0.49	0.46	0.52	0.48	0.45	0.44
5		0.51	0.45	0.40	0.49	0.44	0.40	0.48	0.43	0.40	0.46	0.42	0.39	0.38
6		0.45	0.39	0.34	0.44	0.39	0.35	0.43	0.38	0.34	0.42	0.37	0.34	0.33
7		0.41	0.34	0.31	0.40	0.34	0.30	0.38	0.34	0.30	0.38	0.33	0.30	0.28
8		0.36	0.30	0.26	0.35	0.30	0.26	0.34	0.29	0.26	0.33	0.30	0.26	0.24
9		0.32	0.26	0.22	0.32	0.26	0.22	0.31	0.26	0.22	0.30	0.25	0.22	0.21
10		0.29	0.24	0.20	0.29	0.23	0.19	0.28	0.23	0.19	0.27	0.22	0.19	0.18

利用系数 K＝1

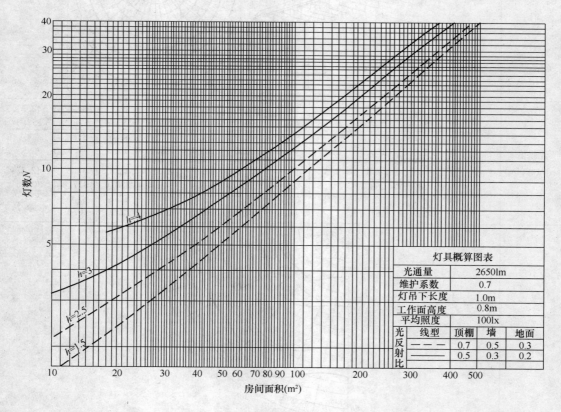

灯具概算图表

附　录

灯具亮度值(cd/m²)

γ 值	不 同 平 面	
	0°～180°	90°～270°
85°	1166	153
75°	1493	148
65°	1905	578
55°	2446	1810
45°	2873	3580

参 考 文 献

[1] (美)诺波特·莱希纳. 张利,周玉鹏,汤羽扬等译. 建筑师技术设计指南——采暖·降温·照明(原著第二版)[M]. 北京:中国建筑工业出版社,2004.

[2] 刘加平,杨柳. 室内热环境设计[M]. 北京:机械工业出版社,2005.

[3] 刘加平. 建筑物理(第四版)[M]. 北京:中国建筑工业出版社,2009.

[4] 朱颖心. 建筑环境学(第二版)[M]. 北京:中国建筑工业出版社,2005.

[5] 刘加平. 建筑物理(第三版)[M]. 北京:中国建筑工业出版社,2001.

[6] 薛志峰. 超低能耗建筑技术及应用[M]. 北京:中国建筑工业出版社,2005.

[7] 柳孝图. 建筑物理环境与设计[M]. 北京:中国建筑工业出版社,2008.

[8] 杨柳. 建筑气候学[M]. 北京:中国建筑工业出版社,2010.

[9] 吴向阳. 国外著名建筑师丛书——杨经文[M]. 北京:中国建筑工业出版社,2007.

[10] 汪芳. 国外著名建筑师丛书——查尔斯·科里亚(第二辑)[M]. 北京:中国建筑工业出版社,2003.

[11] 朱新荣. 北方办公建筑夜间通风降温研究[D]. 西安建筑科技大学,2010.

[12] 陈仲林,唐鸣放. 建筑物理(图解版)[D]. 北京:中国建筑工业出版社,2009.

[13] M·戴维·埃甘,维克多·欧尔焦伊. 建筑照明(原著第二版)[M]. 袁樵,译. 北京:中国建筑工业出版社,2006.

[14] 李建华,于鹏. 室内照明设计[M]. 北京:中国建材工业出版社出版,2010.

[15] G·Z·布朗,马克·德凯. 太阳辐射·风·自然光——建筑设计策略(原著第二版)[M]. 常志刚,刘毅军,朱宏涛,等译. 北京:中国建筑工业出版社,2008.

[16] 詹庆旋. 建筑光环境[M]. 北京:清华大学出版社,1988.

[17] 谢秀颖. 实用照明设计[M]. 北京:机械工业出版社,2011.

[18] 郝洛西. 城市照明设计[M]. 沈阳:辽宁科学技术出版社,2005.

[19] 俞文光、周克超、吕厚均. 我国四大回音建筑的声学现象研究[J]. 黑龙江大学自然科学学报,1999,16(4):70-79

[20] 吕厚均、俞文光、俞慕寒. 西安小雁塔蛙声回声的发现及叠涩密檐式砖塔蛙声回声形成机理初探[J]. 中国科技史杂志,2008,39(3):241-249

[21] 周鼎金. 建筑物理[M]. 台北:茂荣图书有限公司,1996.

[22] 康玉成. 实用建筑吸声设计技术[M]. 北京:中国建筑工业出版社,2007.

[23] 项端祈. 实用建筑声学[M]. 北京:中国建筑工业出版社,1992.

[24] 吴硕贤. 建筑声学设计原理[M]. 北京:中国建筑工业出版社,2000.

[25] 孙广荣. 扩散声场与声场扩散[J]. 声频工程,2007,(3):18-19

[26] 刘念雄,秦佑国. 建筑热环境[M]. 北京:中国建筑工业出版社,2005.

[27] 刘加平. 城市物理环境[M]. 西安:西安交通大学出版社,1994.

[28] 刘加平,戴天兴. 建筑物理实验[M]. 北京:中国建筑工业出版社,2006.

[29] 江亿,林波荣,曾剑龙,朱颖心. 住宅节能[M]. 北京:中国建筑工业出版社,2006.

[30] GB 50352—2005 民用建筑设计通则[S]. 北京:中国建筑工业出版社,2005.

[31] GB 50178—93 建筑气候区划标准[S]. 北京:中国计划出版社,1993.

[32] GB 50176—93 民用建筑热工设计规范[S]. 北京:中国计划出版社,1993.

[33] JGJ 26—2010 严寒和寒冷地区居住建筑节能设计标准[S]. 北京:中国建筑工业出版社,2010.

［34］ GB 50189—2005 公共建筑节能设计标准［S］. 北京：中国建筑工业出版社，2005.

［35］ 中国太阳能学会太阳能建筑专业委员会. 中国太阳能建筑设计竞赛获奖作品集［M］. 北京：中国建筑工业出版社，2005.

［36］ R. M. E. 狄曼特. 建筑物的保温［M］. 吕绍泉，译. 北京：中国建筑工业出版社，1975.

［37］ A. M. 什克洛维尔. 住宅和公用房屋建筑热工学基础［M］. 宓鼎梁等，译. 北京：中国工程出版社，1959.

［38］ A. A. Y. 弗兰裴克. 房屋围护结构部分受潮理论与计算［M］. 谭天佑，译. 北京：中国工程出版社，1964.

［39］ A. B. 雷柯夫. 热传导理论［M］. 裘烈钧、丁履德，等译. 北京：高等教育出版社，1955.

［40］ A. M. A. 米海耶夫. 热传学基础［M］. 王补宣，译. 北京：高等教育出版社，1954.

［41］ 李元哲. 被动式太阳房热工设计手册［M］. 北京：清华大学出版社，1993.

［42］ 杨公侠. 视觉与视觉环境（修订版）［M］. 上海：同济大学出版社，2002.

［43］ 杨光璿，罗茂羲. 建筑采光和照明设计（第二版）［M］. 北京：中国建筑工业出版社，1998.

［44］ Robbins. Claude L. Daylighting［M］. New York：Van Nostrand Reinhold Co. ，1985.

［45］ William M. C. Lam. Sunlighting as Formgiver for Architecture［M］. New York：Van Norstrand Reinhold Co. ，1986.

［46］ M. David Egan. Concepts in Architectural Lighting ［M］. New York：McGraw-Hill Book Company，1983.

［47］ 日本建筑学会. 采光设计［M］. 东京：彰国社，1972.

［48］ 肖辉乾. 等译. 日光与建筑［M］. 北京：中国建筑工业出版社，1988.

［49］ IES. IES Lighting Hand Book：The Standard Lighting Guide［M］. New York：Illuminating Engineering Society，1982.

［50］ 詹庆璇，等译，建筑光学译文集——电气照明［M］. 北京：中国建筑工业出版社，1982.

［51］ D. Philips. Lighting in Architecture Design［M］. New York：Mc Craw—Hill Book Co. ，1964.

［52］ 李农，杨燕，译. 日本照明学会编《照明手册》（第二版）［M］. 北京：科学出版社，2005.

［53］ CIE. Guide On Interior Lighting（Draft）［S］. New York：Publication CIE N029/2（TC-4. 1），1983.

［54］ J. R. 柯顿，A. M. 马斯登. 光源与照明［M］. 陈大华，等译. 上海：复旦大学出版社，2000.

［55］ 朱小清. 照明技术手册［M］. 北京：机械工业出版社，1995.

［56］ 柳孝图. 人与物理环境［M］. 北京：中国建筑工业出版社，1996.

［57］ 荆其诚. 色度学［M］. 北京：科学出版社，1979.

［58］ 北京电光源研究所，北京照明学会. 电光源实用手册［M］. 北京：中国物资出版社，2005.

［59］ 北京照明学会，北京市政管理委员会. 城市夜景照明技术指南［M］. 北京：中国电力出版社，2004.

［60］ 国家经贸委/UNDP/GEF 中国绿色照明工程项目办公室，中国建筑科学研究院. 绿色照明工程实施手册［M］. 北京：中国建筑工业出版社，2003.

［61］ GB 50033—2013. 建筑采光设计标准［S］. 北京：中国建筑工业出版社，2013.

［62］ GB 50034—2004. 建筑照明设计标准［S］. 北京：中国建筑工业出版社，2005.

［63］ JGJ/T 119—2008. 建筑照明术语标准［S］. 北京：中国建筑工业出版社，2009.

［64］ GB/T 5702—2003. 光源显色性评价方法［S］. 北京：中国标准出版社，2003.

［65］ GB/T 3977—1997. 颜色的表示方法［S］. 北京：中国标准出版社，2008.

［66］ ［德］ H. Kuttruff. 沈嚎室内声学［M］. 北京：中国建筑工业出版社，1982.

［67］ 车世光，项端祈. 噪声控制与室内声学设计原理及其应用［M］. 北京：工人出版社，1981.

［68］ Erich Schild. 建筑环境物理学［M］. 岳文其，译. 北京：中国建筑工业出版社，1997.

［69］ Michael Rettinger. Acoustic Design and Noise Control ［M］. New York：Chemical Publishing

Co.，1997.

[70] Smith B. J. Acoustics and Noise Control [M]. London：Longman Group Limited，1982.

[71] ［德］Cremer 1，MÜller H A. 室内声学设计原理及其应用[M]. 王季卿，译. 上海：同济大学出版社，1995.

[72] Beranek Leo L. Concert and Opera Halls：How They Sound [M]. New York：Acoustical Society of America，1996.

[73] ［日］前川纯一. 建筑音响(增订版)[M]. 东京：共立出版株式会社，1979.

[74] ［日］安藤四一. 音乐厅声学[M]. 戴根华，译. 北京：科学出版社，1989.

[75] GB 50180—93. 城市居住区规划设计规范[S]. 北京：中国建筑工业出版社，2002.

[76] GB/T 7106—2008. 建筑外门窗气密、水密、抗风压性能分级及检测方法[S]. 北京：中国标准出版社，2008.

[77] GB/T 21086—2007. 建筑幕墙[S]. 北京：中国标准出版社，2008.